科学与工业之间的桥梁

——化学工程学科史

胡 鸣 著

中国石化出版社

内　容　提　要

学习比较抽象的化学工程学，应当有一幅学科的“地图”。本书从化学科学的起源和早期化学工业的发展开始，生动介绍了化学工程学的起源，以定性的方式叙述化学工程学科的重要内容，帮助读者了解化学工程学科的发展脉络，即了解人们最初如何提出问题，如何构建出化学工程学科的框架，又如何影响了化学工业（特别是石化工业）的发展。

本书适合高等院校化学、化工专业的教师和学生、化学工程师和对科学史、工程史、管理工作有兴趣的读者阅读参考。

图书在版编目（CIP）数据

科学与工业之间的桥梁：化学工程学科史 / 胡鸣著. — 北京：中国石化出版社，2023.5

ISBN 978-7-5114-7026-3

Ⅰ. ①科…　Ⅱ. ①胡…　Ⅲ. ①化学工程—技术史—世界　Ⅳ. ① TQ02-091

中国国家版本馆 CIP 数据核字（2023）第 066857 号

中国石化出版社出版发行

地址：北京市东城区安定门外大街58号

邮编：100011　电话：（010）57512500

发行部电话：（010）57512575

http：//www. sinopec-press. com

E-mail：press@ sinopec. com

北京科信印刷有限公司印刷

全国各地新华书店经销

*

787×1092 毫米　16 开本　19.75 印张　496 千字

2023 年 5 月第 1 版　2023 年 5 月第 1 次印刷

定价：98.00 元

前言

PREFACE

100多年前诞生了一门工程学科——化学工程学，这门学科用物理和物理化学的基本原理及必要的数学工具，分门别类地研究化学工业中常用的设备和操作。化学工程学是化学工程师教育的创新，对现代化学工业（特别是石化工业）的发展起到了关键作用。本书从化学科学的起源和早期化学工业的发展开始，生动介绍了化学工程学的起源，以定性的方式叙述化学工程学科的重要内容。

现在高校化学工程学课程的一个主要问题是教师对学科史没有较深的了解，专业课程与基础课程之间的衔接体现不出科学、技术与工程的联系和区别，专业课程之间的沟通也存在较大的困难。化学工程师培养的另一个问题是大学的教学内容脱离化学工程实践，学校重视所谓化学工程理论研究，在传授实用技能方面很欠缺，对化工过程开发的系统性和风险性几乎没有涉及。

本书作者认为，学习比较抽象的化学工程学，应当有一幅学科的“地图”。根据这个想法，本书的第一篇用实例介绍化学工程学科的作用，以及科学、技术和工程之间的联系和区别。第二篇介绍了化学科学的基本概念以及物理学对化学的影响和帮助，物理化学的产生对化学工业所起的重要作用。第三篇概述化学工程学科的知识框架，以及化学工程学科特别强调的“放大”“中间试验环节”和工艺模拟软件的作用等。这些内容可以帮助相关专业的师生对化学工程学科找到一种“感觉”，有助于比较透彻地理解化学工程基础课和专业课的内容。同时，本书讲述了大量的化学工业过程开发实例，对缺乏工业实践的大学师生有一定的提醒和弥补作用。

化学工程学也许是工程领域中最复杂且系统庞大的学科之一，但学习工程学科的人大多不关注该学科的发展史，很少有人会思考化学工程学科的社会背景。国内关于化学工程学科的书籍大都是教科书和手册，少数图书和资料比较单纯地介绍了化学工程学科的贡献，未见对化学工程学科比较深入思考和全面描述的著作。国外对化学工程学科介绍的图书和资料虽然较多，但都比较分散，即相关国家、大学和公司各自介绍自己对学科的贡献。未见把化学工程学科的诞生和发展与物理化学等科学学科联系起来，把学科发展置于社会经济发展的背景之下分析的著作。

已经走出校门的化学工程师，他们可能已经明白学校学的那些东西与现实很脱节，因此在工作中经过学习和实践，掌握了化学工程师的实用技术和技能。但是化学工程师从事的事业很复杂，一个产品开发过程的成功经验并没有可复制性，化学工程师面临无处不在的复杂性问题。所以，即使是有相当实践经验的化学工程师，也有必要了解化学工程学科的来龙去脉，有助于充实和整理自己的知识结构，进一步提高对付复杂问题的能力。

本书对化学工程学科追根溯源，把一个工程学科的产生和发展置于社会发展的背景之下，涉及经济、社会、环境和国际背景诸方面的知识，是进行横向的、跨学科学习的合适读物。这是一个“工程”化的时代，我们时时处处都可以感受到资源、时间和环境的制约或限制。也就是说，我们现在面临的几乎没有简单的问题，没有简单的科学问题，也没有简单的技术问题。化学工程学是处理复杂问题的经典学科，也许我们可以从化学工程学的实践中得到一些启示，这对于决策者从事工作，对国家的工业强盛，都具有很重要的意义。

目录 CONTENTS

第1篇 工程改变世界

第2篇

溯 源

第3篇

化学工程学科的诞生和发展

第4篇 化学工程学思考

第1篇

工程改变世界

“这是一个最好的时代，这也是一个最糟的时代”，19世纪英国作家狄更斯的这一名句常被引用。套用这个句式来描述现代人类社会的工程力量，我们是不是也可以说：这是一个“工程力量”最强大的时代，这也是一个“工程力量”最被人们看淡的时代？想想古代的大型水利工程以举国之力要建设几十年，近代西方的大教堂也需要好几代教徒们的奉献，而现代的工程公司在短短的两三年时间内，就可以建成一座跨海大桥、一个巨型的水坝，等等。我们难道不是处在人类有史以来工程力量最强大的时代？可是，我们对这些工程奇迹并未感到不可思议，甚至觉得这些不过是一些平常的工作。现代的大“工程”为什么实力非凡却没有过去的显赫名声？这是因为20世纪以来，“科学”的风头完全盖过了“工程”，甚至“技术”的名声也远胜“工程”，人们都认为科学和技术有神奇的力量。

美国著名的科普作家艾萨克·阿西莫夫（Isaac Asimov, 1920—1992）曾说，“科学使人愉悦，而工程改变世界”。也就是说，虽然人们都以为现代社会的巨大进步就是依靠了“科技”，但真正改变世界的是工程，而改变世界的成果往往都记在“科技”的功劳簿上了。本书以一个具体的工程学科——化学工程（学）兴衰的故事为主线，从一个侧面展示了科学、技术和工程之间错综复杂的关系。

化学工程学这个领域的故事涉及面之广出人意料，这个工程学科的诞生和发展对我们现代生活的贡献和深远影响，却并不广为人知。通过了解化学工程学，我们可以有什么收获呢？我们可以知道一个工业领域的背景：化学工业是与科学、技术关系最为紧密的工业领域，化学工程学是最为综合的工程学科；其次，从化学工程学的发展历程还可以引发我们对诸如教育和经济等社会因素的思考。

我们处在全面工程化的时代，化学工程学可以给我们很多启示。让我们从第二次世界大战期间发生的两件大事说起吧，一是原子弹研制的曼哈顿计划，二是第一个抗菌素青霉素的开发。这两件大事都被认为是改变人类命运的科学成就，然而故事并不像教科书上讲述的那么简单。

第一章 研制原子弹的故事

可行性？可行性！

1945年7月16日凌晨，美国在新墨西哥州沙漠试验场进行了人类有史以来的第一次核试验。这颗原子弹的威力相当于2.2万吨TNT炸药，在半径400米的范围内，砂石都被熔化成了黄绿色的玻璃状物质。原子弹研制是美国在第二次世界大战期间投入最大的一次武器开发项目，就是著名的“曼哈顿计划”，也是举世公认的最为成功的大科学项目。

第一颗原子弹爆炸成功了，负责原子弹研制的物理学家罗伯特·奥本海默（J. Robert Oppenheimer，1904—1967）、提交启动原子弹工程的美国“科学研究与发展局”负责人万·布什（Vannevar Bush，1890—1974）和整个项目的负责人理查德·格罗夫斯将军（Richard Groves，1896—1970）终于松了一口气。

实际上，从1938年科学家确认原子核裂变后，至少物理学家们都明白了原子能的威力。1942年下半年，美国正式启动原子弹研制，当时核物理科学并没有什么新的发现，有关的研究活动都集中在核裂变造炸弹的可行性上！此后一些科学家（特别是犹太籍科学家）强烈建议美国研制原子弹，他们强调的是德国法西斯的威胁，他们不考虑也不知道工程的可行性。其中，爱因斯坦签名的建议信是当时科学家的“代表作”，促使美国总统点头同意在原子弹研制方面探索。由此，美国国防委员会下设了一个铀委员会，负责原子弹的前期探索研究。

如果研制原子弹方面的探索一直处于空泛的研究阶段，估计等第二次世界大战打完了也不会开工造原子弹，当时几位著名科学家对此强烈不满。1940年6月，科学研究与发展局的负责人万·布什只得亲自负责。

万·布什

万·布什曾是美国麻省理工学院（MIT）的电气工程系教授，1939年，他放弃了在MIT当校长的机会，就任华盛顿的卡内基研究院（Carnegie Institution）的院长。后来因朋友推荐，万·布什成为美国总统罗斯福的科学技术顾问。“科学研究与发展局”这个机构本身是万·布什建议成立的，他希望通过这个机构撒布技术研究（不是科学研究！）的“种子”经费，帮助政府调动大学和研究机构的智力资源，促进美国高端新型武器开发。第二次世界大战中起了重大作用的军事技术项目，比如雷达、青霉素、无线电炸弹引信等技术，都得到了科学研究与发展局关键的前期经费扶持。

制造原子弹最大的难点在哪里呢？科学界并没有谁怀疑核能的科学原理，也没有人怀疑链式反应理论，**问题是现实世界中并不存在可以直接使用的核原料！**科学家们已经知道的是“只有铀235才能实现核裂变”，遗憾的是，大约140个铀原子中只含有1个铀235原子，其余都是铀238原子。因为铀235和铀238是同位素，它们的化学性质几乎没有差别，相对质量差也很小（铀235原子约比铀238原子轻1.3%）。用普通的物理方法或化学方法几乎无法将它们分离，有人形容，从铀的混合物中分离出铀235就像在大草堆中寻找一根针。正是因为制备纯的核原料太困难了，所以当时制造原子弹几乎是不现实的。

因此，是否正式建议美国启动原子弹的研制是万·布什遇到的最艰巨的挑战。**热衷于研制原子弹的人当时并不知道如何制造一枚原子弹，也不知道什么时候能制造成功，以及制造过程需要花费多少金钱。**而万·布什不能像其他科学家那样情绪激动，他要回答的是所谓的工程的“可行性”问题，即对投入、工期和大致结果的估计。为此，万·布什以科学研究与发展局的名义与一些美国著名大学有关的实验室签订了多项合同，再三组织对制造原子弹可行性的讨论。他要求直截了当地回答“最快需要多少时间？”他特别强调请专家们不要低估花费。

可是，即使投入了大笔的经费，有关大学的实验室也开足马力研究，但核原子委员会的科学家们还是得不出明确的结论。几经反复，在万·布什的催促下，委员会终于在1942年7月形成了一个最终的报告。这个报告确认了如下研究结果：

（1）原子弹的真实威力很大；（2）制造原子弹大概需要三年时间；（3）制造原子弹大概需要花费数亿美元。

报告的结论实际上就是说美国研制原子弹是可行的，但这个报告对制造原子弹的技术困难、完成的工期以及需要的经费的估计都是不靠谱的，当然大家也只能做到这一步。万·布什把报告提交给美国总统，罗斯福简单地批了“OK”，讲了一句话“我认为整个研究要加速”，从此便再也没有过问过原子弹的事。当第一颗原子弹试验成功时（1945年7月），罗斯福已于1945年4月病逝。

回过头来看，1942年下半年，美国真正开始启动研制原子弹，是因为他们没有找到不造原子弹的理由！首先，当时原子弹的科学原理已经明了，科学家们对法西斯德国率先研制出原子弹的极度担忧无法消解；其次，即使已经把研制的预算估计到几亿美元（当时）的惊人数字，这也是美国国力可以承担的。实际上，**真实的研制原子弹过程根本不是一个单纯的科学问题，而是涉及科学、技术、经济和完成时间限制等综合性的工程难题。**整个研制工程的困难是那些鼓动造原子弹的科学家们意识不到的，只不过是由于当时美国的国力足够强盛，科学、技术人才济济，特别是工程实力盖过其他国家的总和，这样在实际工程中遇到的种种困难和障碍都被强力克服了。

曼哈顿项目的工程构架

当原子弹研制项目得到总统的首肯后，任务在1942年下半年被交给了美国陆军，然后项目传递到了美国陆军工程兵团（US Army’s Corps of Engineers，USACE）手中。美国陆军工程兵团前身为美国西点军校工程班，是隶属于美国联邦政府和美国军队的机构，但其中绝大部分是技术型的文职人员，是当时世界最大的公共工程、设计和建筑管理机构。没有战争的时候，美国陆军工程兵团主要负责水利工程的规划、设计、施工管理及使用维护，并不直接承接工程项目；战争时期美国陆军工程兵团的主要任务自然是承担军工项目。美国陆军工程兵团的格罗夫斯将军被任命为曼哈顿项目负责人，美国陆军工程兵团是按项目划分区域的，一个区负责一个生产及研发建设项目。当时参与原子弹研制项目的工程办公室设在纽约，按他们的习惯称之为曼哈顿工程区，曼哈顿项目（Manhattan Project）的名称即来自于此。

格罗夫斯的工程经历很丰富，经手的合同总额至少以百亿美元（当时）计。在接手曼哈顿项目之前，他基本完成了美国国防部五角大楼的建设管理。格罗夫斯上任当天就过问铀矿石的供应情况，工程部次日就买下了一家金属公司存在纽约的 1,200 多吨富铀矿石。两天后，格罗夫斯为曼哈顿项目拿到了资源使用的“AAA 级”第一优先权。接下来，格罗夫斯将军横跨美国，访问了与原子弹研制有关的大学实验室，了解各实验室特长和研究结果对曼哈顿项目的作用。在这期间，他才认识奥本海默教授。此行使格罗夫斯确定了核原料制备的基本方案：铀 235 分离与钚的制备齐头并进。此后，格罗夫斯还做出了两个重要的决策，一是说服美国当时最有实力的化工公司杜邦公司承担整个钚的制备工作，即工程设计、建造和运行的各种责任都交给杜邦公司。二是决定成立综合实验室，对原子弹爆炸的机理进行细致研究，并设计和总装作为真正炸弹的原子弹。1943 年 3 月，洛斯阿拉莫斯实验室正式成立，汇集了美国几乎所有与原子弹有关的优秀科学家和工程师，而实验室的负责人奥本海默也是在此时走到原子弹研制的前台。

这样，格罗夫斯将军在担任项目负责人半年之内，把整个项目的工程框架给搭起来了。**回顾他刚上任时，原子弹研制除了最基本的科学原理不用怀疑外，项目的工程基础几乎等于零。**如果要把原子弹研制的重要人物排排序的话，前面提到的万 · 布什当然要名列前茅，但是应该说，对整个工程最为重要的人物当数格罗夫斯。格罗夫斯虽然是个军人，但他上过的学校可不少，1914 年毕业于华盛顿大学，在麻省理工学院（MIT）读了两年的工程学后再到西点军校继续学了两年；20 世纪 20 年代至 30 年代他还在陆军工程兵学校、指挥和总参谋部学院和陆军作战学院接受过继续教育。格罗夫斯除了在学校学习，就是搞工程，他是美国陆军工程兵团的干将。格罗夫斯受命负责原子弹研制工程时已 46 岁，对工程负责人来说正是经验丰富又精力充沛的年龄。显然，研制原子弹的曼哈顿项目是他负责的工程中最复杂的，仅仅是钚工厂和铀分离工厂选址要考虑的因素就很多，气候、供水、供电、交通、生活设施、防辐射等等因素都要考虑。好在格罗夫斯熟悉军工项目和民用工程的要点，也了解美国国内相关工程公司的特点和实力，这些都为他在实施和管理曼哈顿项目时发挥了巨大的作用。

曼哈顿项目的特殊性在于核裂变的科学原理当时很新颖，工程技术界对核裂变领域不熟悉，没有技术和工程方面的数据或经验的积累，所以涉及核物理和核化学的科学家成了曼哈顿项目的最重要人才资源。格罗夫斯力荐奥本海默当实验室的技术负责人是他对原子弹研制的一个独到的贡献。当时，圈内人已经明白原子弹的制造其实更多的是工程学而不是物理学理论，可是，奥本海默却是一位理论物理学家。奥本海默虽然没有获得诺贝尔奖，但当时他在美国物理界赫赫有名，而且他很早就关注原子加速中子裂变（实际就是造原子弹的基础理论）。1943 年，洛斯阿拉莫斯实验室建立以后，吸引了众多的顶级科学家和研究生，不过，奥本海默在物理学界的声望足以领导这些顶级科学家。

参加曼哈顿工程的科学家、博士研究生汇聚在一起并不是在搞科学研究，而是实实在在地参与解决原子弹研制过程的工程技术问题，基本上是干了技术人员和工程师的工作，比如，计算铀 235 和钚 239 的爆炸临界质量，如何把两块或几块分散的核原料迅速地挤压在一起达到爆炸临界质量，等等。科学家参加曼哈顿项目后，就不能根据他们自己的兴趣去探索自然的奥秘，他们的任务是针对工程的具体问题拿出解决的办法，他们按分配的任务，努力在限定的时间内完成设定的目标，这是典型的工程人员的做法。从这个意义上说，奥本海默是一位优秀的“总工程师”。

曼哈顿工程达到了目的——制造出了一种极具毁灭性的武器，但是这对科学事业本身并没有什么意义。人们可以惊叹曼哈顿项目的成功，可以学习其项目的组织和决策，可以仰视那些天才科学家，但还是要明白，曼哈顿项目既不是一个科学研究项目，也不是一个典型的工程项目。因为**任何正常的工程都无法做到不惜成本代价，工程项目必然同时要受到时间、资金、资源（包括人才资源）等条件的多重约束。而且一个成功的工程必须是投入产出合理，不衡量经济效益的公司是不可能在社会上持续生存的。**

工程项目必须权衡投入产出效益，也一定会受到资源和时间等方面的约束，这也是我们后面将了解和讨论化学工程学的基础。

20亿美元花到哪里去了？

美国科学研究与发展局的负责人万·布什在组织原子弹的可行性报告时，一直要求对原子弹的研制费用尽量往高估计。不过，报告预估的4亿美元够惊人了，当时大学实验室一个项目的合同经费不过几千美元。可是，最终第一批的几颗原子弹造出来的时候，整个项目已经支出了20亿美元，以至于后来万·布什和格罗夫斯都说：如果早知道要花这么多钱，还真得考虑考虑是否启动曼哈顿项目了。

为什么原子弹的研制要花这么多钱？因为制造原子弹是前所未有的工程，而且造出原子弹的时间是明确的。为了保证按时研制成功，从核原料制备、提纯到原子弹的设计（炸弹设计、运载系统、起爆装置）都是由多个方案平行构成的。比如，核原料是铀235分离和钚制备、分离两条线路并举，而铀235的分离和提纯又是几种方法平行进行。所以整个曼哈顿计划实际是一张平面的工程网，这使得整个项目的经费成倍增加。我们把其中几个关键工程简述一下，就可以看出资源的大致分配情况。

1 曼哈顿项目中最有名气的部门是洛斯阿拉莫斯实验室，不熟悉曼哈顿项目的人会以为原子弹完全是该实验室造出来的。其实，洛斯阿拉莫斯实验室的目标就是设计实用的核弹。实验室要确定一颗核弹需要的原料（铀235或钚239）的重量及相应纯度，但重要的核原料生产基地并不在洛斯阿拉莫斯。实验室的科学家和专家在曼哈顿项目占极高的比例，但从经费开支来看，洛斯阿拉莫斯实验室的花费占整个曼哈顿项目经费的比例不到5%。

2 原子弹项目中另一个有名气的地点是建在芝加哥大学的核反应堆，这是著名的物理学家费米和助手们在1942年初开始建设的。费米的这个实验结果验证了链式反应理论，取得了一些有用的工程数据，坚定了推进曼哈顿项目的决心。

这个建在芝加哥大学废弃足球场看台下的核反应堆，由几百吨高纯石墨和近十吨高纯氧化铀组合而成，高纯石墨使铀原子裂变时放射出来的中子减速变成慢中子，以实现核裂变的链式反应。铀元素的链式反应同时还使大量的铀238转变为可裂变的钚元素，成为原子弹的另一种原料。钚和铀是不同的元素，化学家认为有办法把铀和钚先分离，再用化学方法提纯钚。所以，芝加哥大学的实验反应堆的另一个重要贡献是为制备钚提供了一个中间试验，以后的钚工程就是由石墨核反应堆加上化学反应分离和提纯钚元素构成的。

费米的实验反应堆是当时名为“冶金实验室”工作的一部分（“冶金实验室”是“科学研究与发展局”为探索原子弹研制而成立的研究联合体，从事的是原子弹研制的前期工作），尽管实验反应堆是联合体中开支最大的项目，也只不过耗费了100万美元。

建在芝加哥大学足球场地下室的核反应堆

③ 原子弹研制花费了20亿美元，这是掌管整个曼哈顿工程的格罗夫斯将军多年后才披露的，巨款的大部分用于两个制备核原料的工厂：橡树岭（Oak Ridge）工区和汉福德（Hanford）工区。

因为要实现轰炸机投掷，整个原子弹的重量不得超过5吨，而这5吨的炸弹内真正的核原料只有几十公斤，爆炸前高纯核原料铀235或钚239合起来不过柚子那么大小。**整个原子弹的基础就是不惜代价制备出至少几十公斤的高纯铀235和钚239。**

原子弹的核原料铀235和钚239并不是在洛斯阿拉莫斯生产的。几乎在那个处在沙漠中的实验室成立的同时，在华盛顿州和田纳西州两地的两个巨大工厂开始建设了。1943年2月在田纳西州的克林顿镇开工的核反应材料工厂，代号“橡树岭”（Oak Ridge）工程，主要采取气体扩散和电磁分离两种方法分离同位素铀238和铀235。发明回旋加速器的物理学家劳伦斯，把回旋加速器用来分离同位素铀235和铀238。虽然同位素之间甩开的差距极微小，但反复分开收集后再加速再甩，最终总可以分离这两种同位素。这个方法没有什么科学研究方面的意义，属于把实验室的原型机放大的“硬干”方法。在“橡树岭”工厂中，安装电磁分离设备的建筑物占地几十个足球场，有4条巨大的电磁“跑道”，如此大的规模和代价仅仅是每天能生产几克铀235。由于代价太高，此后铀同位素分离再也不用电磁分离法了，现代用高速离心机提纯铀235已经不是难题。

原子弹（U235）小男孩（Little boy）

分离同位素的气体法工厂也建在“橡树岭”工区。气体扩散法则是把所有的铀反应生成六氟化铀气体，含铀235的分子比含铀238的分子轻一点点，通过多孔膜时就稍微快一点点。使这些六氟化铀气

橡树岭（Oak Ridge）K-25气体扩散工区

体连续通过4,000次多孔膜，就能得到纯度为99%的铀235。气体扩散法的核心是分离膜，同时，气体扩散法需要在高真空状态下操作。六氟化铀气体腐蚀性极强，所以气体扩散法工厂也是设备极为复杂和庞大的工厂。截至1946年底，分离铀235的“橡树岭”工区建造费用3亿多美元，运行费用2亿多美元。“橡树岭”工区建设的高潮时段工人和管理人员达到6万多人。

提供核原料最多的是在华盛顿州汉福德的钚工厂。钚的生产有两个主要步骤，先要把天然的铀浓缩到一定的纯度，在铀反应堆内用中子轰击铀238，得到人工元素钚239，再从反应堆的产物中用化学的分离和提纯手段分离出钚。所以汉福德的钚工厂是由核反应堆和化学分离工厂构成的综合体。1943年2月，提炼钚的工厂开始建设。这时，费米的反应堆刚刚运行成功。如果说费米的芝加哥反应堆对工厂规模的工程还有点参考价值的话，西博格小组完全是实验室的化学操作，两项关键技术距离工程建造和运行都差得很远。所以，汉福德的钚工厂与“橡树岭”铀分离工厂相比，技术和工程方面的难度更大些。

钚分离工厂

反应堆控制室

汉福德钚工厂最终获得成功，很大程度上归功于格罗夫斯的决策。他力主把整个钚工厂的设计、建设和运行全承包给杜邦一家公司。以杜邦公司的实力，加上政府和国内许多工业部门的全力支援，杜邦公司才很费劲地解决了钚工厂的数百个困难的设计问题和材料问题。至1945年7月生产出60千克钚239，第一批爆炸的三个原子弹中有两个是钚弹。分离钚的汉福德工区招募的工人最高峰时也达到了45,000人，工区的建设费用高达几亿美元。

以上列出的只是曼哈顿项目的主要工程，其实分支的工程还有很多，加上为主线工程配套的公用工程（交通、电力、水、燃料等）和人员的生活设施，等等，都会耗去庞大的资源和经费。据说，核原料工厂生产时竟用了美国全国七分之一的电力。

创立量子力学的丹麦科学家玻尔（获1922年诺贝尔物理学奖）曾坚持认为，从铀矿中分离铀235的困难几乎不可思议。在1939年时，玻尔曾对征求意见的美国人说：“如果不把你们的国家整个变成一座工厂，你们就造不出原子弹。”1943年，玻尔从德军占领下的丹麦逃到美国，也来到洛斯阿拉莫斯实验室参加研制原子弹的工作，那时曼哈顿工程已全面展开，美国人以举国之力拼命加速研制原子弹的决心和实力使玻尔吃惊。相比之下，德国也有天才的科学家，人们还很忌惮德国的工程能力。但是战后人们发现，**德国在原子弹研制方面得到的资源微不足道，他们没有足够的实力造出原子弹。**

化学工程师的贡献

原子弹投到日本的广岛、长崎爆炸后，新闻记者用“原子弹之父”的说法把奥本海默推向了全世界。编造传奇故事、制造轰动效应来吸引读者是媒体一贯的“聪明”手法，这样，曼哈顿项目成功的勋章就自然地由媒体颁发给了科学家，结果是几位物理科学家大出风头。然而，要论贡献绝不能忘记化学工程师，因为**制备出核原料主要是美国化学公司和化学工程公司的功劳，而化学工程师是这些公司的骨干**。

除了承包整个生产钚的反应堆和化学提纯工厂的杜邦公司，分离铀235的整个电磁工厂是由史东－威伯斯特公司（Stone & Webster, Inc）设计和建造的，气体扩散厂的研究、开发、设计、工程、采购和整个工作进度的管理由克累克斯公司（Kellex Corporation，W. M. Kellogg的子公司）负责，气体扩散厂由联合碳化物公司（Union Carbide Corporation）承担建设，运行承包人是伊斯曼公司的子公司（Tennessee Eastman Corporation）。有超过30家的美国公司（包括通用电气GE）为曼哈顿计划进行主体工作，较小的技术公司和承包公司难以计数。其中，杜邦公司可以说为原子弹研制的成功做出了极为重要的贡献。

当1942年曼哈顿项目的负责人格罗夫斯将军决定把制备核原料钚的工程交给杜邦公司承包时，杜邦公司组织了最强的队伍应对这个陌生领域的挑战。杜邦公司的工程管理团队负责了设计、施工和运行的任务，其中化学工程师格林沃特（Crawford Greenewalt）承担了杜邦团队和物理学家们的联络和沟通工作（1948年，他任杜邦公司总裁）。

杜邦公司在长期的产品开发过程中，与化学家打交道，与军队和政府打交道，与炼油厂、橡胶公司、纺织工厂这样的用户打交道，但与物理学家合作这是头一遭。格林沃特1922年获MIT化学工程硕士学位，现在他要联系和协调的是芝加哥冶金实验室（当时为保密取的名称）的物理学家们。物理学家们本身极优秀，又从事当时最神秘的核物理研究，平时他们眼中只有康普顿、费米这样的诺贝尔奖获得者。原本科学家和工程师就是两种完全不同的职业，长期以来化学家和化学工程师都想不到一块，物理学家肯定无法理解工程放大的难处，心里也不会瞧得起化学工程师。如今，杜邦公司面临的挑战是将科学家的理论和极有限的信息转化为可行的工程蓝图，在限定的时间内完成大规模生产钚的任务。**化学家在实验室研究出来的产品，并不等于可以在工业规模制造出来，在进入新过程新工艺的开发时，工业上照搬不了实验室的操作，却要达到实验室同样的结果。**但非常奇怪，这个显而易见的“放大”难题却很少有人认识。

在曼哈顿项目中，实验室里的化学家用玻璃试管和烧杯做实验，用精密的仪器提取几微克的钚，但工业上的产量必须要达到公斤级别（年产几百公斤）。杜邦公司建成的几个分离工厂和实验室设备完全是两回事：每条生产线都是一个连续的长约250米的混凝土结构，庞大的钢筋水泥池再加上远程控制操作。大型的流程工业是风险很大的行业，铀分离工厂和钚工厂最能体现流程工业的综合性，几千个单元的扩散装置、很多串联的萃取单元构成一条生产线。一个环节的失误就会影响到整个生产线，甚至造成整个工程的失败。

那段时间，科学家和工程师之间充满了“不和谐”：

物理学家们习惯讲自己的想法和计算，工程师要的是可用于设计的依据和实用数据；物理学家描述的是实验室操作方法，化学工程师要转变成自动、连续的工业操作方式，还得特别注意安全（防核辐射）；物理学家提供的都是“精确”的数据，杜邦的工程师想的是留有足够的裕量。还有，科学家平时没有团队概念，他们的交流、争论是为了活跃思路；而工程师团队的信息交流是有约定或规范的，是为了协同工作。

当时，核原料制备必须马上进入工程阶段。为了使物理学家们能理解工程的做法，格林沃特使尽了浑身解数，在康普顿、费米这两位物理学大师的协助下，与科学家们建立了比较规范的信息交流报告方式。不过，当格林沃特提出要设定一个研究成果的“冻结”时间点时，物理学家们和杜邦公司的冲突达到了高潮。**科学家的天性就是要琢磨新东西，他们会不停顿地提出新想法、不断地改进和优化已有的结果；而工程师在接受一个设计条件后，很多相关专业的工程计算、设计、材料采购和施工就启动了，此时再改动前提条件，前面的工作全废了。**曼哈顿工程最缺的是时间，这个问题上格林沃特没法妥协，他想让物理学家们了解一个工程项目要多少图纸和材料表！因为尼龙66也是从实验室纯理论研究结果开发成大规模工业产品的，格林沃特给物理学家们介绍的就是尼龙的开发过程。大部分的物理学家对他们的所见所闻印象深刻，面对巨大的设计和施工量，物理学家们不再固执，他们在自己提出的设计条件上签了字，这意味着以后的工程设计条件不再反复更改。

和物理学家们激烈争论的还有反应堆的设计，杜邦公司团队坚持将反应堆从圆筒形改成正方形，这样能把放置200吨铀原料的空间放大到可以放置260吨。物理学家们不以为然，但杜邦的工程师认为，反应堆可以不顾外形而是要实用，要尽量做得大，如果链式反应的计算有误，就有补救的余地。果然，1944年9月，世界上第一个工业规模的核反应堆启动，但几个小时后预期的链式反应熄火了。按物理学家们计算的200吨铀原料是不够的，原因是大规模生产中产生了裂变产物——氙135吸收了很多中子，大大减弱了链式反应。幸好，杜邦公司的设计预留了反应堆空间，可以马上增加铀棒的投放量，最终使得反应堆正常运行起来。

杜邦公司团队在极短的时间内理解了核物理的基本知识，预计到了理论和实践之间必然会有的差异，还为防止事故和维修核装置设计了自动处理的系统。物理学家们看到了巨量的设计图纸、宏大的施工场面，最后还目睹了杜邦的设计弥补了他们的计算失误和误差，自视极高的物理学家们最后对杜邦公司的工程团队由衷地表示佩服。

如果没有化学工程师和化工工程公司，原子弹是几乎不可能在“二战”结束前研制出来的。曼哈顿项目启动时，化学工程学这个新兴的学科已建立了20多年，培养了大批的现代化学工程师。众多化学工程师已经在各自的公司里承担了很多化工项目的开发工作，他们训练有素、经验丰富，这是核原料制备的两个工区都能顺利成功的重要原因。实际上，核原料的制备是曼哈顿项目的基础和重头戏，美国化学工程师协会把成功制备核原料列为化学工程学的十大成就之一。

另一方面，**曼哈顿项目也给了这些工程公司设计、建设超大型生产线的机会，化学工程师在开发过程中得到锻炼、获得信心，继而在“二战”后的石油化工大发展中大显身手。**后来，在全世界各地建设的大型石油化工装置的成套技术大都（~75%）出自美国化工工程公司，这也说明了化学工程学的贡献。

第二章　青霉素传奇背后的故事

就在原子弹研制的同时，开发青霉素的工作也在与时间赛跑，美国人要赶在诺曼底登陆前让部队有足够的青霉素。自古以来，伤口感染一直是导致士兵死亡的最主要原因。几乎所有的青霉素故事都说，英国细菌学家亚历山大·弗莱明（Alexander Fleming）神奇地发现了青霉素，而第二次世界大战把这第一个抗菌素推向应用。

可是，青霉素的开发与原子弹的制造一样，传奇并不是真实的过程。

青霉素的杀菌原理和开发时间表

为了讲清楚青霉素的故事，最好还是从了解青霉素杀菌治病的原理和青霉素的独特性质开始。不过，这是青霉素使用了十多年后科学家们才搞清楚的比较完整的“后见之明”。

青霉素（penicillin）是青霉菌在生长过程中产生的一种分泌物，有杀死或抑制某些细菌的作用。青霉菌分泌出的青霉素不是一种酶，而是比酶分子量小得多却很不稳定的有机化合物。后来，科学家们搞清了青霉素分子由两部分组成：由一个四元环与一个五元环并在一起所组成的“母核”，其他部分是与母核连接的一些侧链。青霉素虽然分子量不大（约350），但它的母核却很不稳定，两个相邻的环很容易被打开。而青霉素的母核是抗菌活性的关键部分，母核受破坏后青霉素就失去了抗菌活性。

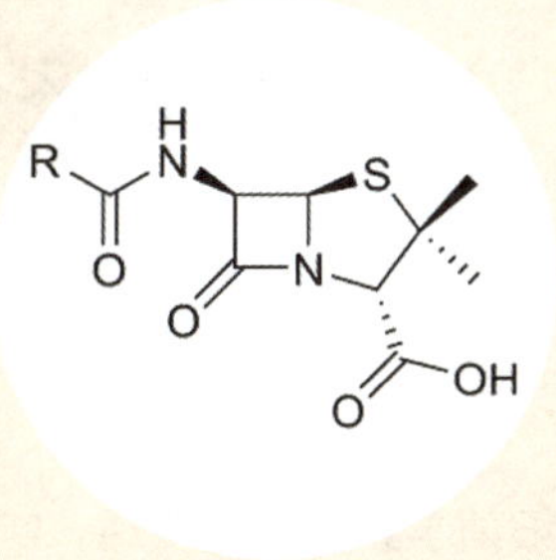

青霉素基本结构

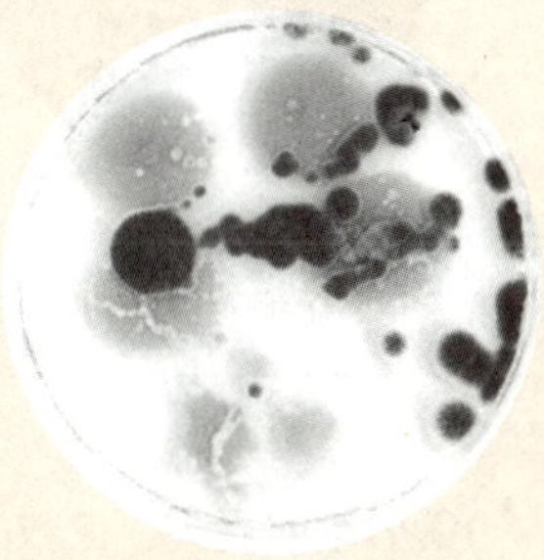

培养皿上的青霉菌落

实际上，自然界中可以产生青霉素的霉菌有成百上千种，而且其中有几百种都能大量产生青霉素。这些霉菌广泛分布于空气、土壤和各种物体上，还常生长在腐烂的柑橘皮和其他水果皮上。严格来说，青霉素是由一种特定的母核和多种侧链构成的一大类物质。天然青霉素的侧链组成取决于菌种和培养基的组成，侧链不同的青霉素杀菌性能有差别。

1946年，科学家揭示和证实了青霉素杀菌的秘密。原来，大部分细菌的细胞壁是两层结构：外部细胞壁保护着里层细胞膜（渗透膜），就像自行车的内外胎一样。青霉素会破坏细胞壁中的重要物质——肽聚糖的合成，造成细菌无法合成出完整的细胞壁。而“外胎”细胞壁受到一点破坏，里面的“内胎”细胞膜也会因受不了内压而“爆破”。**青霉素可以作为抗菌素使用，就是因为它可以“扎”坏很多种致病细菌的细胞外壁。**

青霉素对已生成的细胞没有破坏作用，它只是破坏繁殖过程中的细菌的细胞外壁。致病细菌的真正危害就在于细菌疯狂的指数型（2^n）分裂繁殖，如果成功地阻止了细菌的繁殖，感染实际就被控制住了。幸运的是，人和动物体内的细胞只有细胞膜，没有细胞壁，因此青霉素对人类和动物的细胞就不起作用。青霉素对人体基本没有药理毒性，青霉素的副作用主要是其中的杂质容易使人体过敏。

上面叙述的青霉素的抗菌原理看似简单明了，但从发现、制取（提纯）青霉素、认识其抗菌性能，然后再到大规模生产青霉素，直至最终完全了解青霉素的性质，却是一个漫长的过程。我们还是把发现和开发青霉素的主要人物和时间列出简表：

亚历山大·弗莱明
（Alexander Fleming）

霍华德·弗洛里
（Howard Walter Florey）

恩斯特·钱恩
（Ernst Chain）

1928年的夏天，伦敦的细菌学家弗莱明发现，实验室有一块表面皿上长出的青霉块看上去溶掉了葡萄球菌。弗莱明培养了这株青霉，得到了青霉提取液，发现它确实能抑制多种细菌的生长，青霉素（penicillin）这个词是弗莱明率先使用的。1929年，弗莱明在《英国实验病理学杂志》上发表了这个发现，他的同事也试图分离青霉汤中的有效物质——青霉素，但没有成功。1932年后，他们完全放弃了对青霉素的研究。直至1940年8月著名医学杂志《柳叶刀》（Lancet）发表了牛津大学的病理学研究院（以下简称“牛津团队”）弗洛里（Howard Walter Florey）、钱恩（Ernst Chain）等人的论文：《作为化学药剂（即抗菌素）的青霉素》。

1940年至1941年上半年，牛津团队全力生产（培养、提纯）青霉素，开始大规模的动物试验，并有了人的临床抗感染病例，证明青霉素不但对很多细菌起作用，而且对人体无害。1941年7月，弗洛里和希特利（Norman Heatley）携青霉菌种赴美国、加拿大，寻求合作放大青霉素的生产和应用。美国很快决定开发青霉素，但加拿大当时没有投入开发青霉素（加拿大人认为生物法很快就会被化学合成法取代）。

1943年下半年，青霉素在美国实现大规模工业化生产。1943年以前，全世界的青霉素的产量微不足道，1943年1～6月总计产量400百万单位，到1944年6月盟军在诺曼底登陆时，美国的几个公司月产青霉素已达65,000百万单位，可供救治40,000名伤员。1943年，牛津大学的弗洛里团队曾猜测到了青霉素杀菌的机理，但直至1946年才由美国科学家通过X衍射等技术得到确认，因为这时他们才制取了纯的青霉素结晶。20世纪70年代开始生产半合成青霉素，利用特殊的酶切断青霉素母核上的侧链，然后人工接上各种新的侧链，并获得了成功。

世人都把青霉素的成功归功于弗莱明的传奇发现，不过，弗莱明本人其实早已放弃了青霉素的研究。弗莱明作为细菌学家，一直在培养、观察葡萄球菌。1928年，他从自己实验室乱七八糟的培养皿上发现了偶然生长出的青霉菌对葡萄球菌生长的抑制。作为细菌学研究者，他培养了青霉菌，并得到了含青霉素的“青霉汤”，他猜想这“青霉汤”中含某种有很强的杀菌效力的东西，他把这种物质称为青霉素（penicillin），但他一直没有搞明白所谓“青霉素”是什么类型的物质。弗莱明也曾尝试过用含青霉素的“青霉汤”作为外涂药擦在伤口上。显然，**青霉素外涂在伤口上对付不了致命的感染**，除非是眼睛发炎之类的轻微感染。

可以肯定的是，弗莱明见到了青霉的生长，也看到了青霉素对葡萄球菌生长的抑制作用，甚至还培养了青霉素的菌株，这都是有他发表的论文证明的。

但是，假设弗莱明想深入研究青霉素，他会遇到两个不可克服的困难：

1. 弗莱明猜测到有一种他称为“青霉素”的东西存在，但以他的专业背景不会想到复杂的人体内“抗菌”试验，他只是一位细菌学家，感兴趣的主要是细菌培养和发现酶。

2. 他和他的同事没有专业技能从“青霉汤”中分离提取出“青霉素”。现在，我们明白，由于青霉素的化学构成很不稳定，遇酸遇碱遇热都会破坏其内环（母核）结构，从而失去杀菌能力。所以，用一般有机化学的分离方法得不到青霉素。更让人束手无策的是，培养得到的“青霉汤”如果不做任何处理保存，它的杀菌作用也会在半个月内失效。

实际上，弗莱明的同事曾试图分离青霉素，但他们的失败绝非运气不好，**提取青霉素不是外行人可以凭运气偶然碰上成功的事！**所以，1932年以后，弗莱明和他身边的同事都停止研究青霉素。他的同事所做的工作太不成功，以至于都没有写成论文。当时，他们中有人直接用“青霉汤”治疗表面感染，却因为没有明显的疗效，所以没有留下任何的病例记录。后来青霉素作为抗菌素大获成功后，这些轶事才被那些早期接触过青霉素的人回忆起来。

弗莱明推荐青霉菌株（青霉汤）作为细菌筛选试剂使用，用于选择性杀死培养基上的某些细菌。换句话说，弗莱明研究的是实验室培养皿表面的菌落之间的“战争”，这与青霉素等抗菌素在动物和人类机体内的抗菌完全是两回事。在1930—1940年间弗莱明发表的27篇论文或讲演中，只有2次提到过青霉素，所涉及的是有关杀菌（不是治病）的论题。

不过，作为弗莱明推荐的细菌培养筛选剂，青霉菌菌种散布在英国一些生物实验室里，这给今后青霉素的开发埋下了“伏笔”。而这个散布过程也有弗莱明同事和学生的贡献，因为他们也参与或独立地培养了青霉菌。如果没有十几年后牛津大学的研究人员对青霉素作为抗菌素的开发，弗莱明的青霉素“发现”就会永远沉淀了，而弗莱明很可能始终是一个不起眼的人物。

科学家团队的努力

为什么牛津团队开始研究青霉素?

所谓牛津团队是指牛津大学的病理学院（School of Pathology），这是1935年英国银行家威廉·邓恩爵士（William Dunn）资助建立的研究所，此前邓恩爵士捐助成立了剑桥大学的生物化学实验室（以研究维生素著名）。牛津大学的病理学院聘用病理学家弗洛里教授担任主任（第二任）。

弗洛里

弗洛里出生于澳大利亚阿德莱德，大学时的弗洛里因为出色的成绩及突出的网球球技，得到了著名的罗氏奖学金（Rhodes Scholarship），来到牛津大学学习。后来，弗洛里在剑桥大学获得病理学博士学位，再获美国洛克菲勒基金（Rockefeller Foundation，成立于1913年）资助赴美学习、访问一年，曾在宾夕法尼亚大学著名的病理学家理查兹实验室进修。A. N. Richards曾任1947—1950年美国国家科学院主席，现在宾夕法尼亚大学医学院的大楼是以他的名字命名的。理查兹支持了青霉素在美国的开发，这是后话。弗洛里出任牛津大学病理学院负责人后，陆续招聘了不同学科的研究人员。弗洛里认为在病理学领域需要多个学科的合作研究，这在当时是一种很超前的观念和做法。显然，这种多学科合作的观念和做法与弗洛里广泛的学习和工作经历是分不开的。

谈到弗洛里的牛津团队和青霉素，还要简单介绍两个基础的科学学科：病理学（pathology）和生物化学（biochemistry）。人体疾病的发生、发展、转化涉及的因素很复杂，病理学研究必须与解剖学、组织学、生理学、生物化学、微生物学（细菌学）等学科紧密地联系起来。病理学是研究人体疾病发生的原因和过程的基础医学，病理学综合性极强，是基础医学与临床医学之间的桥梁。

再看生物化学。生物化学就是运用化学的理论和方法研究与生命有关的物质。虽然生物分子通常也是由碳、氧、氮、硫等原子构成，但生物分子的结构和功能很复杂，更麻烦的是这些分子的稳定性差，稍有不慎，生物分子就被破坏了。**研究和处理很脆弱的生物分子很有难度，所以生物化学家的知识结构和实验手段与普通的化学家有很大差别。**

显然，病理学的研究是离不开生物化学的，从学院开创之初，弗洛里就很重视生物化学家的作用。加入他的团队的人中有一位29岁的犹太籍生物化学家恩斯特·钱恩（Ernst Chain）。钱恩的生物化学基础极好，研究思路也很活跃，他是从德国移民到英国的。1940年，弗洛里招聘的另一位研究人员是诺曼·希特利（Norman Heatley），他是因为第二次世界大战的爆发而无法去欧洲大陆留学的英国青年。希特利心灵手巧、为人很好，他自己设计制作了很多实验室设备，青霉菌培养和提取过程中的很多困难都是他动手克服的。

牛津团队的早期工作是打算研究生物间的生化物质作用，特别是酶的作用。酶作为生物催化剂我们并不陌生，由于各种酶的存在，细胞的新陈代谢才能进行。当时，牛津团队的注意力是酶作用的另一方面：一种生物产生和释放出的酶，可能对另一种生物的正常生长生存有抑制作用。1937年底，弗洛里想从天然微生物（细菌、霉菌、放线菌等）的分泌物入手，发现和提取特殊的酶，对微生物之间相克的生物分子作用做些科学研究。

然而，这时病理学院的科研经费“断粮”了，弗洛里向英国国内的有关机构申请资助没有成功，他转向美国洛克菲勒基金会（在欧洲有派驻机构）争取支持。经过多次商谈和考察，洛克菲勒基金会决定资助弗洛里团队，病理学院可以得到期限五年、每年5,000美元的经费。5,000美元当时是一笔很大的款项，病理学院上上下下都很兴奋，他们购买了高级（当时）的实验设备和仪器，还用这笔钱聘用了两位实验室技师。正是因为未来五年的经费得到落实，牛津团队才有条件进行他们的基础科学研究工作，探索青霉素这种“酶”就是他们当时规划的实验内容之一。没有洛克菲勒基金会的支持，弗洛里是很难维持这个多学科团队运行的，那科学家与青霉素就很可能失之交臂。

碰巧的是，在他们实验室里有现成的青霉菌株，这是弗洛里的前任留下的。因为有菌种，弗洛里团队就着手青霉菌株的培养，得到含青霉素的“青霉汤”，并证实青霉素在培养皿上的“杀菌”效果后，他们都以为这一定是被称为青霉素的酶在起作用。接下来，生物化学研究力量很强的牛津团队就开始分离这种酶。可是，分离实验的第一步就遇到了完全意外的结果：将青霉菌培养的青霉用水洗过滤时，所谓的青霉素却溶解在水中并轻易地通过了滤层。这就是说，**青霉素根本不是他们预想的酶，而是一种比生物分子小得多的“简单分子”！**酶具有蛋白质的性质，属生物大分子，分子量在1万以上，大的可达百万，酶是根本通不过过滤层的。几年以后，科学家才清楚青霉素分子量约为350，与酶相比当然是小分子。青霉素虽然是可以通过滤层的小分子，但极不稳定，特别容易失去活性。就是说，**青霉素尽管不是很复杂的生物分子，但在结构脆弱这一特点上又与生物分子很相像。**总之，青霉素太奇异了！

青霉素的这些异常的特点激发了科学家们的好奇心和活力，他们试验了生物化学提纯的种种方法，包括调节pH值、筛选溶剂、反复萃取、冷冻结晶等手段，终于得到了一点点棕色的结晶。他们以为得到比较纯的青霉素了，后来才知道这微量结晶中青霉素的含量其实也不过1%！得到这点微量的青霉素后，1940年5月25日，钱恩、希特利和弗洛里等人进行了一次里程碑式的实验，将青霉素溶液注射于被链球菌感染的四只白鼠。到了第二天早晨，对照组中的白鼠都死了，注射了青霉素的四只白鼠却存活下来。牛津团队的研究人员都极为兴奋，这是人类历史上的奇迹！**所谓抗菌素就是以药物在生物体内抑制住疯狂的病菌繁殖，这时候他们才开始意识到这种物质在医疗上的潜力。**1940年8月，牛津团队在《柳叶刀》（Lancet）发表了论文：《作为化学药剂（即抗菌素）的青霉素》，这是青霉素作为抗菌素的第一篇论文。

此后的1938年，牛津团队进行了艰苦的青霉素“生产”和应用试验。尽管遇到了很多意想不到的困难，但他们还是制备出了比通常的实验室产量大得多的青霉素药品，可以供他们的临床和科学试验使用。这些探索工作为以后的开发提供了科学基础。

他们得到的主要结果和贡献是：

（1）证明青霉素是可用的临床药物，其治疗感染的效力远远超出人们的想象（比当时使用的磺胺药要强百倍）；（2）他们的病理学试验证明对青霉素进行分离和提纯后，可以安全地用于人类患者；（3）他们还进行了第一次成功的临床试验，陆续积累了几个抗感染病例，这为争取以后的开发投入提供了支持证据。

在青霉素的研究方面，1938年的弗洛里牛津小组与1928年的弗莱明有哪些相同和不同之处呢？弗莱明和弗洛里的牛津团队的共同之处是他们确实都很有运气，青霉素的杀菌效力实在是太强了（也广谱），又恰好对动物和人体没有毒性。但是我们不能把成功都归结为运气，弗莱明能观察到青霉素是因为他一直在研究葡萄球菌，任何破坏葡萄球菌的生物和药物都会引起他的警觉。至于弗洛里的牛津团队则更不用说了，弗洛里组织的就是一支多学科的研究队伍，目标就是研究生物间具有特殊化学作用的物质。

再看他们之间的区别。首先，弗莱明只是一位细菌学家，而弗洛里则是一位病理学家，病理学学科综合性比细菌学强多了。弗莱明的研究过程中也有同事和学生参与，但没有很好的科研组织，其中也没有生物化学人才。而弗洛里的牛津团队是有组织的多学科队伍，病理学、细胞学、生物化学等学科的人才都有，特别是团队的生物化学力量很强，可以制备出比较纯的青霉素制剂。总之，**牛津团队有规范的科学研究思路和方法，他们进行的抗菌素研究工作系统而高效。**

细菌表面皿上的菌落之争与注入动物或人体内部的抗菌“战争”差别不言而喻。换句话说，弗莱明观察和记录的是霉菌和细菌（如葡萄球菌等）之间的“生存竞争”，他推测存在的青霉素是那些微生物之间直接战争的“武器”。而牛津团队则是很快地把青霉素作为化学药物（抗菌素）来研究，抗菌素要抑制的是生物体内细菌（病菌）疯狂的繁殖。**可以说，牛津团队对青霉素的开发和研究才真正开创了人类抗菌素的时代。**

青霉素的北美之行

1938年证实了青霉素的神奇抗菌效果后，尽快培养青霉菌和提纯青霉素就成了牛津病理学院最重要的目标。弗洛里他们把学院附近可以利用的建筑物都借来改造成制备青霉素的车间，研究团队十几个人，夜以继日加班，配制营养液，接种培养。又聘用了几位他们的亲戚朋友（后被称为“青霉素姑娘”）承担常规的操作，比如在改装成冰库的房间里摇瓶子萃取青霉素。

最早的青霉素培养车间

然而，这样繁重而艰难的工作成果如何呢？一大罐发酵液只能提炼出针尖大小的一点点青霉素（实际上纯度还是很低的）。1941年初，青霉素有了第一位使用者，一位受感染而生命垂危的伦敦警察。注射青霉素后，警察的感染大为缓解，眼看就要起死回生了。但青霉素实在接不上趟，这位警察最终没有被挽救过来。**疲于奔命的病理学院“生产车间”一个星期的产量还够不上一个病人一天的剂量！**后来的报纸对此事的报道是“药物有奇效，但病人死了”，这是一个大家都知道的故事。

在后来的时间里，牛津团队仍然坚持在自己的小工厂里生产青霉素，因为有足够的青霉素才能进行临床试验，也才能进行青霉素的科学研究。截至1941年上半年，他们凭自己生产的青霉素成功治疗了几个小孩子的感染（选择小孩子是因为他们的用药量小），这也就是最早的几个青霉素疗效病例。但是，如果按牛津团队这样生产，青霉素即使有奇效，也很难作为药物使用，毕竟抗菌素是供常人使用的，不像原子弹可以不惜代价造几颗，炸响就行。

很快，**弗洛里意识到在牛津大学里扩大规模搞生产是不现实的，**而处在“二战”期间的英国制药化工企业又无能为力。在英国有关人员的建议下，他决定去北美（美国和加拿大）求援。1941年7月，他和希特利带上青霉菌株去了美国。及时决定去北美寻求合作是弗洛里对青霉素开发的另一个重大贡献。

1941年7月初，弗洛里和希特利辗转乘飞机到了美国。弗洛里十几年前在美国进修学习时的人脉关系帮了他的大忙，通过美国农业部他们很快就和美国北方地区研究实验室（NRRL）建立了联系。NRRL实验室是美国农业部新筹建的研究机构，地处伊利诺伊州皮奥里亚（Peoria）。当时，美国农业部在南方建了实验室研究棉花，在北方建实验室研究综合利用玉米，提取淀粉后的玉米汁通常要发酵处理。既然青霉素与微生物有关，美国农业部让英国人与NRRL实验室谈合作，**因为那个时代几乎没有什么制药企业。**

此后的几年，NRRL一直是美国研究开发青霉素的主要基地，在青霉素开发上做出了几个重要贡献：一是选择了更好而且实用的培养基。他们把牛津团队使用的培养基改成了玉米汁（玉米淀粉提取后的残液），玉米汁很适合青霉素菌种的发酵生产，而且由玉米汁发酵生产的青霉素抗菌效力更强（支链不同）；二是筛选了更好的菌种。为了收集各种青霉菌，NRRL实验室甚至请军队帮忙，采集世界各地的含霉菌土壤。至少有上千份的菌种样品，需要培养、记录、对比，筛选的试验工作量很繁重。幸运的是，一位实验室助手从当地（Peoria）水果市场的发霉甜瓜上采到当时最好的菌种，该菌种（加上改进工艺）所产出的青霉素比早先菌种的生产水平要高250倍。这个菌种还有一个好处是对氧气的需要量低一点，这也是今后的青霉素发酵工艺大改变的一个基础条件。此后，美国有几所大学和研究所的研究人员用X射线、紫外线促使青霉菌变异，从中筛选和改进了更好的菌株，使青霉素的产出水平比弗洛里带到美国的菌株（即弗莱明的菌株）提高了500倍！

然而，仅仅是美国农业部的实验室还是应付不了青霉素开发的复杂工作。此时，“科学研究与发展局”的“医药研究委员会”开始关心青霉素的开发。委员会召集了NRRL、大学和相关企业商量协作，并拨款（约1万美元）资助基础研究。著名的制药公司Merck（默克）、Squibb（施贵宝）是最早与NRRL合作的公司。由于NRRL在培养基和菌种两方面的突破，加上美国制药企业的参与，青霉素的产量已经比牛津团队的产量高多了，在美国1942年用青霉素治疗成功的病例已达200多人。青霉素已被确认对多种常见的细菌感染有神奇的疗效，军队也已明白了青霉素在治疗受伤感染方面有不可替代的作用，青霉素的生产开发提上了“美国战时生产委员会”的计划。

委员会召集了十余家企业协商，通过给予战时资源优先使用权，给予一定的投资补助，促使它们参加开发青霉素的生产。12月，“科学研究与发展局”决定进一步加大青霉素开发的力度，更多的大学和公司加入了开发研究的队伍。**在“二战”后期的两年时间里，青霉素作为美国战时药品开发项目，动员了数千名研究人员、涉及近40个著名的国家研究所、大学院系、医院以及近20家大小制药公司参与。**以产量增长来看，假设一个人抗感染的治疗平均需要100万单位的青霉素（当时的细菌没有显示出耐药性），那么1943年以前，全世界总共生产的青霉素只能治疗8个人；1943年上半年生产的青霉素可以治疗200人以上，1943年下半年的产量则可以治疗数千人，1944年美国企业每月生产的青霉素就可以治疗达万人了，所以，“二战”中的美军在1945年6月诺曼底登陆时，供军队使用的青霉素已经比较充足了。

青霉菌的“深罐发酵技术”与化学工程学

青霉素作为抗菌素是由英国的牛津团队研究和报道的，但其工业化是在美国实现的。**使青霉素从实验室研究真正走向工业化生产，最终得到临床应用的决定性贡献是青霉菌的“深罐发酵技术”，**这项工程技术是美国的辉瑞公司（Pfizer）在1944年率先实现工业化的。

通常，实验室都是在表面皿或玻璃瓶中培养青霉菌，菌种的营养由胶体状的培养基提供，菌体暴露在空气中接触氧气（青霉菌属好氧菌，其生长过程需要氧气），待青霉菌长成后再收集菌丝，提取青霉素。尽管提取和提纯青霉素也非易事，但制约青霉素产量的还是青霉菌的培养。牛津团队当时为了提高青霉素的产量，希特利等人也搞了不少改进和发明。比如，设计制造了专用的陶瓷浅盘作为培养平面，把培养基密集地一层一层搁在框架上，很多这样的框架放在灭过菌的大房间里。要扩大产量就增加发酵浅盘的数量、增加消毒房间。但是即使选择了更好的培养基，筛选了产量大得多的菌种，这条**实验室简单“放大”的路走工业化还是不行的，**青霉素真正的工业生产必须要另辟蹊径。

希特利设计的青霉素发酵浅盘

新思路并不难想到，就是把“表面积”培养变换成“全体积”培养，在装满培养液的发酵罐里让菌种生长，这就是所谓的“深罐发酵技术”。美国农业部北方研究所的研究人员对“深罐发酵技术”并不陌生，他们在第一次与弗洛里见面时就谈到过“深罐发酵”。可是美国第一批开发青霉素的研究所和企业（默克、施贵宝等）还是用表面培养的方法。那他们为什么不采用“深罐发酵技术”呢？

青霉素“深罐发酵技术”的难点在于生产过程中不能染入杂菌，有了杂菌，青霉菌就长不好，杂菌也使得青霉素不能成为药剂。用发酵罐生产青霉素的过程表面上看可以与外界隔绝，实际上却做不到。首先，青霉菌在发酵过程中要不间断地向罐内通入空气，以持续提供菌种生长需要的氧气；其次，要将气泡尺度打得尽量小，使氧气尽量多地溶入培养基，这需要搅拌桨一直搅拌。显然，外界提供动力的机械搅拌难以密封。此外，青霉菌在生长过程中还需要经常补充营养物质，补料操作也可能让杂菌混入罐内。当然，工业上的其他问题还有很多，比如，空气鼓入发酵罐后，发酵液会发泡，泡沫不及时消去就会使发酵液冲出发酵罐。甚至发酵罐光洁度不够，为配合搅拌有效地打碎气泡增加的挡板或其他附件，都会是隐藏着杂菌的地方。青霉菌菌种发酵生产的周期长达好几天，而连续通气、搅拌、经常补充营养等操作只要有一时一处出问题（染菌或冲料），该批次生产所投入的原料和宝贵的时间都会泡汤。所以，深罐发酵生产虽然听起来很合理，但实际操作起来有很多技术难题。此外，深罐发酵的生产设备投资比表面培养的设备至少高十倍，所以深罐发酵生产技术实际上是难以取得成功的。

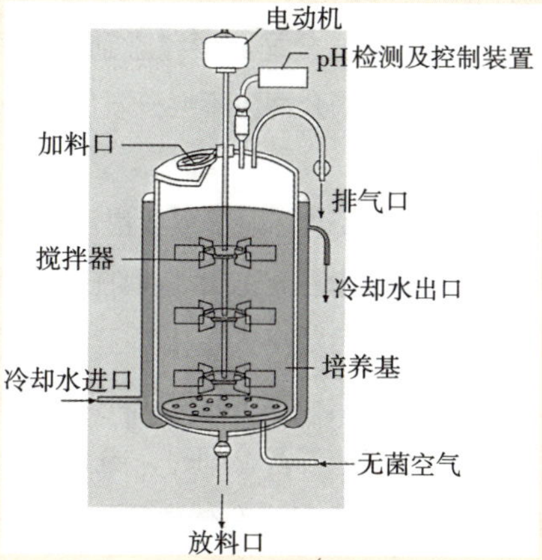

发酵罐简图

辉瑞公司不是最早参与青霉素生产开发的美国公司，但为什么青霉素的“深罐发酵技术”是由辉瑞首先开发成功的呢？其实，**当时的辉瑞公司不是制药公司，而是一家化工企业，**主要产品是柠檬酸、富马酸、葡萄糖酸等食品和饮料添加剂。1919年的第一次世界大战期间，来自意大利的柠檬酸原料（柠檬汁）断供，公司聘请的食品化学家提出用黑曲霉菌使糖液发酵生产柠檬酸。但黑曲霉菌是好氧菌种，生产时需采用表面培养（与青霉素发酵过程一样），因为表面发酵的产量很低，所以辉瑞着手开发通气加搅拌的发酵罐柠檬酸生产技术。1924年，辉瑞成功开发了发酵法制取柠檬酸的工艺，这样辉瑞成为柠檬酸的最大生产商。后来，公司还把深罐发酵技术用在康酸、富马酸、葡萄糖酸和维生素B等产品上，**这些开发项目有成有败，为辉瑞公司积累了很多通气发酵技术的经验和教训。**

20年后，辉瑞公司应邀参加青霉素生产时，开始也是使用浅层发酵，但很快就发现浅盘培养的产量极低，青霉素培养基又特别容易被污染，经常整个批次的发酵培养产物不得不丢弃。已经习惯了发酵罐生产的辉瑞公司高管实在不愿意接受实验室的浅盘培养作为工业生产方式，他们强烈建议青霉素生产采用深罐发酵方法。**化工企业不愿意接受效率低下的浅盘发酵方法，**从这里也可以看出当年化工企业辉瑞和制药企业默克、施贵宝的差别。

可是，虽然辉瑞公司在深罐发酵方面有技术积累，但生产青霉素比辉瑞公司的其他化工产品难度大得多。青霉素很不稳定，深罐发酵技术难度非常大，一个30立方米发酵罐生产过程中出现问题会造成极高的损失。还有，即使大罐发酵生产过程顺利，但后续的提取和提纯技术跟不上，也会前功尽弃。此外，公司还要考虑到这期间青霉素生产技术进步的可能，即在辉瑞投资数百万的同时，科学家或别的公司会不会开发出一种更有效的生产方法呢？总之，**开发青霉素深罐发酵技术无异于一场赌博。**

1943年，辉瑞公司董事会最终同意了技术主管的建议，给出6个月的开发时间，也就是说，青霉素的深罐发酵生产技术必须在6个月内开发成功。为此，辉瑞收购了隔壁一家制冷厂当青霉素生产基地，项目负责人是化学工程师麦基恩（John McKeen，纽约布鲁克林理工学院化学工程专业毕业）。当时，美国国内的钢铁等物质都是实行战时管制，他只好到附近的各州去寻找二手锅炉、升降机和其他设备，同时，更重要的工作是制订施工计划，组织员工有序推进建设工程。建设队伍在那几个月里是没有休息日的，几乎是连轴奋战在生产车间和工地。用了四个月时间，他们把制冰厂改造成了青霉素工厂，14个7,500加仑（28,400升）的发酵罐于1944年3月1日启动，比规定的时间提前了两个月。他们开发了可通入无菌空气、利用夹套和冷热管通入冷热水控制温度的密封搅拌式发酵罐，并配以其他设备和工艺，如空气压缩、过滤、灭菌设备，再把化学工业上已经使用的离心、溶剂萃取和冷冻干燥等技术配套上去，终于使青霉素的生产水平有了几个数量级的提高。至此，青霉素的大规模工业生产终于实现。1944年下半年，**辉瑞公司一天的产量就大于1943年全年所有参加青霉素制备的公司和实验室的产量。**据估算，诺曼底登陆的盟军配备的青霉素90%是辉瑞公司生产的。

> 值得一提的是，辉瑞公司开发青霉素与美国政府的研制原子弹项目有着根本的差别。辉瑞公司是冒着公司破产的风险在进行青霉素开发的，整个深罐发酵的生产线投资接近300万美元，而当时美国全年药品生产总值也就差不多300万美元。

此外，为辉瑞深罐发酵技术做出重大贡献的还有工程设计负责人玛格丽特·哈钦森（Margaret Hutchinson）。

玛格丽特·哈钦森

玛格丽特·哈钦森于1937年获得MIT博士学位，是美国第一位获得化学工程博士学位的女性（她的博士论文题目是《气体吸收过程中溶质对液体薄膜阻力的影响》）。哈钦森负责辉瑞青霉素深罐发酵工程的开发设计工作。1945年，哈钦森成为美国化学工程师学会的第一位女性会员。1983年，她因青霉素发酵工程设计和精馏塔的改进成就获AIChE成就奖，是第一位获此荣誉的女工程师。

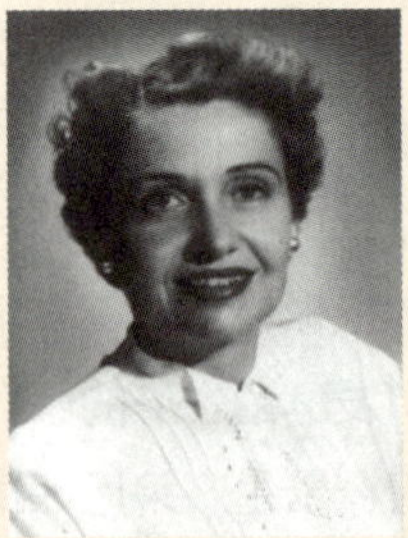

玛格丽特·哈钦森

这里，我们又要再次提及化学工程学了。通常的实验室研究的操作方式与工业化生产方式之间的差别是巨大的，这种差别从根本上来说是不可避免的。如果一个化学产品的工业装置的生产条件（温度、浓度等）不符合化学家提供的合适的反应和分离条件，工业化生产要得到成功的结果几乎是不可能的。也就是说，化学品工业生产的条件必须与实验室操作条件保持一致，这可以说是必要条件！**可是如果就照着实验室的仪器设备、操作方式多来*N*套，这种简单的扩产模式没有工业上的可操作性。**青霉素的开发过程告诉我们，如果工业生产装置与实验室做法“形似”，经济上根本行不通，工业化生产的经济制约对这种“形似”一票否决！**如何在不可能“形似”的现实条件下做到“神似”成为化学工程学最重要的课题。**青霉素的深罐发酵技术与实验室浅盘发酵就是一个典型的“形不似而神似”的例子，也证实了化学工程学确实在解决“放大”问题上有“招”。

最初的青霉素发酵罐

现代青霉素发酵车间

就像原子弹研制有化学工程学科很大的贡献一样，美国的化学和化学工程师协会也把青霉素的开发列入化学工程学的十大贡献之一。不过，这只是化学和化学工程学科内部荣耀，与诺贝尔奖的影响根本不可比拟。

当然，青霉素的开发成功对人类来说是一个好运气，科学家们终于发现了自然界中存在着一些生物的代谢物有奇妙的抗菌治病功能。随着青霉素开发成功，人们开始寻找和开发各种抗生素。而且从青霉素实验室成果到工业化过程的成功，很多化学和制药企业学会了寻找和研究抗菌素的科学方法。从此，大学、研究机构和企业都投入到药物的研究和开发活动中。这方面辉瑞公司就是一个突出的例子，自从青霉素深罐发酵获得成功后，辉瑞公司开始转型成为一个研究开发型的制药企业。现在，辉瑞公司成为世界上最大的药品生产企业之一，辉瑞品牌推广到了全世界。可以说，从青霉素生产开始，以辉瑞公司为代表的企业在药物产品研发过程中从配角转换为主角。**当企业了解了科学原理、熟悉了常用的科学研究方法，就使很多可能有实用前景的科学研究活动从大学、研究所扩展到企业。**企业的优势在于内部有很多技术的积累，有市场推广的能力和网络，所以他们架设科学和市场应用之间桥梁的成功率就高得多了。

通常，对青霉素的成功人们知道的都是传奇故事，这往往忽略了诸多可能的原因和必要条件。而现在我们已经了解青霉素开发的复杂过程，因此，除了对天才和运气的赞叹之外，也许还应该认识到这样复杂的开发过程是社会多种因素合力作用的结果，其中化学工程师和化工企业的贡献是不可忽视的。

第三章 理解“科学”“技术”和“工程”

著名哲学家黑格尔（Friedrich Hegel，1770—1831）有一句名言，“人们经常挂在嘴边的名词，往往是人们最无知的东西”。当我们谈论“科学”“技术”和“工程”这些词时，就很可能被黑格尔说中，因为**人们对这几个词的理解常常是不精确或混淆的。**

认识“科学”“技术”和“工程”

首先，我们从“科学”说起。严格来说，科学仅指自然科学，科学揭示了主宰自然现象的内在规律和相互联系，所以，科学第一个层面的意义就是一个知识体系。具体到某一学科，科学知识往往被概括成了一系列的定理、定律、公式、方程，形成了具有普遍性和预测性的结论。在我们生活的现代社会，基础的科学知识已经很普及，科学改变了人们对于世界的理解。如果没有基础的科学知识，你会自然地以为太阳是围绕着地球转的（地心说），你不会感觉到空气的存在，因为空气看不见也摸不着。没有科学知识，这个世界给予你的就永远是一个经验的图景，现代文明根本无从谈起。

谈起科学还有第二个层面的含义：

科学的思维方式和科学的方法。科学研究离不开严格的实证和严密的逻辑思维，研究方法必然要采用精确的定量化实验（实证）和数学工具（归纳、演绎），这是因为科学知识应该是可重复、可验证的，而科学以外的许多思想体系是经不起验证和检验的。

科学知识是人类观察与思考积累起来的结晶，特别是近几百年来，一些天才科学家的洞见构成了现在的科学知识大厦的基础和主要框架。现今科学的发展已经达到这样一种地步，科学家已经没有很多机会发现“基本原理”。现在科学研究关注的一般是范围很窄的特定课题，正在从事科学研究的人很少有机会成为大科学家。然而，科学的影响已经全面渗入了人们的生活和工作，**违背科学为代表的人类理性，从事任何工作（包括技术和工程）都很难成功。**所以，学习和理解科学知识，了解科学的成果和历史（研究的背景和结果），特别是培养科学研究的思维和方法，才可能跟上科学发展和社会进步的脚步。

其次，再说说历史最悠久的“技术”。任何一件简单的工具都是“技术”，所以，技术发明和使用的历史几乎就与人类的历史一样长。现在考古发现的古人类用的石手斧、骨针等，都是当时的

“高技术”。人类总是设法制造各种工具器物，提高自己的生产能力，也使自己的生活更加舒适，或是使一个部落、城邦和国家的生产力和战斗力更强。一个民族或社会可能没有科学，可以不搞什么工程，但是必须具有各自的技术，毕竟技术是人类安身立命之本。

人类历史上绝大部分时间的技术进步都没有科学知识的帮助，技术发明的成功主要是靠直觉和不断尝试。比如，钢的大规模生产技术的发明并没有科学和科学家的贡献。钢是另一种铁，只不过钢和铁的碳含量不一样。钢并不是现代的发明，古代的钢主要用于制造刀剑，“好钢用在刀刃上”实际就是说钢无法大量生产。1856年，这个问题出人意料地被一位英国实业家（亨利·贝西默）解决了。他对冶金学一窍不通。在战争期间，他想要造重型枪炮，需要一种比铸铁或锻铁更好的材料，于是开始试验新的生产方法。他往熔化的生铁炉里吹气，当时懂点冶金的人都不会搞这种愚蠢的实验。可是当他把空气（氧气）鼓入熔炉后，别人预料的爆炸并没有发生，炽烈的火焰烧掉了生铁中多余的碳等杂质，生产出了坚硬的钢。钢改变了世界，从铁路、远洋轮船到桥梁都可以建造得更快捷、更牢固，钢作为结构框架的材料才使摩天大楼成为可能。

另一方面，科学的诞生和进步却依赖技术手段的帮助。其中最有意义的可能当数玻璃的使用，玻璃是古代埃及的一项发明，早在公元前1800年就出现了玻璃珠子，这点玻璃可能是在沙地烧火时偶尔烧出来的。精密研磨和组合的玻璃透镜构成了望远镜和显微镜，400年前哥白尼、第谷等科学先驱如果没有高精度的望远镜对天体进行严格观测记录，牛顿也不可能归纳出为现代科学奠基的力学定律。玻璃仪器还是早期实验室的重要工具和设备，特别是早期的化学实验室用的几乎全都是玻璃仪器。不过，直到100多年前科学家才基本搞清楚玻璃的化学组成和玻璃的物质状态。

近代，绝大多数的技术发明人不懂科学原理，这是因为很多领域的科学原理还远远没有被发现。但科学方法已经在西方的技术领域流行起来了，很多技术发明家会严格地记录实验现象、对实验结果进行定量化处理。科学方法使技术发明的过程更加规范化。回顾技术和科学的关系很有意思，最初是技术纯粹帮助科学研究的阶段，不过，科学很快以实证和逻辑的理性影响了技术发明的进程。

同样重要的是，尽管人们取得了很多重要的技术发明，但这些发明缺少科学的解释。这样，技术发明实际给科学提出了挑战性的课题，这对科学家的智力和思维是一种极大刺激，从而促进了科学的发展。例如，蒸汽机的发明和不断改进就使人们一直在思考热机的效率问题，终于在瓦特（James Watt，1736—1819）改进蒸汽机至少50年后，几位科学家分别总结出了伟大的热力学定律。

当人类社会进入20世纪以后，现代科学经过200多年的发展达到了惊人的高度，科学知识提供了对自然界越来越可靠的理解和预测。学习科学成为理解复杂事物机理的唯一方式，**科学知识和科学方法大大提高了技术发明和技术开发的效率。**没有科学理论的指引，人们不可能发明出原子弹，也不可能开发出青霉素等药物。可以说，现在人类社会的重大技术发明几乎都是基于科学发现的重大突破，是科学家探索认识了原理，然后在科学原理的指引下再尝试，创造出了相关的技术。

现代的技术和科学关系极为密切，两者的互相支持加速了各自的发展，但并不可以混为一谈。简单地说，技术总是很直接地扩展人的能力，是人类为了提高效率的手段；而科学的意义在于认识各种自然规律。**科学没有发明，只有规律的发现，而技术则只有发明和改进。科学的目的不是为实用，可是技术发明都是瞄着实用价值。**

最后讲的是复杂的“工程”。与“技术”相比，“工程”的出现要晚得多。不过，工程的历史虽然远远比不上技术，但也算拥有一份值得自豪的遗产。现在我们已知最古老的工程有巨石阵、金字塔和其他古代文明的奇迹，古代的道路、桥梁、运河、水利设施等遗迹也都是工程的实例。由此可以看出，工程的力量和结果对人类社会的影响很直接也很明显。

工程不是科学，它并不寻求理解世界，而是要达到一个比较宏大的目标，可能会明显改变社会群体的生活状态，也在不同程度上改造了这个世界；工程也不能归结为技术，因为一项工程的目标比一项技术追求的目标要宏大得多。工程比技术的历史短的原因是工程很综合，一项工程需要运用多种技术，需要工作分工和管理。人类社会经过长时间、多方面的积累，才有能力和资源实施一项工程。

工程与科学、技术有什么样的关系呢?

首先，一项工程要获得成功必然不会违反自然规律或科学原理，这并不是说不弄清科学原理就干不了工程！比如，两千多年前，没有人有什么科学知识，谁懂流体力学、气象学？但那时中国人修建了都江堰工程。都江堰一直使用至今（后代有维护和改进），其防洪和灌溉的作用令现代人都很钦佩。显然，古代人肯定花了大工夫熟悉了解水情和地形，揣摩出了水文地理的奥妙，使整个工程“暗合”科学原理。然而，原理可以“暗合”，技术却不能落空。在修建都江堰的战国时期，铁工具虽已普遍使用，可是要用铁工具在坚硬的砾岩上开出一个宽20米、高40米、长80米的山口（宝瓶口）显然是难以实施的。现代人揣测“宝瓶口”是蜀人以“火烧、浇水使岩石崩裂”的技术破山而成的。另外，都江堰工程中大量使用的竹笼、木桩、砌石等河工构件，还有竹桥（索桥）等技术在更早的蜀国陆续都有过使用，正是已经有了这些技术才使得都江堰工程有了实施的基础。

都江堰工程示意图

古罗马引水渠

古代的都江堰、古罗马的引水工程的成功，说明春秋战国时期的中国人和古罗马人都揣摩到了流体力学的原理。不过，**20世纪前的工程成功率主要是依靠实践的经验积累，很多古代的建筑工程都是靠一些工程师或艺术家的卓越感觉和经验而成功的。**即使在19世纪末科学开始兴盛的欧洲，很多工程（如建桥梁、挖隧道）也还是依赖技术和经验，工程负责人几乎没有受过什么科学教育。其中最为典型的一项工程是法国巴黎的埃菲尔铁塔。

埃菲尔铁塔是为了纪念法国大革命100周年和1889年巴黎世界博览会召开而建造的标志性建筑，当时的项目委员会从几百件投标作品中选定了铁塔方案。但总设计师和承包人埃菲尔先生没有受过高等教育，他没有一点材料力学和结构计算的知识。埃菲尔还拒不使用当时已经可以大规模生产的钢，因为他对钢这种材料没有使用经验。因此，埃菲尔铁塔也成了世界上最后的铁建筑物。埃菲尔铁塔设计高度300米，但当时就有人通过数学和力学计算证明铁塔最高只能建到228米，超过这个高度就会坍塌。埃菲尔铁塔耸立至今，也证明埃菲尔先生的经验设计比有些貌似科学的计算要靠谱。

埃菲尔铁塔成为法国巴黎的标志

值得一提的是埃菲尔铁塔的工程组织管理。铁塔1887年1月开工，1889年3月竣工，工期2年零2个月。整个铁塔用了7,000吨铁，1.8万个构件，250万个铆钉。由于采用工厂预制现场组装的流程，如此庞大的工程只有250个工人在现场施工。但实际上，设计埃菲尔铁塔所花的时间，比修建它所花的时间还要多，整个工程埃菲尔与助手一共画了5,000多张图纸。从结果看，整个设计工作很精确，各种铁构件制作精良，工程实施组织得有条不紊。另外，埃菲尔对工程预算的控制也很准确。整个铁塔法国政府只出150万法郎，其余的费用需要埃菲尔自筹，铁塔20年的营运收入归埃菲尔。埃菲尔预算整个工程的总造价为800万法郎，最后实际建造费用与预算相比只差几万法郎。埃菲尔虽然不懂科学，但从工程实施和管理的意义上说，他是很成功的。不过，我们不要以为埃菲尔铁塔是偶然的成功。在建铁塔之前，埃菲尔已经设计建造了几十座铁桥，他还参加了自由女神像（1886年在美国纽约落成）内部的铁架结构设计。埃菲尔先生是一位很有经验的工程师，但他没有文凭或科学基础。

当然，埃菲尔铁塔是200多年前的工程，**现代的工程就离不开科学知识和多种技术的综合，可以说科学原理和新技术对现代工程起着决定性的作用。**现代工程都是对科学原理的理解和应用，然后通过选用技术、组合技术来实现的。

从成就感看“科学”“技术”和“工程”

“科学”“技术”和“工程”分别是人类认识自然、利用和改造自然的不同领域，不同的领域对“成功”的评价也会有很大的差异。要了解各自领域的成功评价，我们还是重述一次“科学”“技术”和“工程”的目的或目标。

工程的目标大都是公开的，特别是民用工程（运河、水坝、道路、教堂），只要工程一开工，整个社会都明白这是在干什么。毕竟，工程项目动用的资源庞大、涉及面很广，除了现代的军事工程，工程的目标没有必要隐瞒。

“技术”的目标也是很清晰的。**人类社会的历史，就是生产工具和武器的不断发明改进的历史，技术进步就是要不断提高人的劳动效率和竞争力。**自从近代人类开始利用自然界的能量做功后，人的力量和效率与以前不可同日而语。如蒸汽机、炸药、电动机的发明，这些都使人的能力（生产力或破坏力）有了飞跃式进步，加上此后计算机和互联网的发明，人类就进入现代社会的生产和生活节奏了。此外，技术的另一个奇妙之处是催生了科学的诞生，这方面望远镜和印刷术两项技术贡献最大，但这些技术是为了扩展人的视觉、提高人的交流效率，其目的可不是为了“发明”科学。

“科学”研究的目的在于理解世界，探索自然界的客观规律。对科学大师来说，从事科学研究更是他们的智力“游戏”。**科学体系的那些基本的原理和定律都不是科学家为了实际应用而去发现的。**比如，质能守恒定律和原子裂变的现象，对物理学家来说是纯的理论研究，他们根本没有想去造原子弹或核电站。在青霉素已经成为人类的第一个抗菌素之后，牛津团队的弗洛里教授还是坦率地说：“我们当时头脑里想的不是遭受苦难的人类，这只是一种有趣的科学探索。”科学研究成果最终走向应用，并改变了世界，并不是出自科学家的本意。

从目标或驱动力的角度看，科学研究是由人类的好奇心驱动的，技术发明和改进是人类想要扩展能力和提高效率的愿望，而工程的目标比技术宏伟多了，往往涉及改变自然环境或社会现状。

不同领域的工作有不同的成就感，科学家、技术发明者和工程师如何衡量自己事业的成功呢？

对工程和工程师的评价当然和工程的最终结果紧密关联，一个工程的成败几乎可以说有目共睹。埃菲尔铁塔耸立在巴黎200多年，曼哈顿项目的成功全世界都知道了（尽管投下的两颗原子弹是人类历史永远的伤痛）。大型的工程都不是个人或小组织干的事，工程的成败往往由公司或其他组织甚至是政府承担，对一项工程的评价看重的是社会的口碑，所以大项目负责人（或公司）常常是成则青史留名，败则社会组织或公司大亏损，甚至再也没有翻身机会。

技术追求的是发明创新，任何人有了新的技术发明和改进都是一种成功。技术有同行竞争的味道，社会上有很多人和公司都在从事类似的技术研究，成败就是看谁可以占得先机。优先发明权的竞争很激烈，有时谁占领发明的制高点只不过是早晚的事。不过，现在要发明一项全新的技术并不容易，流行的产品往往是对原有产品的改进，也是很多相关技术的组合，现代技术的成就感往往最终体现在技术（或产品）的市场占有率上。

再看看科学家的成就感。按现代科学的约定，谁发表科学研究结果在先，这项发现就记在他的名下。重复的科学发现没有任何意义，这也使得很多科学家很沮丧，因为自己发现的东西早被人发现过了。所以，**现代的科学家就是要赶快公开发表自己的研究成果**（不管是以论文、简报、会议报告还是其他的形式），如果你不是先拔头筹的话，此项发现就永远与你无关了。当然，你率先发表论文或报告必须经得起质疑和验证，否则也会落得身败名裂的结果。

科学界（尤其是现代科学界）和技术界一样，是一个激烈竞争优先权的时代。在科学领域中，竞争是为了获得学术上的认可，科学家的专业声誉来自他的同行，科学研究并不对外部世界负责。**在技术体系中竞争体现在发明的优先权上，**因为有专利法的保护，取得技术发明的专利权就可以获得一段时间的垄断利益。**对工程而言，则是为了能够获得更大的社会效益或经济回报。**

在每一个领域之中，个人和团队都在为自己的成就而努力。从各自成就感的差别上，我们也可以体会出科学、技术和工程之间的区别。科学、技术和工程三个领域追求各自不同的成就感，下面我们可以探究一下科学家、发明家和工程师对成功的内心感受。

诺贝尔奖也许是科学家成功的最显著的标志，但很多科学家说，得知自己获奖并不是他们最激动的时刻。科学家最激动而兴奋的也许就是顿悟了某个自然规律的一刻，特别是从表面上看不重要、不合“常理”的观察中获得的顿悟。1942 年 12 月，芝加哥大学足球场看台下，物理学家费米的团队成功地实现了人类第一次可控链式核反应，这次实验对原子弹研制进程起到了推动作用。但是，实现可控链式反应没有出乎费米和他的同事的预料，他的同事在实验结果出来之前甚至已经带来了一瓶葡萄酒准备庆贺。据说，真正引起费米激动的是 1934 年他和他的同事用中子源轰击各种原子的实验。他偶然地在中子源和靶子之间插入了石蜡，结果使中子的激活强度增加了几十到几百倍，这意外的现象就像“减慢了一颗子弹的速度反而大大提高子弹的杀伤力”一样不可思议。费米确认了实验结果后，顿悟到原来正是减慢速度提高了中子击中原子核的命中率！（芝加哥实验反应堆和杜邦公司承建的橡树岭核反应堆都是以纯石墨作为中子减速剂）

青霉素作为抗菌素的实验也有令科学家们无比激动的一刻。牛津团队在证实了青霉素不是一种酶后，他们在 1940 年 5 月的一个周末做了一次青霉素抗菌的对比实验。8 只小白鼠同时被感染葡萄球菌，其中 4 只注射了钱恩和希特利等人分离出的青霉素。然后，牛津团队的研究人员静静等待着实验结果。十几个小时过去了，注射过青霉素的 4 只小白鼠仍然活着，而作为对照的另 4 只小白鼠早就一命呜呼。整个牛津团队的人员都被青霉素作为抗菌素的奇迹给“震”晕了，连一贯谦虚谨慎的弗洛里讲话的声音也变了调。三个月后，他们发表了此次实验的论文。此后，他们在青霉素的制备和研究、临床试验等方面都不断取得成果，可他们的激动都不会超过那个周末！

> 科学史上的大突破往往是可遇而不可求的，这说明了科学的发展很大程度是得益于那些天才科学家的洞见，同时也说明了重大科学发现的不可预见性。

然而，技术发明不是同样得益于发明家的灵感吗？是的，很多技术发明与科学发现有相似之处，有技术天才的贡献，也有不可预料发明和改进的突现。但是总体来说，**技术发明是一个渐进的过程，是一次次失败得到的经验的积累。**比如，人类第一次认识到真空的存在是一个科学认识（伽利略时代），以后的科学家和技师用空气泵抽真空就是一个不断改进的技术活。他们要提高空气泵的能力和效率、改进管道和阀门的密封性能，等等，这样才能逐步提高系统的真空度。还有，蒸汽机并不是大名鼎鼎的瓦特发明的，但他给蒸汽机外加了一个冷凝器而大大提高了蒸汽机的效率。而且，提高蒸汽机效率也是一步一步的改进过程。同样，曼哈顿项目中使用的很多技术并不是临时的发明，而是对相关技术的再改进。比如，功率很大的扩散真空泵、镀镍防腐的大管径金属管道都是由那些有技术基础的企业改进后完成的。技术发明的成功当然使发明家高兴，但是技术（设备）最后的成功基本上都不是意外的惊喜。逐步改进、逐步提高的过程也许把整个技术发明的兴奋分散了。

理解技术的成功和进步还有一个例子：晶体管和集成电路。晶体管被认为是现代历史上最伟大的发明之一，在重要性方面可以与印刷术、汽车和电话等发明相提并论。1958 年，美国发明了第一个集成电路。随着技术进步，集成电路规模越来越大，功能越来越强。每当出现功能更强的自动装置或新一代计算机或手机，大多是因为研制出了功能更强的芯片。可是，芯片的进步几乎是可预期的（著名的摩尔定律）。所以，人们尽管对技术的发明很欢迎，但对技术的改进却往往没有大吃一惊的感觉。

如果说技术发明的兴奋可能是逐步改进的过程分散了兴奋点，那一项工程完成的时刻是否有“集零为整”的兴奋呢？因为我们已经知道一项工程必须综合许多相关的技术，会耗去大量的资源（包括时间），一个大工程的成功一般对社会的影响也会很大。然而，**一个项目的实施从头到尾，工程负责人也许都没有惊喜和兴奋。**

前面已经提到，一项工程开始进入实施阶段，工程的负责人（不管是公司还是政府）对项目的可行性就应该有数了，也就是说，工程需要的基本技术和人力、物力、资源都是有准备的。比如，埃菲尔铁塔施工前已经画好了图纸，埃菲尔先生已经有造过几十座铁桥的经验，他对铁塔的技术和成本心中有数。比如，铁塔底层的四个支脚支撑的第一层平台施工难度很大，支脚的角度不能有偏差，否则第一层平台就铆接不起来，这有点“差之毫厘，失之千里”的风险。但埃菲尔对此早有方案，铁塔的支脚施工时是埋在沙坑里的，如此支脚的角度就可以精确地测量后再作调整。总之，铁塔最终的成功在别人眼里是“奇迹”，在埃菲尔先生看来这是设计图纸和施工管理的必然结果。

当然，埃菲尔先生的铁塔工程比研制原子弹的曼哈顿工程可是有把握得多了。原子弹研制涉及的是“崭新出炉”的科学原理，几乎所有的相关技术根本来不及探索和积累。尽管决策人对原子弹原理的可靠性没有怀疑，但对工程最终的成功谁也没有绝对的把握。据说，在试爆第一颗原子弹的信号发出前的最后几秒钟，身负重任的奥本海默教授紧张得几乎停止了呼吸，他紧握住掩体里的柱子使自己镇定，几秒后原子弹爆炸时突然的闪光才使他松了一口气。

奥本海默在美国加州大学伯克利分校创建了当时美国第一流的物理系，是一位著名而潇洒的物理学教授，但工程的压力还是使他不堪重负。那时，同样心情紧张的还有美国科学研究与发展局的负责人万·布什，毕竟原子弹研制工程可行的结论报告是他负责编写的。如果曼哈顿项目失败了，万·布什会有一种无法对政府和公众交代的感觉。

由此看来，结果的可预测性决定了成就感：

科学原理的发现没法预料，因此特别激动人心；技术发明和改进没有确定的时间表，但技术的逐步完善过程使其多少失去了令人惊喜的成分；而工程项目是一项有策划有设计的工作，成功属正常，失败则令人大失所望。所以，从事科学和技术领域的工作有成就感，而从事工程领域的工作则是责任感压倒了一切。由此我们也可以认识科学、技术和工程这三个领域的差别。

工程不是乐观主义的事业

颇有讽刺意味的是，社会对科学发现和技术发明报以欢呼，但人们对工程的失误或失败却没有宽容心。对工程失误的不宽容自然有其道理，但这也难免使从事工程的工程师特别是工程负责人显得很“保守”。工程不是乐观主义的事业有几个原因：首先，从古至今，每项工程耗费的资源都不是小数目。在社会财富并不丰裕的古代和近代，一项工程都要举整个城邦甚至整个国家之人力物力，持续多年才能完成。

为什么工程要花这么多钱？因为一个项目可称为“工程”，就是规模大，耗费的人工成本极高。在蒸汽机发明使用以前，全世界的加工和运输工具都比较简单，工程用的原材料采集、加工和大部分的运输都是使用简单工具的人工活。埃及的大金字塔用了约230万块磨光的石灰岩石砌成，平均每块岩石重量约2.5吨；欧洲一个大教堂所用的各种规格的石料也难以计数，一条运河开挖的土方在古代没有数字可以表达，人力物力其实就是财力。

即使到了19世纪末和20世纪初，由于技术还不够强大，很多工程耗费的社会资源还是极高的。例如，作为现代工程奇迹之一的巴拿马运河于1914年竣工，1915年通航，1920年起运河成为国际通航水道（由于巴拿马运河的开通，太平洋与大西洋之间的航程比原来缩短了5,000千米至10,000千米）。但巴拿马运河工程的困难和耗去的资源超出了人们的计划和想象。1880年，法国的“全球巴拿马洋际运河公司”就开工挖凿巴拿马运河。然而，因流行病的发生、蔓延以及财政上的重重困难，挖凿工程终于在1889年停顿，这家法国公司宣告破产。1901年，美国获得了开凿、经营和管理巴拿马运河的特权，在法国原先开凿运河航道的基础上，美国又继续投资了3.87亿美元（当时），在已经有炸药和挖掘机的条件下，还动用了数十万人工。

从工程经费和科研经费的对比，可以清楚地看出工程费用之高。1939年，弗洛里从美国洛克菲勒基金会获得了每年5,000美元的资助，整个牛津团队就很兴奋了，因为当时5,000美元是笔大钱。另一方面，辉瑞公司投资青霉素深罐发酵的工业化却花费300万美元，与当年美国整个国家的药品销售额相当。原子弹研制涉及20亿美元的投入，当时只有美国的国力和军事投入才有能力承受，也只有格罗夫斯这样的军用工程负责人才有经验和魄力掌控。

工程需要庞大的资源，可是资源也总是会受到制约的，工程的另一个特点是受（完成）时间的制约。没有人可以计划出科学发现的时间，也不能规定技术发明的时限。但是，人们必须要对工程项目的完成期限做出规划。工程要有期限的原因，部分是出于每项工程都有特定的目的，一项工程的工期如果严重拖延了，往往该项工程就会失去意义。原子弹作为武器一定要拼命在战争期间研制出来，如果第二次世界大战都结束了，格罗夫斯和奥本海默还能把成千上万的科学家留在沙漠实验室里苦干？投入青霉素开发的企业也有清晰的时间节点，如果在盟军欧洲登陆前没有生产出足够的制剂，青霉素开发的意义就小多了。大工程项目对资源消耗巨大，工程拖下去会出现“粮草”接不上的窘境。所以，现代工程的进度与社会容忍度或市场竞争力紧密相连，如果一个工程中断了，以后即使有了资源也不一定能延续下去。

总之，**资源的限制、应用的期限和市场的竞争是不允许让工程没完没了地拖下去的。所以，工**

程的投资者和组织者不得不在项目启动前反复权衡“可行性”。而工程师，特别是工程项目的负责人需步步考虑风险和责任。他们一般都不会冒险采用没有把握的技术或操作，这与科学家、技术发明家的探索心理完全不一样。

此外，对于规模较大的项目来说，协调通常是很困难的。从这个角度看，研制原子弹的曼哈顿项目也不算典型的工程，因为战争期间的军工项目一般是不惜代价的，从科学家、工程技术人员到大大小小的公司都服从指挥和协调，常规的工程项目显然不可能有如此高效的组织和协调。大规模的工程项目都需要几个团队或不同公司合作完成，一个团队的解决方案对于另一个团队来说可能反而是障碍，因此需要充分讨论来加以协调。现在的工程项目成功与否，很大程度上依赖于工程团队、融资系统、投资者以及其他参与者利益关系的协调。**工程是不能单凭智力取得成功的，这又是一个很难被局外人理解的困难。**

如果知道了工程的投入和制约、工程项目实施过程中涉及的困难，我们多少可以理解一点工程负责人和工程师为什么总是不乐观了。

进入工程的时代

通常人们都把科学、技术和工程的领域分得过于清晰了。实际上，在第二次世界大战前后已经不是天才科学家和技术发明家个人单打独斗的时代了。**如果说工程的特征是使用比较丰富的资源、需要严密的组织的话，那现在的科学研究和技术发明活动也具有这样的特征，**科学研究和技术发明的工程化从“二战”时期已初见端倪。

在青霉素科学研究和应用开发过程中，弗洛里领导的牛津大学病理学院起到了关键的作用。早在1935年弗洛里就开始组织多学科的联合研究队伍，这表明他作为科研组织的领导者具备了多种才能和优点：

> 第一，他具有大科学家的才能，能够提出跨学科构想并付诸实施；第二，他拥有良好的学术声誉和受人称道的人品，很自然地得到同行的认可和同事们的信任，这些在他赴美国争取对青霉素开发的支持时有最好的体现；第三，弗洛里还有一种特殊的能力，能够争取到经费（美国洛克菲勒基金会资助）和企业的支持。青霉素作为抗菌素的发现和开发在牛津大学的实验室就有了工程化的影子。

再说因改进粒子加速器获诺贝尔奖的欧内斯特·劳伦斯（Ernest Orlando Lawrence），他在原子弹研制项目中负责铀同位素的分离。此前，他在加州大学创建了实验室，虽然劳伦斯有天才的发明感觉和百折不挠的毅力，但相对于技术问题，辐射实验室的经费来源使劳伦斯更伤脑筋，他不得不用大量时间到企业去“筹款”，寻访可能捐款的人。正是劳伦斯的筹集经费的能力，保证了他有足够的经费维护和改进他的加速器，这使他领导的辐射实验室成为最富科学和技术成果的实验室之一（前后有8人分别获得诺贝尔物理学和化学奖）。

现在回顾起来看，弗洛里和劳伦斯的成功都是由于组织多学科团队、追求功能强大的实验手段，他们的年代、他们的成功也可以说是科学研究活动的转折点。在此之前，生产科学知识的典型方式，是科学家独自一人或者还有几名合作者，在一间小实验室里单独搞研究。甚至在20世纪初期的20年间，还有纯理论的物理学家在大学或研究所里独自做出惊人的科学发现。自从第二次世界大战后，研究工作开始要求有大型的场所和昂贵的设备，这超过了个人实验者甚至大学或小型研究机构的负担能力。

科学知识是积累的，科学的基础和框架已经基本完成。现在有影响的科学研究只能靠大投入，使用超强的技术和装备，来做一些前人没有条件开展的研究工作。因此，组织起来的研究群体取代了科学家个体或小团队的分散工作，研究团队的成员逐渐成为科学生产线上的“操作人员”。从一定意义上说，**现在的科学研究成果往往取决于研究团队的规模和经费。**所以，现代科学研究的工程化是必然的趋势，在科学界也显示出工程项目管理的规划设计、组织严密等特点。

再看技术的发明和创新过程。事实上，很难把某项发明完全归功于某一个发明家，无论这个发明家是多么伟大的天才。一项发明往往是由数不清的人在各个不同的历史时期、为了不同的目的而不断改进积淀，我们称某个人做出了某项发明，往往是一个很简单化的说法。这既有媒体宣传鼓动的作用，也有专利垄断的原因。**但技术发明实际上是复杂的社会过程，任何完全成熟的机器都是高度复合的产品。**拿智能手机来说，现在的产品就是多达1,000项以上的专利技术的组合，即使不算加工和销售的工作，仅智能手机的技术发展和组合也可以算是一个很庞大的工程项目了。

工程化进行技术开发的典型例子还有计算机软件的设计。软件设计一开始是需要创造力的，很多软件的最初版本都是由顶尖的人才构思和编程的。但一个应用很广的软件必然很庞大，是由层次分明的子系统构成，也积累了对以前版本的改进和完善。一个软件膨胀到一定程度，由一个人或几个人继续开发维护就不现实了。为了开发成功一个大型软件，软件公司必须考虑如何分工和组织，使软件的开发过程不会因规模和复杂性而失控。所以，软件的开发也是一项规模不小的工程。

总之，现在我们使用的各种技术，包括与生活和工作直接有关的产品和工具，与人们以前所使用的简单技术和工具很不一样了。现代的技术发明和产品开发不是个人施展身手的舞台，也不是非常依赖于天才的灵感。**从事技术开发领域的企业，对技术改进和产品开发的管理相当严格，对可行性（包括市场销售的判断）的研究更为重视。**当然，技术开发的高投入也可能令人吃惊。如此，现代的技术和产品的开发难道不是也工程化了？

最后，我们来了解一下实施工程项目的主体——企业。

现代文明的物质基础是工业和商业体系，而使它活跃起来的主导力量是企业（或称公司）。企业是一个由许多相互结合的功能构成的整体组织，而不是一大堆只是各自管各自工作的部门的凑合。不过，人们往往看到的是成功企业的商业行为，以为他们只是用商业的方法将科学发现和技术发明转化为产品而获利。其实，很多企业早就成为技术开发的主角，同时它们还参与了广泛的科学研究活动。

现在很多企业都设置了“研究开发部”。“研究”的意义主要还是科学领域或技术原理方面的探索工作。对企业来说，“研究”会加上实用性，其探索的目的往往是使新产品、新系统和新工艺流程初具雏形。“开发”的含义则是“从小到大、从不成熟到成熟”的过程。“开发”在企业的研究活动中占据绝大部分的内容（也许90%以上），很多企业都有几乎做不完的“开发”工作，涉及的因素和内容很广泛：从理解必要的科学知识，到材料选择、漂亮外观的设计、制造过程、成本和资金，直至营销。此外，我们不要忽略许多公司几乎不做什么科学研究和技术开发也能够成功。比如，个人电脑厂商康柏、戴尔，零售业连锁企业沃尔玛公司，餐饮业连锁企业麦当劳、肯德基等，这类公司并没有多少值得夸耀的科研成果和技术发明。这些企业成功的秘诀不在于研究，而在于其生产、营销和配送等领域的管理效率，市场开发和管理效率使得公司在市场上有强大的竞争力。但不管怎样的方式，**企业的经营就是在实施一项项工程，需要权衡资源投入和产出、需要有效的分工和组织。**如果我们对现代企业有一定的认识，就可以帮助我们更清楚地认识工程的特点，反之亦然。

现在的社会进入了一个工程化的时代，这意味着，现代社会组织从事的工作都具有工程的特征，**过去那种工作范围较小、性质简单、个人经常发挥很大作用的年代已经过去了。**工程活动和工程思维对人们的工作和生活会产生更显著的影响，这也是我们要认真地了解工程的原因和意义所在。

让我们再引用一次阿西莫夫的名言：

“科学使人愉悦，但工程改变世界。”

第四章 化学工程学的启示

化学产品与人类生活

现代社会人们日常使用的商品成千上万，这些商品是最终的产品（Finished Products），其中大部分商品都由许多化学中间产品（Intermediate Products）组成。例如，洗发水（成品）可能由以下几种中间产品调配而成：“肥皂”（几种）用于清洁、营养（广告中承诺的滋养头发的作用），颜料（给洗发水赋予悦目的颜色）、香味、表面活性剂、增稠剂、防腐剂等。

现代的经济社会是由商品的供求关系构成的。满足社会需求的终端商品生产公司需要多种特定的原料，这些原料通常是由其他的专业公司生产的。成功开发青霉素深罐发酵技术的辉瑞公司，当年就是一家为美国饮料企业（如可口可乐、苏打水）提供柠檬酸等中间产品的化工企业。一个生产企业的原料通常是另一家企业的产品，市场的需求就这样一级级在工业体系的网络中传递和交易，最后会传递到最基本的资源，如原油、生物副产品、食品或矿石。

遍布各地的加油站

再从基本原料的角度来看化学产品的“台阶”和网络。最基础的原料只有约10种（石油、天然气、煤、生物质、盐、磷、硫、空气、水等），由此生产出基本化工原料约20种（如乙烯、丙烯、丁烯、苯、合成气、乙炔、氨、硫酸、碱、氯等），从化工基本原料可以生产出约300种重要的中间产品：甲醇、二氯乙烷、苯乙烯、甲醛、环氧乙烷、醋酸、丙烯腈、环己烷等；这些基本原料由无数的企业转化为更有附加值的精细化工产品和终端消费品，这个层次的化工产品成千上万，包括塑料、医药、染料、溶剂、肥料、纤维、添加剂、日用消费品等。化工产品的构成可以用下面的“产品树”来表示，“产品树”的主干、枝干到树冠都是由不同的企业分工生产的。

人人需要的日用品

现在，枝繁叶茂的化学工业“产品树”，其实长成时间并不长。200多年前，化学工业起步时的品种并不多，主要是硫酸、纯碱等用于纺织和玻璃的化工产品。19世纪50年代后，有机化学等化学科学的突飞猛进，使得各种化学品（包括药物、染料等）纷纷被发现、合成和生产，人们发现化学品的种类原来很多（那时的主要原料是煤）。第二次世界大战后，石油化工的发展和高分子化学结合，创造出了具有不同化学和物理特性的聚合物材料，如塑料、树脂、人造橡胶和纤维等。

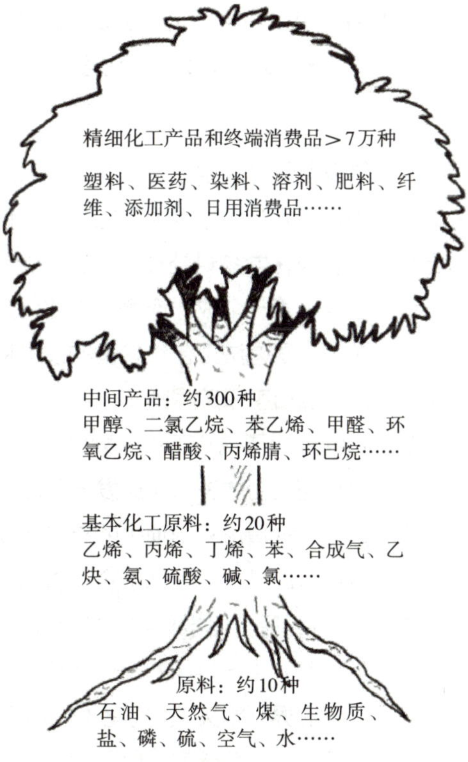

化学工业“产品树”

现代化学产品遍及人类生产和生活的各个领域，农业需要化学肥料、农药、杀虫剂和兽药；石油炼制生产各种油品和基础化工原料；矿山及油田开采需要炸药、浮选剂和油井化学处理剂；冶金和机械工业需要助熔剂、浸取剂、酸洗剂和表面处理剂；纺织工业需要碱、洗涤剂、漂白剂、染料和人造纤维；建筑业使用各种合成建筑材料，这些全都是化学产品。此外，电子工业需要的化学产品也特别多（可能有上千种），电子元器件（包括芯片）生产过程中需要特种气体、超净高纯试剂及多种化学材料和助剂，没有这些化学产品就没有电子信息产品。在当今世界上人类生产生活的各个方面——衣、食、住、行、卫生、通讯、娱乐和安全等都离不开化学产品。**但通常人们并不直接接触到化学产品，意识不到现代社会对化学工业“产品树”的依赖。实际上，这棵“产品树”的长成是企业家、化学家和化学工程师共同努力的结果，其中，化学工程师在很多产品的开发过程中起到了关键作用。**

科学和化学工业之间

现代的化学工业是在化学科学比较成熟后才发展起来的，化学工业与科学和技术的关系很紧密。不过，即使在20世纪前后，化学科学界和企业界还很少有交集，基本上是各行其道的。

著名的氨碱法开发过程就没有得到化学科学的帮助。

E.索尔维

E.索尔维（E. Ernest Solvay，1838—1922），比利时人。1861年他用氨溶液、二氧化碳与食盐为原料制取碳酸钠（Na_2CO_3），获得了氨碱法生产碳酸钠（纯碱）的发明专利。其实，在化学实验室里制取碳酸钠并不困难，氨碱法的优点是不产生老工艺（吕布兰法）的污染，但氨的回收和循环利用决定了氨碱法的成败。因为有家族经济实力的支撑，索尔维在1863年建了一个制碱工厂，从此开始了氨碱法工业化的漫长历程。

索尔维没有受过大学教育，他对氨碱法过程的化学原理没有多大兴趣。那时的化学工业没有什么基础，也没有可以直接利用的设备和材料，所有的关键设备都必须自己发明、设计。他自己凭感觉和经验解决化学物料处理、工艺设计和设备设计问题。1872年，索尔维著名的碳化塔取得专利，这是世界上第一个成功连续操作的化工设备，他们兄弟还发明了产生二氧化碳的窑炉和煅烧碳酸氢钠的转炉。氨碱法工艺和设备的改进持续了半个世纪，对此，化学家没有什么贡献，**索尔维自己集企业家、发明家和工程师于一身。**

在索尔维开始氨碱法工业探索的同时，德国有机化学家在染料开发领域逐渐超过英国。随后，德国的染料和药品合成进入快速发展阶段，很快垄断了欧洲和世界市场。德国的染料和药品合成的工业化又是另一种情形：由顶尖的有机化学家挂帅，会同机械工程师，在工业上成功实现化学实验室的复杂有机合成过程。在德国企业看来，产品的成功与否主要取决于化学家的科学功力。

进入20世纪后，化学科学又取得了新的进展，特别是物理化学的诞生促进了化学平衡和催化剂的研究。从此，化学科学的研究成果和基础化学工业产品联系起来了。也是从这时起，生产基本化工产品的工业界开始关注化学家们的实验室，或者仿效德国企业建立自己的研发机构。可是，很快企业就意识到**实验室研究成果工业化生产不是件容易的事，**把化学家的论文或专利应用到工业规模生产就变样了。换句话说，化学家的研究成果很科学很美好，但现实中往往实现不了。难道化学家的科学研究成果和工业规模的生产是两回事？

吃了很多苦头的工程师和参与工业实践的化学家逐渐认识到，**实验室的化学操作和工业规模生产还真的不是一回事，**化学的科学研究成果推广到工业规模的生产会有问题和效应，这些问题和效应可能会很严重，这就是化工过程开发的“放大”效应。

实验室玻璃实验设备

谈及“放大”效应，首先，人们想到的是实验用的容器常用玻璃，生产工厂的设备肯定是用金属和其他坚固的材料建造。其次，工业化的生产规模肯定比实验室的产出量大得多。这两点都是由工业生产的现实和本质决定的。

精细化工产品的生产规模

石油化工生产企业

工业生产装置不可能使用化学实验室实验设备的材料，通常玻璃仪器虽然透明而且防腐蚀，但对工业操作是不合适的。为了替换玻璃，化工行业成为特种材料的使用大户，甚至有些材料本身就是为特殊的化工生产过程开发的。但化工过程的放大困难远不止容器材质的替换问题。为了理解化学品生产“放大”的复杂和困难，我们可以把化学工业与其他行业作对比。

有很多类型的产品规模或产量的放大是其原型（机）数量的增加，如计算机、汽车、手机等。汽车企业的开发部一直在研究、设计、改进的新车，这款车就是将来投入市场的原型车，定型后由生产线源源不断地生产。所以，这类产品“原型机”的研制起到决定性作用，工业生产线就是高效率地“复制”原型机。

小汽车生产线

有趣的是，同样是交通运输工具，船舶制造与汽车很不相同，如果船厂能够制造 1 万吨的

大中型油船的对比

船舶，而现在需要制造10万吨的大船，怎么办？增加“原型船”数量来凑吨位的想法不可行，绝不可能用10艘1万吨的船队来顶1艘10万吨轮船，这从制造投资到运行成本企业都无法接受，尽管这样“放大”没有技术上的风险！可是，如果把1艘1万吨轮船的各部分都按比例放大10倍就可以成为1艘10万吨轮船吗？汽轮机部件的尺寸放大10倍，钢板厚度增加10倍，这样按尺寸比例放大的船是开不动的，甚至是造不出来的（因为物体的体积和相应的面积不可能做到同比例放大或缩小）。船舶的放大不是在“原型船”数量上扩产，必须制造高效率的汽轮机、重新设计船体的结构、研究材料的强度和行驶的控制性能，等等。

化学产品的“放大”与船舶的“放大”类似，也是不能把原有规模按比例放大，而且化学产品的工业化生产“放大”比船舶放大还要困难。因为要达到工业规模的生产，整个过程的工艺、设备、材料都可能变得面目全非。在讲述青霉素开发故事时已经多次提到，牛津团队不能把青霉素发酵用的瓷盘设计得太大，否则难以操作，更重要的是，增加瓷盘的数量也不是办法。化工生产线的能力是由装置的体积决定的，产量的要求决定了容器（反应器或其他设备）的体积。显然，这个总体积并不能由无数个实验室小设备并联起来，这种简单的“加法”既不经济又不可行。**一般来说，“放大”的问题就是体系尺度改变后，内部区域的物理条件不可能维持不变，**这必然引起区域物料条件（温度、浓度、压力等）的改变，造成整个结果难以预测甚至无法控制。所以，简单地按比例放大不仅得不到高的产量，最终连合格的产品也得不到，甚至可能还要出事故。

工业上的化学工艺流程不是实验室化学反应的简单放大和翻版，除受到成本、生产容量和环境影响等方面的约束外，还有很多影响化学反应过程从实验室规模放大到工业反应器的问题。**为了提高工业生产效率，对产量比较大的产品需要把实验室的操作模式（分批、间歇）转换成工业上的连续操作，这种转换会产生更多的问题。**比如，工业上的物料通常需要再循环，因为几乎没有化学反应能够在反应阶段彻底完成。因此，反应阶段的产物不仅包含目的产品，还有未反应的原料、副产物和少量杂质。副产物怎么利用，未反应的原料怎么分离，杂质怎么处理，经过长期的循环操作微量或痕量的杂质积累会达到什么程度？会给整个系统造成什么问题？这些都是实验室研究人员不关心、也无法预测的结果。然而，作为生产企业却无法回避这些问题。

很少有人会意识到实验室成果推广到实际生产过程之艰难，也想象不出从小规模生产放大到大规模生产的困难。总之，实验室研究出一点样品，不等于可以规模生产。从小规模生产到大规模生产，从不稳定生产到稳定生产，短期稳定生产到长期稳定生产，每一次转变都有本质的不同，都是一次技术能力的飞跃，而且难度越来越高。更让人无奈的是，化学产品品种太多，几乎每个产品的工业“放大”都有其特殊性，使得一个产品的“放大”经验很难成功地移植到另一个产品的开发过程中。

对化学家来说，在实验室里制备出一种新的化学产品是他们的强项，但如果让他们掌管化学产品的工业化生产开发，那就苦了这些化学家。20世纪初，美国很多化工企业聘用化学家负责产品开发，这些进入企业的化学家经历了科学家向工程师转变的艰难历程。也是从这时候开始，化工界意识到需要有一个职业来沟通化学家和工业需求，这个职业后来被称为“化学工程师”。1908年，美国化学会以微弱的优势表决同意成立美国化学工程师协会（AIChE）。1920年，MIT成立了世界上第一个独立的化学工程系。

难以定义的化学工程师

20世纪初，化学工程师与土木工程师、机械工程师、电气工程师一起被列为四大工程师职业。可是，如果有人问化学工程师主要是干什么的？这让人很难回答。公众对其他三大工程师的工作多少有些基本认识，但对化学工程师的工作感到迷惑。究其原因，多半是“化学工程师”这个名称太宽泛。化学是一门基础的科学，用化学作为定语来定义一个工程行业，难免失之空泛（假设有一种“物理工程师”的职业，那更会有疑问：物理工程师是干什么的？）。

化学工程师的名称确实不太准确，多少年来一直有人尝试想改一改。“化学产品工程师”这个名称怎么样？可是，化学产品的品种多得不可胜数，性质性能千差万别，产品工程师也同样空泛。同样，如果把化学工程师替换为材料工程师、化学工艺工程师，或者再细分为无机化学工程师、聚合物加工工程师、药物工程师，又如何呢？这样的名称已经是很狭窄了，但还是没有针对性。换句话说，**化学产品的品种太多，要想概括起来，空泛是难免的。**既然找不到更合适的名称来替换化学工程师，那就只好寻求对化学工程师尽量清晰的解释。

首先，**化学工程师（Chemical Engineer）这个名称重点不是化学，而是工程师！**

最先被称为“工程师”的是军人。在中世纪的欧洲，工程师还是军队的一支特种兵种，“工程”就是与军事行动相关的路桥建筑、机械机器等。大型军事行动都是需要细致筹划的：进攻的武器需要多少？前进的道路哪里需要架桥？木匠、铁匠和石匠要多少人？需要多少材料和工具？这些行动需要大量的金钱和人力，所以需要专业的军团来规划、设计和计算，然后执行、监督和管理这复杂的计划。后来，“工程”这个词就不限于军事方面了，但工程师的职责仍然是对一个项目进行筹划、执行和管理。通常称之为“工程”的活动都需要耗费很多资源。所以，自近代以来，工程师成为一个非常重要的职业。

其次，对化学工程师的定语“化学”的理解也是了解这个职业的关键。化学是自然科学的一个基础和重要的分支，研究对象是物质分子层次的成分、性质和反应。化学家的兴趣在于研究和发现，他们成就的体现是率先发表论文。化学家不会顾及实验的试剂材料是否昂贵、操作方法模式是否经济，而且实验室研究产生的副产物和污染通常量很少，通常不会对环境造成什么影响。而**化学工程师涉及的“化学”并不是化学科学研究，而是紧随化学实验室研究后面的化工过程开发。**化学工程师负责将实验室规模的研究结果转变为工业制造规模的产品，因为受到市场、投资、环境等因素的制约，技术和经济可行性占据了工程师思维的最重要位置。而且，我们再三强调过，化工产品的大规模生产不是简单地根据实验室方法“放大”就可以成功的。

也许，我们可以用交响乐团的演奏过程来比喻从事化工工程开发。不过，这次乐队指挥并不是拿到了完整的作品，而只是作曲家展示了一段主题旋律。为了构成一首交响曲，指挥必须在主旋律的基础上完成总谱，根据旋律的特点构思呈示部、发展部和再现部，配上相应乐器，构成乐曲的总谱。这样作曲兼演奏的指挥者必须完全理解音乐家的意图和各种乐器的特长，才能最大限度地表现作品。在演奏过程中，乐团成员（其他专业的工程师和施工单位）手中的是分谱，只需要服从指挥，演奏好自己的乐器；而指挥必须熟悉乐曲的总谱，协调好各种乐器。所以，在实际演奏过程中，乐团指挥肩负着使整个的演奏成为一个整体的责任并对演出效果负责。

化工过程的开发就像交响乐演奏的过程，提供旋律和乐思的是化学家或发明家，这个没有完整乐谱的指挥就是化学工程师（团队），其中项目的负责人就是化学工程师团队的指挥。就像指挥要对整个演奏的效果负责一样，化学工程师也必须对整个工程开发项目负责，因为化学家的研究成果是交到化学工程师手上的，而其他专业的工程技术人员基本上是按化学工程师的要求和条件干活。当然，化工项目开发的责任比演奏一曲交响乐要重得多，搞砸一个工程项目的后果和责任不是一场音乐会的效果好坏可比拟的。

化学工程师需要处理非常复杂的化工生产系统，要能够把化学家的研究结果“放大”到工业规模，需要进一步将想法发展成详细的设计，并能够组织施工，解决试生产和正式生产中的问题，直到将产品成功地投入市场。但是，化工产品的品种太多，几乎每个品种从原料到产量、生产条件都不相同，而且即使是同一个品种，所用原料不同或工艺不同，特别是生产规模不同都会出现不同的问题，这意味着**一个产品的开发经验对另一个产品的开发几乎没有什么参考价值。**化学产品就是这么有个性，在很长一段时间里，如何培养化学工程师是一个困难的任务，因为**化学工程师很难做到其他工程师那样有“通用”的能力。**化学实验室与工业生产之间有一条鸿沟，需要化学工程师架设工业工艺设计和设备的桥梁。20世纪初期的化工过程开发都是实践性或经验性的，那时的化学工程师很少依靠数量分析和理性计算，他们的成功都付出了很大的代价，耗费了企业和投资者巨大的财力，接触法制硫酸、索尔维制碱、合成氨莫不如此。

针对化学工程师培养过程的困境，美国麻省理工学院的校友**里特尔（Arthur D. Little）凭着他从事咨询行业的广泛经历，认识到大学化学工程师培养的课程及教学方法需要一次真正的变革，必须对多种多样的化工过程来一次抽象认识。**1915年，里特尔以校友会的名义向MIT院长提出化学工程师课程设置的建议。他首次提出的“单元操作”（Unit Operations）概念，明确表述道：**“所有的化学过程，无论其操作规模的大小，都可能分解成为一系列相互关联的‘单元操作’。这些基本操作的数目并不多，而且对任何具体的生产过程，只由几个‘操作’构成。”里特尔认为，通过掌握数量有限的“单元操作”所含的定性和定量规律，化学工程师对各种化工产品的工业装置的设计将比较有把握。**随后，美国诞生了一门工程学科——化学工程学，这个学科用物理、化学、物理化学的基本原理和必要的数学工具，分门别类地研究化学工业上常用的设备和操作。从此，化学工程师的教育目标开始转向培养化学工业的通用人才，这也为化学研究成果比较顺利地工业化奠定了工程理论基础。

化学工程学使化学工程师得到有效的教育和训练，从此化学工程师有了自己独有的“工具箱”，在开始职业的道路上走顺畅了。化学工程学教育的成功得到了企业的认可，1930年后，美国化工（包括炼油）企业和其他企业聘用了大量化学工程师。20世纪中期，杜邦公司132,000位雇员中有约4,300位化学工程师。

因为化学工程学科的创立和发展，化学工程师的职业工作范围和职责有了比较明确的界定。多年后，美国化学工程师学会（AIChE）提出了以下定义："化学工程师"使用科学和数学，特别是化学、生物化学、应用数学和工程原理，把实验室的成果或其他概念想法转化为具有效益、安全性（包括环境）和尖端工艺的增值产品。化学工程师帮助创造的过程和产品涉及我们生活的各个方面，从开发更小、更快的计算机芯片到回收电子产品、开发新药、清洁水和能源生产等。

这样的定义使人觉得化学工程师无所不能，可是现实的工业界并不是离不开化学工程师的。换句话说，解决化学产品工业化的问题可以有多种方式，也可以由其他专业的人才挂帅。例如，辉瑞公司开发柠檬酸发酵工艺的负责人是学化学出身的年轻人，经过几年的探索获得成功。但面临青霉素深罐发酵项目开发时，负责人麦基恩是出自化学工程专业的工程师，辉瑞公司委托了化学工程学博士玛格丽特·哈钦森为设计负责人。或许，**受过化学工程学训练的化学工程师比较擅长处理复杂的过程开发项目，工作的效率和项目的成功率会高些。**以前曾有人开玩笑说，如果世界上只能保留一个工程师职业的话，那肯定会选择化学工程师。

辉瑞公司早期的柠檬酸发酵设备

辉瑞公司首次开发的青霉素深罐发酵工艺

创新和化学工程师

"创新"（Innovation）一词在20世纪30年代开始被西方经济学家使用。按通常的说法，创新是新想法，加上行动与应用，推动了进步、产生了回报或创造了利益。照这样定义，创新既是一个技术过程，又是一种商业过程。

仔细探究一下创新的含义也许是有意义的。首先，**创新不是科学发现的同义词。**科学研究中的新发现是很少能被直接应用的，科学只能一般性地提供有助于技术和工程进步的基础知识。科学和技术、工程各自服从不同的规律，从基础研究到应用探索，再到技术开发和实际应用，中间并不存在什么因果链。也就是说，在决定创新的成果时，科学并不是决定性的因素。

创新也是有别于技术发明的，发明（Invention）是指有用的新技术的概念、思想或观念，它可以是产品、工艺、结构或设计。一般来说，发明是可以申请专利的，但没有听说有什么创新获得了专利权。创新过程可能是长期的，尽管在这个过程中会产生一些新发明，但创新显然不是以技术发明为目的的活动。

换个角度来看，如果科学知识可以直接导致新技术的发明，又能顺利地实现工业化生产，产品或服务很快获得显著的经济效益，那也许“创新”这个词就没有必要了。创新可能是一项或多项新技术在企业（或其他组织）实现的过程。相对而言，创新与工程的意思比较接近，但创新与工程也有根本性的差别，创新没有明确的目标，也没有办法规定完成的期限；工程不容忍失败（必须有技术上的把握），而创新是一个追求成功的过程，或者说，不成功就不能算是创新。

化学工业的产品开发和化学工程师的工作是“创新”这个词很好的注释。

利用氮气与氢气直接合成氨的工业生产曾是一个较难的课题，直至1909年，德国物理化学家弗里茨·哈伯（Fritz Haber，1868—1934，1918年获诺贝尔化学奖）用锇催化剂将氮气与氢气在17.5~20兆帕和500~600摄氏度下直接合成，反应器出口得到6%的氨，小试验装置每小时生成80克合成氨。也就是说，哈伯的成就是把化学热力学和催化剂的应用结合起来，在实验室小装置上演示了人工合成氨的可行性。

巴斯夫公司（Badische Anilin-und-Soda-Fabrik，德国巴登苯胺苏打公司）买下了哈伯的合成氨发明专利，从1909年开始进行工业合成氨生产的开发。

他们很清楚哈伯使用的催化剂并不实用，工业上使用的催化剂必须既有效又稳定，还要原料便宜易得。巴斯夫公司的合成氨工业化攻关过程中很重要的技术环节是寻找工业适用的催化剂。当时筛选催化剂的方法很原始，并没有什么科学理论的指导，基本上都是拼人力和投资做大量的试验。公司的化学家团队试验了2,500种物质，做了约6,500次试验，最后筛选出铁和氧化铝的混合物用作催化剂。

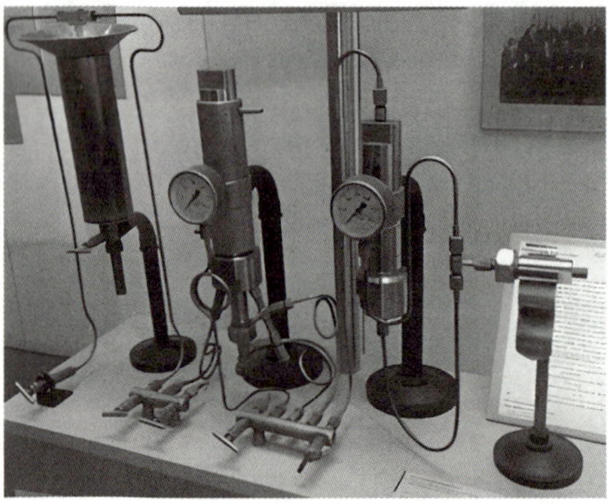

哈伯的合成氨试验小装置

现代大型合成氨生产装置（产量达2,000吨/天）

氢气、氮气是合成氨的原料，工业上生产合成氨还得开发能够大量生产原料气体的方法。最后选择的工艺路线是对空气进行深度冷凝后分离出氮气，用水煤气制造氢气。开发能耐高温、耐高压的设备，是实现合成氨工艺创新的关键。什么材料能耐高温和高压呢？公司委托德国最著名的军火制造企业克劳伯公司用造大炮的材料制造合成反应器。为了解决氢气会腐蚀碳钢的难题，后来他们给碳钢加了一层铁制的衬里。1910年，巴斯夫公司建立合成氨中间试验工厂，据说合成氨反应器前后就加工了20套。1912年，巴斯夫公司决定建设合成氨工厂，设计年产量为9,000吨合成氨。整个开发过程持续了好几年，由公司的研究部主任博施（Bosch Carl，1874—1940，1931年因高压技术成就获诺贝尔奖）负责攻关，开发合成氨的团队有180多名化学家和1,000多名技术人员（德国很长时间没有化学工程师，而称“工业化学家”，但实际进行的工作还是属于化学工程师的范围）。

1920年后，类似合成氨开发这样的创新在化学工业中屡见不鲜。在化工产品的开发过程中，我们再三强调了“放大”的困难，不能期望从科学发现和技术的突破中得到立竿见影的经济效果。**创新活动是一个累积的开发过程，往往当这些改进积累到一定程度后，才会有质的飞跃，即最初的科学发现和技术发明实现了商业化。**

人们传统的观念认为大企业比较保守，不创新或不能创新，这是一个误解。确实，大企业创新的项目（或产品）其源头也许并不是来自内部的研究成果。但大企业启动一个大项目后，往往还有能力对基本成功的项目进行持续的改进，这种渐进的改进需要持续的高额投资。因此，财大气粗的化工和炼油大企业创新成绩斐然绝非偶然。

著名的炼油和石油化工公司Amoco开发聚合级对苯二甲酸PTA（Fiber-grade, Pure Terephthalic Acid）就是一个很好的例子。1958年，公司购买技术建成第一个对苯二甲酸（TA）生产厂，建设这套装置耗时长，成本高，原因是催化反应的体系有严重的腐蚀性，过程涉及的设备非一般的材料可以承受。此外，对苯二甲酸是熔点很高的固体，为提高产品纯度而分离其中的杂质很麻烦。Amoco公司从这套装置起步，开始了对苯二甲酸生产工艺技术的持续改进，反应器由间歇分批式改成了连续操作。最有意义的进步是对产品提纯工艺的改进，聚合级对苯二甲酸要求纯度达99.7%以上，以前的提纯工艺是将98%的产品加甲醇反应生产相应的酯，对酯进行分离提纯后，再把高纯度的对苯二甲酯酸化、提纯，最终才成为聚合级的产品。Amoco公司的化学工程师经过探索实践，用新的分离手段代替了甲醇酯化精制工艺，将98%的产品直接精制达到聚合级产品。直接提纯技术比传统的甲醇酯化工艺降低了约17%的成本，基本上将原有的酯化工艺淘汰出局。1990年后，Amoco成为世界上最大的PTA和PX（对二甲苯）生产商。

从合成氨和PTA创新的例子，我们可以体会“工程”与“创新”的差别。创新活动没有工程项目那么严格的时间和资源限制，工程项目要求有比较成熟的技术基础，而创新可能是长期、持续的改进。由于创新需要持续的资金投入，创新的结果往往难以预料，所以创新带来的社会效益和经济效益不像工程项目那么快捷，但是，一旦一些创新成功后，带来的经济效益或社会效益会为该领域带来革命性变化。

另一方面，“创新”这个词还包含更多的内容，也就是说，**创新的意思并不限定于市场化或经济上的成功。**

维基百科（Wikipedia）对“创新”的解释更宽广：

各领域内一些原创的、新的重大突破或对市场或社会产生重要影响的举措。回顾化学工程学科创立的过程，也许可以说明“创新”这个层面的意义。

100多年前，化学工程学科创始人里特尔（A. Little）提出并积极倡导了“单元操作”的概念，这是化学工程师教育模式的创新。但是，“单元操作”的抽象思路和表述并没有知识产权，里特尔没有从他的见识和想法上得到任何经济上的利益。相反，他生怕MIT、美国化学工程师协会不认可他的呼吁。幸运的是，里特尔的建议得到了MIT化学系从事化学工程师教育的教师团队的呼应。这些教师非常认同“单元操作”的思路，1920年，他们从化学系分离成立了美国第一个独立的化学工程系，1923年出版了著名的《化工原理》（Principles of Chemical Engineering），这是一本影响美国和世界化学工程师教育的基础教材，也是对“单元操作”概念的具体化。里特尔和MIT化学工程系教授们的创新被美国100多所大学效仿。很快，化学工程师的培养走出了新路，在美国化学工业（特别是石油化工）的发展中起到非常重要的作用。

可以说，一些商业模式、教育模式的创新并不是秘密，但模式“创新”的意义往往是巨大和深远的，化学工程学科的诞生就是一个很好的例子。

化学工程学的启示

化学工程学也许是工程领域中最复杂而系统庞大的学科之一，不过，学习工程学科的人大多不关注该学科的发展史，很少有人会思考化学工程学科的社会背景。为什么100多年前会诞生这样的工程学科？化学工程学的演绎过程至少在以下几个问题上可以引发我们的思考，给予我们一些有益的启示。

① 无处不在的复杂性

化学工程师的主要工作和责任就是把实验室的研究结果实现工业化，或对现有的工业装置进行优化和改进。绝大多数的化工产品规模扩大或变化后，化学反应和物质分离的条件会发生根本性改变，由此引起产品质量、生产成本、设备可靠性等各方面的问题。一个产品开发过程的成功经验没有可复制性，所以化工开发过程本质上是非常有风险的，**化学工程师面临无处不在的复杂性问题。**

我们已经了解了核原料和青霉素生产过程的复杂性，还知道巴斯夫公司为了把哈伯在实验室制备出几克合成氨的专利放大到工业生产线，工程技术人员攻关多年，整个开发过程耗去了公司销售染料靛青17年的利润才得以成功。尼龙66的开发是复杂性的另一个例子。杜邦公司的科学家出于对高分子化合物的兴趣，研究制备出了聚合物尼龙，但他们并没有考虑合成出来的尼龙类化合物要派什么用处。是研究和开发部门的主管决定开发尼龙66纺丝产品。这样从选择原料（己二酸和己二胺）到原料合成路线，再到开发聚合反应器获得性能稳定的聚合物材料，还要解决尼龙66纺丝、应用中的问题。尼龙66产品开发过程耗去了杜邦公司几百万美元的投资和近5年时间。这些产品工业化遇到的难题，化学家们并不关心，因为这些没有多少科学研究方面的意义，可是化学工程师们却无法回避。

人们总是愿意相信成功者的故事，都希望从他们的经历中寻找成功的捷径。但这个世界上没有捷径，有的只是包装过的简化版故事。后面的章节中的化学工程项目的开发过程都是一些复杂性的例子，而这些还只是少数成功的案例，更多失败的过程我们并不知道。在学校，知识是按照学科来教授的，学科被分成课程或章节，章节被分成若干知识点分别处理。可是这样是远离原本的、复杂的真实世界的。**终究，我们必须面对的问题大多数都很复杂，因为简单的问题在现实世界里不存在，我们心中一定要有面对复杂性的准备。**

② 如何应对信息不完备

现在，很多人都认为人类社会的一切问题都可以由科学技术的进步来解决。在科学如此发达和计算机技术（人工智能）很先进的时代，化工产品的放大问题和困难似乎是不应该存在的。然而，实际上化工产品的工业化开发并不是仅仅依靠科学和计算机技术能解决的。

具体来说，化学工业装置运行过程中会出现种种没有预料到的问题，例如：原料变化（杂质含量不同）对生产过程造成影响、物料循环造成的杂质（微量甚至是痕量）累积效应、催化剂或菌种性能随时间的变化、多种因素对产品质量（由用户处得到）的影响，等等。不经过运行（甚至是长期运行）这些现象是根本显现不出来的。化学工程师无法预测所有的潜在问题，更谈不上找到解决这些问题的方法了！例如，尼龙66的开发过程中，一定要有上吨的产品，才可以在纺丝机上生产纤维，才可以回答尼龙拉丝是否可行，进而测定出纤维的性能。有了下游产品应用反馈的信息，尼龙生产过程的改进才有方向和目标。

> 为了获得足够的信息，化工产品的开发通常采用逐步放大的方式推进，建造尺度逐步放大的多个试验工厂——中试装置（pilot-plant），由此谨慎地探索技术的缺陷或改进产品性能。如果想一步从实验室研究结果进入工业化，那投资巨大的过程开发基本上是会归于失败的。

多尝试多实践自然拥有更多的信息，问题是得到这些信息需要的成本往往是惊人的。吃一堑长一智，但每吃一堑都需要不菲的投入，企业承受得了吗？所以，信息不完备其实也是说：**任何人都不可能有用不完的资源，任何事业都是有约束条件的。**通常的约束条件是时间、金钱和劳力。我们没有无限的时间，没有无限的资金，也没有大量的人力来执行一项任务。

如果能全方位地掌握所有的信息和规则，我们当然能做出正确的决策，但是出于各种各样的原因，我们没办法实现这样的前提。化学工程技术是在许多约束下体现创造性的，**在化学工程学科诞生之前，化工过程开发的把握很小，逐步放大的模式被化工企业无奈接受。**对化学工程学接受较迟的欧洲（特别是德国），在第二次世界大战前后的化工厂，经常可以看到直径从小到大的一系列精馏塔和反应器，这就是企业在化工产品开发时“逐级放大”留下的“痕迹”。

也正是化工过程的复杂性和获取信息的极大成本，促进了化学工程学的发展。化学工程学科研究了化工单元操作和反应器的原理，化学工程师就有可能减少逐步放大的台阶，也相应降低了企业的开发投入和风险，从企业投资决策的角度来看，减少设计、成本和运行的不确定性具有绝对的重要性。

现在的时代有很多事是科学和计算机技术可以解决的，但还有更多的事是做不到信息完备的，这是由经济社会的复杂性决定的。老一辈化学工程学专家曾反复教导自己的学生去掌握那些单元操作的基本原理，但不要奢望取得一切信息再来做决策。**从认识论的角度看，化学产品开发过程中的信息不完备是无法避免的。同时，不要以小环境或局部的经历和经验外推到未知的区域，不要将一个产品的研究和开发经验套用到其他产品。**化学工程学的精髓就在于善用不完全、不完整的数据和信息，做出比较可靠的决策。化学工程学科的认识论和方法论为处理复杂问题提供了一个非常有益的借鉴。

3 团队和层次

100多年前，化学家的科学发现主要在自己的实验室，化工生产多数是家族企业。随着社会的发展，科学、技术领域都开始出现了团队协作的方式。工程领域原本涉及面就比较广，化学工程师一直是在团队中工作的。**但自从催化剂开始使用及高温高压过程进入工业化以后，工程技术的复杂性大大提高了，很多任务不是少数工程师就能处理的，过程开发和工程建设需要综合性的团队。**1920年后，美国的炼油行业率先开始装置大型化的进程，随之而来的石油化工起步就是大规模生产，现代化学工程师团队最早也是在炼油和石油化工行业出现的。

一个项目必须有整体的筹划和指挥。作为一名负主要技术责任的化学工程师，他需要协调工程师团队中的各专业人士，包括协同的土建工程师、机械工程师、电气自控工程师，加上施工承包商。当然，最重要的还有联系提供项目技术的化学家或其他专家。所以，化学工程师必须对相关的科学学科和其他工程领域有足够的知识储备，包括对技术经济方面有足够的知识和敏感性。有团队就有层次，化学工程师有不同层次的作用，如果想承担更多的责任、得到更有意义的工作，唯一的途径就是在工程师团队层次的阶梯上不断向上攀登。**几乎所有的工程师都必须从底层做起，锻炼基本技能和积累实践经验，而处于领导地位的工程师也必须具备组织和管理才能，几乎不可能只靠专业技能就可以取得成功。**

现代社会人们大部分活动都可以归结为一些组织或企业的行为，几乎没有什么单纯的个人活动了，所有的事业多多少少都与“工程”沾边。所以，即使你一生中并不涉及实际的工程项目，也从来不做化学工程学研究，但了解化学工程学的故事仍然是大有裨益的。如果说化学工程学是一出戏剧的话，这出戏剧正式开演的时间并不久远（约100年前），可是这是节奏很快的现代“戏剧”，当我们想进入剧场看看这出戏时，化学工程学的演出已经进入尾声，舞台上看不到什么激动人心的场面。确实，现在的社会不太会有人对这出戏感兴趣，即使是因为职业的关系进入“剧场”的演员（如化学工程师）也没有机会去追根溯源。然而，**我们可以从学科发展史学到很多，可以接触到众多知识和经验，开阔我们的视野。**总之，了解化学工程学科发展史是会很有收获的。

第2篇

溯 源

物理学称得上是最基础的一门科学，但对我们生命和生活的质量，甚至说对生命和生活本身，影响最大的则是化学。人类的生命和生活是极端复杂的，这复杂源自物质构成的复杂，在于构成物质的原子的多样性。几百年前，即使最有智慧的人都把事情想得太简单了，总想找到几种最基本的“元素”（比如，古代的四大元素），最终可以随心所欲地建造和转化各种各样的“建筑”（物质）。那时候，炼金术还在社会上明里暗里流行，因为人们在很长时间里不认为金是一种元素，后来大家终于明白了不仅贱金属炼不成金，其实金也蜕变不成贱金属。

地球上现有的92种天然元素是宇宙大爆炸时的产物，有这么多元素和无数的化合物要发现、要研究，这是对自然哲学家们（当时还没有科学家这个词）的挑战。1870年以前，自然哲学家们对物质世界的探索和认识很重要的部分就是化学，化学是研究物质组成和转化的学科。

发现和整理元素是化学学科的“序曲”，对空气的认识是元素探索的突破，其中，对氧元素的认识是现代化学的里程碑，接着伏打电池应用于化合物的电解，元素的发现进入了可以分类整理的阶段。元素的发现和整理、对化学基本原理的认识构成了化学科学的序曲，但这“序曲”筹备和演出的时间长得超出了所有人的意料，这也是化学本身的难度所决定的吧。

化学科学诞生和进步的同时，化工产品的生产也开始了，但很长时间内，科学对生产技术几乎没有什么帮助。早期的化工产品不多，生产技术经历了艰苦的探索过程。但有机化学的突破使染料和药物的工业生产成为新的行业，工业和科学的联系成为发展的新动力。随后，物理化学学科的诞生极大地促进了人们对化学过程本质的理解和了解，使得合成氨这样复杂的化工过程开发成为可能，这标志着现代化学工业的开端。

第五章 拉开化学科学的帷幕

我们得时时提醒自己，**现在的科学常识几百年以前是根本不存在的。**在那个还很愚昧的时代，人们不知道地球绕着太阳转，也没有意识到空气的存在。当然，还有很多人沉迷在炼金术这样的异术中。

炼金术是化学的源头吗?

1936年7月的伦敦，在著名的苏富比拍卖行，有人拍卖牛顿（Isaac Newton）的一批手稿。此时，科学巨人牛顿去世已有250年。著名的经济学家凯恩斯（John Maynard Keynes）买下了其中的一部分，后来凯恩斯把他拍得的牛顿手稿捐献给了剑桥大学。

凯恩斯花时间翻阅了他拍得的牛顿手稿，令人吃惊的是，这些手稿（50多万字）的内容并不是物理学和数学，而是牛顿对深奥晦涩的炼金术书籍和手稿的翻译和抄录，以及牛顿自己炼金术的实验记录。1942年，也就是在牛顿诞辰三百周年的时候，凯恩斯根据自己拥有的材料，在英国皇家学会上做了一次演讲，说："牛顿是理性时代的第一人，也是最后一位炼金术士。"

几百年来，人们都公认牛顿是世界近代科学技术史上最伟大的科学家，他提出了万有引力定律、力学三大定律，创立了光学，还独立开创了微积分学，等等。但实际上，牛顿把更多的精力花在了炼金术实验以及神学研究上。以牛顿的天才和严谨认真的态度，加上他投入炼金术实验和研究的大量时间和精力，推测牛顿达到了当时炼金术的最高水平并不为过吧？而我们这里的问题是，如果炼金术算是化学科学的前身或先驱的话，那牛顿对化学科学的贡献岂不是被人们忽略了？

这里，我们要厘清一下西方炼金术的含义。首先，把alchemists翻译成"炼金术"并不很合适，术士们想得到的是"哲人石"（philosopher's stone）。"哲人石"不仅可以把贱金属转变成金子，它还是使人健康、长寿和永生的特殊药物。寻找"哲人石"这样一种神奇物质，显然就不仅仅是技术问题，真正的炼金术士必须要有纯净的灵魂。术士们精神修炼的层次决定着灵魂升腾的高度，对应着瓶瓶罐罐中发生的神奇变化。

炼金术就是追求"羽化登仙"的奇门异术，中世纪的炼金术士大多都隐藏自己的身份，实验也是隐蔽地进行。他们如何既进行着传承和交流，又防止技术的随意扩散和泄露，这是个难题。自古以来，炼金术的著作成千上万，但是这些著作的语言和语法极深奥、诡异，只有所谓真正的炼金术士才会有所领悟，能读懂一些用神秘的方法记录下来的实验技术和操作程序。

回到炼金术与化学的关系问题。炼金术与化学有两个表面上的联系：

（1）它们的英文名称，英语alchemy一词源自炼金术的阿拉伯名称，后来省略了冠词成为chemist，最初这两个词是同义词，都指炼金术士。17世纪以后，chemist、chemistry才明确了化学家和化学的词义。（2）化学实验室和炼金术的实验室很相像，都有很多各种形状的瓶瓶罐罐，还有一些炼金术操作至今还是化学实验的操作。但是就本质上说，炼金术与17世纪以后的化学的差别，差不多就是巫术与科学的差别，化学脱胎于炼金术这样的说法很牵强。

牛顿从事炼金术曾经得到大师的传授，而英国当时最有名气的炼金术大师是波义耳（Robert Boyle，1627—1691），也就是被我们尊为化学科学创始人的波义耳先生。波义耳出身贵族，从1646年开始从事炼金术实验。1667年，牛顿得到了剑桥大学三一学院的教席（fellow）后，他从波义耳那里学习了炼金术的基本操作，在剑桥建立了自己的实验室（宿舍花园内的一间小木屋），购买了用于炼金术实验的仪器和材料。在接下来的20年里，炼金术实验占用了牛顿大量的时间，耗费了牛顿几乎全部的财力。

波义耳和牛顿不同之处在于波义耳研究炼金术的同时也做化学试验。**如果要说清炼金术与化学两者的区别，就需要一位在两个领域都有很高造诣的大师，这位大师自然就是波义耳。**1661年，波义耳出版了《怀疑的化学家》（The Sceptical Chymist）这本对话体的名著，其中有几个重要的思想：

① 化学应该独立，不要有直接功利目的束缚。化学研究的目的在于认识物体的本性，如此从事化学研究的人就不必像炼金术士那样神神秘秘，**化学知识的公开交流和积累应该成为正常的实验活动。**

② 提出了新的元素概念。**波义耳认为，作为万物之源的元素，将不会是亚里士多德的四种（水、火、金、土），而是由许多种元素构成了自然界。**不过，300多年前的波义耳说元素应该有很多种，但没有说用化学方法不可能实现元素间的转换。

③ 波义耳强调化学应该像物理学那样，立足于严密的实验基础之上，**化学实验的结果不需要扯上人的精神修炼的主观因素。**

《怀疑的化学家》中提出的这些观念，也被后人理解为宣告了炼金术的末日。其实，更准确的说法是**波义耳为炼金术和化学划清了界限，**因为他本人并没有彻底否决炼金术。实际上，波义耳一直也没有放弃对炼金术实验的探索，而牛顿是1667年开始炼金术实验的，这时《怀疑的化学家》已经发表6年了！

现在我们可以明白，炼金术实在不好堂堂正正地说是化学科学的源头。也许是为了给炼金术和化学科学的关系一个说法，后来有人引用了著名的伊索寓言的故事："农夫临终时，把他的几个儿子叫到跟前，说道：'我在世的日子不长了。我死了以后，你们可以去寻找我埋藏在葡萄园里的财宝，找到后就不用再为生计发愁了。'儿子们在父亲去世后，就开始找财宝，把整个园子深翻了一遍。他们没能找到财宝，但由于他们的挖地耕作，第二年葡萄却获得了好收成。"这也就是说，炼金术大量的实验对化学科学还是有益处的。

不过，炼金术和化学科学之间的交集当然不是寓言故事那么简单，我们不妨接着葡萄园的故事再"编"几句，想象一下农夫儿子第二年的想法和做法。

显然，即使是丰收的葡萄得到的收入，与传说中财宝的价值相距还是太大了。所以，有人还是执着要探索传说中的财宝，第二年他们仍然不关心葡萄的生长和管理，只管一边虔诚地祈祷一边努力地深挖。当然，这是消耗财力和折磨身体的无谓努力。但也有人一面继续参与挖宝藏的秘密活动，一面用一半的精力认真地维护着葡萄园，虽然在挖宝藏上仍然是枉费心机，但在种葡萄的技艺上却颇有收获。

对炼金术的事业来说，当时的牛顿就是第一种类型的人。牛顿在炼金术上耗尽了自己的精力，最后却发现原来是一场空，甚至他还可能受到了重金属（比如水银蒸气）的毒害。1696年，牛顿离开剑桥来到伦敦担任英国铸币厂监事，抛开了缠住他的炼金术，也没有再从事他已失去灵感的科学研究活动。牛顿在1699年晋升为铸币厂的最高官职——总监，在铸币厂一直工作到1727年逝世。而波义耳就属于第二种类型的人了，他虽然从事炼金术，却同时研究化学。他很清楚化学和炼金术有根本差异，明白"挖宝藏"和"种葡萄"几乎完全是两码事。所以，波义耳将化学和炼金术这两种知识分开处理，和他的助手公开发表属于化学的著作和论文，却将大部分（不是全部）的炼金术新发现，限于他们的小圈子里（也包括牛顿）交流。

古往今来，所有的炼金术尝试都没有成功，即使是伟大的牛顿也没有什么收获。从牛顿以后，炼金术士淡出江湖，牛顿、波义耳，还有他们同时代的智者，尽管他们一只脚还踩在愚昧的中世纪，另一只脚却为现代科学的探索迈出了最有影响的一步。

在波义耳和牛顿的时代，自然界的秘密基本都没有被解开，科学（science，那时称为自然哲学natural philosophy）研究还没有多少人涉足，物理、化学、生物等所有的领域都是有待于挖掘的“金矿”。从事自然哲学的研究虽然不像玩炼金术那样非常耗钱，但还是要有兴趣，要有基本的训练（语言和技能）和一定的实验条件，这些都需要财富支撑。

波义耳

1627年，波义耳诞生于一个英国（爱尔兰）富有的贵族家庭。小时候，他就受到家庭教师的教导，8岁进入著名的贵族学校伊顿公学。1638年，11岁的他随兄长及家庭教师前往欧洲大陆，游历了法国和意大利各地。波义耳阅读了伽利略的著作（伽利略于1642年去世），他开始对科学产生兴趣。然而17岁的波义耳回国时，父亲在内战中死去，家庭破产。在亲戚的帮助下，他在伦敦和牛津度过了16年平静的生活，这段时间里，他热情地学习、尝试实验技能（包括炼金术实验），还认识了一些兴趣相同的朋友，著名的“无形学院”（Invisible College，英国皇家学会的前身）就是他们创立的。1652年，波义耳争得了部分原来家族的遗产，从此波义耳就靠这些财产支持自己的研究活动。

波义耳发表的著作和论文极其浩繁，做过的实验涉及方面很广，如气体收集、燃烧、酸碱性质，以及多种物质的定性分析，他发明和发现多种物质检验方法，如石蕊试剂、火焰颜色，他也是定量分析的奠基者，测定过许多液体和固体的密度。除了这些开创性的化学基础工作，波义耳把元素的定义和认识提高了一步，还把空气粒子比作小弹簧或小海绵来解释空气的可压缩性，也试图解释过燃烧过程，用火药做过多种条件下的实验（真空和水下的自燃、空气中的爆炸等）。当然，波义耳还有很多实验涉及炼金术的范围，比如金、汞、磷等物质的煅烧、沉淀、置换操作和反应。

这里我们特别要讲述的是波义耳对空气泵（air pump）的研究。空气泵实际上是一个抽真空的系统，现在这个主题已经没有任何新意可言了，但在波义耳的时代情况完全不一样。那时，亚里士多德关于不存在真空的学说已经被否定，有人已经制造出了真空状态。1641年，伽利略的学生托里拆利（Evangelista Torricelli）研制的气压计（玻璃管）上方空间就是真空。在此基础上，马德堡市长奥托·冯·盖里克把两片铜质半球啮合在一起，并抽出其中的空气，即使是两队马匹向相反方向拉动也无法将其分开，这就是著名的“马德堡半球”实验。不过，**波义耳是想用机械的办法把一个容器或空间的空气抽干净，这样得到的真空空间可以做很多实验。**

空气泵的制作和运行当时是一个很大的研究项目，投资制造一台空气泵系统花费不菲。而更令人头痛的问题是**维持空气泵的正常运转也很难，因为空气无孔不入，却又看不出漏气的“孔”在哪里。**如果没有能工巧匠，即使是照着图纸也造不出来。幸运的是，波义耳在1654年雇用了胡克（Robert Hooke）当自己的实验助手。胡克早年受过一定程度的教育，有非同寻常的绘画才能，而他的动手能力当时在英国无人可比，后来人们把胡克比作英国的达·芬奇。

人工创造出真空空间在当时是极难实现的。波义耳和胡克的空气泵系统由抽气泵（air pump）、真空球、万用接头和弹簧压力表等构成，波义耳有著作描述了大量的空气泵的改进实验。他们利用空气泵持续做了多年的实验，比如，在真空中，钟是敲不响的，蜡烛会熄灭，小动物很快死亡，而硝石火药只能自燃（用放大镜引燃）但不会爆炸，等等。当英国皇家学会成立后，波义耳和胡克的真空装置就摆在学会的演示厅，每当国外的贵族大公光临伦敦参观皇家学会时，空气泵的真空实验是绝对要展示的压轴好戏，英国国王也看过他们的演示实验。

空气泵是那个时代实验哲学的标志，此外，空气泵的实验和结果还有更多的意义。

首先，波义耳可能是最早支持和实践公开实验知识的自然哲学家。“实验室”一词于17世纪开始出现在英语中，当时明显带有炼金术私密场所的含意。但波义耳的空气泵实验却是一个开放实验室的活动。**实验的空间和实验的结果公开后，也就意味着不排斥同行的探讨或批评。**此后，同行的认可开始在自然哲学（后来的科学）领域流行了。

其次，波义耳所有实验描述都是非常清楚的，这和他的同时代人大不相同，这也许和波义耳本人很少直接操作实验有关，很多实验的情况他得详细地询问胡克或其他助手。波义耳详细地描述了实验设备和操作过程，体现了**科学实验应可重现、可验证**的原则。波义耳本人在空气泵的研制和实验上耗费了不少财力精力，现存的一幅波义耳画像上背景只有空气泵，可见空气泵在波义耳人生中的地位。

波义耳是英国皇家学会（the Royal Society for Improving Natural Knowledge）的创始人之一。1654年，他聘用胡克作为实验助手，可以说是对科学事业很大的贡献。提起胡克，人们自然会想起著名的胡克定律（在弹性限度内，弹簧的弹力和弹簧的长度变化量成正比）。胡克是17世纪英国最杰出的自然哲学家之一，他所设计和发明的科学仪器非常精巧。胡克的成就离不开波义耳的提携，由于波义耳的关系，胡克于1662年获得英国皇家学会实验室主任的职位[1]。此后，胡克得以在此位置上从事自己各方面的研究，在力学、光学、天文学等多方面都取得了重大成就。

空气泵和零件图

在近代科学的初创期，出现波义耳这样个人富裕、社会关系良好的“贵族自然哲学家”是科学事业的幸运。波义耳从得到家族的遗产之后，就没有再为生计操过心，他的经济实力使他可以建自己的实验室，可以聘用助手。同时，他的财富使他的著作出版毫无困难。那时出版一本与大众生活无关的书，出版商需冒风险，所以，作者往往要垫付足够的出版费。

随着时代的进步，1670年以后，空气泵（真空泵）渐渐成为在市场上可以买到的实验设备，后来人们提起波义耳时就很少联系空气泵了。但**认识真空、空气和气体是进入现代科学的一道极难跨过的门槛，**空气泵（抽真空）的实验激发了以后的自然哲学家对空气的研究。确认真空的存在就确认了空气的存在，然后把空气（air）

[1] 英国皇家学会是一个松散的组织，实验室主任或学会秘书负责学会的日常工作。

分离成各种气体（gas）并加以精确地定量化，促进了化学科学的发展。其中，对氧元素的认识是现代化学的里程碑，而科学中最重要的原子论、分子论都得益于气体的研究。可以说，没有气体研究就没有化学科学。另外，**物质的气态行为将给化学工业带来非常多的麻烦，处理气体状态的原料、循环物料和副产物将成为化工生产过程中的难题。**

瓦特的朋友——化学教授布莱克

大约在1860年，英国工业革命在新兴的棉纺织业中率先发生，还带动了相关工业部门的技术变革。提起第一次工业革命，我们肯定会想到发明家瓦特（James Watt），但人们不会留意到他接触蒸汽机并引发改进想法的地方是苏格兰。

苏格兰地处英国的北部，在17世纪前是独立的国家，也是欧洲最穷的农业国之一。历史上苏格兰和英格兰的联系一直紧密，毕竟同在一个大岛屿上，1707年苏格兰才正式与英格兰合并，成为大不列颠王国（The United Kingdom of Great Britain and Northern Ireland）的一部分。第一次工业革命前后，苏格兰也处于从农业向工业的转型期，那时苏格兰的主要制造业是酿酒（威士忌酒）、纺织和印染等。

苏格兰虽然是贫穷的地方，但对第一次工业革命和欧洲的启蒙运动都有很大贡献。当时，苏格兰涌现了一些著名的思想家、自然哲学家、发明家、工程师和企业家，著名的经济学家亚当·斯密（Adam Smith）就是苏格兰人，他的名著《国富论》和《道德情操论》都是在苏格兰写作和出版的。

这里我们先说说对化学和化学工业有重要贡献的一位大学教授布莱克（Joseph Black）。

布莱克

布莱克从小在苏格兰读书，他的医学论文涉及研究一种当时的药物——白色粉末“苦土”（magnesia alba，一种碳酸镁）。在加热这种碳酸镁后，布莱克发现了意外的现象，“苦土”在灼烧时失去了一部分重量！布莱克在实验时使用了精度很高的分析天平，他能称量出样品重量的增减，然而，他却没有看见有什么从样品中逸出。后来，他用石灰石（碳酸钙，$CaCO_3$）做实验时，也得到同样的结果。所以他推测这两种物质中有结合的空气，加热样品时，其中的空气释放出来了。布莱克收集了这种“空气”，并称之为“固定空气”（fixed air，CO_2），意为固定在石灰石等物质中的空气。实际上，由于此前有人已经发现了称为“野气”（从沼气中收集的）的二氧化碳，所以布莱克的实验结果是从另一个渠道“重新”发现了二氧化碳气体。

现在看来，二氧化碳是一种最容易被分离的空气组分，这是因为二氧化碳有很多来源，如发酵过程、动植物的呼吸过程都会产出这种气体。不过，通过对含碳酸的矿石（碳酸盐）煅烧的方法才可以得到纯的二氧化碳，所以，布莱克是世界上第一位收集到纯气体的人。布莱克对这种“固定空气”进行了实验，他证实，生石灰（CaO）不吸收普通空气，却吸收这种特殊空气，“固定空气”还可以使石灰溶液变浑浊，使动物窒息。布莱克认为“固定空气”肯定不同于大气空气，他据此得出一个重要结论，空气不是单一物质！

这是人类认识空气的革命性进步，虽然这也不能全部归功于布莱克。人类其实很早就知道无臭无味的空气是存在的，有几位自然哲学家已经从他们自己的实验和观察中意识到，空气是由多种气体组成的（那时远没有化合物和混合物的概念）。限于当时的条件和思路，这些发现或研究的特点是所有的推测和猜测都没有定量数据的支持，所以这些发现尚不能算真正进入了气体化学的科学领域。与其他人不同的是，布莱克实验的每一步都依靠天平，进行了精确的定量研究，由此他弄清了石灰石、生石灰和二氧化碳之间的定量化学关系。**布莱克为以后的化学研究开创了规范、逻辑的定量操作程序，**被称为“定量化学”的第一人，他使用（改进）的高精度天平和温度表成为之后化学实验的常规仪器。

我们要知道“定量化学”并不仅仅是对物质重量的测量。天平的精度和数据的记录只是定量化学的一个方面，另一个重要的方面是**一个系统要“封闭”完整**，即在实验过程中不能有物质“随意”进出系统。这就是气体实验的难度所在，也是今后化学工业设计和管理的难度之一。

布莱克的二氧化碳实验做到了这一点，但其他化学反应也许不这么简单，以至于很长时间内，自然哲学家们都没有意识到严密圈定系统的极端重要性。例如，海尔孟（Van Helmont）的“柳树实验”。这位比利时医生、哲学家和自然哲学家在1630年前后通过实验发现了二氧化碳（称之为“野气”）和沼气（甲烷、二氧化碳、氢气等的混合气体，称为“油气”），海尔孟确信空气并不单一，他用gas这个词描述空气中的种种神秘的物质（gas这个词可能有几个词源，虽然拼写非常简单，含义却很复杂）。海尔孟把一棵柳树称好重量（2.25千克）种在一个泥土干重为90千克的盆子里，平时只浇雨水或蒸馏水，5年之后拔出柳树称重为76千克，而泥土仅少了约60克。所以，海尔孟得出了“柳树的增重来源于水”这个结论，现在看这当然是很可笑的。但海尔孟是试图对一个体系进行定量衡算的，5年的时间他坚持了这个实验。遗憾的是，海尔孟的“柳树实验”衡算体系并没有“圈”严密。柳树的生长确实要依赖于土壤中少量的矿物质，但海尔孟根本没有想到是植物自身的光合作用制造的养料更多，而他自己发现的“二氧化碳”是植物光合作用的主体❶。

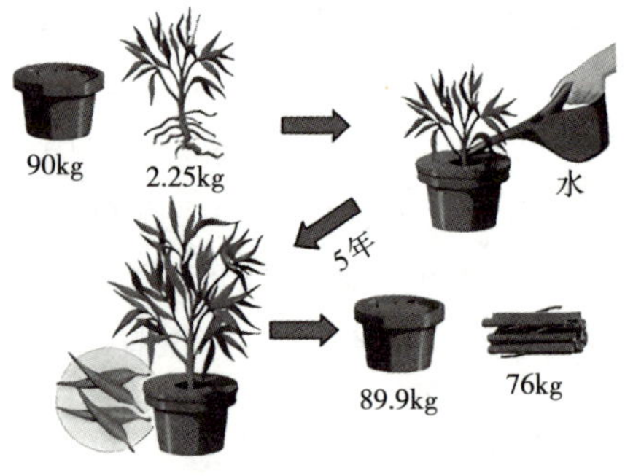

海尔孟的“柳树实验”示意图

对化学反应体系进行严格的物料衡算是化学科学研究的必要条件，与海尔孟的“柳树实验”相比，布莱克的物料衡算实验做得很严密。可惜的是，布莱克的系统衡算意识并没有得到推广，这要等到100多年之后才由法国人拉瓦锡（Antoine-Laurent de Lavoisier）完成。后来发展的化学工业过程的系统自然也是非常复杂的，对一个单元设备和一个完整流程的物料衡算就是化

❶ 对“光合作用”（photosynthesis）的完整认识要经过很多科学家的努力，直至1880年才基本完成。

学工程学的最基本计算，工业系统与环境的物质交换导致了衡算范围难以划定，可以说物料衡算系统是否合适和严密很大程度上决定了化学工程师工作的成败。

现在我们再来看看布莱克对化学和工业化学的其他贡献。他的医学论文研究的是碳酸盐，毕业后布莱克并没有朝药剂师方向发展。经老师的推荐他被格拉斯哥大学聘为化学教授，但这个教授职位并没有薪水，他的收入直接来自学生的学费。布莱克是一位出色的教师，经常把自己的实验结果在课堂上展示，他可以说是从事化学教育的第一人。他的学生中有的出身于酿酒家庭，节约生产成本是他们关心的问题。据说，有学生向布莱克教授请教，用精馏来生产威士忌酒时为什么发酵液到沸点时还要继续提供很多热量？布莱克陷入沉思，他为此设计了冰、水加热等实验，**确认水加热到了沸点还需要提供相当的热量才能得到水蒸气，而冰融化成水时温度没有变化。1760年，他得出了潜热、比热的概念，也首次区分了温度和热。**我们以后更清楚，能量问题对科学本身的发展和工业过程的效益至关重要。

一般认为在科学发展的前期阶段（1850年以前）大学的作用很有限，但在化学的开端时苏格兰的大学却给了布莱克一个非常重要的舞台。当时，苏格兰有几所著名的大学：爱丁堡大学、格拉斯哥大学、阿伯丁大学，其课程以讲座为基础，包含宽泛的哲学方法，还包括诸如科学和经济之类的现代学科，以及法学和医学方面的职业教育。**与英格兰的牛津、剑桥大学的死板不同，苏格兰的大学面向实用知识、技能的教育，甚至比欧洲大陆的大学还先进。**所以，在18世纪苏格兰的大学是进步的、开明的学习场所，成为商业、制造业交流经验和知识的国际中心，吸引了许多外国学生前来求学。布莱克很忙，没有时间和兴趣出版他的研究结果，他的潜热、比热的理论，以及他测得的物质比热数据生前都没有发表，科学史上的第一张温度表也是来自他的上课讲义。他的概念和思想流传开来的主要原因是他的学生众多，例如，美国的第一位化学教授就是他的学生。

1780年，布莱克离开大学教室，成了苏格兰知名的工业咨询专家。他现存的咨询信函包括的内容非常广泛，涉及糖精炼、碱生产、漂白、陶瓷玻璃、印染、酿造、金属腐蚀、盐萃取、玻璃制造、矿物成分、水分析、醋生产、建造窑炉等行业。另外，他对农业上的问题也提出了自己的观点（对土壤和肥料的分析曾是化学家的主要工作之一）。因为**咨询是专家与企业交流科学知识和工程、技术联系的有效方式，**所以工业咨询工作是非常重要而有意义的。工业咨询家见多识广，大约100年后（1888年）英国另一位工业咨询专家首次提出了化学工程学的概念，1920年又是一位美国跨行业的咨询专家促成了化学工程学科的正式诞生。

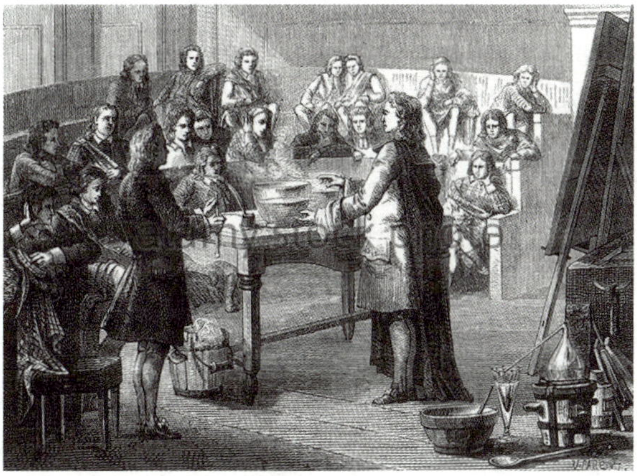

布莱克在课堂上

有意思的是，在布莱克教授思索和探究温度、潜热等问题的时候，瓦特正好应聘为格拉斯哥大学的仪器技工。1764年，瓦特为大学的实验室修理一台纽科门（Newcomen）蒸汽机，他觉得蒸汽推动活塞后需在汽缸内喷冷水冷凝的过程效率太低。**1776年，瓦特对原来的蒸汽机做了根本改进，把废蒸汽引出汽缸后再冷凝，使蒸汽机的效率有了革命性提高。**1785年，瓦特制成的改进型蒸汽机投入使用，为工厂生产提供了更加便利的动力，得到迅速推广。1840年前后，英国的大机器生产已基本取代了工厂手工生产；至19世纪中叶，英国成为世界上最大的工业强国，号称“世界工厂”；1850年，英国生产了全世界60%的煤，50%的铁，加工的棉花占世界棉花总产量的46%。

瓦特（James Watt）

瓦特改进的蒸汽机

瓦特和布莱克是很好的朋友，那布莱克对汽化潜热的认识是否帮助了瓦特的蒸汽机的革命性改进？后来的科学技术史有这种推测。但是，瓦特坚决否认了这个说法，他说外加冷凝器的改进是他自己的一次顿悟，因为运行中的汽缸和活塞的温度要喷水冷下来才能维持蒸汽机的运行，为此耗费了很多时间和更多的蒸汽，瓦特对当时蒸汽机的最大改进就是把用过的蒸汽引到外挂的冷凝器冷凝。这个改进是瓦特一直思考如何改进蒸汽机的结果，而对他的朋友布莱克教授关于潜热的研究并不知情。瓦特在增加独立蒸汽冷凝器后，又持续在机械方面对蒸汽机系统做了几次大改进，同样也没有任何机械力学方面的理论指导。

客观地说，18世纪和19世纪上半叶，作为工业革命基础的所有技术创新都是由工匠、技师或工程师这一类人做出来的，他们中间没有多少人接受过大学教育，那时的科学知识也还远不成体系，所以技术发明得益于科学理论指导的可能性极小。

不过，瓦特也许更为特别，他既是发明家，又是企业家，同时对自然哲学研究也有兴趣。1785年，瓦特被接收为英国皇家学会院士，但这不是因为他对蒸汽机的改进和发明，而是他在英国皇家学会的《哲学学报》上发表的通讯和论文《人造气体的药用价值》（medicinal use of factitious airs）。瓦特成为院士与他的蒸汽机技术毫无联系。

因为瓦特改进和推广蒸汽机的名声太大，后来人们都把他在化学研究上的努力忽略了。**确定水的组成是化学领域的一大突破，在欧洲引发了一场科学发现的优先权大战，瓦特也参与其中。**据说，当时英国自然哲学家卡文迪许（Henry Cavendish）以通信的方式告诉了普里斯特利（Joseph Priestley）关于水的组成的实验，普里斯特利把这消息告诉了好友瓦特（他们同在伯明翰哲学学会），这时瓦特说他已经知道水是由空气和“燃素”构成的。在法国化学家拉瓦锡系统地揭示了水的组成时，瓦特才想到要争取他发现的优先权。可是一查，卡文迪许的论文发表在前。当然，卡文迪许和瓦特都是以“燃素说”解释水的生成的，所以从严格的意义上说，他们只是认识到水不是元素，但都没有真正理解水。

被人们忽略的还有氯化物用于漂白的新技术也是由瓦特从法国引入苏格兰和英格兰的。当时，由于纺纱和织布的机械技术进步，苏格兰、英格兰的亚麻布和棉布产量剧增，漂白成了纺织业的“瓶颈”环节。最初漂白的工序十分费事，亚麻或棉织物先放在热水或碱中浸渍、清洗、晾干，再在热强碱中煮洗，随后再次摊开让风吹日晒，其后还要经过酸牛奶溶液“酸化”，最后再用皂水洗。整个流程十分费事，而且浸渍织物的弱碱草木灰需要烧掉大量树木。森林被砍伐得差不多后，他们又用海藻焚烧灰化生产漂白碱。另外，晾晒织物与农业争地，还得受天气条件限制。用草木灰、海藻灰、乳酸这些天然的物质浸渍和晾晒的漂白工艺完全不能适应英国纺织业的进步。

后来，氯气的漂白作用被化学家发现了。但是，氯气及氯的水溶液都不适用于工业应用。后来的发明者是以氯的碱溶液用于工业漂白过程，这是法国人的发明，但新的漂白剂在法国没有得到推广应用。瓦特得知这个消息后，和合伙人积极地把新的漂白技术引入英国。1799年，英国开始生产固体漂白粉（氯化钙 $CaCl_2$），改进织物的漂白处理工艺是化学产品对工业革命的重大贡献。在第一次工业革命的过程中，蒸汽机和漂白化学工艺这两件看似互不相关的事却有着有趣的联系。

瓦特改进的蒸汽机逐步成为纺织工业的动力（后又推广至其他行业），这项伟大的技术进步众人瞩目，而漂白剂产品虽然非常重要，但普通人却接触不到，感受不到技术进步的作用。纺织工业助剂是最早的化工产品，以后开发生产的大部分化工产品也都不是人们使用的终端产品，这是化工行业作为基础性产业的特点所决定的。

探索空气的奥秘——化学科学的起步

如果尝试着先把头脑中的那些现代概念忘掉，就像根本不存在科学知识一样，那有谁会知道空气是很多种气体的混合物？谁会把空气和水、动物植物和大气环境联系起来？通常人们对无色无臭、几乎没有重量的空气是不会去关心的，更没有能力去了解。和液体、固体不同，气体的实验需要想象力、精细的操作和更为精密的测量。**如果没有对空气和气体的认识，化学乃至整个科学是无法进展的。**

从介绍电知识起步的普里斯特利

英国的普里斯特利是布莱克同时代的人，1765年获法学博士学位，职业是牧师。普里斯特利以写作见长，对电学没有多少了解的他居然想写一本介绍电学的书。普里斯特利开始疯狂地阅读与电有关的书籍和刊物。一年半后，奇迹般地写成了700页的《电学的历史和现状及其原始实验》，该书的前500页通俗易懂地描述了电科学的历史和进展，而后200页却是他自己的发明、发现和实验研究。这本书作为电学教科书使用了100多年，这使他在1766年成为英国皇家学会会员。

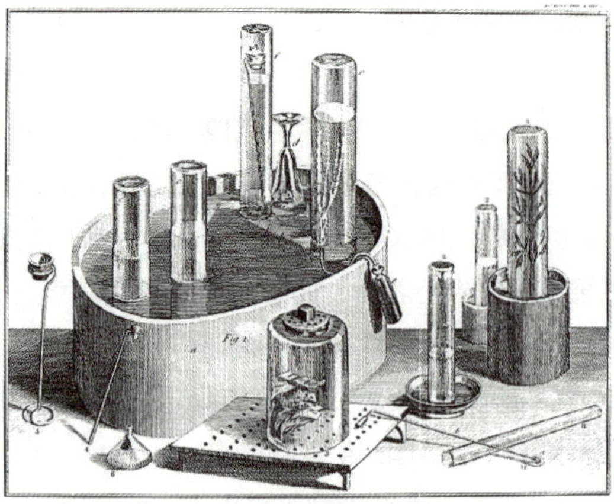

普里斯特利的气体实验工具

什么时候普里斯特利的研究兴趣又转向了空气呢？1760年，他搬家到利兹市（Leeds，英国中部城市），住处对面有一家酒厂。酒厂的发酵液会一直散发出一种气体，听了工厂工人的描述，普里斯特利对这种现象发生了兴趣。他持蜡烛在发酵桶的液面上方移动，观察到了蜡烛的火苗从旺到衰直至熄灭的全过程。然后，普里斯特利又用水和石灰水吸收这种发酵气体（由此发明了苏打水）。这些令人感到新鲜的气体实验，使他在沉迷电学后转为研究气体化学，当时他并不知道发酵产生的二氧化碳（固定空气）在几十年前已被布莱克研究过了。作为业余爱好者，普里斯特利的实验思路经常是奇思妙想，**他发明和使用的一个最重要的实验手段是用水银代替水作为集气瓶的液封，**这样就收集（发现）了几种可溶于水的气体，如氨气、二氧化硫、氯化氢、氧化氮（笑气）等。

当然，他发现的最重要的气体是氧气。1774年，普里斯特利得到一位王公贵族赠送的放大镜，一个直径约30厘米的透镜，可以强力而精确地聚焦阳光。他开始用这个新工具兴致勃勃地做实验，用它点燃一切他可以想到的东西。1774年8月初，普里斯特利将凸透镜对准了氧化汞，这种固体的红色粉末居然产生了气体。收集气体对普里斯特利来说已是驾轻就熟，实验结果让他认识到氧化汞受热放出的气体是普通空气中更“纯”的一部分，因为蜡烛在这种气体中燃烧更激烈，小老鼠在这种气体的容器里存活时间延长。因为当时的人都相信“燃素说”，即认为燃烧是一种神奇的“燃素”造成的，他给这种纯净气体赋予了名字“脱燃素气体”，实际上，普里斯特利收集的是助燃的氧气。

但普里斯特利并不是氧气发现的第一人，瑞典化学家舍勒（Carl Wilhelm Scheele）在1771—1772年间就用多种物质（包括氧化汞），制备和分离出了氧气。不过，普里斯特利可能是详细叙述了氧气的几种性质的第一人，而且1774年他去法国向一些法国人（包括拉瓦锡）介绍了他的“脱燃素气体”的制取方法，这也许极大地促进了拉瓦锡的化学革命进展。普里斯特利对他自己的研究结果习惯上是不保密的，他的著作中都是把所有的实验工具、仪器和做法和盘托出，早期他用二氧化碳制成苏打水也没有申请专利。所以，拉瓦锡制氧气的方法很可能来自普里斯特利的演示或描述。

这里，我们要介绍一下普里斯特利的另一个非常重要的实验。1771年春，他突然想到如果动物在密闭容器里会迅速死亡，那么植物在这样的环境下多久才会死亡呢？他从花园里拔出了一株小薄荷，将该薄荷放入一个倒置在集气槽中的玻璃瓶里，然后耐心地等小薄荷死去。但多天外出回来时，他发现小薄荷尽管长得很衰败了，但竟然没有死！这使普里斯特利大大地吃了一惊，他在种薄荷的瓶里点燃小蜡烛，发现蜡烛的燃烧比平常要旺。接着，他又把小老鼠和植物封在一起，小老鼠一反在密闭容器里很快窒息的表现，生存时间明显延长。他多次重复或新组合了实验，用了不同的植物（香味的、刺激味的），证实了植物可以产生或恢复“清新空气”，而动物和燃烧是消耗“清新空气”的，有植物生长的容器里的空气比常规的空气“质量”要好。普里斯特利记录了这些实验，也写下了整个实验过程的激动心情。当然，**当时没有任何人意识到“动物、植物和空气”组合实验的意义，**而现在的科学史认为这个实验的意义不亚于他发现氧气的实验。

继1766年当选为英国皇家学会会员后，普里斯特利于1782年当选为巴黎皇家科学院的外国院士。不过，普里斯特利虽然独立地发现了氧气，并用植物产生的氧气做了有意义的实验，但他却认为燃烧的根本原因还是可燃物中含有的“燃素”，氧气只不过是起到帮助“燃素”燃烧的作用。因为“燃素说”很难说明许多实验现象，对“燃素”的解释差不多都沦为神秘论了。由于没有找到更好的解释，普里斯特利时代的人几乎都相信“燃素说”，但拉瓦锡以后“燃素说”已经被自然哲学界抛弃。可是，普里斯特利则过于坚信“燃素说”，一直到生命的终结，以至于给他在科学史上的名声造成了很大的负面影响。

药剂师舍勒

如果说普里斯特利的写作能力和出版著作帮助他登上自然哲学研究的巅峰，那著名化学家卡尔·威尔海姆·舍勒（Carl Wilhelm Scheele）却恰恰吃了语言和出版的亏。**如果舍勒的工作可以及时发表的话，他就是氧气的发现人，而不是现在科学史说的他是“氧气的发现者之一”。**

卡尔·威尔海姆·舍勒

舍勒1742年出生于施特拉尔松德（Stralsund）城，这是一座德国北方的城市，由于当年这个城市还在瑞典人的掌握之中，所以舍勒也一直被称为瑞典科学家（1775年他当选为瑞典科学院院士）。舍勒14岁时就在哥德堡（Goteborg，瑞典著名港口城市）给一个药剂师当学徒，并终生在瑞典从事药剂师这一行业。当时在欧洲，药剂师也被称作化学家，英语的chemist证明了这两种职业在历史上一直有紧密联系。

药剂师似乎特别适合钻研化学这门学问，因为他们自己要制备大量医用化学药品，当然那时的药品和现代的药物是两回事。药剂师一般都拥有丰富的实践知识，他们通过自己药房的实验得到了很多化学发现，对化学的进步起到了重要的作用。舍勒是一位具有化学天赋的药剂师。**在药房的实验室里，舍勒创造发明了许多仪器和方法，他探测到许多化学的奥秘，据考证，舍勒的实验记录有数百万字。**后来，有几所大学慕名请舍勒任教授，但都被他谢绝了，因为舍勒不愿意离开他的药房。

舍勒在药房里做化学实验

舍勒一生对化学贡献极多，其中最重要的是发现了氧气。他制取氧气的方法比较多，主要有：

（1）加热氧化汞（HgO）；（2）加热硝石（KNO_3）；（3）加热高锰酸钾（$KMnO_4$）；（4）加热碳酸银（Ag_2CO_3）、碳酸汞（$HgCO_3$）的混合物。

舍勒的氧气实验有其特色，他把这些实验结果整理成书——《火与空气》。可惜的是，书稿被出版商压了两年，一直到1777年才出版。出版商的耽误使舍勒失去了发现氧气的优先权，此时距离普里斯特利公开发表的结果已经过去两年了。

舍勒曾做过多次的空气和气体实验，最终认定空气是复杂的。对此他的解释是：空气是由两种性质不同的流体组成，其中一种表现出不能吸引燃素的性质，即不助燃；而占空气总量1/3到1/4的另一种流体，则特别能吸引燃素，即能助燃。舍勒还把不助燃的空气称为“浊空气”，把助燃的空气称为“火空气”，火空气实际上就是现在大家熟悉的氧气，而抑制燃烧的空气成分主要是氮气。

舍勒对自然界的化学秘密具有非同寻常的洞察力，几乎在没有先进仪器的情况下发现了8种元素：氯、氟、锰、钡、钼、钨、氮和氧，他发现了许多有用的化合物，其中有氨、甘油和甲腈；他还发现了许多酸，如：氢氰酸、氢氟酸以及氢硫酸，因此他是发现有机酸的第一人；他还认为氯可以用作漂白剂，氯具有潜在的商业价值；他从动物骨骼中提取了磷，使瑞典在很长时间内都是火柴的主要制造国。这一切工作都是在极端不利的条件下，在他十分短暂的一生中完成的。**可惜的是，他的很多巧妙的实验和非凡的发现都是最早的，但往往都发表或出版得太晚，这样首次发现这些元素和化合物的声誉都已经归于了别人，**如几乎所有的教科书现在仍把氯的发现归于英国的汉弗莱·戴维。

舍勒专注于化学研究，他的化学实验比普里斯特利严密，对发现的新物质，舍勒都对其晶形、沸点、溶解度等一一检测。和普里斯特利一样，他们两人都是“燃素”理论的坚定支持者，他们各自独立地发现了氧气，但都没有正确地解释氧气的关键作用。1786年，年仅43岁的舍勒遗憾地倒在工作台旁。舍勒有一个不好的习惯，他无论什么物质都要尝一尝，以便了解它的特性。他很可能是尝试了某种有毒的化合物而死亡的，毕竟他实验的很多化学品都是有毒的，甚至是剧毒的，比如他自己发现的氢氰酸。

最富有的自然哲学家卡文迪许

英国的卡文迪许（Henry Cavendish）可能是最富有的自然哲学家。1731年，他出身于贵族家庭，祖父和外祖父都是公爵。卡文迪许在剑桥大学读了三年，但他实在受不了大学的教条风气，弃学回到伦敦。他的父亲也是一位自然哲学家。卡文迪许跟随父亲参加了伦敦的皇家学会活动，参与大英博物馆的展品鉴定和其他自然哲学组织的活动。没过多长时间，他建立了自己的实验室，开始了50多年的科学研究生涯。他除了沉浸于自己的研究工作和参加自然哲学研究学会的活动之外，没有参与任何其他事情，曾经有人说：“没有一个活到80岁的人，一生讲的话像卡文迪许那样少的了。”

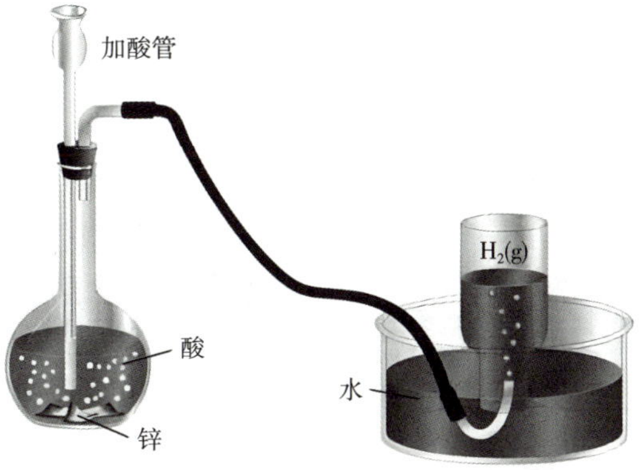

卡文迪许的制氢实验

卡文迪许虽然极少说话，却也没有贵族的架子，对金钱更不感兴趣。**他研究领域之广泛、成果之丰富几乎无人能及，他在电学、热学和化学等领域都做出了惊人的研究成果。**不过，有意思的是，卡文迪许对处理这几个领域的研究结果的方式却大为不同：关于热学的论文和手稿完全没有发表，有关电学的研究只在早期发表过2篇论文。大量超前的热学、电学研究思想被他自己积压在手，以至于后来的研究者惊叹道，如果卡文迪许的热学和电学论文和思想当时就公开的话，整个科学都会提前进步几十年。奇怪的是，他却坚持公开发表了他的化学研究论文，只是他用氢气和氧气（他称之为“可燃气体”和“失燃素气体”）燃烧生成水的实验拖后了两年才发表，造成了他和普里斯特利、瓦特三人之间产生了发现优先权争议。

1766年，他发表了三篇化学论文，这三篇论文都是关于气体化学的实验内容，涉及直接对空气进行分离，或收集用金属或矿物质反应产生的气体。比如，用酸液溶解金属产生“可燃空气”（氢气），现在比较公认的结论是卡文迪许在1761年发现了氢气。

卡文迪许分别用水和水银作液封收集和处理了多种气体，在严格保持温度和压强条件的前提下，对当时已知的各种气体的物理性质，特别是密度进行了严谨而细致的研究，测定这些气体在水中的溶解度。他用汞作为液封收集各种来源的“固定空气”（二氧化碳），再用测密度和溶解度的物理方法，证明了从发酵和含碳酸的固体中得到的“固定空气”都一样。他测出“固定空气”比空气重1.57倍，比水轻1.511倍，这已经非常接近现代的测量值。

随后，他发表了氢气和氧气燃烧生成水的重要实验结果，卡文迪许在反复的实验之后，发现可燃空气（氢气）和普通空气混合后燃烧反应，可以消耗掉大约1/5的空气，且在反应容器上有水滴出现。他随后用氢气和氧气直接反应，继续研究氢气和氧气反应时的体积比，得出了2.02：1的结论。

1785年，卡文迪许在氧气和空气混合物中引入电火花，使得空气中的氧气和氮气反应，然后用氢氧化钠溶液来吸收生成的氮氧化物，发现空气中残留下一小部分，大约1/120，无法与氧气反应生成化合物被氢氧化钠吸收。经过几百次的实验和分析，他得出在今天看来都很精确的结论，空气中有20.833%的体积是脱燃素空气（现在测量值是氧气占20.95%）和79.167%的燃素空气（氮气），而在空气中有总体积的1/120不参与反应的“浊气”（惰性气体）。100多年后，科学界发现了惰性气体氩，证实了卡文迪许的推测。

卡文迪许也是第一个（1784年）分析上层大气的人，他用气球取样，发现上层大气和地球表面的大气组成实际上是一样的。

把气体化学实验做到如此精确的程度，这是因为卡文迪许有足够的财力使用最好的仪器，还可以请到最好的工匠来改进这些测量仪器，但是更重要的是卡文迪许对精密的追求和耐得住寂寞的性格。他

剑桥大学的卡文迪许实验室

以精确的定量研究手段促进了化学的定性研究，这也可以说是卡文迪许对化学领域最重要的贡献。

剑桥大学的卡文迪许实验室（Cavendish Laboratory），是世界上最著名的实验室之一。1874年，卡文迪许家族的后代、当时的剑桥大学校长威廉·卡文迪许（他是钢铁富商和科学爱好者），私人捐款在剑桥大学的物理系筹建实验室，以卡文迪许家族命名。**卡文迪许实验室是近代科学史上第一个社会化和专业化的科学实验室，它的建立标志着实验室已不再局限于自然哲学家私家住宅。**卡文迪许实验室的研究水平极高，研究内容也很广泛，从1874年至1989年一共产生了29位诺贝尔奖得主（分别在物理、化学、生理医学领域），最著名的科学研究成果包括：1897年发现电子、1935年发现中子、1953年发现脱氧核糖核酸（DNA）的双螺旋结构。这是众多科学家对人类的贡献，也是卡文迪许家族对科学事业的贡献。

正是如海尔孟和布莱克等几位自然哲学家的努力和成果，让人类揭开了空气和气体的奥秘，由此化学和整个科学事业才得以建立起来。应该强调的是，那时对空气、气体的“实验”和以后常用的这个科学术语含义并不一样。现在的科学实验本质上是提出问题和寻找答案的探索过程，而早期的空气实验活动几乎是在一个未知（或者所知甚少）的领域进行盲目的摸索。气体物质，特别是一些无色、无臭、无味的气体摸不着、看不见，单纯依靠观察很难发觉它们的存在。**无法直接看到要研究的物体，几乎检测不到的重量，还特别容易逃逸，这正是气体化学的难处。**

为什么是在18世纪中叶人们对空气的探究才取得如此的成果呢？首先，当时可供气体研究的仪器（空气泵、集气槽、温度计、气压计、天平等）已不是稀罕之物，而研究结果的公开宣读和交流已蔚然成风。其次，空气虽然看不见又没有重量，但空气无处不在，有些气体（如二氧化碳）的来源多种多样，这也给自然哲学的爱好者提供了着手研究的基础条件。再者，众多的实验爱好者，特别是有些有财力的贵族或企业家，对实验仪器的精度有着不懈的追求。测量精度明显增加时，自然哲学家就会从实验现象中觉察到新的信息，这些信息会帮助天才研究者领悟到自然界隐藏的规律，这在化学史乃至整个科学史上并不罕见。

与众不同的拉瓦锡

空气（各种气体）处于几条自然哲学研究大道的汇聚之处，植物、动物与大气构成了循环，各种物质（液体、固体）都可能会与气体发生反应或产生各种气体。对空气进行定性和定量的研究基本上都是出自人们的好奇心，比如普里斯特利、卡文迪许、舍勒。那是一个分不清谁是“第一”的时代，就像一条大河的源头往往有多个支流一样。实际上，**气体化学的领域太复杂，以至于不可能有一位天才凭一己之力就可以破译空气的秘密。**大自然在很长时间内抗拒着人们对空气的破译，可是这挡不住欧洲多个国家和民族杰出的自然哲学家的努力，最后在18世纪下半叶，法国伟大的化学家拉瓦锡比较完整地破译了空气的奥秘。

拉瓦锡

拉瓦锡是法国巴黎一位律师的儿子，从小就受到良好的教育，年纪不大时就显得聪明能干。1761年，17岁的拉瓦锡跟随一位著名的矿物学家到法国各地调查矿物资源。要分析那些五光十色的矿物必然要利用酸，通常会生成相应的各种碱，作为助手的拉瓦锡由此接触到化学知识和严格的定量分析训练，这次资源考察是拉瓦锡的化学启蒙课。

拉瓦锡

拉瓦锡18岁进入大学学法律，两年后毕业，在他父亲的律师事务所工作。法律学习也许对拉瓦锡的逻辑思维能力有帮助，但他对律师行业没有兴趣。他认为化学方面遇到的问题更有挑战性，所以，他的主要研究工作就集中在化学方面。

与欧洲大陆的大多数化学家不一样的是，拉瓦锡没有受过药学训练或医学教育。他的研究风格与当时所有的化学家都不同，他的逻辑好、数学有功底，特别注重实验精度，对自己实验室的装备可以说是精益求精，他用的天平与卡文迪许的天平精度相当！而且，**拉瓦锡并不仅是埋头于自己的实验室，他对别人的著作、文章和其他信息都很在意，经常对比不同化学家的同类实验数据，还常常自己动手重复别人的实验，发现其中的矛盾和问题就会深究下去。**拉瓦锡一方面系统地思考化学问题，另一方面又进行精确的实验验证，所以他能够提出化学的新观念、新理论、新思想。

在拉瓦锡的时代，其他的气体化学家已经对空气进行了有成效的探索，其中最重要的是普里斯特利、舍勒、卡文迪许，他们都发现和收集了氧气。不过，他们都没有认识到氧气的真正作用，他们称氧气是“脱燃素空气”，意思是氧气在燃烧过程中辅助释放了一种称之为“燃素”的物质，他们对有关氧气实验结果的理解和解释都限于“燃素说”的错误框架中。

燃烧给予人类生活的能量，也是人们制造金属工具的必要手段，对燃烧过程的理解和解释自然吸引了自然哲学家们的注意。17世纪末期，德国医生斯塔尔提出了一种燃烧理论，即“燃素说”，他认为火的本质是一种叫作“燃素”的物质，在燃烧过程中“燃素”被释放出来了。可以燃烧的物质就是含有“燃素”的。“燃素说”是与人们日常经验不冲突的一个假说，点燃一块木头，燃烧殆尽后它便留下一堆尘；用炽热的烈火加热金属（煅烧），燃烧之后会留下一些金属灰，所以“燃素说”像“地心说”一样，很容易被人接受。

不过，“燃素说”提出之后就有人提出有矛盾的事实，不少实验证明煅烧留下的金属灰比原来的金属还要重，这就是说物质的“燃素”减少了，但物质的总重量却增加了。为此，有人就修正“燃素”的概念，说“燃素”这种东西有时具有正质量，有时没有质量，有时还有负质量。为了自圆其说，“燃素”就不得不变成了一种神秘的东西。

到了1770年，“燃素说”的破绽已经很难护得住了，因为各种与燃烧有关的气体都分别被发现了，其中没有任何“燃素”的迹象。比如，卡文迪许分别制取了氧气（脱燃素气体）和氢气（他称为可燃气体），他按1：2的体积比使氢气和氧气完全燃烧后全部生成水，没有任何其他东西，**如果他再追究下去，就完全可以怀疑“燃素”并没有存在的必要。**

可是，当时化学家的精力主要在于发现新物质，他们从开始化学研究时就相信了直觉型的“燃素说”假说，这错误的假说束缚了他们进一步的探索，以至于他们无法进入更高的认识层次。具有讽刺意味的是，这些气体化学家们虽然都相信“燃素说”，可是，他们所获得的研究成果却都是在为击破“燃素说”做准备。

给“燃素说”致命一击的是拉瓦锡，因为要证伪一个假说或理论需要足够的事实和严谨的逻辑思维，而这正是拉瓦锡的强项。拉瓦锡开始探索燃烧这个化学的基础课题时，曾做了各种各样的试验，他用法国科学院的放大镜聚焦把各种矿石都烧过了。但真正给他带来灵感的，却很可能是非金属“磷”的燃烧。1675年，有位德国炼金术士为了得到神奇的“哲人石”，匪夷所思地收集很多人尿，在地窖里盛放发酵，然后又浓缩、结晶、精制，最后得到了一点黄色的晶体。这晶体自己可以发光，暴露在空气中的时候，它常常会自燃起来。这当然不是无所不能的“哲人石”，但这是炼金术士发现的一种新元素，它很快被称为磷（phosphorus，意思是“会发光的”）。由于磷的怪异生产方法，造成了磷的售价比黄金要贵得多，直至后来舍勒发明了从骨粉中提取磷的方法，才使磷的生产有了工业化的途径，瑞典因此成为火柴的一个主要生产国。

尽管磷的价格昂贵，拉瓦锡还是从药房里买了一盎司磷，因为他听药房老板描述了磷燃烧的特点（可以自燃）。拉瓦锡开始用磷做燃烧试验。磷的燃烧当然很省力，放在空气中都会自燃，但燃烧得到磷灰却是极易吸潮的，时间稍长磷灰竟成了一摊磷酸！拉瓦锡当时不可能明白磷的燃烧过程原理，但磷灰吸收了空气中的水则是再明白不过的事实。

磷灰明显的吸水现象使拉瓦锡悟出了一个认识，研究燃烧、煅烧过程都必须在密封空间中进行！此后，拉瓦锡的燃烧试验都是在密闭容器中进行的，而他的天平又非常精确。结论很明确，密封系统中物质的总质量在燃烧、煅烧前后没有变化！显然，无论燃烧还是煅烧，都是可燃物与一部分空气的结合。这样，拉瓦锡的实验中已经没有“燃素”的位置了。不过，令拉瓦锡感到奇怪的是，在封闭容器里燃烧后的空气总是还剩下约80%的量，就是说，空气只有一部分“有用气体”参与了燃烧反应。

正巧，普里斯特利1774年访问法国。据说在拉瓦锡夫人举行的沙龙上，普里斯特利介绍了他的“脱燃素空气”制法，还讲到该气体对燃烧和动物呼吸的作用。普里斯特利为人开放、乐于交流，而拉瓦锡的家经常接待各国的自然哲学家，所以这个故事很可能是真的。这个“脱燃素空气”的故事对别人可能没有多大的意义，但对拉瓦锡可大不一样，“脱燃素空气”可能就是他一直观察和思索的“有用空气”！他立即重复了普里斯特利的实验，或者说用了普里斯特利同样的方法，从汞灰（氧化汞）中分解得到了他所期望的“有用空气”。然后，他用制取的“有用空气”（氧气）进行各种燃烧、煅烧实验，不出意料，反应系统中不再有剩余的气体了。**“有用空气”（氧气）绝不是帮助燃烧的“脱燃素气体”，而是燃烧的主角！**这样，拉瓦锡把“燃素说”彻底给烧毁了。

1777年，拉瓦锡正式把这种“有用空气”气体命名为“Oxygene”，英文为Oxygen，意思是“成酸的元素”，因为拉瓦锡一直认为“酸中都含有这种气体元素”（日文利用原意，把Oxygen翻译成“酸素”；中文的命名几经变化，1928年中国化学会决定用“氧”字，有取养生之气的意思）。后来人们才明白，氧是地球上最丰富的元素（占地壳重量将近50%），氧元素和各种金属、非金属的化合物构成了人类生存的大部分材料。氧在自然界的循环决定了几乎所有动植物的命运。所以，**对氧气的正确认识具有革命性意义，如果不理解氧气，就没有现代意义上的化学，也不会有今天的科学。**

其实，到了拉瓦锡的时代已经没有人公开反对质量守恒的概念了，但“燃素说”中神秘的“燃素”的质量可正、可负，使得化学家们在解释自然和试验现象时都轻易地绕开了“质量守恒定律”。正是拉瓦锡密闭系统的燃烧实验击破了燃素说，他指出在任何一种化学反应中，各反应物的总重量正好等于其中一种或多种产物的总重量——这就很清晰地阐述了物质是“守恒的”，或者说物质是不灭的也不能创生的。从此“质量守恒定律”终于可以堂堂正正表述出来了。

1789年，拉瓦锡创立了至今还在继续出版的期刊——《化学年刊》。同年，拉瓦锡出版了他最有影响的一本著作《化学基本教程》（Elements of Chemistry），十分详尽地论述了推翻燃素说的各种实验依据和以氧为中心的新燃烧学说。书中清楚地描述了元素的概念，并且列举了当时他所知的31种元素，酸、碱、盐之类被排除在元素之外，因为它们都可以由其他元素生成，水也失去了元素的身份。最重要的是，“燃素”不复存在了，各种元素都具有“平等”身份。

当时，令化学家们头痛的另一个问题是化学物质的命名法紊乱不堪，很多化学品沿用着与物质的实际成分毫不相干的炼金术符号，诸如砷黄油、铅糖、锌花和硫肝之类怪诞可笑的名称。拉瓦锡的工作为化学带来了前所未有的条理性和系统性，加上他对酸、碱、盐的认识也为新的化学命名系统提供了必不可少的基础。拉瓦锡主导了化学物质的命名，他与另三位法国化学家一起着手制定新的化学命名法。1787年，他们主编的《化学命名方法》一书出版，奠定了当今化学命名方法的基础。**化学命名法推进了化学知识的交流和化学科学的发展。**

拉瓦锡以物理和数学的思路处理化学问题，他用自己设计的定量实验，并通过严格的逻辑推理，对所得实验结果做出正确解释。他的实验都是精心设计的，而不是碰运气的探索，这表现了拉瓦锡具有与同时代的化学家们不同的思维方式和研究风格。拉瓦锡虽然对化学做出了伟大的贡献，但他的化学理论体系中也有两大缺陷：一是他认为各种酸类都含有氧；二是他认为光和热是两种元素（但没有重量！）。权威的缺陷给以后的化学家们造成不少困难，甚至影响到下一世纪的很长一段时间。此外，拉瓦锡在氧气和水的合成等发现的优先权上与几位著名的化学家（前节介绍的气体化学家）有激烈的争议。从拉瓦锡的论文和著作中看好像这些全是他自己发现的，但从拉瓦锡的研究风格看，他不太可能自己完全独立地发现氧气、二氧化碳、氢气以及合成水等。不过，因为那个时代的化学家发表论文并不一定及时，出版印刷往往也会耽误很长时间，所以这类争议现在已经很难裁断清楚了。

拉瓦锡是现代化学科学的奠基人，他的工作热情和精力非常人可比，在他的著作《化学基本教程》出版前十年左右的时间里，他向法国科学院递交了约60篇论文。同时，他还从事了其他工作，与人合伙经营一家包税公司，并在1774年担任法国皇家火药和硝石局局长。有人曾说，拉瓦锡对化学的贡献可以与牛顿对物理学的贡献相提并论，其实在工业管理方面拉瓦锡与牛顿也有得一比。牛顿晚年担任英国伦敦的造币厂厂长期间从早到晚都在监督工厂的运行，保证金币的成色成为当时英国货币改革成功的关键因素之一。而拉瓦锡利用与英国化学家的交流了解火药的最新技术信息，加上他精深的化学知识以及对工厂生产管理的投入，到1777年，拉瓦锡协助将法国硝石的年产量增加到了900多吨，并大大提高了其爆炸力。

到了18世纪80年代，法国的硝石被广泛认为是世界上最棒的火药。拉瓦锡管理法国火药局时正值美国独立战争时期。1776年，北美英国殖民地的13个州联盟发表独立宣言，几年后战胜了英国军队，1783年英国承认美国独立。在此期间，法国输出了几百吨高级火药供争取独立的华盛顿军队使用。在巴黎，拉瓦锡不无得意地谈到他管理生产的硝石火药对美国革命的影响，这无疑是夸大他自己所起的作用了。但如果没有法国的先进火药，仅靠当时没有什么工业基础的北美殖民地要战胜英国军队肯定要耗费更多的时间。法国路易政权出于历史的恩怨和自己的利益，不遗余力地支持美国独立，但这也成为法国国力大衰、陷入经济危机的重要因素之一。美国独立十三年后，1789年，法国大革命爆发。几年后，国王路易十六被送上断头台，欧洲大陆最大的封建制度堡垒在三年内土崩瓦解。令人遗憾的是，法国大革命作为美国独立战争的“回头潮”也把拉瓦锡卷了进去，革命党人指控拉瓦锡有多项罪行。1794年5月8日，18世纪最伟大的科学家之一，现代化学之父拉瓦锡，被送上了断头台（现在的资料表明，对拉瓦锡的所有指控都是站不住脚的，而一定要把拉瓦锡置于死地的是一位以前与他有芥蒂的业余化学家）。

> 拉瓦锡之死是化学科学的损失，法国的化学界一直要等到19世纪初拿破仑当政时才重新崛起。

道尔顿的原子论

18世纪末，拉瓦锡将气体化学与定量化学的结合，标志着现代化学的诞生。但是，空气给人们的启示远不止气体化学的内容，英国的约翰·道尔顿（John Dalton）领悟了大气蕴含的更深的奥秘。

道尔顿1766年诞生在英格兰北部农村的一个虔诚的贵格教家庭，道尔顿的整个人生和他的贵格教背景紧紧联系在一起。贵格会（Quaker），又称公谊会或者教友会（Religious Society of Friends），是基督教新教的一个派别。贵格会的教义强调人人平等、热爱和平、生活朴素、为人正直等，贵格会的很多教徒是底层的平民和商人，但也有不少绅士和知识精英。贵格会的教徒从事当时的炼铁、纺织漂染等很辛苦的行业，是工业革命的生力军；另一方面，贵格人在当时科学研究的很多领域也做出了突出的贡献。17世纪，在英国皇家学会里有4位贵格人，18世纪14位，19世纪36位。由于教义比较偏激等原因，贵格教派受到当时的英国国教很严厉的排挤和迫害，贵格教徒不能担任公职，上流学校对他们也不开放。所以，贵格教会得自办学校让子女受教育，道尔顿六岁时上的就是当地贵格会（教友会）办的农村小学。

约翰·道尔顿（John Dalton）

道尔顿的小学教师贵格人伊莱休·鲁宾逊（Elihn Robinson）是一位很有知识的绅士，他把当时的数学、物理等知识传授给这位小教友，在鲁宾逊的热心指导下，道尔顿开始进行气象观测。1781年，15岁的道尔顿随他哥哥外出谋生，来到英国中部靠湖区的肯代尔镇（Kendal）寄宿学校（相当于初中）当“小”教师，道尔顿在那里一直工作了12年，几乎什么课都教过。道尔顿从1787年开始记气象日记，从此他对大气的观察和记录一生没有间断过，**正是对大气的观察和研究帮助他以后建立原子论。**

1793年，道尔顿受聘于非英国国教的曼彻斯特新学院（New College）担任讲师，讲授数学和自然科学。英国中部城市曼彻斯特有方便运输的运河、充足的水和煤炭供应，16世纪中叶开始发展成为一个繁荣的纺织工业城市，开创了工业革命的先河。当地非国教自然哲学家和企业家组织了曼彻斯特文学与哲学学会（Manchester Literary and Philosophical Society，MLPS），后来道尔顿的整个科学活动都与这个学会联系在一起。道尔顿在学会宣读的第一篇论文与化学和原子论并无关系，这篇论文描述的是他自己患有的疾病——色盲，所以在很长时间内，色盲都被称为“道尔顿症”。里程碑式的“原子论”也不是以惊人方式推出的。在1803年底，道尔顿在学会宣读论文《论气体在水中的溶解》(On the Absorption of Gases by Water)，论文中有一张附表，这是第一张元素（20个）的原子相对重量表。

一张简单的附表和简明的原子论述为什么引起化学界或整个自然哲学界如此大的反响呢？

道尔顿用的原子（atom）这个词并不新奇，众所周知，原子的概念源自古希腊的哲学家，但这是没有实验基础的、非凡的猜测。牛顿和波义耳等人也认为存在原子，他们的原子图像是相同而有弹性的微粒。**道尔顿的原子论的惊世之处在于，他认为原子不是单一的，所有的化学元素都是各自的原子组成！**这使得化学元素有了空前明确、清晰的概念，也从根本上否定了炼金术的可能性。那么，怎么区别不同种类的原子呢？道尔顿认为各种原子的质量是不同的。可是，原子太小了以至于没法计算单个原子的质量，道尔顿选择了一种天才的方法，即通过原子间的反应推算出各种原子的相对质量，并以最轻的原子氢为参照量，设氢原子的原子量为1。不过，当时他了解的原子间结合比并不正确，加上他的实验技术并不精细，所以道尔顿测得的原子量并不准确。

现在原子论的科学原理已是基本常识，不再赘述。我们的问题是，为什么是道尔顿提出了激动人心的原子论？为了要体验道尔顿的发现之旅，我们得穿越回到两百多年前，了解那时欧洲的自然哲学家对空气的认知状态。经过一个多世纪对空气的探索，1780年以后的欧洲，自然哲学家已经明白空气是由氧气和氮气等多种气体构成的。尽管他们知道空气的基本构成，却都很自然地把空气当成是这些气体的化合物！这种意识并不奇怪，因为空气太均一了。卡文迪许曾用气球到高空取过样，几百米上空的空气和地面的空气组成也是相同的。气体是有轻有重的，为什么重力不会使较重的气体与较轻的气体分离开来？所以，**谁都不会想到如此均匀的空气是几种气体的简单混合物。**

但是，道尔顿却对空气的化合状态产生了怀疑。怀疑是出自他从少年起就没有间断过的气象观测和研究，更具体的原因很可能是他对水的状态转化的观察。

> 水是天气变化中最重要、最活跃的成分，随着不同的气候条件，水可以蒸发成雾成云，然后降雨降雪在地面上汇集，水汽还可以在地面凝结成露、成霜。当然，更多的时候水像其他气体一样溶在空气里不见踪影。由于水的状态（相态）有如此自如的变化，道尔顿自然不认为水蒸气和空气中的气体呈化合状态。可是，如果水蒸气在空气里是分散混合的，为什么其他气体就是化合的？这也许是道尔顿疑惑空气状态的第一步。其后，与原子论成型有联系的人和事在19世纪最初的几年发生了。

1801年10月，道尔顿宣读了关于气体混合特性的四篇论文，其中包含了著名的道尔顿分压定律：混合气体的压力等于各组分气体在同样条件下单独占有该容器时的压力的总和，他认为这正是气体成分的无数微粒（原子）彼此扩散的缘故。

道尔顿的朋友威廉·亨利（William Henry）发现了“气体在水里的溶解度与其压力成正比”的规律。1802年，亨利在MLPS学会上宣读了他的论文。显然，如果空气中的气体是化合状态，就不可能出现亨利定律描述的现象。

1802年底，道尔顿在MLPS学会宣读他的第一篇化学论文——《组成大气的几种气体或弹性流体的比例的实验探究》，论文的一个重要内容是各种元素间的化学结合存在着某种量的关系。一个重要的化学定律——倍比定律被道尔顿发现了，而且他敏锐地意识到，只有原子的观点才能解释倍比定律。

1803年底，道尔顿在MLPS学会宣读论文《论气体在水中的溶解》。为了寻求气体溶解度的规律，道尔顿开始了测量原子量的开拓性工作，他假定每种气体是由同种类的原子组成，气体越重说明相应种类的原子越重。如此我们就可以理解为什么第一张原子量表是道尔顿《论水对气体的吸收》（1803）这篇论文的附录！（后来的实验证明道尔顿猜想的溶解度规律并不存在，气体的溶解度不是由其重量决定的）

道尔顿的原子论受到了大力普及化学知识的苏格兰化学家托马斯·汤姆逊（Thmas Thomson）的赞赏，他在化学界大力宣传了道尔顿的原子论，使原子论很快为广大化学界所熟悉。受到汤姆逊的鼓励，道尔顿用原子论的思想整理和分析了当时已经了解的化学知识，几年后他的代表作《化学哲学新体系》（The New System of Chemical Philosophy）出版（第一部分1808年，第二部分1810年出版）。不过，这部916页的著作直接论述“原子论”的内容仅有4页。

把道尔顿的论文的发表顺序加以研究后不难得出结论：

道尔顿从对大气的观察和气体的实验中（亨利定律、道尔顿分压定律和气体溶解性实验）推测和构想了原子模型，而一些气体反应的简单整数比又验证了原子说。由于原子论的思想对化学研究具有指导意义，道尔顿在1803年后从事化学研究便是顺理成章的事了。道尔顿虽然也被称为现代化学之父，但他并不是一位“正统”的化学家。

随着时间的推移，道尔顿的原子论思想传播开了，后来其他人的研究也逐渐确定了原子理论的实用性和有效性。在使得相信和推崇原子论的队伍日渐壮大的同时，道尔顿的名声也达到了顶峰。1816年，法国科学院首先选举道尔顿为院士，此后他还被聘为柏林科学院名誉院士、莫斯科自然科学爱好者协会名誉会员、慕尼黑科学院名誉院士。最后，1822年道尔顿被英国皇家学会增选为会员。他是英国皇家学会唯一一位不是由自己提出申请的会员，这并不仅仅是因为他的谦虚和谦让，而是他作为贵格会教徒是不会申请加入英国国教控制的任何组织的。可是，英国皇家学会考虑到如果再不让道尔顿成为学会会员，英国皇家学会倒是很难堪了。

可惜的是，道尔顿从提出原子论后，对科学的贡献就几乎没有什么亮点了。道尔顿对自己提出的原子模型太迷恋，他发明了自己的一套元素符号，这些符号很形象，但并不方便使用。但是，如果谁对这些原子符号提出修改意见，道尔顿就火冒三丈脾气爆发。1808年，法国化学家盖·吕萨克（Joseph Louis Gay-Lussac）发现了气体反应的体积定律，即气体之间的反应都服从简单的体积比。实际上，这一定律也是对道尔顿原子论的一次佐证，后来也应用于测量气体元素的原子量。但是盖·吕萨克定律却遭到了道尔顿本人的拒绝和反对。1811年，意大利物理学家阿伏伽德罗（Amedeo Avogadro）提出了分子论，也遭到了道尔顿无情的反驳，因为道尔顿无法想象两个相同的原子可以组合在一起。1813年，瑞典化学家贝齐力乌斯（J. J. Berzelius）创立了用字母表示元素的新方法（比如氢H，氧O，汞Hg等），这种易写易记的方法很快被大多数化学家接受，而道尔顿一直到死都反对新元素符号。**道尔顿的原子论奠定了定量化学的基础，建立了物理和化学两大基础学科联系的桥梁。**当时的化学家，或者说，其后几乎所有学科的科学家都需要经过“原子论”的桥梁。人们过桥就是为了向前探索新的知识和原理，可是，道尔顿太珍爱原子论和自己的原子模型，以至于他站在自己建造“桥”上不愿离去。就这样，道尔顿慢慢远离了自然科学的进步，以至于他后期写的论文都不被英国皇家学会的杂志接受。

这里我们要留意的是，对于“物质世界最基本的组成”这一基本问题，当时的物理界和化学界在认识上有很大的差异：当时的物理学涉及的是抽象的原子，而化学界发现和描述的是各种元素和元素间的反应。原子论使得元素的概念彻底清晰化，使化学反应前后的质量守恒、化学反应的倍比定律和化合物组成是固定的等定律都有了理论根据，也使得化学开始真正走上定量化的发展阶段。从化学发展的历史视角看，**拉瓦锡利用物理的方法整理了1780年前的化学发现，构筑了现代化学的“大厦”，但这座宏大建筑物的基础却是二十多年后道尔顿（1803年）才灌注下去的。**

原子论、电化学和元素大发现

就在道尔顿发现和整理他的原子论的时候，意大利物理学家伏打（Alessandro Volta）向英国皇家学会提交了一篇论文（1800年），论文的内容是他发明的“伏打电池堆”（Voltaic Pile）。伏打电池堆由多个单元串联而成，每一单元有一块锌板与一块银板，中间夹着浸有盐水的布或纸板，这是最早的化学电池。有趣的是，几位有名的化学家都与电的研究有缘，卡文迪许和普里斯特利做的很多气体反应实验就是用电火花点火触发的，伏打对电的兴趣正是阅读了普里斯特利的电学入门书，而伏打本人对气体化学也有研究，1776年他曾发现甲烷，还测定了空气的膨胀系数。当时气体化学家用于产生电弧或电火花的莱顿瓶只是相当于一个电容器，而伏打电池却可以产生稳定、持续的电流。

伏打电池在化学研究方面的第一个贡献就是对水的电解。**通常，化学界对一种物质组成的确认一般需要分解和合成两个可逆的过程来证明。**卡文迪许、拉瓦锡等人分别做过氢气和氧气燃烧的实验，证明水是氢和氧组成的。可是，他们都无法把水分解成氢元素和氧元素，这造成总有人对水的组成心存疑惑。1801年有两位化学家用伏打电池把水分解成了氢气和氧气，这在化学界也是一件大事，从此没有人再怀疑水的组成了。

事实上，不仅是水，还有很多其他的化合物由于原子间结合得太牢固，使得当时的化学家对这些化合物无可奈何，因此化学家对自然界的元素种类的认识远远不到位。**正在道尔顿推出原子论的时候，恰好化学家们又有了伏打电池这化学研究的“热兵器”，于是化学元素的发现在19世纪初有了一个高潮。**

把伏打电池用得最有成效的是汉弗里·戴维（Humphry Davy）。

汉弗里·戴维

戴维1778年出生于英国西南部的小镇，原来的理想是成为一名医生。在进药房做学徒期间，自学了很多化学知识。戴维1800年发表了关于一氧化氮（笑气）气体的论文，他的冒险探索和实验技巧给他带来了不小的名声，也吸引了雷福伯爵（Benjamin Thompson，Count Rumford）的注意。雷福伯爵也是一位传奇人物，他除了从政以外，在热学研究方面也很知名（以后还会谈到他的贡献），他还有不少实用的发明，比如对壁炉和烟囱的改进、发明咖啡蒸馏器等，还热心推广马铃薯作为主食，这对英国乃至欧洲的粮食结构的改变有很大的影响。他和另一位贵族在1799年资助筹建了英国皇家研究院（the Royal Institution of Great Britain）。

可是，**我们不能以现代大学或企业研究机构的概念来理解当时的皇家研究院。**英国皇家学会本身没有依靠政府的资助，伯爵他们想用皇家研究院作为一个讲坛，请一些著名的学者来宣传普及自然哲学知识（那时候还没有流行“科学”这个词）。为了使讲座可持续并保持高水平，研究院特别设置了专职的演讲人（lecturer），并配有实验室和住宿的地方。英国皇家研究院不是一个有规模的研究机构，它的名声主要来自其著名的公共讲座，研究院的科普活动一直持续至今。

由于戴维的名气不小，1801年他被聘为皇家研究院的讲师，1803年他成为研究院的化学教授，研究院的小实验室为戴维提供了实验平台。当时的戴维虽然也做了多方面的实验和演讲报告，但他的电化学演讲对公众最有吸引力，一方面是电化学的演示有神秘性，另一方面也是因为戴维本人在电化学方面取得的成果最惊人。

英国皇家学会

首先，他改进了伏打电池，把电池“堆”或“组”大大增加和强化，使电池的使用时间更长、输出电压更高。其次，他将电极间的介质由水溶液改为熔融状的介质（比如让金属盐吸潮、加热等），使介质既能导电又不至于成为水溶液。1807年，戴维成功地电解了苛性钾（氢氧化钾KOH）和苏打（碳酸钠Na_2CO_3），首次制备了钾元素和钠元素。后来戴维又发现了钙、锶、钡、镁等元素。戴维的电解实验证明“所有的碱类物质都是化合物”，拉瓦锡等曾认为的元素的碱土化合物彻底失去了元素的身份。在碱金属中，钾是最强的还原剂（按后来的原子结构的说法，钾容易提供电子）。戴维利用了钾的这一特性，把钾与硼酸混合加热，得到了钾元素置换出来的硼。用相似的方法，他分离出了硅、钍和锆。他总共发现了12种元素，占他那个时代已知总数的五分之一，戴维是发现元素最多的化学家之一。

戴维的另一贡献是纠正了拉瓦锡对“酸”的错误认识。拉瓦锡曾认为所有的酸中都含有氧，所以氧气被他命名为“酸素”。据此，盐酸中应含有氧，而氯也就不会是元素，应是某种元素的氧化物。然而，化学家们想尽办法也没有从盐酸或氯气中找到氧。戴维开始研究这一难题，通过一系列精心设计的实验，甚至动用了2,000组金属片的强力伏打电池，对多种盐酸盐进行电解，都没有发现氧气。由此，戴维宣称，只要不存在水，盐酸所发生的一切反应都不会产生氧，从而确认氯是一种元素，而“氢”才是一切酸类不可缺少的要素！**酸的氢元素说取代了错误的含氧元素说，从此，人们对酸的理解朝着正确的方向又前进了一大步。**

1807年，戴维获得了法国科学院颁发的拿破仑奖，以表彰他在电化学方面的成就。1813年，戴维获法国科学院院士。1820年，戴维当选为英国皇家学会主席。正是在他任皇家学会主席期间，皇家学会直接授予道尔顿为皇家学会会员（1822年）。戴维的身体一直欠佳，去世时年仅51岁，可能这是因为他经常吸笑气（NO）的缘故。戴维为化学和其他领域都做出了突出的贡献，但他在生前评价自己时，却往往把发现迈克尔·法拉第（Michael Faraday）作为自己最大的贡献。

法拉第1791年出生于靠近伦敦的小村，家境贫寒。当时正值第一次工业革命时期，法拉第一家从乡下迁到伦敦。法拉第的父亲是铁匠，但是身体并不好，无法常常上工，因此全家只能过着贫穷的日子。12岁时法拉第开始打工收送报纸，后来有机会在兼作装订业务的书店里工作，在7年学徒时间里，他一边装订图书，一边学习。他喜欢看科学书，其中最喜欢读马赛特夫人（Jane Marcet，英国著名的科普作家）的《化学对话》（Conversation in Chemistry）以及《不列颠百科全书》（Encyclopedias Britannica）中的电学叙述。法拉第不但熟读《化学对话》书中的内容，而且用厨房用具等小工具做些简单的实验。尽管没有受到很正规的学校教育，法拉第在科学知识和实验技能方面还是有基础的，只不过数学确实是他的弱项。

1812年，书店的一位老顾客因为很喜欢法拉第，送了四张戴维皇家研究院演讲会的入场券给法拉第。法拉第认真听讲，还记下了详细的笔记，连同实验装置的素描（法拉第也擅长画图），用他拿手的装订技术做成一本精美的书。法拉第把自己装订的笔记书送给戴维，请求戴维能够聘用自己当助理。1813年初，皇家研究院有了一个研究助理的空缺，戴维已经了解了法拉第的工作能力，推荐他为助理人选并获得录用。1813年10月，法拉第随戴维夫妇到欧洲大陆国家考察，他的公开身份是仆人，虽然这并不令他愉快，但他不自卑。法拉第随戴维参加了各种学术交流活动，见到了许多著名的科学家（安培、伏特和盖·吕萨克等），大大开阔了眼界，增长了见识。

1816年，法拉第发表了第一篇科学论文。对电磁感应的全面认识是法拉第的最大成就，这是1830年至1839年期间的事。安培（André-Marie Ampère，法国物理学家）等著名的物理学家认为“磁是电的从属作用”，然而法拉第的看法不同，他认为如果电流能产生磁场，磁场也一定能产生电流。在1831年年底，他发明了一种磁场电流发生器，这就是最原始的发电机，奠定了未来电力工业的理论基础。由于法拉第不擅长数学，他依靠绘图技巧和语言表达能力弥补这个缺陷，这样就把磁力线、电力线和电场、磁场的重要概念引入物理学，为当代物理学中的许多进步开拓了道路。

尽管法拉第对物理学（特别是电磁方面）的贡献最为著名，但他在化学方面的贡献也很伟大。主要有：

1823年成功液化氯气；1825年发现苯；1827年出版著作《化学操作》；1933—1936年间发现电解定律，并建议使用新的电化学术语。

对上述化学和电化学方面的发现，我们来做一点简要的说明。

首先，为什么是法拉第发现了苯？伦敦在1809年开始使用瓦斯灯作为街道照明用的路灯，当时使用的瓦斯是将鲸油加热分解之后所产生的气体。问题是这些气体中夹杂着油状物质，使路灯逐渐变暗。当时（1825年）法拉第接受路灯公司的委托，不到一个月的时间就分离了其中的主要成分，这种油状物的沸点为86℃，实验式为C_2H_2，法拉第将之命名为双碳化氢（bicarburet of hydrogen）。这种新发现的化合物在1833年被一位德国化学家改名为苯（benzene），1865年著名的有机化学家凯库勒推测出了苯环的结构。

其次，1833年法拉第发表关于“物质化学亲和力就是物质以某种含有电力方式或依靠电力结合”的观点，这一观点的重要性我们将在后面看到。

第三，法拉第的电解定律指明，**在电解过程中，所分解出来的物质的量并不和电的强度成比例，而是和通过的电量成正比。**因此，电化当量和化学当量一致，并且是相同的。由于电量可以精确计量，电解定律和气体化学的体积定律都成为定量化学的最有力的工具，从而极大地促进了化学科学的发展。此外，电解定律的实用价值是促使电镀普及。利用电解的方法镀上金属层，比当时所用的各种液体合金浸涂法要安全得多，而且更有效率。

第四，法拉第坚持采用新的电化学术语。按法拉第的认识，用电将物质分解时整个电解系统都参与了反应，所谓电极（当时用pole这个词）只是电流出或流入的一扇门或是通路。为此，法拉第请剑桥大学的惠威尔教授（William Whewell，英国哲学家、神学家）予以帮助，法拉第将新的专有名词能表达的本质和情况解释给惠威尔听，惠威尔再根据法拉第的说明，提出几个以希腊文为词根的新字。最终，法拉第选了“anode”（阳极）和“cathode”（阴极），还有“ion”（离子）、“anion”（阴离子）、“cation”（阳离子）、“electrode”（电极）和“electrolyte”（电解质）等使用至今的专有名词。这些电解的基本概念也成为50年后物理化学发展的基础，几位著名物理化学家最初被称为“离子学家”。我们在这里特别提到了惠威尔教授，因为科学家（scientist）这个著名的词也是后来他提议使用的，而1866年前还没有科学家这个词。

法拉第除了在物理学和化学上有卓越的贡献外，值得一提还有他在皇家学会研究院策划和实施的星期五演讲会和面向小朋友的圣诞节演讲会。自1825年开始举办持续至今的这两个演讲会，把皇家学会研究院在普及科学知识方面的工作推向巅峰。**法拉第没有学生和弟子，他的实验操作、记录整理和论文写作都是他自己完成的，他通过讲座和演讲影响了那个时代无数追求知识的人。**科学史上，法拉第是罕见的天才，他同时在实验和理论领域都具有高度创造性，而且他做了大量的促进教育、普及科学知识等社会工作，对人类社会做出了了不起的贡献。

法拉第在皇家学会的实验室

拉开化学科学的序幕

如果说前面的几节讲得更多的是化学史话，这节的内容则是每个学习化学的人熟悉的基本知识。不过，这里我们强调的是这些知识形成的过程并不是那么简单，相反，每个基本的概念都是有各自生动曲折的故事。

分子式

现代化学的基本语言是化学物质的分子式，我们现在能方便地写分子式和化学方程式，很大程度上是瑞典化学家贝齐力乌斯（J. J. Berzelius）的贡献。

贝齐力乌斯（J. J. Berzelius）

1807年，贝齐力乌斯受聘担任瑞典医学院教授。当时药学界流行的各种化合物名称非常混乱，这让贝齐力乌斯上课时大为头痛。那时的药剂师们对同样的化合物，既有炼金术的神秘用词，也有拉瓦锡近代化学的名称，还有他们业内各自习惯的叫法。贝齐力乌斯想结束这种混乱，加上当时他想编化学文摘的年报，促使他急于建立一套实用而统一的标记法（拉瓦锡等整理的是一套化合物的命名法不是标记法，比如说碳酸钙的法文或拉丁文名称，而不是分子式$CaCO_3$；而道尔顿自己发明的一套元素原子符号很复杂不实用）。贝齐力乌斯的标记法是一种革新，把各元素名称（通常是拉丁文或拉丁化的词汇）的首字母选作元素符号，而当两种或两种以上的元素名称的首字母相同时，再从其名称中另选一个特征字母与首字母连在一起使用。例如，C表示碳原子，Cr表示铬原子，Co则表示钴原子。将各原子符号并列，必要时再标上原子数，就可以表示分子式。后来，又经过几位著名化学家的改进，把原子数由上标改成了下标等，**贝齐力乌斯倡导的标记法最终成了化学的通用语言。**

贝齐力乌斯1808年入选瑞典皇家科学院院士，1810年当选瑞典皇家科学院院长。

贝齐力乌斯对化学的发展影响最大的是他的电化学的工作。贝齐力乌斯很早就利用伏打电池做过大量实验，总结了电解过程的基本规律。1814年，贝齐力乌斯提出了电化二元论，认为化合物都是由两种电性质不同（即带正电荷和负电荷）的组分构成的，开创了对分子中各原子间相互关系的探索。电化二元论首先把碱和酸的概念同电的极性联系起来，负电极总是得到碱性物质，而正电极得到酸性物质。如此，他把物质的电极性推广到元素上，按照物体接触时所带的电荷，可以把元素分为两大类：电正性和电负性。所有元素可排成一序列，序列的一端是氧（电负性最大的元素），另一端是钾（电正性最大的元素）。

O、S、N、F、C1、Br、I、Se、P、As、Cr、Mo、W、B、C、Sb、Te、Ta、Ti、Si、H、Au、Os、Ir、Pt、Rh、Pd、Hg、Ag、Cu、U、Bi、Sn、Pb、Cd、Co、Ni、Fe、Zn、Mn、Ce、Th、Zr、A1、Y、Be、Mg、Ca、Sr、Ba、Li、Na、K

贝齐力乌斯还认为，元素间之所以能相互作用，正是由于它们带相反电荷相互吸引。但是，各种元素不仅所带的电荷有正负，其相对强度也有差别，即所带的电荷不等量（强度差别如上表排出的序列）。如果它们形成的化合物（氧化物），还是有可能带电而不是中性的，因为不等量的电荷无法完全中和。这就解释了金属的氧化物带阳电，非金属的氧化物带阴电。按照贝齐力乌斯的假定，**物质相互作用的亲合力就是电的吸引力，电解正好是化合的逆过程，也就是说，亲合力的强弱可以用电解的难易程度来表征、测定。**电化二元论能说明许多化学（当时主要是无机化学）现象，很快成为当时的流行理论。

因为他的化学知识丰富，又掌握了电化学的手段，我们可以自然地猜测出贝齐力乌斯会发现很多新元素。事实上，他最早分离出硅（1810）、硒（1817）、钽（1824）、锆（1824）和钍（1828），在发现新元素的业绩上可以和戴维齐名。

贝齐力乌斯1806年才了解到道尔顿的原子学说。他虽然赞同道尔顿的原子学说，但他对道尔顿的化学工作不以为然，因为他觉得道尔顿的化学实验和数据比较粗糙。1818年贝齐力乌斯和他的学生通过长期严谨的实验分析得出了约2,000种化合物的化学式，同时也验证了道尔顿的倍比定律，实际上支持了原子学说。期间，**贝齐力乌斯改进和发明的分析方法（橡皮管、水浴、干燥器、**

洗瓶、滤纸、吹管分析等）和燃烧分析方法，至今还在化学实验中使用。他对各种分析操作都进行过细致的研究与改进，还合成了很多分析试剂，使化学定量分析的精确度空前提高。1814年，他发表了包含41种元素的原子量表，1818年增加到45种元素，1826年增加到50种元素。这最后一张表实际上同现在的原子量数值基本没有差别（除了碱金属和银的值是现代数值的两倍），相对而言，其他化学家（包括道尔顿自己）提供的原子量数据误差就大了。

贝齐力乌斯几乎在化学的所有领域都有突出的成就，比如，“催化”（Catalysis）的概念是他在1835年提出的，“有机化学”这个名称是他在1806年提出的，他和他的学生还做了一些有机化学的开创性研究。有趣的是，有机化学后来的进展使他本人的简明电化学二元论被取代了，因为有机化学告诉我们，很多化合物是靠共价键联系的。

贝齐力乌斯工作极勤奋、文章著述极丰富。此外，他为人热情、交友很广，他喜欢与年轻好学的化学家交流，每年都接受一两位年轻人到他家中去住，让他们在他的私有实验室中度过一两年的学习和研究生活，其中就有后来著名的有机化学家。

总之，贝齐力乌斯是那个时代最全面最有权威的化学家，他的工作使瑞典的化学（特别在元素和矿物的发现方面）继续处于欧洲领先的地位，他对现代化学科学的贡献可以与拉瓦锡和道尔顿相提并论。

贝齐力乌斯的著作

气体化合体积定律

19世纪初期，由于道尔顿、戴维和贝齐力乌斯在原子论、电化学以及分析化学方面的出色工作，拉瓦锡化学理论的几个重要结论（酸、碱和盐酸等）都站不住脚了，这使得法国的化学界渐渐失去了当年的风光。好在这个时期法国出现了一位伟大的物理学家和化学家，盖·吕萨克（Joseph Louis Gay-Lussac），他为维持住法国的自然科学中心地位做出了巨大的贡献。

盖·吕萨克

盖·吕萨克少年时适值法国革命，耽误了读书，16岁后他发愤努力，两年后（1797）考入巴黎综合工科学校。此时，化学家贝托莱教授（Claude Louis Berthollet，贝莱托曾随拿破仑军队远征埃及，在历史上首次提出了化学平衡理论和可逆反应的科学概念）很赏识他。盖·吕萨克毕业后，即任贝托莱的助手，1809年升任该校化学教授，1808—1832年兼任巴黎大学物理学教授。

那个年代的英国和法国在科学研究方面的竞争很激烈，特别是当戴维率先利用伏打电池发现了很多新元素后，以盖·吕萨克为代表的法国化学家再也坐不住了。盖·吕萨克用化学方法而不是电解的方法制备钠和钾；用钾来处理氧化硼时得到了硼，这是首次获得的元素形态的硼；他还比戴维早几天发现了碘（或者也可以说是同时发现碘元素）。后来，盖·吕萨克与其他法国化学家合作研究氟化物和氰化物，氢氰酸就是盖·吕萨克合成后发现的，他分离和命名了“氰”这一气体，确定氰的组成为碳、氮二元素（CN）。

盖·吕萨克一方面有极强的冒险探索精神（曾在化学实验时被炸受伤，氰化物和氟化物也是有毒的），另一方面他严格追求实验准确性，对待研究结论很审慎。比如，盖·吕萨克测得钾的比重为0.874（现代值：0摄氏度时为0.859），比戴维测得的（~0.6）要精确得多。盖·吕萨克对待实验的严谨程度在气体研究方面体现得更明显。道尔顿和他各自独立地发现了气体体积随温度升高而膨胀的现象，但盖·吕萨克得出气体膨胀系数的数值是0.00375或1/266.6，与现代测定值1/273.15的误差很小。更为关键的是，盖·吕萨克明确了气体体积是“原体积”而不是温度升高后有过膨胀过程的体积。道尔顿并没有说明气体体积是“原体积”，这样气体体积实际上不是随温度作线性变化了，而且道尔顿测得的气体膨胀系数是0.00373。所以，把气体体积在质量和压强不变时随温度变化的定律叫盖·吕萨克定律。不过，物理学把气体质量和体积不变时压强随温度正比变化的定律称为查理定律。查理（Jacques Alexandre Cesar Charles，法国物理学家、数学家和发明家）大约在1787年研究气体的膨胀问题时，发现了这一定律，但是查理没有发表他发现的这个定律，而是由盖·吕萨克补充了很多实验数据后于1802年发表的。

1807年，盖·吕萨克还率先测出气体的比定压热容C_p和比定容热容C_v的比值$y=C_p/C_v=1.372$，这是一个非常重要的气体常数。

盖·吕萨克最有名声的实验是1808年开始的气体化学反应实验。盖·吕萨克发现，氧与氢化合时，氢气体积差不多总是氧气体积的一倍。这简单的体积关系是不是会出现在其他气体反应过程？他继续自己对气体化学反应的研究。他发现，一体积的氧和一体积的氮，化合得到了两体积的一氧化氮。盖·吕萨克进一步研究许多不同气体间的化学反应，他**确认在所有参加反应的气体体积和反应后生成的气体体积之间，总是存在着简单的比例关系。**由此发现了一个重要的基本化学定律——气体化合体积定律。

这个定律的发现，类似于化学反应的倍比定律，是对道尔顿的原子论的有力证明。因为只有在相同的温度和压力下，相同的体积容纳着相同数量的微粒，反应体积之间才可能存在小的整数关系（简单的比例关系）。但是气体化合体积定律比一般化学反应的倍比定律揭示的奥秘可能还要多，如果水的组成是两个氢原子和一个氧原子，而氢气和氧气都是单个原子的形式存在的话，生成一个水微粒（当时没有分子的说法）只需要半个氧原子。如果使原子的数量对得上，道尔顿关于原子不可分割的基本思想就会“破裂”，分子说呼之欲出！但是，道尔顿直接判断盖·吕萨克的气体实验根本搞错了（可惜道尔顿没有自己验证性地做一次这个实验），而一贯严谨的盖·吕萨克当然无法接受这样的指责。可盖·吕萨克也没有更多的时间与道尔顿论战到底，他忙于发现新元素、分离和分析各种化合物（包括有机化合物）。尽管当时英国和法国处于战争状态，道尔顿和戴维还是来巴黎与盖·吕萨克见面交流过，可惜的是由于研究上的竞争和对待原子论的理解上的差异，他们的关系远远谈不上和谐。

盖·吕萨克与出生于普鲁士（现德国）贵族的亚历山大·冯·洪堡（Baron Alexender von Humboldt）关系特别好，洪堡是19世纪最杰出的科学家之一，涉及的研究领域极广，洪堡和盖·吕萨克在1805年一起游历了法国、意大利和德国，对地球的磁场强度进行了测量。盖·吕萨克的很多研究工作都得到洪堡的支持，著名的气体实验："两个体积的氢正好与一个体积的氧发生反应生成两个体积的水"，也是他们合作实验的成果。不过，盖·吕萨克和洪堡都没有意识到，他们之间的亲密合作关系会成为引发化学科学（主要是有机化学）跃进的起因之一，因为洪堡推荐了以后有机化学的创始人李比希来盖·吕萨克实验室学习（洪堡和他哥哥威廉·冯·洪堡是可以名列为影响现代世界科学进程的人物）。

分子说

法国科学家盖·吕萨克的气体体积实验结果受到了道尔顿的抨击，却触动了一位意大利物理学教授阿梅狄奥·阿伏伽德罗（Ameldeo Arogadro）的灵感。阿伏伽德罗于1811年提出了分子论的假说：任何两种气体，在同温同压的情况下，拥有的微粒（即他定义的分子）数目相等。

阿伏伽德罗
（Ameldeo Arogadro）

阿伏伽德罗假说有两个奇妙之处，一是明确提出**同温同压时，相同的体积容纳着同等数量的微粒，**二是微粒由"原子"改为"分子"。现代化学使用的"分子"molecule这个词（来自拉丁文molecula，微小的质量）就是阿伏伽德罗创造的，他认为原子是"基本分子"，而"分子"是原子的组合体。**元素气体的分子，例如氧、氢、氯含有两个（或2的倍数）原子，而不是道尔顿所想那样只含一个原子。**按阿伏伽德罗的假说，盖·吕萨克的体积实验结果可以清楚地表示为：

$$2H_2+O_2 = 2H_2O$$

据此，氧原子相对质量并非像道尔顿得出的那样是氢原子质量的八倍，而是接近十六倍（阿伏伽德罗亲自算过这一数据，并得出了十五倍的结论）。

值得一提的是，阿伏伽德罗是没有原子概念的，他把所有的物质都看成分子：综合分子、组成分子和基本分子。前两者相当于今天的化合物分子和单质分子，"基本分子"就相当于原子。可是，原子的概念在当时却是被化学界的权威所认可的，尽管他们之间对原子的认识各有不同。比如，当时贝齐力乌斯拿他的原子标识法（我们现在使用的原子符号和分子式）去听取道尔顿意见时，道尔顿认为贝齐力乌斯的拉丁字母根本没有显示出原子的特性。尽管为原子符号的标记闹得不欢而散，但他们两人都不赞同阿伏伽德罗1811年提出的分子学说。**有趣的是，他们两人反对分子论的理由各不相同。**道尔顿的原子模型是由热气围绕的独立微粒，是不可能由两个相同的原子构成分子的（道尔顿的原子论也不好解释化学反应的亲合性）；而贝齐力乌斯反对分子论是基于他的电二元论，两个相同的原子带有相同的电荷，怎么可能结合在一起形成分子呢?

此外，1832年法国人杜马（J. B. A. Dumas）研究了硫、磷，砷和汞的蒸气密度。杜马是继贝齐力乌斯之后的化学泰斗，他没有看出这些蒸气具有规则的结构。原来这几种元素气态时，单质的分子中原子的数目并不相同，气态分子汞的原子数是1、氧为2、磷却是4，而硫分子的原子之数竟是6，所以当时物质的蒸气密度实验结果对证实阿伏伽德罗的分子学说也很不利。也就是说，如果所有的分子在气态时像氢、氧、氮一样都是双分子结构，事情倒也简单了。

遗憾的是，尽管阿伏伽德罗假说来自于盖·吕萨克气体实验的启发，但也没有证据表明盖·吕萨克支持阿伏伽德罗假说，伟大的阿伏伽德罗分子假说自提出后就陷入没有什么人关注的沉寂状态。1814年，著名的物理学家安培也提出了类似的分子论，同样也没有被化学界重视。从现在来看，当时分子论没有被化学界接受，既有道尔顿、贝齐力乌斯等化学界权威反对的原因，也是因为当时化学界研究的都是相对简单的无机化合物。当化学家进行严格的定量分析时，他们可以绕过分子和原子之争，用当量的概念去对付各种各样的酸、碱、盐等化合物。因为所谓原子量或分子量都是一个相对质量，对分子式简单的无机盐，原子和分子概念的差别并不重要。所以，化学界迟迟没有接受分子说，不仅是因为几位权威大师思想顽固和整个化学界的保守，而是没有分子说的化学界工作也能进行得下去！此外，还有一个因素是阿伏伽德罗和安培都不是化学家，他们没有条件对分子学说进行相应的化学实验，因而其分子假说缺乏实验的支撑。

然而，随着化学家对有机化学研究的深入，他们发现无机化学常用的当量处理方法根本无法用于有机化学领域。无机化合物一般都是简单的分子，如果几种元素的比例确定后，物质基本上也就确定了，**而有机化合物中碳氢比相同的物质太多了，没有分子的概念就没法区分和认识！**此外，当时有机化合物的测定分析时会用上含金属元素的试剂，正好那时经常使用的银和铜本身的原子量就不准确，这样无机化学的问题却导致了有机化学的混乱。比如，化学家开发的有机化学分析方法中银作为沉淀剂，而当时银却恰好是金属元素中原子量误差达一倍的元素。为什么银元素的原子量会高出一倍？这是因为当时的化学权威贝齐力乌斯认为金属的氧化物都是MO，一个金属原子和一个氧原子结合（符合道尔顿的原子论），但银的氧化物却应该是Ag_2O，是阿伏伽德罗认为的水分子模式。银元素的原子量差了一倍本来也不是很大的事，但这一差别却引起了有机化学界的大混乱。因为只要用上含银的分析试剂，分析结果就大。

眼看化学界马上就要陷入学术语言分裂的困境，1860年欧洲140多位化学家在德国的卡尔斯鲁厄（Karlsruhe，德国西南部城市）聚会，会议是德国有机化学家凯库勒（Friedrich A Kekule，5年后他因猜测了苯环的结构而举世闻名）发起的，这也表明当时有机化学界对学科术语和规范的混乱更着急。这是一次约140位著名化学家参加的国际会议，也是化学界甚至是科学界的第一次国际会议，化学家们各抒己见的热闹场面是可以想象的，但会议其实并没有形成什么统一意见。很多年后，人们才意识到这次会议最重要的是意大利化学家坎尼扎罗（Stanislao Cannizzaro）的发言，他重提了他的同胞阿伏伽德罗的分子假说，指出**只有用分子论可以解释化学界出现的矛盾现**

象，散会时坎尼扎罗还执着散发了关于阿伏伽德罗假说的小册子。然而，这些努力还不足以动摇众多化学家的观念，毕竟当时的无机化学家更有权威。

不过，坎尼扎罗重提阿伏伽德罗假说引起了参加会议的德国化学家 J. L. 迈耶尔（Julius Lothar Meyer）注意。1859年，迈耶尔在担任布雷斯劳大学讲师期间，曾重点研究了19世纪上半叶的化学发展史，这项研究使他对当时各种化学思想的交锋有了比较和鉴别，所以他对阿伏伽德罗假说和坎尼扎罗的呼吁有与众不同的认识。这些认识促使他系统总结当时的化学理论，并于四年后的1864年写成了著名的教材《近代化学理论》。这本教材宣扬了“原子－分子论”，前后再版了五次，并被译成英文、法文和俄文，许多人正是通过这本名著，认识了分子论。

阿伏伽德罗－安培的分子论从50年的沉寂中走出，再到被广泛接受并不是一个简单的过程，前后又耗去了十几年时间。今天我们在学习科学时必然会知道“阿伏伽德罗常数”，这是自然科学的重要的基本常数之一，是指标准条件下22.4升体积所含的分子数（也称为1摩尔物质），其数值是 6.022×10^{23}。不过，阿伏伽德罗常数并不代表阿伏伽德罗假说，这是为了纪念他命名的常数，其数值是20世纪才多次测定修正的。俗话说，海水不可斗量，而阿伏伽德罗常数的数值相当于太平洋里海水的杯数！而且，22.4升的空间容纳如此巨量的分子微粒居然还是很宽敞的，由此可以想到自然界有多神奇，也可以想象那个时代在化学领域探索之不易。

摩尔代表的原子数量

原子和分子的更为准确的定义由英国化学家罗斯科（Roscoe H. E.，主要贡献是光化学领域和提取钒等）给出，他在1867年提出：“分子是原子的集合体，是化学物质——无论是单质还是化合物——能够分开的或者说能够独立存在的最小部分；正是物质的这个最小量能够进入任何反应或者由反应而产生出来；原子是存在于化合物中的元素的最小部分，它是被化学力不能再分的最小量。”

阿伏伽德罗定律被公认后，化学界、物理界对物质世界的认识终于科学化、系统化了。如果说拉瓦锡发现和整理的基本原理和概念构筑了现代化学的基本框架，道尔顿的原子说给现代化学的大厦灌注了坚实的科学基础，那么阿伏伽德罗的分子说就是化学大厦的台阶和地坪。**如果没有分子说，化学大厦的基础（原子说）远不完善，这是因为现实世界的物质是以分子形式存在的，化学家主要应该以分子来考虑问题，就像作家使用的是字和词而不是以字母来写作一样。**

至此，化学终于明确了是一门研究物质分子性质及其转化的科学。

第六章 化学科学的发展

从“自然哲学家”到“科学家”

在上一章里，我们极少提及“科学（science）”，也避免使用“科学家（scientist）”这个词，因为那个时代并不流行科学，**直至1840年前，英语词汇中也还没有科学家这个词。**那么，人们怎么称呼牛顿那样的大科学家呢？原来，西方社会有自然哲学（natural philosophy）这个领域，从事自然哲学研究的人被称为自然哲学家。哲学Philosophia，是距今两千五百年前的古希腊人创造的词，由philo和sophia两部分构成：philein，指热爱和追求；sophia，指智慧，希腊文Philosophia的含义就是为了更有智慧而进行的思想认识活动（1874年，日本启蒙家首先用汉文的“哲学”来翻译philosophy一词，1896年前后日本的译称介绍到中国，后渐渐通行）。而英语中科学（science）源于拉丁语scientia，“知识”，有通过分类研究（study）得到知识的意思。

那么，为什么“自然哲学”的概念最终转向现代意义的“科学”？

自古以来，西方人把思考的对象分为两种：大自然的运行和人类的行为。因此，哲学认识分为两个领域：自然哲学（natural philosophy）和道德哲学（moral philosophy）。以前的自然哲学家很少或者根本就不对自然现象进行测量或实验，自然哲学实际上是这些智者对常见自然现象的揣测，他们的思维方式和手段无法真正了解自然界的规律。古希腊哲学的集大成者亚里士多德（Aristotle，公元前384~前322）把理论认识分为三大部分：形而上学（偏向抽象和本质）、数学（具有完整的逻辑性和不变性）和自然哲学（以思辨认识可变的自然现象）。显然，亚里士多德把数学与自然哲学看成是并列的认知范畴。

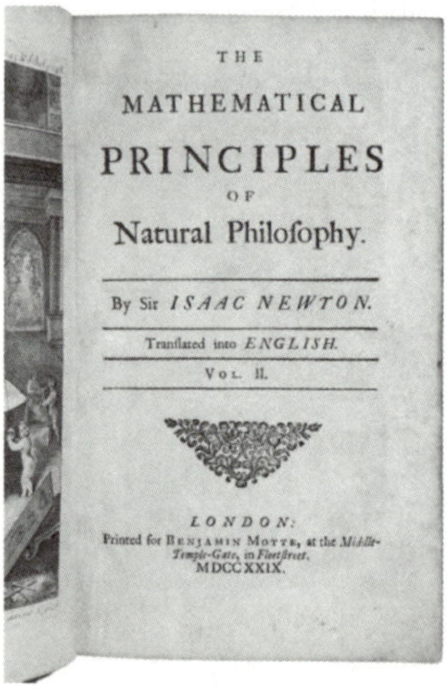

牛顿的《自然哲学的数学原理》

然而，牛顿1687年出版的著作《自然哲学的数学原理》却并不认可亚里士多德的认识理论，因为亚里士多德传统中的自然哲学没有、也不可能有数学原理。牛顿的自然哲学（自然界的物理现象）与数学并不是并列的关系。在牛顿看来，自然哲学的本质是精确定量和逻辑的，因而，自然界的规律可以用数学描述。当然，关于自然哲学的本质的数学描述不是件容易的事，牛顿开发数学工具（微积分），完美地把伽利略、第谷的天文观测数据整理成万有引力定律。牛顿深刻但又隐晦地指出了古典的知识和认识体系的大问题，实际上直接挑战了传统的西方文明智慧。自伟大的牛顿以后，自然哲学家们不再受古典哲学思想的束缚。

此外，牛顿选用的“原理”（principles）一词也含有深意，“原理”指：解释或控制事物如何发生或工作的基本思想或规则。**一般书名中含有“原理”一词的教科书或专著大都会论述比较精确因果的关系，**或者说，纯经验而没有数学归纳的内容很少称为“原理”。以后我们会提到的《物理化学原理》(Principles of Physical Chemistry)，还有本书中的“重头戏”《化工原理》(Principles of Chemical Engineering)，都是在复杂的事物中抽象出了本质的关系，并加以相应的数学描述。

牛顿的著作出版后，标志着探索自然哲学的知识闸门被打开了。在其后的100多年里（17世纪末至19世纪初），物理学、化学、生物学、地理学等所有的领域都有研究成果的大爆发。原来的自然哲学就是物理学，整个自然界都是物理学的研究对象，后来有了物理学、化学、生物学、地理学等学科，而物理学领域又分为力学、光学、电学、热学，等等。自然哲学研究的不断发展和知识积累，使得学科不得不分类。从这一角度看，我们会觉得**如果没有“科学”这个新概念，竟无法描述这个知识增长的盛景。**

从自然哲学向现代科学的转换还有一个关键因素是测量工具的发明和改进。这个时期里产生了新型的工具（当时称为“自然哲学工具”），成为探索自然规律的有力手段，如望远镜、显微镜、天平、温度计、气压计、空气泵，等等。这些工具性能逐渐提高、价格降低，从贵族和大学实验室走向寻常人家。例如，以牧师为职业的普里斯特利在自家的厨房里就可以做实验，道尔顿的乡村学校也有各种实验设备。

早期的业余化学家

科学活动的社会流行和普及程度很快达到了高潮，那时英国各地都经常举办公开讲座，向大量非专业的普通听众介绍科学新发现及科学方法的效用。科学方法的普及使一些从前地位卑微的知识和技能进入了科学的领域，与有着很高地位的自然哲学融汇到一起，这使自然哲学家失去了神秘感。当时英国皇家学会的会刊收到大量的投稿，质量虽然良莠不齐，有的论文根本就是记录了日常琐事，但这就是那个时代的时尚和热情。由于学会活动频繁，以至于组织者向威维尔（William Whewell）求助怎么用词来给聚会取名称？怎么来称呼这些参与者？毕竟用自然哲学和自然哲学家这样的词显得不够大众化。

前面我们提及法拉第和威维尔合作，创造了阳极anode、阴极cathode、电极electrode、电解electrolysis等科学词汇，这里我们还要再次提到威维尔对科学事业的贡献。威维尔在具体的科学研究成果上并不突出（他是英国皇家学会会员，在潮汐研究方面有成果），他的才能却非常全面，可以称为英语语言学家、数学家、哲学家、神学家（宗教）、地理学家和科学史学家，是继培根之后对现代科学和科学方法论述做出全面的思考和论述的第一人。1833年，威维尔在他的一篇评论中首次创造了“科学家”(Scientist)这个词，他还于1836年创造了物理学家一词(Physics+ist=Physicist)，以区分医生(Physician)。1840年，威维尔在他的代表作《归纳推理的哲学》中指出**“我们非常需要一个适合的名字来称呼在科学领域里孜孜不倦的耕耘者，我倾向称他们为科学家。”**此后，威维尔通过撰写著作、科学评论和批评、讲座等方式对各领域的科学历

威廉·威维尔（William Whewell）

史和进展进行描述，由此宣传现代科学的定义和方法。

19世纪中叶以后，科学家“Scientist”一词逐渐流行起来，这反映了当时的科学已经对社会产生深刻的影响，人们意识到社会需要一个从事自然科学研究的职业。同时，那个时代也思考和表述科学的定义。现在被接受的科学定义是：科学是关于自然界运行规律的知识，这些知识得通过科学方法获得或验证过的。所以，**讲科学离不开科学的方法。**科学与其他领域的最大区别就在于寻找真理的途径和方法，而“自然哲学”却没有确定的研究方法，并不强调实验探索和验证。

但是在倡导科学方法方面，早期的自然哲学家做出了很大的贡献。例如，波义耳大力提倡科学实验的公开性，他发表的论文中有详细的实验设备和过程描述，如果其他人怀疑他的实验结论可以照着重复做一做，看看是否得到相同的实验结果。**可以重复的实验结果支撑了研究的推理和结论，也是科学知识不怕质疑、甚至欢迎质疑的底气所在。**所以，从追求知识的“程序”上，科学从“自然哲学”的自由探索活动中升华出来。

科学研究的方法决定了科学家必然重视实验工具的改进。不言而喻，如果你的测量工具精度不及别人，那你也就干脆不要评论对方的实验结果和结论了。现代化学的科学基础是由拉瓦锡奠定的，拉瓦锡对测量工具精益求精（如他使用的天平极为精密），同时他把数学引入了化学，物质守恒是化学反应过程的一个恒等式。拉瓦锡以后的化学家的新发现都是以精确测量和测定为基础的，比如，要确认发现一种新元素，该单质的纯度必须极高，然后测定其沸点、熔点、密度等物理性质。**化学研究必须提供精确的实验数据，相应的论文才能到可以发表的水平。**否则，即使研究结果有机会发表，也很快被质疑和推翻，这对科学家来说并不是件光彩的事。

综上所述，从“自然哲学”到“科学”的转换有着比较深刻的原因。不过，“自然哲学”并没有因为“科学”这个词的流行而迅速消失，事实上，这两个术语在整个19世纪是共存的，经常被用作同义词。有趣的是，当时很多著名的科学家并不喜欢被称为“科学家”，他们认为自然哲学的研究范围更广、追求的哲理性更强，比如和威维尔同时代的法拉第、赫胥黎等大师并不接受科学家这一称呼。直至20世纪中叶，还有一些在科学、技术和文学方面取得伟大成就的大师喜欢用“自然哲学家”的称呼。然而，如果深究起来，科学和自然哲学在认识体系、研究方法和知识的认可方式等方面毕竟有深刻的差别。最后，“自然哲学”终于淡出了社会。现在，“哲学”（philosophy）主要含义是“热爱和追求知识”，此外，大学教育的最高学衔——“博士”一直有“哲学”的定语（Doctor of Philosophy，Ph. D.），哲学博士（Ph.D.）可以授予任何学科的博士生，只有医学、教育学、法学等少数专业的博士才标明专业。

接下来要讲述的是化学科学中重要的分支学科——有机化学。有机化学的研究标志着科学研究的职业化，业余的化学家可以把厨房当实验室而做出重大发现的时代过去了。

有机化学——碳的世界

自古以来，自然界就被分成动物、植物、矿物三类，而从动物和植物各种器官中产生或分泌出来的物质称为有机物。不过，早期的化学家并不很在意分类，他们的工作是通过分离和提纯发现新物质，比如，舍勒不仅发现了氧气和很多无机化学物质，他也发现了或最早确认出了一些最重要的有机酸：葡萄中含有的酒石酸、柠檬中含有的柠檬酸、苹果中含有另外的酸（苹果酸），在酸奶中发现乳酸，而在人、畜尿中发现尿酸。现代化学科学的奠基人拉瓦锡也分析了不少有机化合物。这时，化学家们初步认识到组成有机化合物的元素并不是很多，通常只是碳、氢、氧、氮、磷等几个元素。**但那时人们对有机化合物怀有神秘感，认为只有生命力的生物体才能产生有机化合物。**

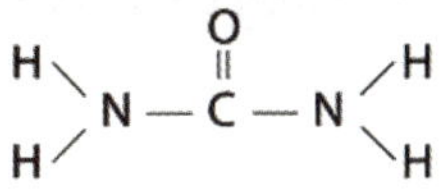

$CO(NH_2)_2$

维勒（Friedrich Wöhler）和尿素分子式

有机化学从1830年起逐渐成为化学科学的重要分支，在了解有机化学的定义和主要内容之前，先介绍两位在开拓有机化学领域中有重要贡献的化学家：一位是首次合成尿素的维勒（Friedrich Wöhler），另一位是化学家李比希（Justus von Liebig）。

19世纪初的德国人如果要学习化学，一般都到化学研究先进的法国、瑞典进修学习。维勒在1823年获得医学博士学位后，当年冬天就到了斯德哥尔摩，在瑞典化学家贝齐力乌斯的私人实验里学习和工作。贝齐力乌斯每年都要接纳几位国外的年轻学子，私人实验室是当时化学和药学领域特有的师徒小组织，学生来学习实验技能，大师则需要人手干活。一年多后，维勒回到德国，继续从事他的化学研究。1828年他原打算用氨和氰酸合成无机化合物氰酸铵，却意外地得到了有机化合物尿素。维勒用无机化合物在实验室合成有机化合物！他自己都不敢相信这个实验结果，但经反复验证确实无误：

> 有机化合物是可以人工合成的。这是一件打破了有机化学神秘感的标志性事件，化学界从此开始正确理解有机化学和无机化学的关系，生命力论在有机化学领域再也站不住脚了。

另一位重要的有机化学家李比希也是很小的时候就迷上了化学。1822年，他在德国大学获得博士学位后，即去法国巴黎进修学习。由于李比希显示出了他在科学研究方面的潜质，在法国的德国大使、著名的自然哲学家洪堡举荐下，李比希进入了法国最著名的化学家盖·吕萨克私人实验室。可以说，李比希后来能够领导其学派开展科研活动，与他在盖·吕萨克那里受到严格训练的经历有着密切的关系。

李比希（Justus von Liebig）

李比希被洪堡和盖·吕萨克赏识的起因是他20岁时对雷酸（HONC）的研究，巧的是维勒的研究起步工作之一是测定氰酸的化学成分（HOCN）。他们分别发表论文后，发现双方测定物质的成分几乎完全相同，但各自的性质却完全不同：氰酸很安定，雷酸却很易爆炸。这样性质完全不同的化合物，怎么会具有相同的成分？最初，他们都认为对方的实验有问题，为此维勒和李比希展开了激烈的争论。1826年，他们经过详尽的讨论和实验的复核，最终认为双方都没有错，但他们无法解释这“化学成分相同，性质却截然不同”的现象。1830年，贝齐力乌斯提出了一个崭新的化学概念：“同分异性”。他认为，氰酸与雷酸，即属于“同分异性”，它们的化学成分一样，却是性质不同的化合物。在此之前，化学界一向认为，一种化合物只具有一个成分，绝没有两种不同化合物具有同一化学成分。将来化学家们会认识到“同分异性”在有机化学中是常见的。

从这件事上，我们也可以看到科学和科学方法的优越之处：科学发现、实验结果和结论可以发表，但是必须要经得起同行所掌握的知识的考验。也正是这种科学领域的公开、竞争、可验证，使得科学发现和成果得以服众。维勒和李比希从雷酸、氰酸的研究争论中发展了他们一生的友谊，两人现存的来往书信有1,000多封，他们的友谊和交往被传为科学史上的佳话。

维勒在1828年合成了尿素后，曾把当时有机化学面临的局面比喻为“一片热带原始丛林，各种植物遮天蔽日，使人害怕得根本不敢走进去”。应该说维勒的比喻很有意思，有机化合物的种类数不胜数，可其构成的基本元素却只有碳、氢、氧等少数几种。**找不到规律使科学家最难受，如同人在原始丛林里迷路。**维勒后来还是回到了比较传统的无机化学研究，而李比希却投身到了有机化学的研究工作。李比希在有机化学的原始“热带丛林”中，清除各种障碍，开辟新领域的探索之路，很是令人佩服。

李比希为什么能在当时迷茫的状态下坚定地选择有机化学呢？下一节中我们要谈一些综合的因素，但这里首先要提到的是，**李比希是个分析化学专家，他改进了燃烧装置、冷凝器、吸收器等。**到1830年，李比希已经把碳氢分析发展成为一种精确的定量分析技术，在相当长的一段时期内都是化学界的标准分析程序（有部分改进）。有了这套准确、简单而又迅速的有机化合物元素分析方法，李比希可以用比别人短得多的时间分析更多的化合物，而且可以传授给他的学生。李比希在他的实验室里，教导学生动手实验、改进分析方法和设计制造新型仪器，从吹玻璃器皿、钻孔直到制造白金坩埚。当时，李比希实验室每年可以分析400多个有机化合物。

当然，在有机化学研究的起步阶段，仅有基本的分析手段是不够的，李比希还有自己的有机化

李比希的五球分析玻璃仪器

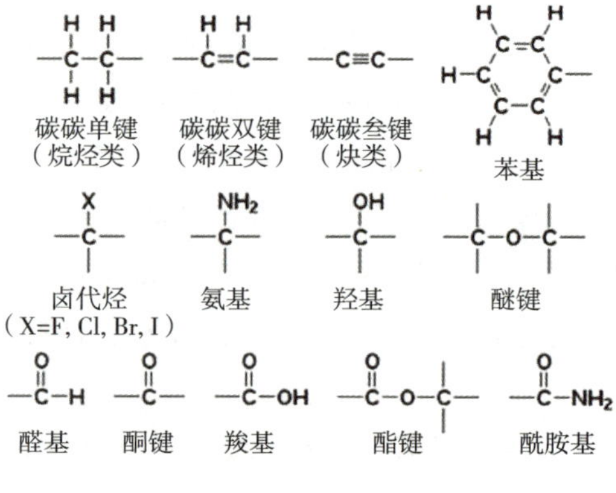

早期研究的基本有机化学基团

学理论（或假说）。**他比其他化学家更清楚地表达了有机基团理论，大大简化了有机化学认识的复杂性。**除了完整提出基团理论之外，李比希在有机发酵理论、有机多元酸理论等方面也做出了开拓性的贡献，也正是李比希这种实验结果提升至理论，理论又指导、促进实验的科学研究方法，促成了李比希学派的形成，大大加快了有机化学研究的进展。

自从自然哲学家们“破译”了空气的奥秘之后，有机化学成为化学科学领域的最大突破之一。现在我们来简略地描述有机化学的定义和有机化学中最基本的概念。

现代定义的“有机化学”是一门关于“碳的化合物的化学”。为什么“碳”元素的化合物的研究可以特殊到独享化学一个分支？这是因为碳在周期表中的位置使然。6号元素碳的外层只有4个电子，要凑满8个，它得再找4个电子（“八电子规则”），这似乎是比较困难的事，但其实并非如此。一个碳原子最多可以和4个其他原子共享电子，一个碳原子也能够与别的碳原子（或其他元素）形成复杂的链状或环状结构，甚至发展出三维的分子网，而且所形成的结构稳定可靠。如此，**碳为骨架的有机化合物种类无穷无尽，正因为有机化合物的多样性和复杂性才有了生物的结构、化学和基因功能。**

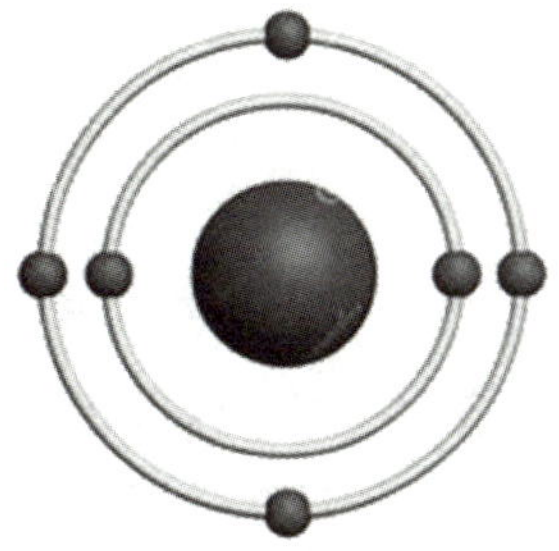

碳的原子结构简图

有机化合物是以碳链为骨架的化合物，绝大多数有机化合物都含有氢，有的还含有氮、氧、硫和卤素等元素。所以，说得更全面一些，有机化学是研究有机化合物的结构、性质、反应、合成、相互间转变规律以及应用的一门科学。

大多数有机化合物易燃，碳氢化合物燃烧的最终产物为二氧化碳和水，这一点基本上区分了有机化合物和无机化合物，也是李比希时代分析有机化合物的依据。此外，**有机化合物的反应通常速度慢、产物复杂，经分离提纯才能得到纯的化合物，这也是有机化合物工业化生产的难点，20世纪诞生的化学工程学大部分应用是在有机化合物的加工领域。**这里我们不再详细介绍有机化学的内容，因为这个学科实在是太丰富了。我们要强调的是，有机化学的进步对化学科学和整个科学事业的贡献极大。

首先，“分子”假说得到证实得益于有机化学的研究。在1850前，几乎所有的著名化学家都认为同一种元素的原子是不可能构成分子的，道尔顿认为原子都是由热气氛包围的单个球，而深入研究了元素电性质的化学家认为带同种电荷的原子是不可能结合（而形成分子）的。但有机化学的取代反应却展示了无可怀疑的实验结果：如果用氯气置换简单的碳氢化合物（如R）中一个氢原子，这样有机分子中含了氯（R-Cl），同时又生成一个氯化氢（HCl）。如此的实验事实积累多了，原来不承认分子的化学家竟也无从辩解。换句话说，在有机化学领域没有正确的分子概念是无法解释很多简单的实验事实的。所以，**有机化学的进展促使化学界把元素、原子、分子的概念都理清楚了。**

有机化学对化学概念的另一个重大贡献是对化合价的认识。1858年，凯库勒认识到碳有四个“亲和力单位力”，所以碳可以和四个氢原子相连，也能和氧这样的二价元素的两个原子相连。更关键的是他发现了碳链：

> 一个碳原子能用一个亲和力单位和另一个碳原子相连，每个碳原子又能各用三个亲和力单位和其他原子相连。碳链的骨架结构是有机化合物的特征和基础。认识碳原子的化合价对有机化学起了非常重要的作用，也解释了化学科学许多混淆不清的问题。

更有意思的是，**有机化学还从根本上改变了人们对酸和碱的认识。**在有机化学研究还没有起步的时候，化学家们都认为对酸和碱的认识没有什么问题，特别是电化学开展后，戴维和贝齐力乌斯把当时已知的元素按电正性到电负性排成序列，含这些元素的物质酸碱性（包括强弱）几乎是一目了然。以后化学家又按物质在水溶液中是否能离解氢离子H^+来确定酸碱性，这显得更科学。然而，随着有机化学研究的深入，化学家们发现以前对酸碱的定义不够完善，比如，他们无法回答乙烯是酸还是碱。**最终，化学家（20世纪初）对酸碱最现代的定义是：酸是电子的接受体，碱是电子的给予体。**

从19世纪中期开始，化学家为了理解和解释有机化合物的复杂性，从分析元素组成终于走到了研究分子结构。因为很多化合物虽然具有相同的分子组成，但分子中原子相互连接的顺序和方式不同就会构成异构体。随着有机化合物分子中碳原子数目的增加，构造异构体的数目迅速增多。1862—1864年化学家发现和认识了乙炔的叁键和乙烯的双键，从此开创了立体化学这一新的学科。

可以说，过去一百年间有机化学的进步，是卓越地运用了最基础的定量方法（精确分析）和对分子结构进行逻辑推理的结果。开拓这一领域的人们往往对物理学并不擅长，所以在有机化学研究的初期，化学家和物理学家之间根本没有什么联系。尽管如此，**有机化学种种复杂的实验现象引出了化学家难以回答的问题，这些问题很大程度上催生了现代物理化学，比如分子结构、催化原理、化学动力学等。**运用数学、物理方法的科学家和有机化学研究者最终还是走到了一起。

如果再一次强调有机化学的意义，我们要认识到**正是对碳化合物的研究使化学具有了长盛不衰的创作性。**化学家们合成了很多复杂的分子，特别是药物、聚合物、杀虫剂、人造纤维，等等。人类制造的分子数目十分惊人，有了逾千万的地球上以前没有过的化合物！

成就惊人的李比希学派

李比希1822年来到当时欧洲的化学研究中心法国巴黎，他不仅听了盖·吕萨克等著名化学家的讲座，还获准进入盖·吕萨克的私人实验室做出了研究成果。更重要的是，他的才华被自然哲学家、旅行家、普鲁士驻法国大使亚历山大·洪堡所赏识。1824年，洪堡为李比希写了推荐信，帮助李比希得到了黑森公国吉森大学（德语：Universität Gießen）的一个助理教授职位。

吉森大学创办于1607年，是德国最古老的大学之一。不过，在当时的德国，吉森大学较之柏林大学、哥廷根大学这些名校，只不过是一所名不见经传的地方性大学，教学环境差、研究条件落后、资金也缺乏。但对于李比希来说，所有这些都不成问题。正像李比希自传中所说，吉森大学最大的一个优点是没有著名大学中所特有的繁文缛节，他说道："好像上帝让我进了吉森大学。如果在较大的地方或大学，说不定会分散我的精力，要达到我所指定的目标也许更为困难，甚至是不可能的。但在吉森我就可以一心一意地扑在工作上面，并感到由衷的快乐。"

李比希来到吉森大学时并没有计划在有机化学方面大展宏图，然而，李比希受到了他的一位药剂师朋友盖革（Phillip Geiger）的影响。

盖革的影响有两个重要的方面：

一是重新燃起了李比希对有机化学的兴趣。盖革告诉李比希，德国很多药剂师都忙于分析"生物碱"这类有机化合物。二是盖革邀请李比希一起参加编辑杂志《药物学杂志》，请他为稿件中的有机化学内容把关。

在担任杂志编辑期间，李比希重复了一些别人的实验结果。他的有机化学理论和实验水平是欧洲一流，撰写的评论文风又很犀利，这使得杂志声名鹊起。1832年，盖革不幸去世，李比希成为杂志的唯一编辑，杂志也改名为《药物和化学年报》。**办专业杂志使得李比希展示了出版家和作者的才能，同时也为他和众多学生源源不断的研究成果建立了一个发表的平台和窗口。**

现在我们再来看看李比希在有机化学教学和研究方面的优势或特色。

首先，李比希在吉森大学任职时自己收费办班（不属于吉森大学），培养以化学分析为主要技能的药剂师。这在当时的德意志地区和西欧都很受欢迎，所以自从办学之初李比希的生源就不成问题。化学分析是李比希所长，他办的班与他的大学教学职务没有冲突和矛盾，相反，这促进了他对实验室的建设。李比希后来在有机化学领域的成功使人们忽略了他的初衷，人们误以为李比希的有机化学研究和教学一开始就是有计划的。

其次，李比希上课很生动很吸引学生。**在那个时代，像李比希这样全面的大学教授很罕见，**他既有理论上的方向（对有机化学的认识），又有教学和实验实践的具体指导（有机化合物的定性和定量分析），还能为学生们的实验研究结果提供发表渠道。1831年时，李比希的影响已经超出了黑森公国，他的教学和研究水平享有国际声誉。因此，李比希的生源更丰富，而且来自国外的学生比例增加。

第三，**李比希善于理财。**他理财的起点是他自己办的药剂师培训班，生源就是财源。在有了国际名声之后，他在争取黑森公国的薪水和实验室资助方面也很有技巧。当时德国各邦国的大学很多，各大学都在"挖"著名的教授，李比希有了与邦国政府争取更多资助的筹码。从1833年起，由于资金上得到了政府逐步增加的支持，最终他的私人药剂师学校与公立的化学教学合并，这时学化学的学生逐步增加，在1840年时就超过了学药剂的学生。到1852年，李比希离开吉森大学去慕尼黑大学任教时，他教过的药剂学和化学的学生超过了700人。

李比希的有机化学实验室

1839年李比希用争取到的经费建成了一个教室和两个分别可以容纳15个学生的药剂实验室和化学实验室，其中化学实验室与现代的化学实验室没有太大的差别，装备了通风橱，正面有玻璃窗的操作柜等。这种化学实验室基本装备和布置随李比希的学生流传到了世界各地。

与数学、物理学、生物学等学科不一样，化学从诞生之日起就离不开动手实验。因此，化学家都有自己的实验室。波义耳、拉瓦锡、卡文迪许、贝齐力乌斯、盖·吕萨克等著名化学家都有自己的私人实验室，戴维和法拉第则是利用了皇家研究院的实验条件。这些化学家基本上都是自己做实验，自己整理实验结果，只有少数著名的化学家会接受几位经过精心选择的学生来当助手。**当时的化学教学和实验研究是分离的，**这种脱节并非偶然。因为，如果要吸引足够多的学生，那学费一定不能高，而低学费却根本满足不了有规模的实验室的运行开支。李比希之前的化学家们也有在大学里教授化学的，但他们在课堂上的化学实验是演示性的，如最早的布莱克就曾在苏格兰的大学里演示过化学实验，戴维和法拉第的讲座对公众展示了当时令人惊奇的电化学实验。

然而，**李比希的实验室不是演示化学实验的场所，而是学习和研究化学的“教室”，学生要通过自己动手实验来学习和研究化学。**在实验室里，学生不仅仅进行实用化学的操作练习，而是直接参与了各种有机化合物的分析研究，以高效率、勤奋而紧张的工作精神从事着实验研究。正如李比希所说：“我们从黎明一直工作到黄昏，浪费时间和玩忽职守在吉森是没有的。”

有机化合物的分析需要掌握很多实验技巧和分析仪器的细节，如果不是在吉森实验室受过李比希的严格训练，通常的学生或普通的化学家不可能掌握娴熟的有机化学分析技能。可以说，没有分析就没有化学知识，没有足够的有机化合物组成和性质的准确信息，有机化合物就不能建立联系和分类，相互“矛盾”的实验现象就不会显现出来，也就不会形成对当时的化学理论挑战。李比希和他的学生采用新的分析方法，对大量有机化合物作了详细的分析，从而为有机化学突破性进展打下了基础。

通常，化学史总是着眼于化学家的发现，非常关注重大的理论突破，但对化合物的分离、提纯技术、试剂供应和分析仪器的改进很少留意。实际上，**正是李比希实验室高效、可靠的有机化合物分析彻底改变了化学家业余研究的局面。**

李比希发挥了他的化学研究才能，配以出色的讲课和实验技巧、写作和编辑水平、高超的理财和管理能力，在科学研究和大学教育领域做出了开创性的工作。所以，**李比希在1824年开创的化学实验室是科学史中的大事，也可以说是现代大学发展史上一个非常重要的里程碑。**

李比希的化学实验室培养了一大批闻名于世的化学家，通过几代化学家的传承和发扬，形成了通常称为“李比希学派”的化学家群。霍夫曼（August Wilhelm Hofmann）和凯库勒

（Friedrich August Kekule）是李比希的第一代学生中的代表。

霍夫曼

霍夫曼的父亲是1839年扩建李比希实验室的建筑师，而霍夫曼1836年在吉森大学学习哲学和法律时，受李比希化学教学的吸引，便进入吉森实验室学习和研究化学，后来做了李比希的助手。1845年，霍夫曼经李比希推荐去了英国，还不到30岁的霍夫曼到伦敦负责皇家化学学院工作。霍夫曼继承了李比希教学和研究相结合的方法，在英国也取得了化学教学和研究上的巨大成功。因为霍夫曼的伦敦教学，使英国在有机化学研究方面有了很大的进步，逐步跟上了欧洲大陆的化学研究水平。他的学生珀金于1856年合成了第一个人造染料苯胺紫，是英国有机化学工业发展的起点。

在英国，霍夫曼主要进行煤焦油的研究。煤焦油是煤干馏生产焦炭和煤气的副产品，含有很多种可以利用的碳氢化合物。但在工业革命的年代，煤焦油却是人们无法利用的污染物。霍夫曼从煤焦油中分离出了苯等一系列芳香族化合物，他合成了品红，再从品红开始，合成一系列紫色染料（称“霍夫曼紫”）。**以煤焦油为原料的德国染料工业就是霍夫曼从英国回国后发展起来的。**霍夫曼在有机化学方面的贡献还有：研究苯胺的组成（1843年）、由氨和卤代烷制得胺类（1850年）、发现了甲醛（1867年）等有机化合物和许多与氨有关的有机化学反应、制订测定分子量用的蒸汽密度法（1868年）、改进有机分析和操作法。霍夫曼发表论文300多篇，著有《有机分析手册》（1853年）和《现代化学导论》（1865年）等著作和教材。1868年，霍夫曼创建德国化学会并任会长。

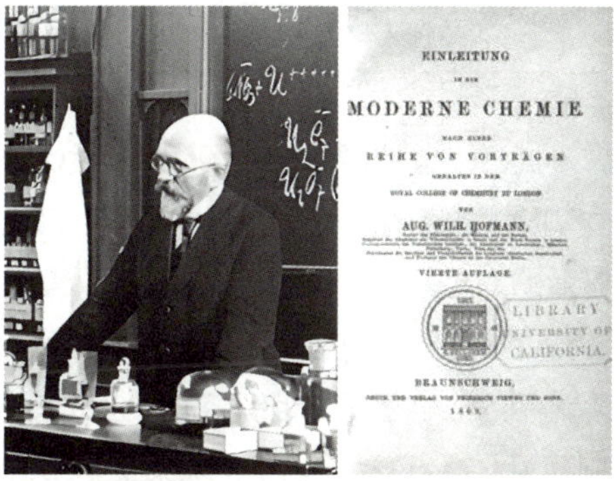

霍夫曼和他的《现代化学导论》

凯库勒是1847年入吉森大学学习建筑的，因为喜爱李比希所讲授的化学课，就在李比希的实验室里一面学习，一面从事研究工作。不过这时的李比希对吉森大学化学实验室的兴趣日淡，李比希建议凯库勒去法国学习。1851年，凯库勒去巴黎留学，又去北欧工作和学习过，还到过英国与同行交流，研究范围涉及医学、生物学、植物学等行业。1856年后，凯库勒担任海德堡大学的讲师，讲授有机化学。也许是他的经历和广泛的同行交流，使他有条件发起和组织了世界上第一次国际性化学会议——在德国召开的卡尔斯鲁厄会议（1860年）。

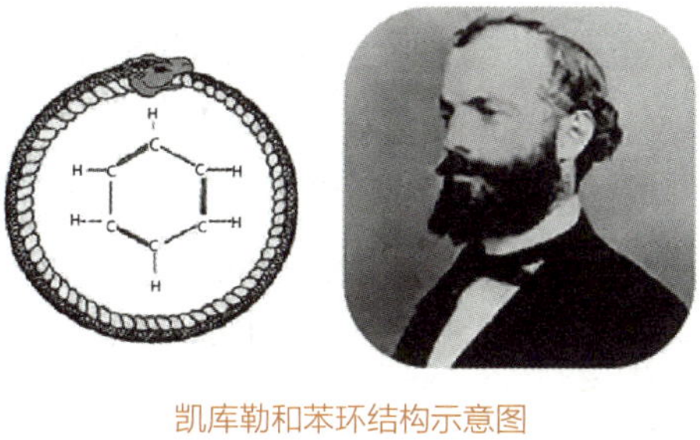
凯库勒和苯环结构示意图

凯库勒在李比希实验室受到有机化学的基本训练，又在多年的游学交流中了解了当时有机化学最主要的理论分歧，即有机化合物的分类问题：按化合物的组成（或基团）还是按基本构型分（当时概括出四种类型，如水、甲烷等)。但凯库勒最终认为这两种分类都没有揭示有机化合物的本质，他开始探讨有机化合物中碳的原子价，并建立了碳原子价是四价的理论。**凯库勒认识到碳原子的特殊结合力，他将这种结合力称为“价”(来自拉丁文valens，力量)。**由此碳原子之间可以彼此连接起来的“碳链”就构成了有机化合物，有机化学可以说就是研究这个碳链构成和置换的化学分支。

给凯库勒带来最大声誉的是他在1865年发现了苯环的基本结构。1865年1月，凯库勒发表了《论芳香族化合物——苯的结构》的论文，1865年5月，凯库勒发表了题为《关于苯环的几种衍生物》的论文，描述了苯环的一元取代物、二元取代物、三元取代物和它们的异构体，并第一次使用了邻位、间位、对位等术语。苯分子结构发现之后，化学家在它的启发下，又进一步提出了平面网状、立体网状等多种有机物的结构理论。**由于苯环学说对有机化学的发展具有特殊的意义，**所以化学界把1865年看成是有机化学具有突破性成就的一年。

李比希培养的第一代化学家中后来又发展出了许多分支链条，其中第一位诺贝尔化学奖获得者范托夫(J. H. van’t Hoff)、物理化学的创始人之一奥斯瓦尔德(Wilhelm F. Ostwald，1908年获诺贝尔化学奖)和阿道夫·拜耳(Adolf von Baeyer，因研究有机染料和氢化芳香族化合物的贡献而获1905年诺贝尔化学奖)都是李比希学生的学生。截至1960年，获得诺贝尔化学奖的60人当中，有44人是出自李比希学派的家族。

> 我们所讲的学派，是大学教育体系和科学实验室结合而形成的研究学派。李比希的教育和研究模式首先在他的学生中发扬光大，在化学领域中有了霍夫曼学派、凯库勒学派、费歇尔学派和奥斯瓦尔德学派等。李比希学派的影响超出了科学研究的范围，对大学教育产生了深远的影响，其研究型大学的模式不久就传到其他邦国和欧洲其他国家，以后美国的大学更是深受德国大学模式的影响，大学教育和科学研究相分离的格局最终被彻底打破。

此外，**李比希的研究团队模式也渗透到了工业企业。**1871年，德国在政治上完成了统一，建立了德意志帝国。德国在科学、技术和工业生产及社会经济各方面后来居上。德国的崛起是与化学工业的兴起紧密联系的，李比希本人虽然并未直接参与工业化学的建设，但是他发展的大量分析方法和许多发明却有重要的工业应用价值。而且，他的许多学生从事企业的研究和管理工作，这就把李比希的实验室研究组织带进了企业，对工业化学和德国的发展有决定性的影响。**德国染料工业和制药工业相当发达，其原因就是这些工业部门雇用了大量化学家和建立工业实验室。**

最后，回到李比希本人的故事。李比希是一位卓越的教授，他的深远影响由他涉及化学各个领域研究的学生体现出来，但他本人也完成了很多有机化学的研究，写出了三百多篇论文、一部有机化学著作、一部化学科学的百科全书，创办了两份期刊。还有，我们不要忘记化学分子式的数字下标就是他首创的。不过，从1850年开始他对教学就提不起兴趣，他告诉他的老友维勒，“我有28年时间是在泥土里拉着车过来的，我实在无力再往前拉了。”1852年秋，李比希49岁时转到慕尼黑大学任教授，但没有再建实验室收学生。以后他对化学工业化问题发表过意见，对化学在农业上的应用给予了很多关注(他的观点和意见并不完全正确)，这在以后的章节中还有介绍。

大学和科学的关系原来如此

李比希的吉森大学有机化学实验室是对大学教育的创新，其教学和研究相结合的模式不久就传到其他德意志邦国和欧洲其他国家，以后美国的工科大学更是深受李比希模式的影响。柏林大学的理科（数学、物理等学科）研讨班（seminar）和吉森大学的李比希实验室，改变了大学和科学研究的关系，科学研究和大学长期隔离的状态从此被打破。

要知道，历史上创立大学的初衷并不包含研究自然哲学的内容，早期的大学是传授神学、法律、医学知识的社团。12、13世纪在意大利、法国等地产生了最早的大学，大学的拉丁词语是universitas，其含义是“整体”或者“全部”。在中世纪universitas这个术语指各种类型的社团和法人（行会、商会、兄弟会等）。中世纪的大学是教学者和求学者组成的保护自己的“同业”行会，也用universitas的名称，就像当时手工业者或商人社团一样。

教师和学生为什么要像手工业者一样组织自己的行业协会呢？这得从中世纪人们对大学的看法和定位谈起：第一，一个学校够得上大学意味着它可以吸引欧洲各地的年轻人前来学习；第二，大学是整个基督教世界的学校，其授予的学位、颁发的资格在整个基督教世界都被认可。大学本身必须有“业务”上的要求，也就是力求提供高层次的学科教育，提供神学、法学、医学三大高等学科的教育。否则，各地的学子怎么会来投奔大学呢？可是，从外地或外国来读书的年轻人免不了与当地市民起矛盾、纠纷，大学这个“行业协会”是教师和外地学生的自治组织，大学的自治权要求他们自我约束。同时，大学也有处理师生民事案件的权利。奇妙的是，**当社会上其他的同业“行会”都陆续消亡后，大学仍然生命力旺盛，使university这个词归属为大学专用了。**

说起大学，人们都把博洛尼亚大学和巴黎大学称为“原型大学”，这两所大学的建立时间最早（大约在12世纪），后来欧洲建立的大学大多以这两所大学为样板，参考这两所大学的章程和课程设置等，连英国最古老的牛津大学也与巴黎大学有渊源。博洛尼亚（Bologna）是意大利北部的历史文化名城，是意大利最古老的城市之一。当时意大利最好的法律学校成为博洛尼亚大学的基础，这可以吸引全欧洲的年轻人来学习。博洛尼亚大学是“学生主导大学”的原型，比较世俗化、民主化。而巴黎大学是“教师主导”大学的原型，以教会化、等级化、教师主导为特征。巴黎是法国的首都，也是欧洲大陆规模最大、功能最完善的都市，教会和国王授权在巴黎办大学也顺理成章。此后建立的世界几百所大学一般都综合了这两所原型大学的特点。

早期的大学并没有属于自己的建筑。由于不存在固定的居所（那时的大学没有实验室、没有图书馆），大学得以自由地进行迁移。比如，牛津大学师生与当地居民的一次冲突导致一部分师生的迁移，产生了另外一所伟大的大学——剑桥大学。当时，大学的仪式（如博士学位授予）和会议一般是借用大教堂、小教堂或修道院举行。随着办学规模的扩大，大学“落地生根”，一般不会改变城市所在地了。办学规模的扩大使大学的组织机构也复杂起来。学院（college、school、institute）一般认为是大学（university）的次级专业管理机构，但前期大学里的学院是类似于同乡会的组织或受捐赠而成立的教学单位，和专业的划分没有很大的关系。后来，大部分的学院（college）都与专业或学科联系起来了，随着专业越分越细，学院也越来越多了。不过，近现代由捐赠兴办的大学研究所也常称为学院（school、institute）。

历史上欧洲的大学教学主要是什么内容？古典大学时期，即从大学建立（中世纪）到文艺复兴时期，大学一般都设有文法学、法学、医学、神学四个学科。很长一段时期，神学是最重要的学科，因为当时的大学都需要教会的授权和帮助。到了17世纪，法学成为最重要的学科，而医学在西方大学里一直占据比较重要的地位。在这三所高级学科之下，是普遍设立的文法学或哲学学科。

为什么文法学或哲学学科在大学的体系中地位最低呢？这是因为当时的大学可真正称得上是“宽进”，谁愿意来注册、交费都可以成为大学学生。但进入高级的学科学习专业课程需要懂拉丁文等基础知识，文法学科就是起始性和基础性的。七门学业的“三科”是辩证、修辞与文法，较为高阶的“四学”是算术、几何、音乐以及天文。此外，非常重要的是从基础课到专业课程都强调“辩论”，辩论既是一种学习的方式，也是最后考核的主要形式（当时还没有书面考试）。从考核方式也可以看出，古典时期的大学不仅是“宽进”，也是“宽出”的，除了担任大学教师的“博士”考核（答辩）比较顶真以外，得到其他的学位都没有什么难度。

既然大学的学位没有多少含金量，学生从大学得到学位后在社会有什么优势吗？事实上，从大学建立以来一直到19世纪，甚至到20世纪初期，社会上所有的职业（包括教会的神职人员和医生）对学位都没有要求，可以说，当时的大学教育对社会上的职业并没有什么帮助。**之所以建立大学，很重要的原因是人们对知识的向往和追求。**另一方面，教会和政府比较看重对神学、法学和医学的系统学习和钻研，认为这些内容最终还是对社会有影响或有意义的。由于大学学习脱离社会职业要求，造成大学的教学目标与现实社会没有什么联系，大学教师过于迷恋古典知识，教学方法过多地依赖讲座和争辩，加上很多学生很散漫自由，大多数学生在学习生涯结束后（没有学制限制的）所获了了。

尽管大学本身一直没有跨越式进步，可是社会在不断地变化。从12世纪到17世纪，欧洲社会（包括思想界和知识界）有几件大事：

① 以前欧洲人使用的是繁复的罗马数字，14世纪后阿拉伯数字被欧洲社会和大学采用，为数学的发展提供了基础，也改变了大学的算术教学；

② 亚里士多德的著作14世纪后从君士坦丁堡流回欧洲，然后这些著作从希腊文译成了拉丁文在知识界流传，其中很多著作（伦理学、物理学等）成为大学的教材；

③ 13世纪开始，纤维纸张代替了羊皮纸。15世纪古登堡的印刷术使得印刷品变得非常便宜，印刷的速度也提高了许多。书籍成为知识传播的一个非常重要的渠道，也促进了大学教学的改革（以前学生花大量时间记笔记）；

④ 16—17世纪的宗教改革促进了欧洲近代民族国家的成长和资本主义的发展，国家（城邦）和企业家对大学的影响逐渐增大。

在这些因素的共同作用下，17世纪时欧洲各地都有了大学（1800年时欧洲有80余所大学），大学教育内容也有了相当大的变化。**但自17世纪开始的科学革命及以后的近两个世纪期间，大学还是消极地对待新的实验科学的内容和精神，几乎没有人认为大学是进行科学研究的合适场所。**那时候，著名的思想家、自然哲学家的研究成果都不是出自大学。培根就学于剑桥大学，但他强调的“知识来自实验”就是对大学教育的批判；哲学家和数学家笛卡尔不认同培根的知识来源的观点，可他也认为学校中所学的除了数学之外没有任何有用的知识。牛顿的最伟大的成就是他在大学期间躲避瘟疫时完成的；与牛顿争微积分发明权的著名科学家数学家莱布尼茨（G. W. Leibniz）也看不起当时的大学，他拒绝了多所大学的邀请，而选择留在宫廷任职。在18世纪之前，数学家们深奥的研究都不是在大学里开展的，而是得益于王室、贵族和科学院那里获得庇护和资助。

化学是实验科学，也是与社会生活和经济活动联系最密切的科学。**早期的化学家们与大学教育几乎都没有什么关系，**普里斯特利、道尔顿、戴维、法拉第都没有进过大学，欧洲大陆的化学家大都是出自药房的药剂师。出身贵族的卡文迪许是进了剑桥大学，但他读了两年就退学回家了，他通过自学和自建实验室做实验，在化学、热学和电学几个领域都取得了超时代的成就。

实际上，从现代科学起步开始，大学就一直被指责对科学发现没有什么贡献，甚至大学的教学内容和方法通常表现出对科学的抵触。不过，这种状态也许也是无奈。我们要知道的是，欧洲的大学一直都有相当的自治权，虽然教会对大学的投入和影响逐步减少，但18世纪前政府和其他资助者对学校的投入也是有限的。大学和教授如果仅靠学生的学费维持并不宽裕，仅谋生上课就会使教师忙不过来，既没有时间搞研究，更没有经费添置各种实验设备。所以，**即使一些著名的思想家和自然哲学家对大学的批评很严厉，却也一时改变不了大学的保守状态。**

传统的大学里没有开展科学研究活动，科学的发展主要是依赖社会其他力量的支持，贵族、皇室和企业家绕开了保守的大学，促进了科学的发展。18世纪的法国（巴黎）是欧洲最有活力的科学中心，但这并不是巴黎大学的贡献，而主要是皇家支持的巴黎科学院的功劳，巴黎科学院成为最负盛名的世界科学人才聚集地。在英国，牛顿、达尔文、道尔顿、法拉第等人的科学研究成果是革命性的，但他们的研究和大学没有什么关系。无论是处在自由研究的英国模式，还是置身于实用目的强的法国模式，**自然哲学家们都选择自由的协会、学会，这比在大学更适合讨论和研究新事实和新思想**。

在开始论及大学本身的改革时，那些主要参照博洛尼亚大学模式（以学生为主导）建的大学对社会变革和经济发展的响应快，从18世纪开始，荷兰莱顿大学和苏格兰几所大学变化最快。19世纪初，苏格兰几所大学的教学更依赖于教授讲座，有很多商业和制造业的经验、知识的内容，比如，最早的化学讲座（布莱克主讲）就开在格拉斯哥大学。苏格兰大学里还有其他的自然哲学和经济学讲座和教席，而当时工业上用的技术和机械在大学里都有模型（这引起了瓦特对蒸汽机的改进），如此的改革很快吸引了欧洲各地的学子前去就学。而巴黎大学随着教会的衰败日渐

> 大学转向现代化既不是法国也不是英国领导的。19世纪初，德意志地区（德国是1871年普鲁士王国统一各邦才建立的）开始了大学现代化的改革。

式微，与其模式相似的牛津、剑桥大学改革也很困难，英国皇家学会对它们的批评也没有明显的效果。

为什么大学的改革发生在德意志呢？19世纪初，欧洲是拿破仑的时代，法军横扫了以普鲁士为首的德意志各邦国，其中1806年的法普战争普鲁士全军覆没。战争的失利使德意志各邦国反思，那时的统治者比较容易接受意见和劝说，认同搞好教育特别是办好大学是强国的途径。当时的德意志地区有大约300个邦国，大的邦国都有自己的大学，但没有什么高水平的大学，德意志各邦国的学生都去法国、苏格兰留学。德意志的民族性格严谨、思维缜密，延承造就了许多著名的哲学家。19世纪初离世的康德（Immanuel Kant，哲学家、天文学家）是人类最杰出的哲学家之一，他在大学里任过教师（工资靠学生收费）。康德的论题包罗万象，但贯穿其中的问题只有一个，那就是哲学研究应该如何进行：是从理性的观点出发，从普遍真理中推导出有关事物的规律，还是从经验出发，通过观察得出普遍的结论？由此也可以了解康德和德意志知识分子对大学教育和科学研究方面思考的深度。

1809年威廉·洪堡被任命为普鲁士负责文化和公开教育的司长，他推动了柏林大学的建立，在国家战败经济极贫困的年代争取到了不菲的办学经费，可以聘用欧洲各领域最著名的学者为大学教授。以洪堡为代表的大学改革派坚持认为，政府应该为大学教学与研究提供所需要的组织保证和物质保障，应尽可能少地干扰大学；**大学则应该奉行“教学和科研相统一”的原则，**学生是受指导的研究者，而不是各种讲座的听众。教授则应该是在学术研究方面具有卓著成就的学者，同时把自己研究结果用于教学。柏林大学自建立起，长期处于世界学术研究的中心。许多知名学者、政治家都在这里留下了他们的身影，20世纪后有29位化学、医学、物理和文学等领域的诺贝尔得主（包括爱因斯坦），成就惊人。

德国的教育改革，特别是大学教育的改革成效又快又明显，到19世纪中叶，在自然科学方面德国已经超过了法国。**德意志邦国的大学系统使得科学研究成为专业的、组织严密的活动。**把教学和研究结合得最好的是黑森邦国的吉森大学李比希实验室，因为有机化学有其特殊性：实验课题多，只要实验条件具备，学生都可以参与。但这里我们目光不要仅仅限于化学领域，在大学的其他学科（特别是比较深奥的数学和物理）德国也一跃达到了欧洲的最高水平。其中教授组织的研讨班（seminar）是数学和物理教学、研究的一种新形式。在研讨班里师生共同探究，经常对研究课题产生更广阔和更加深刻的理解，很多科学领域的突破性成就往往就在天才师生之间的直接碰撞中产生。

物理、数学学科的研讨班（seminar）

1830年后，欧洲的学术中心转移到了德意志国家，德国已经成为比巴黎更为重要的科学研究的重镇，学生们纷纷到德国的大学留学。值得一提的是，**到19世纪末，美国已经有近万名学生在德国大学学习过。德国大学模式影响了美国各主要大学，特别是在研究生教育的过程中明显地借鉴了德国模式。**

大学对科学的贡献主要是出于大学研究所的工作，除了物理、化学和数学，其他学科也都是如此。当然，这些科学成就也算在大学的成绩上。为什么在19世纪初期到20世纪的50年代大学会出现如此成功的一批研究所呢？我们曾说过，最早年代的学院（college、school、institute）是由赞助人在大学设立的，后来学院才变成大学管理的次一层组织。在大学改革之后（约1810年后），这种由赞助而成立大学学院、研究所、实验室的做法又流行起来，而费用由贵族、企业家、王室或政府赞助。这些新成立的研究所或学院必定是选最著名科学家挂帅，往往规模不大、装备却很好。虽然研究院所建在大学，承担的教学任务却很少（或没有），还可以吸引优秀的学生参与研究，还可以直接招聘其他优秀人才。对科学贡献巨大的大学研究所有：柏林大学物理研究所（量子假说的诞生地）、柏林大学应用数学研究所、剑桥大学的卡文迪许实验室（28名诺贝尔奖得主）、哥本哈根大学理论物理学研究所（玻尔的量子力学研究）、荷兰莱顿大学物理学实验室（低温、热力学）、美国的伯克利大学劳伦斯辐射实验室等。还有，在青霉素开发的故事中我们已经知道，当时（~1940年）的牛津大学病理学院（成立时有赞助人邓恩的名字）其实就是弗洛里团队，他们也没有繁重的教学任务。

大学研究所的科学家有足够的时间开展研究工作，另一方面，众多的学生有机会接触到研究领域的大师，天才的年轻人自然会从中涌现出来。随着大学研究所取得科学发现的突破，大学的名声更吸引了资金和优秀的年轻人，这是一个良性循环！**这一个多世纪的良性循环是科学事业最辉煌的时期，也是大学最成功的时期。**

为什么化学从欧洲发源？

化学是一门研究物质的各种形式和变化的科学，日常生活中的燃烧和发酵等过程都是自然发生的化学过程，人类在无意中成为这些过程的观察者和实践者。烹饪、烧制陶器、金属冶炼、调制颜料和染料、配制药物等等也都是化学过程，虽然在几千年的期间，人类在做这些事时变得越来越熟练和灵巧，但是这些应用知识完全是靠反复试验而获得的，没有什么内容够得上化学科学的标准。

化学比其他学科要复杂，这是因为构成自然界的元素种类近百种（不算人造元素），由这些元素组成的物质种类不可胜数，各种物质间还有相互反应转换的复杂关系。自然哲学家们开始研究化学时真是像古代人在原始森林里的探索，既不知道有多少物种，也不知道森林的大小范围，他们行进的方向没有人指引，探索的工具还极为简陋。**化学研究需要众多自然哲学家的不懈努力，也得益于从一些相关领域得到思想和技术上的借鉴。**从18世纪起源的化学科学是一场欧洲多国自然哲学家的联合研究活动。每一项化学发现和进步都不是某一位化学家的完全独创，也不是由某一个国家单独取得的。实际上，早期的化学研究并不仅是化学家的兴趣和工作，化学领域的一些重要的假说，如燃素说、原子说、分子说等，是由医生、物理学家等人提出的，而化学研究取得突破往往是借助于物理学发明的研究工具。

18世纪之前，化学落后于其他科学，尤其是物理学。这并非因为化学家们愚蠢或迷信，他们非常缺少研究所需要的工具。17世纪，物理学所要研究的是很容易操作或已有的天文数据；天文学研究仅靠人眼也可以进行，有了望远镜他们就有了强大的观测手段；甚至植物学家和动物学家也可以借助最简单的放大镜和显微镜取得进展。但化学家所需要的工具就比较多，温度计、气压计、天平，还有空气泵等，随着研究的进展，对这些工具的要求越来越精密。比如，对空气和气体的探索是非常关键的一步。空气泵、气压计和温度计等的发明和完善，使欧洲人对空气的研究有了适用的工具。从确认空气的存在开始，欧洲各国的自然哲学家们就开始“破译”空气的组成。最早时，欧洲多国的自然哲学家们发现了二氧化碳、甲烷、氢气和氮气。当然，最重要的是发现了氧气，最终由法国的拉瓦锡精心设计实验，解释和证实了氧气的作用，彻底击破了“燃素说”，使化学真正成为一门科学。

化学科学从起源到发展的过程不是单一的学科所能完成，也非一国之力可以做到的。1800年意大利物理学家伏打（Antonio Anastasio Volta）发明了可以持续产生电流的伏打电堆（又称伏打电池组）。同年，伏打把实验结果提交给英国皇家学会，他描述了用几十对铜片和锡片中间夹有盐水渗透的纸张所组成的电堆。负责学会会刊编辑的两位英国人最早得知了伏打的发明，1801年他们就利用伏打电池组把水电解为氢气和氧气，实现了氢气和氧气燃烧生成水的逆过程，这是化学史上的一件大事。伏打电池也成为发现化学元素的有力工具。英国人戴维由于有实验经费的赞助，制造了当时特别强大的电堆，加上他对电解质的独特处理（不用水溶液），使戴维成为有史以来发现元素最多的人。而戴维的电化学手段又刺激了化学制备的进步，法国的盖·吕萨克抢在戴维之前（或几乎同时）用化学制备的方法发现几种卤族元素。如果没有其他学科的帮助和启发，化学学科是很难独自向前发展的。

从约1750年起，欧洲的化学家们（自然哲学家）用约150年的时间，使化学科学在欧洲发源和发展。这里领略一下欧洲的地理、历史和文化的特殊性和复杂性，也许有助于理解化学科学发展的历程。

首先，我们简单了解欧洲的地理。欧洲与周围的邻居相比不是那么显眼：它的面积只有亚洲的四分之一、非洲的三分之一，南美洲和北美洲都分别比它要大上一倍。实际上，欧洲大陆是亚欧大陆伸入大西洋中的一个大半岛。欧洲拥有两个巨大的内海，波罗的海和地中海，欧洲大陆海岸线曲折复杂（长达39,700千米），有很多半岛、岛屿、港湾，英吉利海峡又把欧洲大陆与英伦三岛分开。

欧洲是被山川阻隔的大地，高原、河谷、山脉纵横，河流蜿蜒曲折、利于通航。地中海海岸线很长，锯齿交错。非同寻常的地质多样性和气候多样性，造成了欧洲历史上长期存在许多难以征服的小国。在欧洲，没有一个国家可以同时拥有强大的陆军和强大的海军；也没有一支军队既可以在气候温和的地中海周边称雄，又可以在气候极为寒冷的北欧占优势。所以，**欧洲自古以来就没有被统一过。**在16世纪时，欧洲地域内有超过500个国家，那时所谓国家的形式多种多样，如城邦、公爵侯国、共和国、民族国家和帝国等。欧洲也是一个多民族的地方，大陆有法兰西、意大利、西班牙、德意志、俄罗斯等大的民族，隔海的英伦三岛有盎格鲁－撒克逊人。由于欧洲内部长期的国家分割、族群林立，自然就不可能形成一个同构的单一文化。不过，尽管欧洲这些国家或城邦是独立的，但它们并不是完全隔绝的。相反，**欧洲各地域有相当紧密的经济和文化联系，这可能是因为欧洲的河川和海道提供了贸易和人员交流的渠道，思想、知识和技术在欧洲无法被禁锢。**

欧洲人的迁徙没有什么限制，哲学家们到处游历，传播着各种思想和艺术。多样化助长国家之间不断的竞争，在政治组织、军事技术和经济政策上促进创新和效率。**成功例子马上有人模仿，失败的方式很快遭淘汰。自然哲学（科学）领域的交流更是没有国界。**以欧洲各国的皇家学会或科学院为例，最早的自然哲学研究团体出现在意大利。早期意大利学会强调实验科学，促进了实验仪器（如望远镜、温度计、气泵和显微镜）的发明和改进。此后，研究和宣传自然哲学的学会在欧洲许多国家陆续建立。1662年英国国王正式特许成立"为促进自然知识之伦敦皇家学会"，后来简称为"皇家学会"，法国皇家科学研究院也是起源于一些著名的自然哲学家们的非正式集会，在1666年转而成为皇家资助的科学团体。1700年在德国地区（当时还是众多的德意志城邦）成立了柏林科学院（Academy of Sciences in Berlin），接着瑞典、西班牙、苏格兰、俄罗斯等国家也成立了类似科学院这样的组织。实际上，欧洲几乎每个国家都成立了类似英国皇家学会或法国皇家科学研究院这样的团体。很长时期，伦敦的皇家学会以及巴黎皇家科学学会的声望最高，它们的聚会和会刊成为各国著名自然哲学家发表论文的首选。这样，知识的扩散和认可就能轻易地超过国家和民族界限，以致某个国家的知识巨匠，既是属于本国的，同时又是欧洲的。

在欧洲，通过阻断交流来赢得竞争是不可行的，谁封锁交流，谁就会落后而失败。那时候，欧洲的王室和皇帝对科学和科学家还真是另眼相待，即便是两个国家或两个阵营在战场上搏杀的时刻也是如此。1812年，英国人戴维在英法战争期间还到法国接受拿破仑的接见，领取法国科学院的大奖，然后在法国控制的欧洲大陆边旅游边研究（法拉第作为助手和奴仆同行）。道尔顿提出原子学说的影响并不限于英国，欧洲大陆的自然哲学家们理解了原子学说的伟大意义，1816年法国科学院授予道尔顿外籍院士，这促使英国皇家学会不得不打破规矩授予道尔顿皇家学会会员（道尔顿的贵格教是非国教，非国教教徒不能在英国国家体制内任职），在道尔顿晚年国家还给他发了养老金。

如果不熟悉化学的发展历程，我们也许会以为化学发现和研究主要是依赖于几位天才人物，而且必须有大国和贵族资助才顺利进行的。但是这种推测并不正确，一些贫穷地区和小国人民的贡献也不能低估。比如，在化学史上具有重要位置的苏格兰（1707年苏格兰和英格兰才合并为统一的大不列颠王国）当年是欧洲的贫困高地，但他们创办的几所大学比当时的牛津大学、剑桥大学更有活力。苏格兰整个社会易于接受新工艺和新产品。在苏格兰，现代化学的理论和实践比经济发达的英格兰和欧洲大陆更有市场。1860年前，很多化学实验仪器和试剂是苏格兰提供的。

就化学研究来说，欧洲一些国家或地区的化学家风格差别令人印象深刻，这也是化学科学能够取得惊人成就的原因之一。英国人素有业余研究科学的传统，出身贵族或受贵族资助的自由研究者思想活跃，这使得英国在早期的化学发现阶段处于领先地位。英国的化学从来不像法国那样萃集一地。除伦敦外，爱丁堡和曼彻斯特也都是化学中心。此外，英国人不像大陆化学家那样倾注全力研究有机化学，在欧洲大陆，对化学贡献最大的是药剂师或是受过药学教育的人。那时的欧洲大陆化学家大都有药剂师的经历，他们接触的物质多种多样，他们精致的分析和实验技能对充实化学（特别是无机化学）的知识库做出了很大的贡献。而法国的化学研究则注重理性，拉瓦锡的化学研究具有明显的法国风格：他在实验创意和新物质的发现方面并不算特别独到，但是其精确性和解释效能却奠定了现代化学的基础。这是英国人作出发现，法国人予以解释的又一个例子。不过，法国尽管拥有许多个才华出众的化学家，但仍然赶不上学科前进的步伐。1831年，李比希的吉森大学实验室在有机化学的领域一举领先，这为化学工业一直落后的德国迅速冲到了欧洲领先地位打下了科学的基础。

在欧洲，自然哲学研究（包括化学研究）起步后就有着不可阻挡的动力，同时期有多国多人做出同样的发现并不罕见。一个新发现或一个有意义的假说，即使当时不受人注意，也很快会重新被挖掘出来。波义耳的气体定律原本也不是他本人的发现，但该定律在欧洲大陆也同时被发现，称为“查理定律”；科学史很难判决舍勒、普里斯特利、卡文迪许和拉瓦锡等人发现氧气的优先权（其他元素发现的优先权竞争也非常激烈）；有好几位化学家前后发现和整理了元素周期率（表）；分子论在沉寂几十年后重新引起重视，而且著名的物理学家安培也曾提出过分子假说，等等。可以说，**探索的时代需要伟大的化学家，但时代也不缺少任何一位化学家！**

我们再来简单地探求一下欧洲化学家们交流的基础或条件。

语言 语言自然是沟通交流最重要的工具。在欧洲，在不同程度上大约有43种语言。但在中世纪的欧洲，世俗社会没有文化教育，所以绝大多数人不识字。欧洲通行的文字只有拉丁文，与人们的日常用语是脱节的。在很长的时间里，欧洲的宗教起着把形形色色的欧洲人捏合在一起的作用。修道院和主要为神学服务的大学的兴起，保持了文化的延续和深入。**由于学习拉丁语是当时大学的必修课，受过大学教育的自然哲学家们就有了他们超越国界的共同语言。**早期的自然哲学著作通常由拉丁文写成，最著名的是牛顿的划时代的著作《自然哲学的数学原理》(Philosophiae Naturalis Principia Mathematica)。培根的《工具论》是用英语写成的，但他请人把该书翻译成拉丁文，以便在欧洲大陆传播。

17世纪后，欧洲的语言全面地开始民族化了，语言民族化导致了通用的拉丁语的衰落。但是在欧洲历史中，知识精英总是流行某种语言。比如，中世纪时的拉丁语，18世纪时的法语，现在的英语。这使得欧洲学术界的交流没有很大的障碍。在化学界，自然哲学家除了通晓拉丁文以外，他们一般都学习和掌握了几门外语，**掌握多门语言知识成为他们的优势。**学习条件很差的道尔顿自学了法语，戴维在欧洲旅行也没有语言障碍，李比希在20岁时曾苦学法语和拉丁语，对化学各分支都做出很多贡献的贝齐力乌斯精通英语、法语和德语。而门捷列夫的元素周期表第一次就发表在德国专业杂志上，这使得门捷列夫比他的俄国前辈更有名气。

印刷术 书面语言摆脱了时间和空间的局限，与语言交流相比，任何一种书面语言都能大大节省体力。以书面语言表述知识也促进了人类进行抽象思维，并强调了规范概念的重要性。不过，自然哲学家（科学家）之间的通信是17世纪初科学交流的唯一手段。在化学科学发源时期，许多新思想是以通讯的方式交流的，有时私人信件也发表以争取更广泛的读者。但活字印刷术使书籍和杂志有多个副本，印刷术也增加了保存文字资料的安全性和长期性，拓展了交际的范围。所以，印刷术很快就成为人们新的交际媒介。

到了17世纪末期，印刷媒体使时间记录和事件记录融合在一起了，这使自然哲学（科学）领域的“发现优先权”的争论有了解决办法。因为化学现象很多、很普遍，众多的实验者可以各自得到相同的新发现，所以在化学领域发现（或解释）优先权的竞争非常频繁和激烈。**化学科学对“首创性”做出公正的确认和评价非常重要，印刷术普及带来的期刊流行解决了这个难题：谁先提交和发表论文谁就是首创者。**不过，这个学术规则的认可有一个过程，更早的时候，自然哲学家们计划的是出版著作。可是，著作虽然论述完整、篇幅可观，但出版面市相当滞后，出版费用不菲。在反映新发现和新思想方面期刊显然更为合适。舍勒当年发表的主要手段是著作，这使得他的一些重要发现没有得到公认的优先权，而且他还有更多的发现停留在他的记录本上。

此外，从拉瓦锡以后，化学教材就成为化学知识最有影响的传播媒介。化学物质命名法、元素表示法、分子式、原子论和分子论等重要的化学语言和理论都是通过教材而广泛传播的。几位大化学家都是化学基础教材的作者，为推动化学科学进步做出了很大的贡献。

化学术语　许多技术用语或概念性词语都出自古希腊和拉丁语，使欧洲各地的化学家们一直有共同的专业语言。拉瓦锡参与制定的化合物命名法，把化学组成的规则和拉丁文词语组合起来。此后，几位著名化学家**对命名法的改进，特别是贝齐力乌斯的元素符号（与拉丁文有关）、化学反应方程式的发明和推广，解决了不同国家、不同民族语言的化学家之间的交流问题。**

化学是基础科学，在近代很长的一个历史时期，化学的研究显得比其他学科要复杂，物质的品种和形态无限多，分子和原子又是难以想象地微小。正因为整个化学知识系统的复杂性，所以各种人物都有机会做出有成果的工作，但又很难把某项发现和改进完全归功于某一个国家和个人，无论这个国家是如何强大、人才又多么有天赋。**化学知识和技术宝库超越了个人或者单个国家的界限。**特别值得一提的是，1860年在德国小城卡尔斯鲁尔举行的化学家会议。来自欧洲十几个国家的150位化学家出席了这次大会，这是世界上第一次科学学科的会议，此前并没有其他学科（如物理学、植物学、数学等）有过这样的聚会。化学界在无机化学和有机化学方面都取得了丰硕的成果，但在分子量和术语等方面引起了混乱，使化学家们觉得有必要当面讨论一些问题。虽然在会议上并没有取得什么统一的意见，但会议上重提的分子概念几年后被化学家们最终接受。还有门捷列夫对元素周期律的思考和排列，也是以这次会议为契机的。

> 化学是一门面对具体物质的科学，即使是化学中最深奥难懂的部分，在其本质上都是对人类十分有用的。因此，化学家的发现和技术往往能转化为社会需要的生产力。没有18世纪中期起源的化学科学，第二次工业革命和现代文明都是不可能实现的，从这个意义上说，欧洲发源和发展的化学科学有特殊的意义。

第七章 早期化学工业

化学工业是从19世纪初开始形成的，原因很简单，纺织和玻璃等行业需要化工产品。化学工业从最初只生产纯碱、硫酸等少数几种产品，逐步发展为一个多行业、多品种的生产部门。**品种多、生产流程多、设备多是化学工业的独特之处，**这是由化学产品的多样性和化学反应的复杂性决定的。为了适应生产多种性质不同的产品和减少对环境的污染，各种化工生产过程是持续开发和改进的。

从玻璃瓶开始的硫酸生产

硫酸（H_2SO_4）是最早进入工业化生产的化工产品。很长时间以来，硫酸在全球的化工产品产量排名榜上都是名列前茅。如此大量的强腐蚀性酸用到哪里呢？硫酸不是终端产品，而是基本原料，几乎每种化学过程都要用到它：石油精炼、冶金、涂料、聚合物、造纸、清洁剂制造业，以及最重要的化肥生产。

1736年，英国人瓦德（Joshua Ward）开始工业化生产硫酸。瓦德是一个江湖医生，他认为格劳伯盐（硫酸钠的$10H_2O$结晶体，Glauber's salts）在医药中具有非凡的功效。制取格劳伯盐需要硫酸。瓦德采用燃烧硫黄和硝石的混合物制造硫酸，这种方法最早是荷兰人发明的，而法国药剂师发表的著作中讲述到这一方法，瓦德可能是在居留法国期间得知了这个工艺方法。瓦德工厂的硫酸生产很接近实验室操作，使用了很大容积（约300L）的球形广口玻璃瓶作为反应器。操作时在瓶内放置少量水，并放置一个小粗陶器罐和小铁盘，上面放硫黄和硝石的混合物，用炽热的小铁铲点燃混合物后用木塞将瓶口塞紧，经过一段时间后，重复操作，直到生成符合预期浓度的硫酸为止。瓦德的硫酸制造作坊使用了大约100个球形广口瓶，使当时的硫酸价格下降到原价的1/16。

在玻璃器皿中进行的硫酸生产

1749年，瓦德制硫酸的方法在英国取得专利，但那时的专利制度并不能保护他的技术秘密。不过，瓦德的麻烦最终并不是因为诀窍保密和专利保护方面的原因，而是他的玻璃容器制造硫酸的方法被另一位英国人罗布克（John Roebuck）创造的“铅室法”取代。罗布克是一位医学博士、医生，1764年当选为英国皇家学会会员。他在英国工业城市伯明翰开业行医，还经营从珠宝饰件废料中回收金和银的业务。回收金和银时需要硫酸溶解杂质，这使他和他的合伙人有了生产硫酸的想法。他们从化学教科书中了解到铅能抵抗硫酸的腐蚀，于是用木料做框架，用铅板作为墙壁，造成每边长6英尺（约1.83米）的立方形铅室，操作时将硫黄和硝石放置在铁勺中，点燃后放进铅室内一个铁盘中，使产生的硫的氧化物气体被预先喷洒在铅室内的水吸收，形成硫酸。在生产过程中需要不断添加硫黄和硝石，大约每隔4个星期取出一次硫酸溶液，再放进玻璃容器中加热浓缩，使硫酸的浓度达到60%。1749年，罗布克在苏格兰建硫酸厂，建造了更大更多的铅室，雇用工人达50人，分日夜班操作，使硫酸产量从成磅到成吨，不仅供英国使用，而且远销到欧洲大陆。

化学工业的起点很低，原料大半天然，设备非常简陋，但**用铅代替玻璃的措施，是化学技术史上的重大进步之一，**它使生产商摆脱了对脆弱的玻璃的依赖。接着对铅室法的持续改进使工业生产方式彻底脱离了实验室模式。大约10年之后，铅室中已改用蒸汽喷头来替代在地面上积水，大大提高了吸收效率；1805年，英国一家硫酸制造厂建有360个铅室，每个铅室体积达192立方英尺（约5.44立方米）。燃烧硫黄或含硫矿物的炉子独立设置，而不是在铅室内燃烧，硫酸生产逐渐由间歇式转向连续式，这些改进使硫酸产量大增。到1878年，欧洲硫酸的年产量已达数百万吨。

早期制造硫酸的铅室和燃烧炉

早期制备硫酸的要点是硫黄和硝石一起燃烧，在很长一段时期内，硫酸制造者认为添加硝石的目的是产生氧气，从而把二氧化硫变为三氧化硫。1806年，法国两位化学家设计实验，观察到二氧化硫在铅室中并非直接被氧气氧化，而是与氮的氧化物形成白色结晶的中间产物，该中间产物与水反应生成硫酸，并放出氮氧化物。这引起不少化学家们的注意，经过多人多次研究认定，铅室中二氧化硫和一氧化氮、氧气以及水形成结晶的亚硝基磺酸，亚硝基磺酸再与水反应，形成硫酸并释放出氮的氧化物。因此，在理论上硝石产生的氮氧化物本身并无消耗。这个认识促使生产厂商想到过程中的氮氧化物能否被循环使用？如果循环利用可行，那么在持续的生产过程只需补充少量硝石，这就能明显降低生产成本，而且很大程度上减少了对环境的污染。所以，**此后对铅室法工艺的改进重点集中在氮氧化物的吸收和循环使用上。**

法国著名化学家盖·吕萨克于1827年提出在铅室后设置一塔（塔内充填焦炭作为填料），用铅室里得到的硫酸溶液吸收氮的氧化物。可是，硫酸溶液吸收氮氧化物的效果并不理想，加水吸收却形成了稀硫酸溶液。稀硫酸溶液需要再经过浓缩，经济上不合算，而且氮氧化物的循环利用也没有实现。因此，盖·吕萨克提出的吸收塔并未普遍采用。30年后（1859年），英国一位管道工人格洛弗（John Glover）提出在燃烧的炉子和铅室之间设置一个解吸塔，使燃烧炉产生的高温二氧化硫气体从塔底通入，与盖·吕萨克塔底得到的含氮稀硫酸逆流接触，使其中氮的氧化物受热释放出来。这个塔后来命名为格洛弗塔，并很快用于实际生产中。

有了吸收塔和解吸塔的组合，铅室法生产工艺才臻于完善。典型的铅室法的生产流程中，在几个串联的铅室里二氧化硫充分氧化后，与水蒸气反应生成硫酸酸雾，冷凝后在铅室底部得到硫酸水溶液。其余气体要通过两座串联的填料式吸硝塔后排放，塔内淋洒经过冷却的脱硝硫酸以吸收氮氧化物，生成的是含硝稀硫酸。这股含硝硫酸返回到进料位置的填料塔（格洛弗塔），与燃烧炉生成的300～500摄氏度含二氧化硫气体接触，以获得其中的氮氧化物。脱硝塔顶的混合气体是铅室的进料，含二氧化硫、氮氧化物、氧和水蒸气，依次通过若干个铅室，生产出浓度为65%的硫酸。实现氮氧化物的循环利用是铅室法生产硫酸的关键工艺环节。

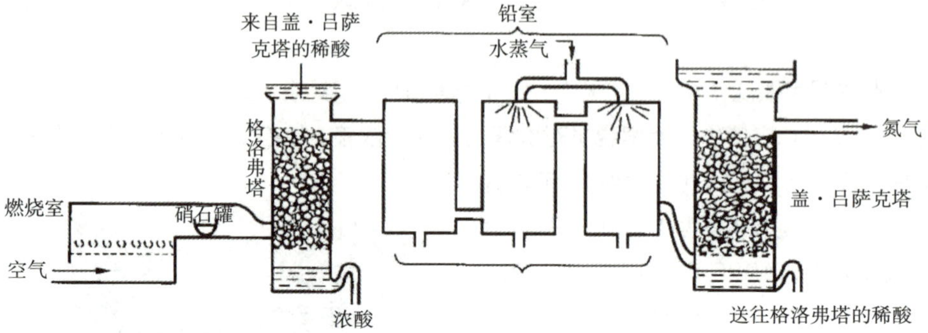

典型的铅室法的生产流程

此后，硫酸制造者又对铅室进行了一系列改进。铅室不再是立方形，因为立方形会形成边角，物料在这些角落可能停滞不动，于是改造成圆筒形或截头圆锥形；铅室里也不再是空空的，而是填满了瓷珠，这样可以加大反应物的接触面；框架也不再用木材，而是钢铁，甚至铅板也被钢铁取代，它们和铅一样可以耐硫酸腐蚀，再加上用耐酸砖或正长石砌成衬里，加强了耐腐蚀性能。

生产硫酸的铅室法是一项重大发明，足以与18世纪末19世纪初的其他重大发明并驾齐驱。铅室法曾作为硫酸的唯一制造法盛行于世，历时100多年。除少数例外，工业革命第一阶段的主要技术发明，并不需要多高深的科学知识。铅室法生产硫酸并不涉及化学原理的研究，但是作为最早的化工生产过程，它给出了几点基本的启示：

首先**化学工业生产一定要摆脱对易碎的玻璃器材的依赖。**玻璃容器耐腐蚀、耐高温，还透明。可以说，没有玻璃器皿就没有化学实验室，玻璃对化学家的帮助太大了。然而，玻璃显然不适合工业设备。所以，一旦化学实验室的产品要扩大到工业规模生产，化学工程师或工业化学家的首要工作就是寻找玻璃的代用材料，但这并不是一件容易的事。耐高温、耐腐蚀、有强度、易加工、价格还可以接受的材料并不是很多，以后很多化工产品都会遇到设备材质的问题。

其次，**大规模的工业生产要把实验室里的分批操作尽量转变成连续操作。**最早的铅室法生产模式和实验室操作步骤差不多，放置原料、点火燃烧和换气这几步操作依次进行，约4小时重复一个周期，生产效率极低。后来，把燃烧炉与铅室独立，硫黄和硝石燃烧的气体导入铅室，实现了生产的连续化，大大提高了生产效率。

第三，**从实验室到工业生产，从规模小的生产装置放大到尺寸大的生产装置都存在“放大”问题。**在铅室中，二氧化硫的氧化与成酸反应大部分是在气相中进行，所以，产量和铅室的空间成正比，而空间大对硫酸雾的凝聚沉降也是有利的。可是，生产过程中释放的大量反应热需要经铅室表面及时散去，显然反应空间的增大不可能带来同比例增大的换热表面积，这意味着放大后产生的反应热就不容易传出铅室，这样尾气的温度会相应上升，导致后续的氮氧化物吸收塔的吸收效率降低。**物料空间和相应的表面积不是按比例变化的，这是化工生产“放大”避免不了的问题，也是化工过程“放大”困难的实质。**同时，反应和分离设备的空间放大后，设备框架和支撑对强度的要求也随之提高，所以，实际生产中单个铅室不能造得很大，铅室法工厂往往需要采用多个串联的铅室。

最后，**还有副产物、辅助原料的回收和循环问题。**硫酸的过程开发提示了我们一个重要问题：一个化学品工业流程是否可行，关键往往在于原料和辅料的回收和循环使用。铅室法硫酸生产过程从起步到基本完善用了近100年，其主要的难题在于氮氧化物的循环利用。只有当原、辅材料都得以充分利用，副产物和废物都得到综合处理，一个化学品生产的工业化才算从工程和技术上完成。

总之，一个实验室发现的化学反应过程是否能成功地转化成工业规模生产，归根结底在于经济效益的权衡。如果不计经济效益，那么材质、生产模式和生产规模（包括解决生产过程中可能造成的污染）都不是问题。可是，不计经济效益还办什么企业呢？**企业家和工程师是受经济效益（包括治理污染的成本）制约的，这也是化学工程师和化学家的工作目标的差异所在。**

> 顺便提一句，替换“铅室法”生产硫酸的新技术和新工艺是“接触法”。接触法就是采用催化剂使二氧化硫被空气氧化形成三氧化硫，而不是像在铅室中那样借助氮氧化物氧化。在1850年前后，催化法制硫酸就有了很多研究结果，而且发现了一些便宜材料可以用作催化剂。可是，接触法或催化法并没能很快地推广成功，主要原因是催化剂会“中毒”失效。此后，筛选催化剂、开发反应气体净化技术以避免催化剂中毒，摸索反应条件和过程的控制等工程实践又耗去了几十年时间，直到20世纪初“接触法”才得以基本完善，逐步取代了古老的铅室法（20世纪40年代铅室法生产硫酸仍被采用）。

艰难的制碱工业

第一次工业革命时期，英国的纺织业、玻璃和肥皂生产行业开始兴旺起来，这些行业都需要用碱作为原料和辅料。当时的碱来自粗制草灰或木灰，结果英国的树林遭到大量的砍伐，后来不得不转向进口。进口碱类有两个来源：来自地中海地区的海藻灰苏打，和北欧或美洲的木灰。同时，英国人还开发了巨藻（kelp）灰，这种海藻（灰）是含有碳酸钠、氯化钠、硫酸钠等的混合物，可以供当时的工业使用。不过，巨藻灰也只是暂时缓解碱短缺的困难，**解决问题的根本方法还是要从其他（矿产）资源进行工业化碱类生产。**

当时，化学家们根据分析认识到普通食盐氯化钠（NaCl）和苏打（Na_2CO_3）含有共同成分，很多人都开始着手尝试将食盐转变成苏打的实验。要分解食盐，化学家自然想到用硫酸，得到硫酸

N. 吕布兰（Nicolas Leblanc）

钠和硫化钠后，再将木炭或煤炭加入其中转化为产物碳酸钠。

一种典型的苏打灰的生产方法称为吕布兰法。当时的英法战争断绝了法国植物碱的供应，1775年法国科学院悬赏巨金，征求可供实用的制碱方法。医生出身的N. 吕布兰（Nicolas Leblanc，1742—1806），综合了那个时代很多的制碱想法和实验，发明了一套制碱（苏打灰Na_2CO_3）的工艺。第一步，食盐在800～900摄氏度的温度下与浓硫酸混合，生成氯化氢，气体挥发，留下固体硫酸钠；第二步，硫酸钠被破碎，与木炭和石灰石混合，然后再在熔炉中加热生成碳酸钠、硫化钙。

1791年吕布兰获得专利权，并在巴黎附近建了工厂，他也由医生转身为工业化学家。可是有了专利并不等于解决了生产问题，吕布兰工艺的问题既多又难。不过，吕布兰并没有得到悬赏的奖金，也没有多少时间和机会来对付生产过程中出现的问题。首先，战争使主要原料硫酸断供（硫酸用于造火药），接下来的法国大革命处死了赞助吕布兰的贵族，而且没收了工厂，公开了他的专利。1806年，失去专利保护又没有资金恢复生产的吕布兰绝望自杀，后来他的制碱法逐步完善和流行与他本人已经没什么关系了。

随后几十年对吕布兰法的改进主要在英国进行。英国具有比法国规模更大的纺织工业，需要纯碱量要大得多，英国在1818年引进吕布兰的制碱法。1823年英国政府宣布食盐免税，促进了英国以食盐为原料的化学工业生产；1852年，英国苏打产量达到140,000吨，法国45,000吨，到19世纪70年代，英国苏打年产量超过世界上所有其他国家的总和。

吕布兰法是化学工业兴起的重要里程碑，但其生产过程并不受欢迎。吕布兰制碱法所需人工操作的环节多，但麻烦的问题是对环境的破坏相当大。盐和硫酸反应生产硫酸钠的过程中产生了盐酸气体，由于这种酸在19世纪初在工业上是无用的，所以它只能被排放到大气中。此外，每生产1吨苏打粉，就差不多生成1吨硫化钙废料。这种固体废物没有经济价值，堆在工厂附近的田野上，经风化释放硫化氢（有臭鸡蛋味的有毒气体）。

吕布兰法需要很多体力工作

接下来简略地看看当时是怎样处理这些废料和污染问题的。

首先，得处理氯化氢排放的问题。工厂一开始用一个大约100米高的烟囱来消散盐酸气，但是这没有解决酸雨的问题。1836年开发了氯化氢洗涤塔，让氯化氢在其中被水所吸收。这可能是最早的吸收塔，塔内有焦炭填充作为填料以增加水和气体的接触面积。**以前人们总以为吸收速度取决于水的体积，从那时起人们才认识到增加气液接触面积才是正确的措施。**

1863年，英国议会通过了《碱法案》，这是第一个现代空气污染法，该法规定碱厂产生的盐酸排放到大气中量不超过5%。为了遵守这项立法，每个制碱厂都有一个装满木炭的塔，将生成的氯化氢气体通过喷淋的水吸收。但吸收生成的稀盐酸溶液又流向附近的水体中，杀死了鱼类和其他水生生物。吸收塔把气相的有害物质转化成了盐酸，但盐酸又怎么利用呢？最好把盐酸中的氯制成漂白粉（由石灰和氯化合而成的），漂白粉在纺织、造纸和其他工业中有广泛的需求。用盐酸溶液制漂白粉（$CaCl_2$）其实也是个难题，涉及催化剂二氧化锰的使用和回收。当二氧化锰的回收方法发明完善后，漂白粉的产量翻了两番，造纸和纺织的成本也都降了下来。这个环节的发明基本完善，用去了几十年时间，是多位英国、法国发明家的共同贡献。

再看黑灰的浸提。这在实验室是一个简单的过程，但工业上要尽量提高溶液中纯碱的含量，还要做到尽量减少黑灰铲来铲去的劳动量。固体的操作在工业生产上一直令人头痛，起初人们使用的是一级级水槽的逆流提取法，水从一个槽流到另一个槽，而黑灰则沿反方向被费力地从一个槽铲到另一个槽。后来法国人设计了一种方法，把黑灰放在一种多孔容器中进行提取，容器悬挂在水槽内，然而这个方法还是既费力、设备又昂贵。直到1861年有人发明自动沥滤方法，利用不同浓度碱液的静压差别，使高浓度的碱液自动逆流，不过，最后的铲黑灰操作还是少不了。

最后，对硫化钙中硫的回收也是非常困难的事。最早是用空气氧化这些废渣，再浸提生成物，用盐酸处理生成的溶液从而分离出硫。后来发现用烟道气会把废渣中的硫化钙转变为硫化氢，这是烟道气中二氧化碳的作用。有人发明了煅烧窑炉，将含有二氧化碳的烟道气通入生产废料中（这时工业上已有了二氧化碳气泵），使废料硫化钙转变成硫化氢，然后用氧气氧化成硫黄。

就这样，对吕布兰法各种缺陷的改进形成一个化工生产系统，它带动了硫酸、盐酸、漂白粉、芒硝以及硫黄等一系列化工产品的生产。**硫酸、纯碱、烧碱等基础的化学产品产量大、利润薄，而且对环境的污染也非常严重。这就迫使英国化工企业的技术人员需从提高收率、降低成本、减少污染的角度考虑问题。吕布兰制碱法是化学工业的起步标志，该制碱法的改进持续了半个多世纪。**其过程的开发对于化工装置的发明和发展起了很大的促进作用，如发明了气体吸收塔、旋转炉、机械烤炉、沥滤装置等。制碱商的工厂变得越来越大、越来越复杂，但本质上吕布兰法的产品纯度低，生产成本高，生产过程都是固相操作，难以连续作业，这些缺陷也就一直刺激着新工艺的发明。

1861年，比利时人索尔维（E. Ernest Solvay）发明了用氨溶液、二氧化碳与食盐混合制成碳酸钠的氨碱法。索尔维是一位精制食盐厂商的儿子，只上过几年小学，就回家做他父亲的帮手，熟悉精制食盐厂中食盐的溶解、浓缩、结晶等过程。他自学电学和化学，还进行一些实验。他21岁时到一位叔叔的煤气厂工作，在净化煤气、分离煤焦油、调节压力等方面做出改进，赢得厂方股东们的赞誉。他在洗涤煤气的废水中发现有氨和二氧化碳气体。**当时氨的价格昂贵，回收氨很有价值。**索尔维采用徐徐加热的办法，赶出废水中的氨和二氧化碳气体，用水吸收。在用普通水进行多次氨的吸收实验后，他想用食盐水也许效果更好。随后，他惊奇地发现食盐水吸收氨和二氧化碳后出现了白色沉淀，很快他就明白了这种沉淀是碳酸氢钠（$NaHCO_3$），而碳酸氢钠是很容易转换为

E· 索尔维（E. Ernest Solvay）

碳酸钠（Na_2CO_3，苏打）的。

1861年，索尔维为他发现和发明的氨碱法申请了专利。氨碱法制纯碱的做法是：首先氨与水和二氧化碳化合形成碳酸氢铵，然后碳酸氢铵与食盐（氯化钠）反应形成氯化铵和碳酸氢钠；后者相对比较难溶，就从溶液中析出成为沉淀物；得到沉淀物碳酸氢钠并加热后，就可以得到纯碱（碳酸钠）。**正是氨碱法的产品质量纯净，碳酸钠才被称为纯碱，吕布兰法生产的苏打产品并不能称为纯碱。**至于氨，应该能由氯化铵再生，加热碳酸氢钠（小苏打）时产生的二氧化碳也可以再生使用。索尔维法的反应流程比吕布兰法简单，没有肮脏的中间产品，能耗也明显低于吕布兰法。

索尔维兄弟于1863年成立公司，开始氨碱法生产纯碱的工业化过程。但是，**氨碱法反应的简单性其实隐藏着许多实际上的困难。**索尔维建厂开工后许多问题接踵而至，因为氨的挥发性太强了，所以实现氨的循环利用是难题。此外，二氧化碳气体不能被充分吸收，氨的蒸馏也出现故障，等等。实际上，在索尔维建厂之前几十年早就有人发明了氨碱法制苏打的工艺，而且欧洲已经有好几个工厂投资氨碱法生产，开始生产出了很好的纯碱，但由于回收氨的不成功使得企业在经济上无法承受，一段时间后还是宣告失败，有的工厂最终还是转向了传统的吕布兰法。在其他人因氨碱法制碱的努力纷纷失败而退却的时候，索尔维依靠直觉和经验顽强地发明、改进设备和工艺，终于开发出一条工业规模可行的工艺途径。索尔维工厂的设计产量是每天3吨，最初只得到250千克/天的产品，这显然是大亏本的。经过不断改进，他们的工厂经过了大约4年的时间才基本达产，这时才可以说索尔维的氨碱法获得了成功。

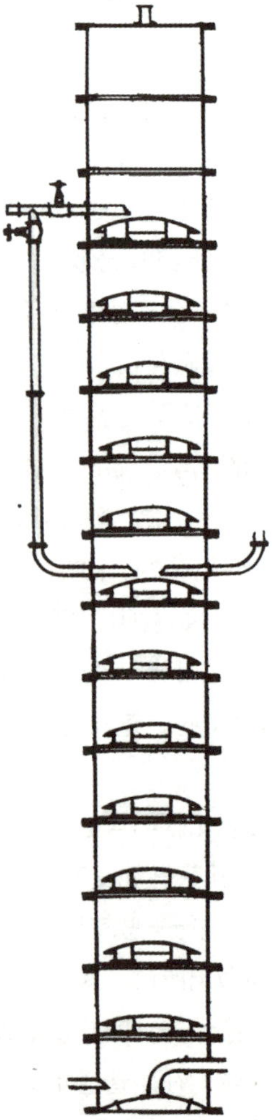
1872年取得专利的碳化塔，氨盐水在塔高的三分之二处加入

索尔维是一位伟大的工程师，他的成功不仅在于他的辛勤劳动，还在于他对气体、液体的处理有实践经验。索尔维的主要贡献是发明了著名的碳化塔，这个1872年取得专利的高塔是全世界氨碱法工厂的特征标志。氨盐水从上部进入塔内，二氧化碳从塔底部通入，气液逆流接触反应。围绕氨碱法的其他重要发明还有产生二氧化碳的窑炉和煅烧碳酸氢钠的转炉。这几个主要设备组合构成了索尔维制碱法的流程主线。

索尔维的成功还在于将生产特许权在1872年转让给英籍德国化工专家蒙德（Ludwig Mond）和英国化工企业家卜内勒（John Tomlinson Brunner）。他们二人合作建立后来闻名的卜内门制碱公司，即著名的英国帝国化工公司（ICI）的前身公司之一。蒙德为完善氨碱法做出了几项关键的贡献，如为沉淀碳酸氢钠设计了转动过滤器，安装了连续的氨蒸馏室，控制反应的温度、压力和浓度等等，这些改进使索尔维制碱法渐趋完善。1884—1885年间，利用索尔维法制纯碱的工厂先后在德国、奥地利、俄罗斯、法国、美国等地建立。

严格地说，索尔维并不是氨碱法的发明人，1903年索尔维在回忆自己的开发过程时说道："在确信我的发现的重要性后，我急忙于1861年4月15日在比利时申请了专利。由于我是单独工作的，而且又获得了专利，因此我认为只有我一个人知道有这个反应，而且我有权要求与此有关的全部权利。今天，这样的无知应该是不可原谅的。但是在40年前，既没有这样多的技术刊物，也没有如此高效的专利局。"**索尔维表示完全不知道早先那些人利用氨碱法制造纯碱失败的事情，也许，正是对外面世界的不了解，使索尔维和他的家庭有足够的勇气和韧性坚持氨碱法的开发。**

1863年时世界纯碱产量30万吨，全是吕布兰法生产的。到1902年，全世界产量180万吨，其中索尔维法生产150万吨，至1920年吕布兰法终遭淘汰！吕布兰法和索尔维法两种工艺过程缠斗了半个世纪，索尔维曾说："像氨碱法这样经过如此频繁和长期的试验才实现工业应用的工艺方法，是前所未有的。"这种先进工艺和落后工艺并存的原因部分在于氨碱法本身有许多技术困难，它们需要很长一段时间来克服，而另一方面在于采用吕布兰法的企业也一直在改进自己的工艺，不断地开发出利用副产物（废物）的工艺技术，持续地减少对环境的污染。这就是化学工业的早期阶段，当时很多过程技术和设备都没有发明出来或没有完善，企业家和工业化学家们（化学工程师）在探索的路上付出了很大的努力和代价。

吕布兰法和索尔维法本质上都是工程问题，并不涉及化学原理的研究。**一个实验室发现的化学反应过程是否能转化成工业规模生产，最终是由经济效益决定的。**企业家和工程师从投资开始，就要把实验室的仪器容器转换为工业上可用的材料，还要把实验室里的分批操作尽量转变成连续操作，等等。

制碱过程开发再次提示了一个重要问题：

一个化学品工业流程是否可行，关键往往在于原料的回收和循环使用，这是化学家在实验室研究阶段不会考虑的问题，而企业家和工程师则无法回避这些难题。

一个化学反应流程的原理可能很简单明了（如索尔维制碱法），可是对化学工程师的创造力却是挑战，索尔维制碱法足以说明问题。同时，化工生产的复杂性也突显了生产管理的重要性。在制碱和制酸的生产过程中，工程师和管理者要维持转炉和窑炉的正常运行、防止有害气体的泄漏、维修和更换设备等等。实际上，除了建设期的巨额投资，化工厂的维护费用也是非常高的。与染料和药品之类的高附加值的精细化学品不同，**基础化学品的生产很大程度上依赖于工程技能。**

人类提前跨入染料和药物的开发

1851年，英国伦敦举办的水晶宫世界博览会盛况空前，第一届工业博览会至少证明英国的工业化仍然居欧洲领先的地位。然而，19世纪30年代英国的自然哲学家们已经感觉到在科学方面的落后，德国的大学很明显领先于英国。在1830年，德意志区域的大学生已接近16000人，大学生占其人口的比例至少是英国的2.5倍。1835年时德意志大学的研究所和实验室已经在科学界声名鹊起，其中李比希的吉森大学实验室是最为成功的模式之一。

1845年10月，英国成立了一个化学学院，德国人霍夫曼（August Wilhelm von Hofmann）任教授。在英格兰这样一个比较保守的国家，为什么会想到创办一个专门的科学教育机构——化学学院（没有人文学科的学院）呢？这事起源于李比希对英国的两次访问。1837年，李比希受邀访问英国，他的讲座内容是有关农业的化学知识，如土壤的化学成分、化学肥料的制造和施用。1842年，李比希再度应邀出访英国，并得到了英国首相的接见。李比希的演讲激起了英国人对化学的热情。一些有识之士呼吁英国建立教授和研究化学的专门机构，他们的呼吁得到社会各界广泛的响应，共计有760人慷慨解囊，资助办化学学院。1845年7月，化学学院筹备委员会成立，他们委托李比希在德国物色教授人选。李比希推荐了他的学生霍夫曼（当时他只有28岁）。

霍夫曼在英国办化学学院基本的思路和做法自然是参照老师李比希的做法，他要求教室、实验室的建造和装备工作完全按照吉森的模式进行。在教学方面，霍夫曼也采取了李比希的方法，先讲授化学理论，后进行无机和有机化学的定性、定量分析实验训练，最后以学生承担某项小的研究工作来结束整个学习过程。

不过，霍夫曼在英国的化学学院与20年前李比希在吉森大学的实验室有所不同。首先，经过十多年的探索，有机化学的分析和研究已经有了相当的基础，可以对一些复杂的有机化合物开展分析研究了；其次，英国是最早开始炼焦的国家，霍夫曼有一个学生一直提供初步提纯的煤焦油（轻油）给他的实验室，这促使了**霍夫曼的化学教育和研究工作偏向于工业方面，特别是煤焦油成分的有机化学研究**；第三，英国人比德意志人要自由散漫些，所以，**霍夫曼的教学更松散些，他也更注重培养学生的独立实验能力。**

威廉·亨利·珀金（William Henry Perkin）

煤焦油是芳烃化合物的宝库，霍夫曼用学生提供的初步提纯的煤焦油再分馏得到沸点不同的各种组分，再进行进一步的研究。1855年，他的一位助手在住处用自己的分馏装备分离这些成分时着火，不幸烧伤致死。霍夫曼只得再聘助手，这次选的助手也是他的学生，就是后来鼎鼎大名的威廉·亨利·珀金（William Henry Perkin）。

珀金家庭算是当时英国的中产阶层，他15岁进入皇家化学学院学习化学，深得霍夫曼欣赏。霍夫曼交给这位18岁的小助手的研究课题是用煤焦油的一种成分合成药物“奎宁”

（Quinine）。奎宁，俗称金鸡纳霜，茜草科植物金鸡纳树及其同属植物的树皮中的主要生物碱。那时，英国的许多殖民地都有疟疾泛滥，迫切需要大量的奎宁。

实际上，奎宁是一种非常复杂的物质，化学家直到1945年才将其人工合成（美国在1910年建设巴拿马运河用的奎宁也还是从天然植物提取制备的）。从现在回看，1850年要想合成如此困难的奎宁，霍夫曼、珀金是异想天开了。但霍夫曼有制备奎宁的设想也是有其道理的，因为当时已经知道奎宁的分子有20个碳原子、24个氢原子、2个氮原子和2个氧原子（$C_{20}H_{24}N_2O_2$），而煤焦油中分离出的一种化合物（烯丙基甲苯胺）的化学成分差不多就是奎宁的元素比例，霍夫曼以为在此基础上加上几步化学反应就可能生成奎宁了。**当时，化学家把合成化合物简单地设想为“正确的原子数目的组合”，最好的化学家霍夫曼也不知道物质的分子结构（分子、原子的连接方式）有多重要。**

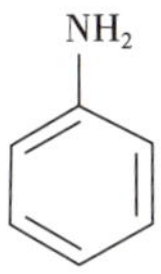

苯胺分子式

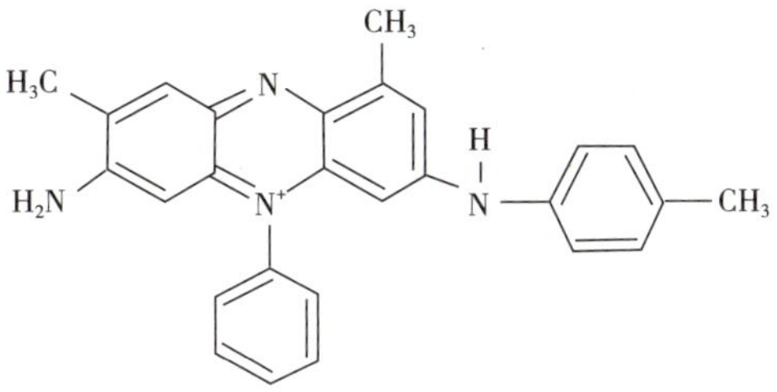

奎宁分子结构图（平面）

珀金以和导师商量的思路开始合成奎宁的实验，结果当然是失败。不过，那时合成化合物失败是常事，这对珀金并不算什么打击，他在自己家里的实验室用苯胺又做了一次酸化和氧化（用硫酸和重铬酸钾反应）实验，当然这次实验得到的产物离奎宁差得更远。在清洁实验器皿时，珀金发现玻璃仪器上有的油泥很难去除，所以他往油泥上倒了些酒精，打算溶解它。然而当他倒入酒精之后，仪器中的液体变成了非常美丽的淡紫色。事实上，珀金得到了人工合成染料“苯胺紫”。这种油泥可以给丝织物染上明亮的紫色，而且洗涤时不脱落，也不容易褪去。

珀金把他的染丝样品送到染色公司后，得知他的染料有很好的应用前景，这使珀金下决心为他的新染料取得专利。他一开始在自己家后院制造他的染料，接着很快珀金家庭就决定开办工厂。1857年，一个家庭染料厂建成，珀金也暂时告别了他的化学研究，全力应付工业化生产的诸多问题，如原料制备和染料应用（棉布上的着色）中的难题。珀金后来在染料领域还有发现和发明，不过他35岁时就退出了实业界，重返他更感兴趣的化学科学研究。

我们都知道第一次工业革命是从纺织业开始的，纺织业对染料自然有强烈的需求，但19世纪的大部分时间内人们还是不得不依赖“天然”染料。我们不要以为是市场的需求刺激了染料的化学研究，促使人工合成染料取代了天然染料。实际上，**化学家们并没有主动地去研制一种人工染料，因为当时的化学研究还远没有发展到合成染料这么“高级”的程度。可是，珀金的意外发现和成功对化学家们是很大的刺激，化学家们开始了对染料的研究和开发，而且由染料合成引出的理论问题促进了有机化学理论研究的进展。**

在这里，我们来了解一点染料的历史。在珀金合成苯胺紫之前，人类的染料都来自自然界，

1897年后生产的人工合成靛蓝

可以生产靛蓝的植物

而且只有区区12种左右。其中，鲜红色染料来自胭脂虫，一种是来自墨西哥无花果或仙人掌属植物上的雌性介壳虫，另一种是欧洲本地植物上的介壳虫。一般约需20万个昆虫才能产出1千克的胭脂虫红。还有一种著名的红色染料是茜素，这要从茜草的根提取，茜素的红颜色要偏暗些。欧洲茜草种植业在1868年的产量大约是7万吨，但人们从植物中提取的最重要的染料是靛蓝（indigo），字面意思是“来自印度的”（其实靛蓝在世界各地都可以生长，总共有上百个品种）。相对于其他颜色来说，蓝色既耐脏又不太暗，从“蓝领”的称呼和人们对牛仔裤的喜爱就可以知道人类对蓝色的需求最大。可是，提取靛蓝并用来染色的过程，比其他染料都要复杂。蓝色开始都隐藏在绿色的叶子里面，只有经过自然发酵转化后才生成靛蓝。在染色时，又要有特殊的细菌把靛蓝再经发酵变成可溶性的白色溶液，把衣料浸没在这无色的溶液后，再提起与空气接触，与氧气反应才产生靛蓝，使衣料染上了蓝色。

合成染料的竞相发现首先集中在苯胺系列。在珀金推出苯胺紫染料的第二年，霍夫曼教授用四氯化碳处理苯胺，得到一种深红色的物质，这就是品红染料。苯胺紫和品红染料的成功，极大地激发了人们对苯胺染料的兴趣。1859年，发现了洋红，而洋红很容易地转变为霍夫曼紫。1860年，霍夫曼用苯胺与碱性品红的盐酸盐共热，得到苯胺蓝，1863年又发现苯胺黑。人们认识到，**发明新的苯胺染料似乎并不难，它的根基是苯胺，只要用别的化合物处理苯胺，就可能得到新的颜色。**于是，人们狂热地用各种物质对苯胺试验，就像发现了金矿，蜂拥去淘金一样。一旦找到了新染料，便注册专利，投资办厂。一些煤焦油分馏厂也转而制造合成染料。一时间，合成染料企业在英国和欧洲大陆国家遍地开花。从19世纪60年代发展起来的其他苯胺系列染料还有：翡翠紫、碱性蓝、醛绿、霍夫曼紫、碘绿、藏红、甲基紫、喹啉蓝等。所以，苯胺一直是染料最重要的中间体。

接着，化学家的下一个目标是茜素（有企业悬赏）。化学家们的工作有了如下的合成思路：茜素本身是蒽醌（化学式：$C_{14}H_8O_2$，主要的结构是三个苯环连在一起）的衍生物，蒽醌经过几步反应后可以生成茜素，这是1869年的事情。茜素合成的成功导致了茜草种植业和提取工业的破产，因为合成染料的价格远低于天然染料。另外，化学家们还确认了胭脂虫红中的红色物质（胭脂虫酸）也是蒽醌的衍生物。

不过，令化学家和企业家没有想到的是，市场最需要的靛蓝却是最难合成的。靛蓝（分子式是$C_{16}H_{10}N_2O_2$）的复杂在于它的结构是一个对称的含氮杂环。搞清楚靛蓝这个结构，再用合适的有机中间体合成它，这对有机化学家是个真正的挑战。这项工作从1865年开始一直延续了20年，1883年，拜尔（Adolf von Baeyer）发表了靛蓝分子结构（接近完全正确）的论文，而工业合成靛蓝是在1890年成功的。

出乎人们的意料，霍夫曼、珀金在英国开启的染料化工，几十年后优势却转到了德国（1865年霍夫曼也返回德国）。19世纪末期，英国不得不依靠向德国出口初级煤焦油产品，来换取德国的合成染料。1900年，在巴黎举行的世界博览会上，德国公司把他们生产的各种人工合成的染料（包括茜素和靛蓝）都拿到博览会上展览，德国的染料工业受到了世界各国的注目。到1914年，德国已经完全垄断了整个染料工业。这一切与李比希培养的第二代化学家是密不可分的，因为19世纪后半叶的德国染料化学家和工业家绝大部分都是霍夫曼和凯库勒的学生。

既然天然有机化合物的分析和合成的门打开了，化学家们自然不会就此止步，他们又回到天然药物的分析和合成。欧洲药剂师大都受过化学科学的训练，总是想从有药用价值的天然植物分离出其中的有效成分，1820年，有人从金鸡纳树树皮中分离出奎宁和辛可宁两种生物碱，证明奎宁可以治疗疟疾。此后，欧洲药剂学家又从柳树煎剂中提取出了水杨酸，确定它是止痛的有效成分。由于染料和药物之间存在相似的化学性质（都是一些结构比较复杂的芳香族化合物），所以染料的研究方法自然就成了制药的研究模式。而**染料和天然药物的很多相似之处，使染料或染料中间体成为许多药物的前身。**

19世纪80年代以来，随着化学和医学的进展，德国合成染料企业源源不断地研制出新药物，著名的有安替比林、非那西汀、阿司匹林和磺胺药。**德国的著名化工和制药企业赫希斯特、巴斯夫和拜耳公司都是靠合成染料发家的。**巴斯夫公司的前身是于1863年创办的苯胺染料工厂，投资人兄弟俩都是著名化学家李比希培养出来的化学博士。赫希斯特公司1869年建厂生产苯胺，后来又建厂生产硝基苯，1875年建煤焦油分馏厂。这样就形成了从分馏煤焦油，生产苯胺、硝基苯等上游产品，最后用它们制造染料、药物等下游产品，形成了从基础化工原料到终端产品的一体化生产体系。赫希斯特公司于19世纪80年代推出了止痛药“安替比林”；拜耳公司1888年推出“非那西汀”，1897年推出灵丹妙药“阿司匹林”。“阿司匹林”至今仍然是最著名的常用药品，一百多年来长盛不衰。

染料和药物是化学产品的一部分，是附加值很高而产量相对不大的部分，通常归于精细化工产品。精细化工产品往往具有复杂的分子结构，合成路线比较复杂，大学和工业实验室的化学家对开发精细化工产品有非常重要的作用。但是，**即使是精细化工产品，实验室和工业生产也是有根本的差别，**大学里的化学家和在企业研究室工作的化学博士目标其实有很大的差别。

先说珀金，他从自己简陋的实验室里“碰上”苯胺紫后，开始办厂规模生产。为此，第一步需用带有机械搅拌器、蒸汽加热的铁制容器代替玻璃容器，其次，他得自己想办法制取原料，将粗苯变成纯苯，再反应生产硝基苯，继而还原成苯胺。在实验室里这些都是已知的步骤，办工厂时为什么珀金还要费心思呢？无他，**工业化生产是要讲成本的，**珀金为制造尽可能便宜的硝基苯和苯胺，费尽心血开发了新的硝化过程，研制了新的还原剂，幸好生产过程没有发生大的安全事故。

在精细化工领域，设备和工艺流程的放大常常不是主要困难，化学家的作用往往超过工程师的作用。但在企业工作的化学家也得明确，**在实验室合成出想要的化合物只是科学上的成功，由于工业规模制备的经济考量，化学家们还得动脑筋找出更简单、更合算的合成路线。**比如，1880年，拜耳发明了合成靛蓝染料的一种方法，但其过程包含的步骤过多，产率低，成本太高，该工艺路线没有工业化的可行性。1882年，拜尔又发明了一条合成路线，起点是硝基甲苯。但是能从煤焦油中提取出来的甲苯数量很少，市场价格很高，因而在工业上仍然不经济。靛蓝被进一步的研究开发的主角是巴斯夫苯胺纯碱厂（BASF）。BASF公司用了17年工夫，花费大约一百万英镑（当时），才开发出一种在商业上成功的合成方法。所以，靛蓝合成产品是1897年才首次投放市场的。

在复杂的芳香族有机化合物的分析和合成过程中，没有化学科学的指导是不可能偶遇成功的，而直接从事生产染料和药物的企业也离不开化学博士。这是有史以来的各种制造业中科学家第一次有如此举足轻重的地位。德国合成染料工业最早创建工业研究实验室，吸引了大批的化学博士。1900年时，上述三家德国公司的化学家都在100人以上，工业研究实验室是提高企业竞争力的一个非常重要途径。不过，这个工业和化学科学结合的开端却是珀金在有机化学研究中的“偶遇”，珀金的意外发现大大提前了人类打开染料和药物宝藏大门的时间。1906年，英国举行纪念珀金发明苯胺紫50周年大会，来自世界各地的科学家、教育家和企业家纷纷向珀金这位合成染料工业的先驱致以崇高的敬意。英国女王亲自到会授予珀金“爵士”头衔；德国化学会授予珀金德国最高化学奖——霍夫曼奖；法国化学学会授予珀金法国最高化学奖——拉瓦锡奖。同年，美国化学会决定设立应用化学领域的最高奖——珀金奖，并决定将第一个珀金奖授予他本人。1906年下半年，珀金赴美领奖，次年，珀金去世。

诺贝尔奖与化学工业的渊源

1901年，科学史上发生了一件大事，以已故瑞典发明家诺贝尔（Alfred Bernhard Nobel）命名的基金会给全世界物理、化学和医学三个领域（还有文学奖、和平奖）取得重大成就的科学家颁奖。诺贝尔奖每年颁发，在科学界享有至高无上的地位。

诺贝尔（Alfred Bernhard Nobel）

诺贝尔奖的资金来自诺贝尔基金会（成立于1896年）捐献的980万美元，在当时绝对是一笔巨款，至少相当于现在的数亿美元。根据诺贝尔遗嘱，在评选的整个过程中，获奖人不受任何国籍、民族、意识形态和宗教的影响，评选的唯一标准是成就的大小。当然，最重要的原因是它的公正性和权威性，**20世纪以来，在物理、化学和医学三个领域，诺贝尔奖几乎没有放过任何公认的最有成就的科学家。**自1901年以来，诺贝尔奖从提名到公布既神秘又权威，也是诺贝尔奖运作的成功之处。

炸药和蒸汽机都是人类对能源的利用，但与蒸汽机不一样的是，爆炸一次性集中地释放了大量能量或气体。爆炸过程是极快速的化学反应，所以，近代以来的炸药研制都离不开化学家。拉瓦锡那个时代的火药是以硝石、碳粉构成的“黑火药”，那时化学家的长处也许在于对原料的纯度和比例控制得好，所以质量胜于当时的其他火药制造者。炸药真正的发展在19世纪中期，“黑火药”转向了“黄火药”。黄火药跟黑火药在原理、性质、方法、用途等诸方面都是截然不同的，诺贝尔的发明和商业上的成功源于黄火药的主要品种——硝酸甘油（硝化甘油）。但**他的成功不在于化学方面的科学发现，而是开发了硝酸甘油的工业化生产方式和使用方式，他的财富来自炸药的工业化生产和对其他行业的投资。**

诺贝尔

诺贝尔出生于瑞典斯德哥尔摩，小时候就随父亲来到俄罗斯。诺贝尔家族不是一个平凡的家族，诺贝尔的父亲就是一位发明家和实业家（他们父子为了硝化甘油的生产方法还争夺过发明权。后来，他们父子同获得瑞典科学院的大奖）。诺贝尔是家中的老三，他早在学习期间就显示出善于独立思考的能力，追根求源成为他的一种爱好。诺贝尔很早就对化学中的猜想及实验非常感兴趣，化学和化学实验成了他最喜欢的科目。

26岁时，诺贝尔已经在家族企业中担起重任，并开始进行炸药领域的开发实验。诺贝尔和他父亲首先研究的是硝化甘油的生产过程。当时已经知道硝化甘油是一种很剧烈的爆炸物，但由于它太敏感，在受到震动、撞击或火化时就会爆炸，非常危险，因此缺少实用价值。诺贝尔家族首先成功地开发了硝化甘油的生产方法，他们认识到控制硫酸和硝酸的温度是安全生产的关键。

按诺贝尔的自述，他的主要发明经历如下：

1. 自1862年以来，开始研究硝化甘油，大批量生产始于1863年年末。
2. 1863年年末，开始研究如何快捷、安全地引爆硝化甘油。
3. 1866年，诺贝尔用硅藻土吸附硝化甘油，这种面团似的块状物非常稳定，但引爆后威力不减，这是投入市场的达纳炸药（dynamite）。
4. 1867年，获得最著名的专利“诺贝尔点火器”（雷管），实现硝化甘油的可控引爆。
5. 1875年，发明了明胶炸药，是将硝化纤维溶于硝化甘油里。明胶炸药不仅不怕碰撞和摩擦，而且还可以在水下使用，具备很高的实用性。
6. 1884年，发明一种无烟火药。

从他的发明经历来看，**诺贝尔的成功在于炸药的生产制造和实用技术推广，其中雷管（detonator）的发明最为炸药行业看重。**诺贝尔把几毫克的高爆水银（雷汞）封入一个小铜套管，然后塞进一个与套管固定的导火索。通过雷管（也称为引爆帽、点火帽）的帮助引爆硝化甘油。就是这个简单但极具天赋的发明，开辟了一条使所有新的爆炸材料得以实用的道路。诺贝尔将硝化甘油和雷管相结合使之成为自15世纪黑火药广为人知后的第一种新式爆炸材料。

诺贝尔从来没有称自己是化学家或科学家，他没有参与硝化甘油的发现优先权的争执，雷汞（雷酸汞，mercury fulminate）则是1799年发现、1814年就使用的引爆药。在那个时代的炸药领域，发明家并不需要多少化学科学知识，重要的是经验和直觉。**诺贝尔也强烈否认偶然性在他的**

发明中所扮演的角色。有一个故事说，硝化甘油在一次偶然的机会从一个马口铁罐里流到一个有硅藻土的盖子上被其吸收，出现一个面团，因此诺贝尔发明了达纳炸药。实际上，诺贝尔从一开始就认识到一种液体炸药运输上的不方便、不安全，所以，他一直有意识地在寻找硝化甘油的填充物。而硅藻土是当地很容易得到的材料，并具有多孔性，所以选中硅藻土并非偶然。

诺贝尔的研究风格是：

在实验项目前期工作中，他几乎很少用助手，常常将技术发明和技术开发的秘密保留到最后一刻。然而，如果大体的方向解决后，诺贝尔会用周密的方法组织他的助手落实到细节。比如，硅藻土与硝化甘油的最佳比例、如何确定硝化棉中纤维素最合适的量等等，往往他们会进行超过几百次不同配比的实验。

诺贝尔发明的点火器（引信、引爆雷管）和达纳炸药是安全使用硝化甘油的关键手段。由于诺贝尔的天才发明和不懈努力，他的达纳炸药取得巨大成功，硝化甘油工厂这时已经在瑞典、德国、挪威、芬兰和奥地利建成，英国和法国也很快紧随其后建成了硝化甘油工厂。自1865年诺贝尔开办炸药工厂以来，他不得不减少在实验研究方面的投入。当时，诺贝尔的启动资金有限，因此他必须事必躬亲。作为企业家的诺贝尔身兼数职，既是总经理，又当着生产主任、文书、财务主管以及广告部主任。舆论总是渲染炸药带来的死亡事故和破坏，而**诺贝尔总是很吃力地努力改变炸药的形象，希望人们看到他的炸药所带来的工程上的进步。**1875年，达纳炸药在多个国家畅销，他的股票价值在短短的4年里涨了10倍，诺贝尔很快在欧洲闻名遐迩，成为“达纳炸药王”。

诺贝尔是一个非常勤奋的人，在实验室里一天工作18个小时是常态。作为发明家，诺贝尔的想法是多种多样的，随时随地都会冒出一些未经验证的念头。他的发明并不限于炸药领域，诸如机械技术、光学、生物和电化学等不同领域，他都提出过独到的创意。不过，这些创意可能没有多少实用价值，或者他也没有精力深入探索和实施。诺贝尔的专利很多，在对其遗产进行清点时发现，共有355个专利。只有爱迪生等极少发明家的专利超过这个数字。另一方面，尽管诺贝尔很注意保护自己的发明，但他的专利还是屡屡被侵权。很长时间内，诺贝尔一方面拓展他的工厂，另一方面被迫卷入专利诉讼和合同纠纷中，他自称80%的工作时间被技术、合同、专利和诉讼等无法回避的事情所占据。他在欧洲和美国的专利之争有胜有败，他的发明权益远没有收获到位。虽然如此，**在19世纪末，诺贝尔仍是欧洲最富有的人。**

诺贝尔生前是很孤独、郁闷的。诺贝尔厌恶战争，希望达纳炸药能被和平利用，诺贝尔演示炸药的使用场合都是开山（隧道建设）和开矿的现场。但人们不可能全都按他的意愿和平地利用炸药，而新型爆炸材料也确实在军事等领域为人们所利用，成为杀戮的利器。因此，舆论往往把不该有的罪名都安到了发明家诺贝尔的身上。在诺贝尔去世前的几年里，他的亲人和朋友陆续离世，一些刻薄的评价触动了诺贝尔认真考虑对身后的财富处理。**经过几次修改遗嘱，诺贝尔决定用大部分财富（大约2/3）设立诺贝尔基金会，基金会的收益由瑞典科学院以奖金的形式，颁发给在科学领域内做出最重要和最具开拓性发现的个人。**

诺贝尔不是一位科学家，他是一位发明家或工程师，是一名精于商业的企业家。由于诺贝尔生前的商业活动规模很大，去世后又成立了诺贝尔奖基金会，所以诺贝尔和世界上几个著名大公司产生了意想不到的关系或联系。

洛克菲勒标准石油公司。洛克菲勒在19世纪末时已是美国首富，也可能是当时世界首富。很少有人知道诺贝尔家族的另一个支柱产业是采油和炼油，诺贝尔遗产中四分之一来自其家族在俄国的油田和炼油企业。所以，诺贝尔家族企业和洛克菲勒的标准石油公司免不了竞争。

当时，俄国的油田集中在巴库（现阿塞拜疆首都）。1885年，诺贝尔家族的炼油厂成为俄国石油企业中的龙头老大，共拥有40口油井。诺贝尔家族的煤油、润滑油和燃料油在价格和质量方面，在与美国同类产品的竞争中占据着绝对的优势。诺贝尔兄弟在石油业的大规模投资获得了成功。可是，**洛克菲勒的资本更为雄厚，因此在国际市场上更具有竞争力。**1880年前后，洛克菲勒的标准石油公司通过降价和其他手段，迫使几家石油巨头达成国际市场份额协议，否则就会破产。按此协议，洛克菲勒的标准石油公司得到75%的世界市场，而诺贝尔家族、俄国人、意大利人则瓜分剩余的25%。**采油和炼油不是制造炸药，这是一个资本更有发言权的行业，**加上诺贝尔本人也很少直接参与决策和管理，诺贝尔家族企业在与洛克菲勒的标准石油公司的竞争中落了下风。

有意思的是，洛克菲勒本人在商业上的成功也没有给他带来好名声。洛克菲勒在他的事业达到顶峰后，开始把自己财富的很大部分捐献给文化教育事业。其中，洛克菲勒基金会资助了很多医疗卫生项目（如青霉素的开发），美国著名的芝加哥大学得到洛克菲勒长期的资助，前后有超过30位科学家或经济学家获诺贝尔奖。财富和支持科学教育的发展最终还是把诺贝尔和洛克菲勒家族又联系起来。

杜邦公司。杜邦公司1802年由法国移民E. I. 杜邦在美国建立的。众所周知，杜邦公司也是制造炸药起家的，**杜邦家族企业和诺贝尔免不了一场竞争。**

1865年，诺贝尔为硝化甘油申请美国专利，并到美国开展达纳炸药的宣传营销活动。美国内战结束后，掀起了一个基础设施建设的高潮，而施工总是需要爆炸材料，诺贝尔在美国的商机似乎会很多。但当时的美国人对硝化甘油的知识很缺乏，又恰巧硝化甘油在欧洲和澳大利亚发生了大的爆炸事故，美国舆论一片密集的批评声浪，有关硝化甘油的不可靠性四处传播。实际上，硝化甘油比火药和火药棉配置和运输起来更为安全、方便，而其爆炸威力却明显强于前者。但诺贝尔的大力宣传没有起到明显效果，他不得不放弃美国市场。

其实，诺贝尔在美国的不顺利也有杜邦公司从中作梗的因素。作为诺贝尔的竞争对手，杜邦公司曾宣称："使用硝化甘油炸药的人丢掉性命只是一个时间早晚的问题。"然而，杜邦公司生产的黑火药毕竟比硝化甘油落后了整整一个时代，可以说，杜邦公司在炸药的技术方面不是诺贝尔的对手。公司总得讲效益，**杜邦公司一方面抵制诺贝尔的"黄火药"，另一方面却开始向生产硝化甘油炸药转型。**杜邦公司通过美国另两家炸药企业的股份合作，间接获得了诺贝尔的硝化甘油炸药的生产技术。不过，在探索硝化甘油的生产过程中，杜邦家族和诺贝尔家族都付出了惨重的代价：诺贝尔的弟弟在一次爆炸中身亡（1864年9月），杜邦家族的企业骨干拉摩特·杜邦也死于一次生产事故（1884年3月）。

与诺贝尔家族不再发展的情况不同，20世纪初，杜邦公司创始人的第三代得到了公司的控制权，他们下决心从单一的炸药生产企业转型到综合化工生产企业。不过，早期杜邦公司转型的产品和炸药都有关，硝化纤维、合成氨（为制硝酸）、赛璐珞等，后来开发和生产的产品逐渐多样化，经营范围涉及军工、农业、化工、石油、汽车、纺织等20多个行业，营业额多年居世界化学公司年销售额之首。杜邦公司也有科学家获得过诺贝尔化学奖，而且对“化学工程学科”做出了不可替代的贡献（后面将会谈到）。

索尔维制碱企业。从发明到实业，再赞助文化和科学事业的人有很多，索尔维是其中最著名的企业家之一。**索尔维是一个很像诺贝尔的人，氨碱法给他带来了名声和财富，这位发明家和实业家把很多家财都捐给科学事业。**索尔维科学会议是物理化学家能斯特（Walther Hermann Nernst，1864—1941，1920年诺贝尔化学奖获得者）提议的，1911年，索尔维提供了召开世界最高水平学术会议的经费。由于第一次会议开得很成功，索尔维于1912年成立了一个基金组织，定名为国际物理学协会。1913年，索尔维又建立了国际化学协会的基金组织，这两个基金组织各有自己的科学委员会。索尔维会议基本是3~5年召开一次。1927年，第五届索尔维会议在比利时布鲁塞尔召开，会议上，爱因斯坦与玻尔发生了关于量子力学的大辩论，这次索尔维峰会被冠之以“最著名”的称号。一张汇聚了物理学界智慧之脑的“明星照”则成了这次会议的见证，数十个涵盖了众多分支的物理学家都留下了他们的身影。

历年、历届的索尔维会议参加者，大部分都是诺贝尔奖获得者，这对诺贝尔奖和索尔维会议都是荣耀。20世纪后半叶，索尔维物理和化学会议停办，这也许是因为当代的物理和化学已经没有当年的激动人心的课题，也不需要以会议的方式交锋和交流了。从另一个角度反映出诺贝尔的成功：**由于诺贝尔奖的不朽丰碑，在处理身后财产方面可能没人可以超过诺贝尔。**

1927年第5届索尔维物理学会议出席者合影

此外，诺贝尔企业的基因流传在现代化工企业里，他在各国的炸药公司大多都转向化工产品生产，其中最为著名的是英国的帝国化学公司（ICI）。ICI是诺贝尔的英国公司和索尔维英国公司及英国制碱联合公司、英国染料公司在1926年合并成立的，其规模和技术实力可以与德国的法本公司、美国的杜邦公司抗衡。ICI开发了一些重要的化学产品，对化学工程学科的成长和壮大也有突出的贡献。

公司制度决定了化学工业的发展

在现代社会，“公司”（company，corporation，enterprise，business，firm）是一种平常不过的名称，只要从事制造业、做生意（包括咨询、服务等）的人都会成立公司这样的组织。公司是人的组织，成立公司最重要的目的是筹集资金，但“公司”最早并不是为制造业发明的。早期公司的特征是垄断，在16世纪和17世纪，英国政府和荷兰政府给几家从事贸易、拓荒和殖民的股份公司发放特许权，许可这些公司可以公开筹集资金。后来，这样的许可特权也授予其他领域的公司，诸如码头经营、某一区域经营铁路线路、某一地区的贸易独占权等。到了18世纪，英国开始给从事其他产业（如保险、修运河和酿酒）的公司发放特许权，这是一个半垄断企业的阶段。但这些垄断和半垄断企业不具有很强的盈利能力，难以支撑新扩张或激烈改革，加上屡屡发生的泡沫事件和诈骗丑闻使股份公司逐渐失去了投资吸引力。**与政府发放的债券不同的是，公司筹集的资金更有投机性，**如果探险或远洋贸易成功，投入的资金的收益率远高于购买政府债券；如果冒险失败，投入的资金基本就“打了水漂”。

工业企业采用公司制有一个过程，要处理好筹集资金、承担风险和追责几个要素很不容易。与农耕社会的缓慢发展不同，工业化必须有相当大的前期投入，而且投资的收效也可能不会立即见效果，这是工业投资与农业扩张、探险、商业贸易投资的区别。资金的筹措伴随着风险和责任，换言之，风险和责任制约着资本的扩张。所以，工业化早期如何筹集到足够的资本是一个长期存在的难题。这个阶段，人们大都创建由个人或者家庭经营的独资企业。独资企业责任和风险的关系最为清晰，公司的运营费用也比较低。随着工业化规模的发展，普通独资企业开始难以承受资金和技术投入的成本，这时人们倾向于采用合伙制。合伙制是亲戚、朋友圈的合作，可以筹集更多的资金，也可以把技术、经营管理的才能结合起来，瓦特和投资人博尔特组织的蒸汽机制造公司就是典型的合伙人公司。

1830年后，欧洲开始出现了重工业，工厂制和规模化生产开始从纺织业和冶金业向其他工业部门传播。此后的工业和贸易时代里，几乎每个项目、工程或事业都需要资金的“杠杆”。公司制是资本和技术、管理这些因素的结合，但必然会涉及投资人的风险和责任问题。实际上，资金的筹措和投资的风险曾经长期困扰着欧洲工业化的发展。如何对应公司制度带来的风险和责任贯穿了公司制度改革和完善的过程。荷兰最早发明“有限责任”公司。首先，公司成为法人，可以永续经营，摆脱了自然人生命无法永续的软肋。其次，公司成为法人，出了问题由公司这个“人”负责，出资人在一定程度上摆脱了责任。更为重要的是，有限责任公司所承担的责任也是有限的，即以公司总资本承担公司所面临的经营风险和责任。有限责任公司赚了钱归出资人所有，亏了钱由公司总资本偿还，与出资人的关系只限于当时的投资。

与普通商业组织不同的是，有限责任公司具备两大特点：独立法人和有限责任。

1823年，英国爆发了一场经济危机，当时数百家从事南美和其他地区采矿业务的合伙公司倒闭。这次经济危机也导致英国法律上的一系列变化，法律认可了有限责任公司这种风险承担模式，即**公司的投资人可**

能遭受的损失仅限于当时投资的成本，公司的发起人和投资者只承担有限责任，这使得家族以外的人的投资和合作成为可能。1856年后，有限责任公司开始在英国、法国、德国等欧洲国家和美国流行起来，第一次工业革命早期的合股和个人持股模式最终被有限公司（limited companies，或美国人惯用的corporations）所取代。

放松了对公司的管制有利于创业，但也带来了更多的诈骗活动。当时欧洲和美国对公司诈骗（也可能是创业的失误或失败）还是有严厉的惩罚。在美国，直到1833年，普遍的做法还是将无法偿还债务的人关押起来，此后联邦关押制度被废除。1841年、1867年和1898年的《破产法》进一步放松了对破产的惩罚，允许自愿破产和通过联邦破产法院处理债务。在英国维多利亚时代，对破产的惩罚从流放和死刑减轻到监禁。而1856年的法律则规定，登记为有限责任的企业主不再面临此类惩罚。1869年的《债务人法》废除了因债务问题而被监禁的处罚条款，允许独资企业、合伙制企业和所有个人申请破产。**19世纪下半叶，当西方社会的人们开始创业时，他们不再担心由于运气不佳或决策失误把自己送进监狱。**当然，欺诈依然存在，甚至有所增加，但**对社会进步来说，有限责任公司和相应的破产法还是利远大于弊。**创业者不再担心失败后的家破人亡的结局，投资者也可以通过购买股票或债券的方式投入到工业中，而不必承担过度的风险。从此，资本才得以大量进入到工业部门，极大地加快了工业发展的总体步伐。

不过，尽管有限责任公司有这么多优点，当时刚起步的化学工业却仍然是家族亲友合伙制的公司为主。投资人很清楚开拓运河、修建铁路和港口等公用设施的作用和效益，即使钢铁、纺织、采矿等行业也并不神秘。然而，因为化工产品不是终端产品，它的用处一般人不了解。而**各种化工产品的性质和制造方法又各有不同，社会上的投资人无法预料项目和市场的风险，银行也对化工行业很冷落（德国银行除外）。**

由于化工行业不受投资人的青睐，化学工业化的初期，创业者几乎都将自己的亲友视为最亲密的合作对象，建立企业的资本经常来自家族或者亲友圈子。当时化工设备的特点是批次性生产，单套的生产能力有限。如果要增加产量，那就投资建设更多同样的装置。化工厂发展模式是企业创利后，再逐步增加投资用来扩大生产。另一方面，化工产品生产大都有技术诀窍，发明者（通常是公司的主要发起人）为了避免技术流失，往往不愿意外人介入经营和管理。所以，**化工行业也许是合伙制持续最长的一个行业。**

众所周知，第一个人工染料是英国人珀金发明的。珀金在一次实验中，偶然发现了苯胺紫。珀金的商业敏感性很强，一发现苯胺紫就把染色的样品寄给伦敦的一家印染厂。印染厂很快给了一封回信，信中说："假如你的发明不会使商品太昂贵的话，它无疑是长期以来最有价值的一种染料"。珀金由此得知了当时市场上没有真正的紫色染料，如果他能生产出价格合适的产品，市场肯定没有问题的。珀金很快为他的新染料申请专利，并放弃了学业，投入到苯胺紫的工业化生产过程开发。不过，支持珀金办企业的还是他的家人。珀金的父亲先期投入了必需的资金，他的哥哥T. D. 珀金（Thomas Dix Perkin），一位建筑师，也同意加入。结果1857年一家工厂建立起来了，他们把原来自己家的制桶作坊改成了染料生产工厂。珀金后来还发明了其他品种的染料，但他的企业仍然是英国模式的家族企业，与后来从事染料开发和生产经营的德国企业相比纯属小打小闹了。

非常著名的索尔维氨碱法的开发，很长时间内也是索尔维家族的事业。E.索尔维年轻时在自己的家族企业煤气厂工作，负责煤气生产过程中的氨气吸收和稀氨水的浓缩。在用盐水吸收NH_3和CO_2的试验中，碰巧得到碳酸氢铵和碳酸氢钠（纯碱），1861年他申请了氨碱法的专利。这时他才23岁，专利发明人一栏中还有他的弟弟21岁的A. 索尔维（Alfred Solvay）。两年后，兄弟俩筹集13,000法郎的资金（主要来自家族）建厂。但氨碱法的工业化非常困难，设计生产能力为12吨/天的装置实际只能生产200千克/天。几年里，经过不断改进设备和工艺（他们发明了碳化塔、煅烧炉等关键设备），纯碱产量才逐步增加，但是资金早就入不敷出了。他们兄弟能够持续改进氨碱法生产工艺靠的是家族的财力支持。氨碱法的成功离不开索尔维家族的支持，具体的设备和工艺发明也是兄弟俩合作的结果。遗憾的是，A. 索尔维于1894年去世，没有见到索尔维公司发展的鼎盛期，也使得人们忽略了他对氨碱法的贡献。**从申请氨碱法的专利到生产流程的基本成熟花费了几十年时间，新工艺开发的困难是外行人难以理解的，通常也只有家庭成员才能容忍长期的资金和时间的投入。**家族投入氨碱法开发的故事以后在石油的催化裂化技术开发时又一次重现，法国工程师霍德里（E. J. Houdry）凭自己的兴趣开发催化裂化石油生产汽油的技术，前期在法国建实验室的费用都是家族的钱，后来到美国继续进行开发工作，以自己的技术和家族的300万美元资金与美国两家公司合资才最终把催化裂化这项革命性技术开发成功。

19世纪，欧洲化工类的公司起步时主要靠亲戚朋友，当时大西洋彼岸的美国也是如此。其中最为著名的当属后来的化工巨头杜邦公司。1799年10月，皮埃尔·杜邦（Pierre du Pont）率领全家13口人乘船横渡大西洋赴美，他们冒险出走是为了逃避法国大革命后的不稳定局势。老杜邦（皮埃尔）原打算用手中的钱在美国做土地买卖的生意，但当到达美国后，他们就很快明白了，美国土地不是稀缺资源，从事土地买卖没戏。

杜邦家族在美国选择干什么呢？老杜邦的次子伊雷内·杜邦认为在美国生产火药值得投资。1801年，一个资本为3.6万美元的合股公司，杜邦公司由此诞生，伊雷内·杜邦是公司的创始人。当时美国的火药质次而价高，生产规模也很小，杜邦公司有信心在技术竞争中战胜对手。此后的近100年里，杜邦公司就是一个家族集体的合伙企业，公司的生产和销售基本上围绕火药，公司的技术发明和竞争活动也在火药领域，从黑火药到黄火药（硝酸甘油）、无烟火药等。20世纪初，第三代杜邦家族的总裁尤金·杜邦去世后，他们那一代的合伙人不想管理公司，决定将股票出售。这时家族的少壮派不希望把公司转给外人，公司创始人的三个曾孙共同买下了杜邦公司。这三兄弟制定了杜邦公司新的发展计划，从炸药的上游原料和相关产品（硝酸、纤维素、硫酸、玻璃纸等）开始进入化工生产领域，最终成为美国最大的化工企业之一。

亲戚朋友合伙办的公司虽然有决策过程简明、技术能够保密等优点，但资金的筹措毕竟受制，**而更大的缺陷是人才的缺失。**通常，成功的公司创始人在技术、管理和产品销售方面有全面的才能，但**随着企业规模的扩大和自己年岁的增长，面对繁重的技术开发和企业管理总是会力不从心的。**一方面，公司创始人也可能跟不上技术进步的步伐；另一方面，公司创始人的才能和兴趣是不可能做到代代相传的，**公司在家族内部的交接班迟早会“断链”的。所以，由家族和合伙人模式公司还是要转化为投资、技术、管理层分工的现代企业模式。**

进入20世纪后，成功的化工企业都实现了这种从家族公司到现代化公司的转型，转型的重要标记就是家族外的人才进入了管理层。发明青霉素深罐发酵工艺和技术的辉瑞公司是一个家族公司，是两位德国堂兄弟——查尔斯·辉瑞和查尔斯·厄哈特创始的美国公司。1848年，他们踏上了美国的土地。在德国时，辉瑞是个药剂师学徒，这使他掌握了一些化学知识，厄哈特则有家传制作糖果的手艺。1849年，他们在纽约创立了以查尔斯·辉瑞命名的小型化工公司。19世纪末20世纪初，公司逐步转向生产食品添加剂。这期间公司主要产品是柠檬酸，是当时美国柠檬酸市场的主要供应商。公司生产柠檬酸的绝大部分原料是从意大利进口。1914年，第一次世界大战爆发，辉瑞公司柠檬酸的原料供应完全中断。在苦苦寻找柠檬酸的生产原料时，老辉瑞邀请了食品化学家詹姆士·柯里博士参加辉瑞公司的研发工作。柯里博士曾经研究过乳酪制作中的发酵过程，发现这个过程的副产品之一就是柠檬酸。而柯里能干的年轻助手贾斯帕·凯恩则直接加入了辉瑞公司，负责了糖转化成柠檬酸工艺的开发。1924年，辉瑞公司利用发酵技术已经能从糖中大规模获取柠檬酸。为提高柠檬酸的发酵产率，又继续开发了用糖蜜做原料的深罐发酵技术，而开发富马酸生产技术遇到的问题为深罐法生产青霉素做了工程和技术上的铺垫。**如果辉瑞是一直守着家族模式的公司，技术上的飞跃进步是不可能的。**

在家族公司中，杜邦公司是极少数不缺钱的企业。进入20世纪，杜邦公司还维持着家族公司的模式，但是掌控杜邦的几兄弟一旦决定走产品多元化的发展之路，研发部门和生产部门的扩张就不可避免。1902年，建立了公司的炸药实验室（Eastern laboratory），这个实验室并不直接研究具体生产过程，而是通过科学研究和技术开发寻找新的炸药生长点。1903年，建立了公司主要的研究中心——中央实验站。逐渐地，研究和开发部门成为杜邦公司各生产部门的一个规划中心和技术支撑。1921年，杜邦公司形成了基本的组织构架，有生产部门和辅助部门，这么庞大的规模哪里是一个家族的人才可以应付得了的？所以，杜邦公司也得采用现代公司的管理模式，由董事会决策，总经理负责执行，上层机构还有执行委员会和财务委员会，早期的生产部门分别是赛璐珞生产部、染料生产部、涂料生产部、炸药生产部和硝化纤维生产部，独立核算的生产部门最后增加到近10个（增加了合成氨、人造纤维和塑料等）。值得注意的是，杜邦公司的组织框架中除了有公司的研究中心，还设有知识产权部和法律部，这些都是在美国企业中开先河之举。

公司是资本、技术和人才结合的组织。20世纪前，化工企业的进步是缓慢的（除了德国的染料化工企业），但社会的需求和法律的进步还是会促进化工行业的发展。进入20世纪后，很多化工企业完成了原始积累，其他行业（如炸药、石油开采和炼制）的资本也进入化工行业。资本、技术和人才的结合带来了化工行业的大发展，也催生了一个新的学科和新的职业——化学工程学科和化学工程师，化学工程学也可以说是公司组织在化工行业发展的结果。

早期的化工产品树

在过往的经济生活中，物质产品的丰富是人类社会追求的目标。如果没有玻璃、肥皂、色彩丰富的织物、足够的粮食（需要肥料）等，人类哪来自由和幸福。第一次工业革命期间，由于织物漂白、玻璃、制皂等新兴行业需要，纯碱和硫酸等几个基本产品随之工业化，**化学工业起源于其他行业对化工产品的需求，**这是化工产品树的发端。

玻璃。从17世纪开始，玻璃开始大量地用于人们日常生活的容器、饮具、镜子、门窗等。玻璃的主要成分是硅，纯的二氧化硅很难处理（熔点太高），须和其他一些化学物质（钠或钾）融合后，在适宜的温度下呈半流体状态（玻璃态）才容易塑形，所以**玻璃制造业需要大量的碱（钠或钾）。**17世纪时，人们生产玻璃用的是草木灰、海藻灰等草碱，但草碱的使用毕竟不是长久之计，用工业方法来生产纯碱是大势所趋。

肥皂。制皂的化学机理很简单，把油脂和碱放在一起煮，就做出了肥皂。肥皂分子亲油性的一端吸住油污，碱的金属离子是肥皂亲水性另一端，只要用水再冲洗一下，油污就会随水流走。早期的肥皂是天然油脂（鹿脂、鲸脂、牛脂、橄榄油等）与天然碱（草木灰）反应制得。**如同玻璃生产过程一样，草木灰总是会不够用的，制皂业用的碱也转向纯碱。**为了加强碱性，人们在碱液中再加石灰（CaO）。现在的制皂过程用的是苛性碱（$NaOH$），不过，电解法生产苛性碱是20世纪以后的事。

漂白和肥料。硫酸最早的用途是代替酸牛奶的乳酸漂白织物，用稀硫酸溶液处理织物不用很长的晾晒反应过程。硫酸是强酸，早期生产纯碱的过程需要硫酸与食盐反应，以得到食盐中的钠，所以，纯碱的需求量增加带来了硫酸的需求。1845年以后，人们发现含磷的物质（骨粉或磷矿石）用硫酸处理后形成的磷酸盐容易被农作物吸收，所以，硫酸在肥料生产上也有了重要作用。强酸（硫酸和硝酸）还用于提炼贵重金属，火柴行业也需要强酸，各种药品制剂往往则需要酸、碱等试剂。

从19世纪开始，化学制造商们开始利用普通食盐、硫酸与其他一些原材料来制造纯碱，硫酸的需求上升后，又通过燃烧硫黄或黄铁矿来生产硫酸。而制造硫酸还需要硝石，因此产生了硝酸。制取纯碱的生产过程会产生大量盐酸，因而，碱生产商会几乎也是盐酸、硝酸和硫酸的生产者，整个生产过程中还产生了钠、铜和铁等的各种盐。又因为食盐是主要的原料，生产过程中不可避免地生成氯气，必须加以回收和利用，所以制碱业生产漂白粉就不足为奇。用碱溶液吸收氯气制备化学漂白剂是1799年在英国工业化的。到1830年，固体漂白粉（氯化钙）年产量达到了1,000吨。如果没有漂白技术，英国的棉纺业在国际上就没有竞争力。此外，化学漂白技术也被引入造纸业中。印染过的废旧亚麻布经过氯气漂白就可用以生产洁白的书写用纸张，在此之前，造纸需要使用未曾印染过的亚麻布作为原料。

除了漂白环节，纺织业还有一个主要环节是印染。染料品种是19世纪中叶逐步增加的，此前也有一些植物或昆虫染料，染色工艺都少不了助染剂（或称媒染剂）处理，这可以加强染料对织物的附着力。而且不同的媒染剂可使同一种染料产生不同的色泽，从而可以使有限的染料品种增加色泽的多变性。助染剂通常包括含明矾的盐或绿矾（硫酸亚铁），后来又增加了醋酸铅、醋酸铁和醋酸铝。助染剂这类辅助性制剂是早期的精细化工产品，是化学工业产品树的一个重要组成部分。

也许，化学工业给人的印象是造成污染，但**没有化工生产，森林和植被可能早就被消耗殆尽，对自然环境的破坏更将难以想象。**当然，化工生产带来了副产物和污染。一方面，化工产品生产必须解决本身的污染问题；另一方面，解决副产物的出路也需要考虑成本问题。化工产品树的生长过程往往在解决了一个问题的同时引起另一个问题。但化学工业的兴起就是一个逐步改进和进步的过程，一个产品的主干最后长成了分枝、形成了其他的果实（副产物）。

吕布兰法制造碳酸钠是治理污染而形成产品系列的典型案例。

19世纪初西方国家首先出现了碳酸钠的短缺，以至于法、英等国为制碱法的发明设下重奖。当时比较可行的吕布兰法是用硫酸和食盐反应生成硫酸钠，和石灰、木炭煅烧生成含碳酸钠的混合物。

整个生产过程很不简明，副产物和污染主要有：

硫酸和食盐的反应产生了氯化氢（最初排入大气）；其次，每生产1吨碳酸钠就产生出2吨废渣，主要成分是硫化钙。硫化钙不仅是对资源（硫）的浪费，对环境也十分有害。而当时一个纯碱生产厂（年产百吨、千吨的规模）造成的污染影响很大。当时，处理这些污染问题经历了一个逐步的过程。

首先，需处理氯化氢排放的问题。工厂一开始用一个大约100米高的烟囱来消散盐酸气，但这种高空排放形成了酸雨，使污染范围更大了。1836年，开发了氯化氢洗涤塔，用水吸收氯化氢形成盐酸溶液。吸收塔把气相的有害物质转化成了盐酸，但盐酸又怎么利用呢？把盐酸中的氯制成漂白粉（由石灰和氯化合而成的）似乎很合理，漂白粉在纺织、造纸和其他工业有广泛的需求。用回收氯化氢溶液制造漂白粉（$CaCl_2$）其实也是个难题，涉及催化剂二氧化锰的使用和回收，当催化剂的回收方法发明后，问题才得以解决。

其次，对硫化钙中硫的回收也是非常困难的事。后来发现用烟道气会把废渣的硫化钙转变为硫化氢，然后用氧气将硫化氢氧化成硫黄。这里涉及如何提高硫化氢的浓度的难题，最后开发了适用的窑炉才将问题解决。在半个多世纪的漫长时间里，采用吕布兰法的企业一直在改进自己的工艺，不断地开发出利用副产物（废物）的工艺技术，持续地减少对环境的污染。**与其他终端产品行业不同，化工产品生产是基础性的，从最原始的资源（混合物）生产一个产品必然带来副产物（或污染）。**最后，吕布兰制碱法成为一个化学品生产的网络，带动了硫酸、盐酸、漂白粉、芒硝以及硫黄等一系列化工产品的生产。

现代化或工业化一个重要的特征就是原料取自矿产（和空气），而不是像农业和林业完全要依赖土地。化学工业提供了化肥和农药，从而使农业和林业提高了土地的利用率。另一方面，化工产品替代了很多植物提取物，这就把土地的用途集中在种植粮食等必要的作物上，也保护了森林、植被。从这个意义上说，**化工产品树虽然占用了一定的资源（矿产、能源和水），但它节约的资源更**

多。表面上看，化学工业对环境产生了污染，但实际上对环境保护的贡献极大。

还有，与化学科学研究主要发自探索自然不同，化工产品的开发往往源于企业家和发明家对市场的预判，肥料的开发就是一个例子。为了提高农作物的产量和维持地力，全世界的农民都知道要对土地施肥。作为天然的商品，肥料的品种并不多，几乎只有鸟粪。鸟粪之所以起作用，是因为里面含有大量的氮、磷和硝酸钾。19世纪30年代，欧洲人发现美洲后开始了鸟粪贸易，施用鸟粪使欧洲的农作物产量显著提高。因此，全世界出现了所谓的“鸟粪热”。南美和非洲的许多岩岛覆盖着厚厚的一层鸟粪，太平洋里的有些海岛基本上就是鸟粪形成的。可是，鸟粪是经过几百万年的时间才积累起来的，很快就会用完。显而易见，当时**需要一种或几种合成肥料来替代鸟粪。**

大约在1840年，有人开始对骨粉肥料感兴趣，把骨粉撒在有的土壤上，就会极大地提高庄稼的产量，而对有些土壤则根本不起作用。经过反复的试验，发现用酸处理过的骨粉在各种土壤里都有肥效。后来经过研究才了解其中奥秘，原来动物骨粉里的磷酸钙在碱性土壤里是不被植物吸收的，而经硫酸处理生成的过磷酸钙则没问题。所以，过磷酸钙成为一种最早的化学肥料，肥料行业也成为硫酸的重要用户。随后，农业开始重视含氨肥料，煤气中的氨被吸收后大部分转化成肥料。不过，在哈伯的合成氨路线发明之前，合成氨还没有加入化工产品树的“躯干”（北欧用电弧法生产了少量合成氨）。化工产品树就是这样在市场需求和预测中不断长出分枝。

自然界树木的生长过程是地面上枝繁叶茂，根系则逐步深入土壤，同时树干也在逐步增大。化工产品体系的“产品树”也是同样的发展过程。19世纪，产品树最重要的“根系”就是对煤焦油的开发利用。始自英国的工业革命，一个非常重要的因素是英国有着储量丰富且容易开采的煤炭资源。工业革命导致用煤量大增，如果煤只是作为蒸汽机的能源，与化工行业并没有什么关系。可是，在和煤打交道的过程中，人们发现煤炭并不是简单的可燃固体。在1792年，苏格兰一位工程师发现当煤在真空中受热时，会产生一种气体，这种气体是可燃的，而且燃烧时会发出很明亮的光。几乎在差不多的时间段，还有几位实验者也观察并记录了干馏时煤炭会产生的可燃性气体（主要成分是氢气和甲烷）。这样就发明了以煤为原料制取煤气用于照明的技术。以前的照明用的是鲸油，现在有了廉价的煤气灯，实现大面积照明下的夜班生产就很划算了。所以，**煤气照明对工业化的连续生产起了很大的作用。**1805年，在曼彻斯特的一家棉纺厂里就安装了1,000盏煤气照明灯。接下来，城镇市政当局也开始效仿，在路边装起了这种照明设备。

> **欧洲大多数大型城市都纷纷效仿：**
>
> 伦敦自1807年起，都柏林自1818年起，巴黎自1819年起都有了煤气街灯。

此外，炼铁行业发现使用煤干馏后得到的焦炭才是合适的燃料，铁的冶炼厂需要大量的焦炭，生产焦炭的过程也副产煤气。

然而，煤的干馏过程并不是仅仅得到焦炭和煤气，还会留下脏兮兮、黏糊糊并且有股难闻气味的物质，人们叫它煤焦油。如何利用煤焦油是那时很多人关心的课题。彼时有机化学还没有诞生，对复杂有机化合物的精确分析和认识要再等50年。1815年，从煤焦油中分离出了轻油，是漆和橡胶的优良溶剂，还分离出了重的馏分——杂酚油，可以用它浸涂木材以防腐，替代了供应量日渐紧缩的用木材干馏得到的木馏油。1819年，英国有一位实业家从煤焦油中发现了一种白色结晶物质——萘。1833年，法国化学家杜马和罗朗从煤焦油中得到蒽。1834年，一位年轻的德国人从煤焦油中提取出了一种十分重要的物质——苯胺。他又将苯胺转变为另外一种化合物——苯酚。苯酚俗称石炭酸，有杀菌和防腐的功用，最早被用于污水处理过程，后来因一位英国外科医生用于预防术后感染而声名大噪。正是这一成就，使成千上万接受手术的病人得以避免因伤口腐烂而送命的下场。

1843年，有机化学的策源地——李比希的吉森实验室开始分析煤焦油的成分。李比希以前的一个学生，在法兰克福附近新建了一个蒸馏煤焦油的工厂，将生产的轻油试样送给了李比希。李比希的学生霍夫曼（August Wilhelm von Hofmann）负责样品的分析。**霍夫曼是认识到煤焦油对有机化学家来说是丰富宝藏的第一人。**霍夫曼在英国任教期间，主要的研究兴趣仍然在煤焦油的分析上，通过分馏法分离和研究的各种成分。煤焦油中有很多带苯环的化合物，其中有一种是烯丙基甲苯胺，这种物质从化学成分上与天然的奎宁相近。霍夫曼的学生珀金因为试图合成奎宁，而误打误撞地发现了著名的染料“珀金紫”，打开了人工合成染料的大门。很快，有机化学家们就发现由苯胺可以衍生出很多染料，苯胺被称为染料中间体之王。那时的苯胺都是由煤焦油直接提取，或由煤焦油中的苯再经过硝化等过程制成。

早期化工产品树（煤焦油时代）

在染料工业起步的年代，有机化学的理论也获得了重大的进展。1865年，李比希的另一位学生凯库勒（Friedrich Kekule）猜测出了苯分子结构。苯分子的这个闭链或称环状结构解释了许多先前认为不可思议的现象。在此基础上，有机化学家进行了许多系统的研究，煤焦油的主要成分及相应的分子结构逐渐清晰。没过多久，从煤焦油中提炼出的化工基础原料生产出了各种染料和颜料。而且从这些芳香族的原料出发，可以生产出炸药、食品调料、香水香精，直到塑料、油漆、防腐剂等诸多化工产物，其中还有对现代社会非常重要的化学药品，化工产品树的树冠因为这些产品而“茂盛”起来。从此，**煤焦油从废物变成了宝贵资源，从煤焦油中提取的苯、苯胺、蒽、萘等原料成为化工产品树枝干的重要部分。**此外，煤气厂通常副产氨。这是因为煤炭中含有碳、氢、氧、氮、硫等元素，在高温干馏时，氮和氢反应生成了氨（通常每立方米煤气中含有数克氨，是不可忽略的量）。煤气厂通过冷却和水吸收提取煤气中的氨，索尔维发明氨碱法的一个重要因素是他们家族经营煤气厂，有氨的来源。

煤焦油时代的化工产品树还有一个重要的原料——乙炔。乙炔（acetylene）是最简单的炔烃，又称电石气，结构简式CH≡CH。乙炔化学性质很活泼，能起加成、氧化、聚合及金属取代等反应，可用于照明、焊接及切断金属（氧炔焰），也是制造乙醛、醋酸、苯、合成橡胶、合成纤维等的基本原料。在20世纪60年代前，乙炔是有机合成的最重要原料。煤焦油和乙炔是德国化工的资源基础，由乙炔为原料的系列反应也为后来过渡到以乙烯为原料的石油化工打下了基础。

自第一次工业革命开始，人类社会发生了根本性的变化。在纺织业发展的带动下，其他工业、行业都开始萌芽、发展，但每一个行业都少不了化学产品的帮助。**衣食住行等行业需要大量的化工产品支持，人们对舒适生活的追求和向往是不可抑制的，这是化工产品树生长的社会土壤。**而化工产品的生产过程基本上都不是单一的，主要产品、副产物和污染的处理互相之间有紧密关联的生产链逻辑。因此，化工厂往往会变得越来越大、越来越复杂，整个化工行业生长成一棵有主干、有分枝的产品树。

第八章 物理进入化学

在自然哲学的时代，物理学和化学是不分的，希腊语physis意为自然界的生长原则，不是现代比较狭义的物理学科。但自从李比希的实验室开始有机化学研究以后，化学家几乎都在忙于发现和分析新的化合物（主要是有机化合物），化学和物理学的交集越来越少。然而，化学科学的发展离不开更为基础的物理学科学原理：首先，化学反应一般都伴随着物系本身的能量变化，也少不了与环境的热交换；往更深的理论层次考虑，化学应该从物理学学习很多，因为物理学显然更“科学”。这个从19世纪后期开始的学习过程，从此改变了化学和化学工业。

热和能的认识过程

人们最早注意到热量和温度是葡萄酒蒸馏生产威士忌酒（酒精含量约43%）。布莱克（Joseph Black）在格拉斯哥大学注意到蒸馏酒过程的加热和冷凝问题，这使他关注温度、潜热等概念。奇怪的是，**温度和潜热这些基本概念以前并没有人仔细考察过。**布莱克发明了有刻度的温度计，很仔细地检测了几种液体的比热。他还认识到水的相变过程温度没变，但要吸收或释放很大的热量，这就是“潜热”。不过，布莱克错误地认为存在一种物理量：“热的量”，是一种可以从一个系统流到另一个系统的物质，而且是守恒的。这种把“热”当成了一种元素的观点就是所谓的“热质说”。“热质说”在自然哲学界很盛行，发现氧气作用的现代化学奠基人拉瓦锡把“热”也作为一个元素列在他的元素表中，这成为拉瓦锡的一个败笔。

18世纪末，“热质说”受到了挑战，其中最著名的就是英国皇家研究院的创办人伦福德伯爵（Count Rumford of Bavaria）。伦福德坚决反对“热质说”。1798年，伦福德在英国皇家学会上发表了他最著名的学术报告——《探讨摩擦生热之源》，描述了著名的炮筒钻孔实验：他用马拉磨式地推动着一个钝钻头钻铁炮筒，在两个半小时里，摩擦产生出足够的热量将约12千克的水煮沸。他认为这些热的产生，不可能是从金属中挤出的热质，而是钻头旋转摩擦转化而来的，所以热质说不成立。1799年，戴维设计的摩擦生热实验更简单：摩擦两块冰，可以使冰融化成水。可是，依据布莱克准确的测热工作，水的热含量要比冰的热含量大。但为什么低热质的冰会融化成高热质的水呢？对此，“热质说”无法给出令人满意的答案。按理说，有伦福德和戴维的实验结果，“热质说”是明显站不住脚的。然而，他们的实验结果在当时并没有得到预期的反响。

伦福德的炮筒钻孔实验（1798年）

为什么“燃素说”100多年前就被拉瓦锡击溃，而19世纪初“热质说”却还被人们广泛相信呢？主要的原因可能是：“燃素”被认为是有质量的，“燃素”在物质间的转移会引起一个系统很明显的质量变化（如碳燃烧、铁生锈等）。所以，只要把测量的系统与外界严格隔绝，“燃素说”就可以被击溃。但**相信“热质说”的人认为“热质”的质量极小，“热”是接近虚无缥缈的东西，当时的实验是无法测知的。**1800年后，“热质说”并没有过时，反而在后来的数十年内达到了流行的顶峰。

不过，“热”是否是元素当时并不是自然哲学家特别关心的问题，**真正促使对“热”深入研究的是蒸汽机的广泛使用。**那时，蒸汽泵用于排矿井地下水已经有三十几年了，而且正准备用来推动火车和轮船（1825年以后）。蒸汽机从发明到大规模使用经历了种种改进（瓦特的改进最为著名）。这些改进就是通过不断地试验、犯错、再试而得到的，大家都没有什么科学基础。不过，从1吨煤最多能获得多少功，这个蒸汽机的效率问题迟早会有人研究。

1824年，一位年轻的法国军官卡诺（Sadi Carnot）发表了一篇专题论文《论热的动力以及用此动力的机器》。卡诺出生于科学气氛很浓的家庭，受过很好的教育。1812年，卡诺考入巴黎理工学院，1819年考上了巴黎总参谋军团。该军团处于初创期，组织还十分松散，卡诺借此机会进行了科学研究。当时，欧洲是一个蒸汽机的时代。蒸汽机燃烧木材或煤炭将水变成蒸汽，高压蒸汽推动发动机的活塞运动；当活塞到位蒸汽从排气口释放后，活塞又回到它原来的位置。如此在蒸汽进出的一次次推动下，活塞反复运动做功。**问题是，同样的能源并不能产生同样的功，也就是说各种热机的效率高低大不一样。**热机效率是当时工业的一个难题，因此卡诺走上

卡诺（Sadi Carnot）

了热机理论研究的道路。

卡诺设想了一种理想的热机，今天，我们称为卡诺热机（Carnot engine）。卡诺假设了理想的条件，使他的热机在热转化为功的过程中，不会损失任何能量（一个可逆过程），卡诺循环中的热源和冷源温度恒定。他经过论证认为，在同等条件下，卡诺热机可以获得最高效率。卡诺最重要的贡献在于他认识到热机需要有热源的同时，还必须有一个冷源。在《论火的动力》中，卡诺写道："**仅有热源不足以产生推动力，还必须有冷端。没有冷，热将毫无用处。**"可是，这样一部分热量不得不散失到冷源（环境）中去，如此热就不可能完全转化为机械能。卡诺认为两个热源间的温差越大，系统所吸收的总热量转化成有用功的热所占的比例就越大。卡诺的天才之处在于，他认为推动活塞运动蒸汽的"压力差"可以用热源和冷源的"温差"表征。

卡诺构思了奇妙的"思想实验"，建立了几个过程构成的理想循环热机，然后通过逻辑推理得出令人无法反驳的结论。卡诺没有研究真实的实物热机，自然没有任何实验数据，所以他的热机研究方法被认为是自然哲学式的，当时不被列入科学范畴。但**卡诺循环实在太重要了，他的结论后来成为热力学第二定律的表述之一。**卡诺对热学还有很多超前的想法和研究成果。令人悲伤的是，1832年卡诺染上了霍乱，卫生局按当时的规定，将他的个人财物（包括几乎所有的著作、论文）都付之一炬。

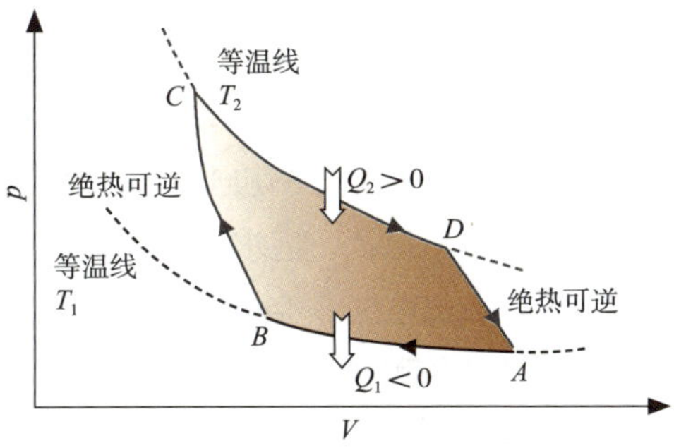

卡诺循环的p-V变量表示图

由于卡诺过早离世等原因，他的研究结论很长时间没有得到认可。在卡诺去世两年后，巴黎理工学院比他低几个年级的克拉伯龙（Benoit Pierre Emile Clapeyron）研究了卡诺的论文。克拉伯龙在1834年用p-V图的形式将由两个等温过程和两个绝热过程组成的卡诺循环表示出来，并且用数学形式证明：卡诺热机在一次循环过程中所做的功在数值上正好等于循环曲线所围成的面积。他还提出由蒸汽机所做的功和在这一循环中所供应的热量之比，可得出蒸汽机的效率。

十多年后，热力学迎来了另一次重大进展，英国的焦耳（James Prescott Joule）在1847年公布了他最著名的实验过程和结果：下落的砝码搅动了浸在多种液体中的搅拌桨，测量这种由搅拌而引起的温度上升，可以精确定量机械功和热量的关系。焦耳反复测量得到的热功当量平均值为423.9千克米/千卡，这个值比现在的公认值——427千克米/千卡约小0.7%。在当时的条件下，能做出这样精确的实验来，可见焦耳的实验技能之高超。

焦耳是位业余科学家，没有受过正规教育，但他心灵手巧，做实验非常专注和耐心，对物理量的测量精确度达到了极致。比如，焦耳用的温度计灵敏度达到约华氏1/200度，只有用纯钾盐或纯钠盐制作的玻璃才能使温度计达到如此的精度。对看似简单的热功转化的实

焦耳（James Prescott Joule）

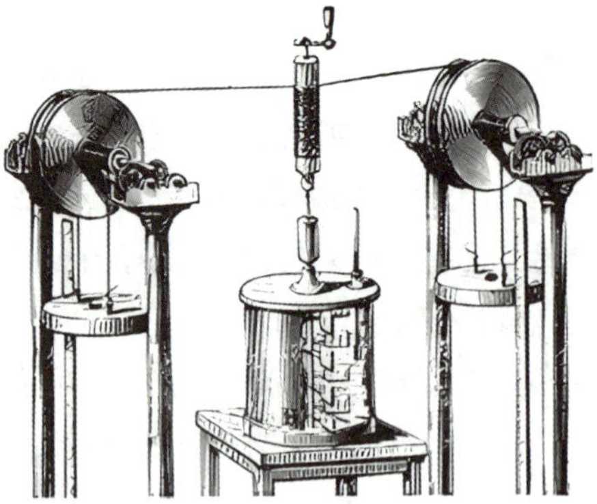
焦耳的热功当量测量实验

验，焦耳不断改进实验方法，用各种方法进行了四百多次的实验反复验证。**正是由于焦耳的实验工作是如此的严慎，精确度如此之高，所以他的实验结果使人没法怀疑。焦耳的实验确认了“热和功在数值上相等”，使得“热质说”最终遭到抛弃**（卡诺等人都是相信当时流行的“热质说”的），**由此产生了“能量”的统一概念。焦耳本人在1845年叙述了能量守恒的原理。**

但是，能量守恒定律并不是焦耳单独发现的，好几位科学家沿着不同的路径先后发现了这一定律。其中，著名的有：迈尔（Julius Robert Mayer），他一开始就推断动物的热的唯一来源是食物经由血的氧化作用，认为化学能、机械能、电能、磁能和热能的总和是守恒的。1842年，写出《论无机界的力》，在李比希主编的《化学与药学》杂志上发表。在这篇论文中，他提出一切自然力（即能量）是不灭的，运动会失去能量转化为热，而蒸汽机则把热转化为运动。因此，迈尔可能是历史上第一个提出能量守恒定律并计算热功当量的人。另一位德国科学家亥姆霍兹（Hermann Ludwig von Helmholtz）从永动机不可能实现的这个事实入手，发现了能量转化和守恒原理。“能量守恒”是极其重要的物理定律，其发现的优先权之争持续了几十年而没有定论。

尽管有卡诺和焦耳等人对热和功的理论分析和实验，热力学在19世纪中期，还是没有构成完整的科学框架。卡诺理想热机推论和焦耳精密实验结果都毋庸置疑，但如何互相解释呢？一直到威廉·汤姆生（开尔文爵士，William Thomson，Lord Kelvin。由于对横越大西洋电报技术的卓越贡献，威廉·汤姆生在1866年被封爵士，之后大家都称呼他为开尔文勋爵）和克劳修斯（Rudolph Clausius）的杰出贡献后，人们才恍然大悟。

1830年，威廉·汤姆生在法国短期学习时，偶尔读到克拉伯龙的文章，知道有卡诺的热机理论。十余年后，德国物理学家克劳修斯通过克拉伯龙和汤姆生（开尔文）的论文了解了卡诺热机理论，这样，**热力学第二定律先于热力学第一定律得到承认。**

汤姆生（开尔文爵士）

克劳修斯

现在轮到人们理解热力学第一定律。1845年，在剑桥大学举行的英国科学协会的会议，焦耳在会上做了关于热功当量的报告，但没有人理解焦耳工作的意义，皇家学会也不发表他的论文。1847年，在牛津大学的英国自然哲学协会的会议上，焦耳再次宣讲自己的实验和思想，坚定地声称各种形式的能都可以定量地互相转化。汤姆生也出席了这次会议，他当时还是“热质说”的拥护者。但是，听完讲演后，他被焦耳的精确实验结果折服，也领会到了焦耳实验的深层内涵，而焦耳则深感遇到了知音（当时的焦耳29岁，汤姆生才23岁）。由于和焦耳的交往，汤姆生把注意力转到热力学研究方面。第二年，他独立提出了绝对温标（~293摄氏度，这并不是汤姆生最早发现的），汤姆生还同焦耳合作，发现了著名的汤姆生-焦耳效应（被压缩的气体通过窄孔，进入大容器以后，就膨胀降温），为低温工程奠定了理论基础。

直到1850年，热力学仍然处于困境之中：

理解热力学第二定律的人不知道热力学第一定律，而坚信热力学第一定律的科学家并不了解热力学第二定律。困境的破解在于要有人同时领悟和理解两个独立的原理：热力学第一和第二定律。1851年，汤姆生在爱丁堡皇家学会上发表了一篇文章，该论文将焦耳的热功实验、伦福德的大炮钻孔、戴维的搓冰，以及其他许多人的相关实验结果，都纳入“能量守恒”原理。在这篇论文里，他还提出了“能量耗损”的法则：不可能将系统的热完全转化为功而不损失能量，这成为“热力学第二定律”的开尔文表述。

不过，最早认识到理解热和功的转变过程有两个原理的人很可能是克劳修斯。1850年，他发表了论文《论热的动力法则以及由此导出的热力学理论》。论文首先从焦耳确立的热功当量出发，将能量守恒定律归结为热力学第一定律，热量和所产生的功之间存在关系：

$$\mathrm{d}U = \mathrm{d}Q - \mathrm{d}W$$

式中，$\mathrm{d}Q$是传递给物体的热量，$\mathrm{d}W$表示所做的功，U是克劳修斯第一次引入热力学的一个新函数，是体积和温度的函数（后来开尔文把U称为物体的能量，概括为热力学系统的内能）。论文的第二部分，在卡诺定理的基础上，研究了能量的转换和传递方向问题，提出了热力学第二定律最著名的表述形式（克劳修斯表述）：热不能自发地从较冷的物体传到较热的物体。

1854年，克劳修斯发表《力学热理论的第二定律的另一种形式》的论文，引入了一个新的状态量，在1865年把这一新的状态量正式定名为熵（entropy）。将上述方程推广到更一般的循环过程，得出热力学第二定律的数学表示形式：$\mathrm{d}S \leqslant 0$。等号对应于可逆过程，不等号对应于不可逆过程，这就是著名的克劳修斯不等式，它是利用熵的概念所表述的热力学第二定律。克劳修斯对热力学第一定律和第二定律数学表达很优雅，表明了他对热力学过程的透彻理解。

在人类有史以来，如此常见的“热”竟成为经典科学界最后才搞清的几个概念之一。对“热”的认识难在哪里呢？

简单来说，难点之一：“热”没有质量，而且是一个不守恒的物理量；

难点之二：“热”只是能量的一种形式，要清晰认识“热”就意味着必须全面认识“能量”的各种形式及其转换当量、热以外的其他能量形式，以及各种功和内能（热力学第一定律）；

难点之三：原来能量还有等级，不是所有的能量都可以自由地转换的（热力学第二定律）。

下面的一个例子告诉我们“热”和“能量”系统的复杂性。1872年，热力学奠基人之一的开尔文勋爵利用导热定律来估算地球的年龄。他把地球初始状态看作高温的熔体（当时已公认），由于内外的温差引起热传导，使地球冷却到现在的温度。这样粗略一计算，地球的年龄为2千万年至4亿年。可是，现代通过同位素测定地球的年龄约为46亿年，要比他计算的年龄大得多。开尔文的计算显然有问题，后来的研究发现他出错的主要原因是，他不知道地球内部的放射性元素放出了大量的能量。可见，**一个系统的能量计算比其质量计算要难得多。**

“热力学”（thermodynamics）这个词语是开尔文于1849年创造的，蕴含了物质内部运动与热的关系（thermo—热，dynamic—运动）。热机的发明和改进是人类进步史上的大事，是第一次工业革命的标志。在热力学基本原理没有揭示前，以纽卡门和瓦特为代表的发明家和技师已经相当有效地改进了热机。但是只有当全面认识热力学的几个定律后，人们对自然界的运行方式才有了真正的领悟，进一步提高热机效率和其他过程的能量利用率才有了方向和手段。至于热力学怎么与化学科学联系起来，那是另一个奇妙的过程。

物理学提高了化学研究层次

物理学是科学吗？当然是。化学呢？也是。

化学家们用实验手段探索各种物质的化学规律，他们的实验结果经得起检验，化学当然是科学。然而，科学的发展是有阶段的，一般来说，一门科学学科的发展可以分为三个层次：第一个层次，发现和描述本学科的各种基本事实，对化学来说，就是各种物质和相关的性质。第二个层次，科学家总要尝试着把发现的事实整理归类。在这个层次上，对事实进行整理归类的科学方法和新发现是交互作用的；第三个层次，科学家们抽象总结出了这个学科最基本的原理，这些基本原理可以清晰解释实验事实和现象，并且可以推测出基本的实验结果。**在这个层次上，学科的基本原理有了抽象而准确的数学表述。**显然，在19世纪中叶，只有物理学才达到了科学的高层次，力学早就达到了第三层次，新发展的热力学也到了这个层次。可是，化学却仍然徘徊在第一和第二层次，化学家们还没有精力（也没有多少兴趣）去探索更一般的规律。化学家们当然知道化学反应都是要具备一定的条件，但是他们当时想得到的成果只是最后的产物，然后研究由此得到的新化合物的性质。而且，化学家们并不关心代价（反应速度、收率、能量消耗等）。

合成染料的成功大大提升了化学家的名声，其社会地位迅速上升，学习化学的年轻人明显增多。那时的化学家和他们的学生们主要都是在实验室里操作，他们寻找新的化合物，测试化合物的性质，然后分类整理。化学家们有无穷无尽的化合物要研究，当时的化学家们并不关心其他学科的发展，他们自己的研究还忙不过来。此外，化学家们的实验手段和研究方法很独特，圈外人（如物理学教授）很不熟悉。在19世纪中期的欧洲大学里，物理学教授和化学教授在不同的学院任教，他们用着不同的实验仪器、讲不同的术语、在各自的期刊发表论文，物理和化学几乎成了完全不同的研究领域。**与此前的自然哲学研究时期不一样，进入科学阶段的物理和化学分道扬镳了。**

不过，1870年前也有好几位化学家和物理学家试图把物理学的原理和仪器用于化学研究，他们关注和研究了化学反应平衡和催化问题，但是由于种种原因，这些研究并未在科学界引起反响。至于在物理学和化学之间还需要创立一个学科，这是根本没有人会想到的。

物理化学学科的创立可以归功于三位科学家：范托夫（Jacobus van't Hoff）、阿伦纽乌斯（Svante Arrhenius）和奥斯瓦尔德（Wilhelm Ostwald），他们是物理化学学科奠基的三巨头，分别获得了1901年、1903年和1909年的诺贝尔化学奖。其中，范托夫是第一个获得诺贝尔奖的化学家。这三位物理化学学科的创始人有共同的思想：化学家应该系统地思考和研究化学反应的物理原理问题。他们认为一定有一些物理的原理或规律影响和支配化学变化过程，而对这些原理和规律的研究，也许比探索某个具体的化学物质和某个特殊的化学反应还要有意义。比如，一个合成或分解的化学反应为什么会发生（化学反应的方向问题）？化学反应的速度受什么因素影响？反应的平衡或最终的收率由什么因素决定？简言之，相对于化学反应的结果（what），物理化学家更关心原理和途径（how & why）。

物理化学是用物理学的研究方法去研究化学问题的一个新学科。一开始，他们把这方面的研究称为"通用化学"，也有人称为"理论化学"，但最终这个学科取名为"物理化学"（Physical Chemistry）。从此后的发展来看，**"物理化学"倒真是一个形象而合适的名称，这既点明了研究的领域（或材料），更强调了研究方法。**

范托夫

范托夫
（Jacobus van't Hoff）

碳原子的
正四面体模型

范托夫是一个天才。1874年，22岁的他发表的第一篇论文就震惊化学界。在论文里，他首次提出了碳原子的正四面体结构，解释了分子的光学异构体现象，这成为立体化学（结构化学）的基础（当时的化学家都是把分子当成平面二维的结构）。本来范托夫可以成为一位有机化学家，但他志不在此。如果看到他的实验室，你会发现他的实验台有点凌乱。他以简明的实验验证他的想法和推测，但他更多的是利用别人的实验数据。范托夫知识面很广，思想很深刻，他从各种来源的实验数据中看出了自然界的奥秘。1878年到1896年间，范托夫在阿姆斯特丹大学先后担任过化学、矿物学、地质学教授。这期间，他集中精力思考和研究了以后物理化学的重要课题，如热力学与化学亲合力的关系、化学动力学和稀溶液的渗透压等。

范托夫的许多结果都是以气体和溶液行为之间的类比得到的。与液体相比，科学家对气体的研究要深入得多，原因是气体的行为（压力、容积等）容易测量。化学家对元素认识的突破是从气体开始的，道尔顿的原子论受到大气变化的启发，分子论也是通过分子的气体状态得到认可。研究气体（或蒸汽）的行为对物理学的帮助极大，热力学的理想实验就是设想气体经历包括等温、绝热膨胀和压缩在内的可逆传热循环而发展起来的。但是**在范托夫之前没有人把液体的行为与气体如此联系起来。**例如，范托夫认为溶液通过膜的渗透是一个物理过程，而不是化学过程，这可以用类似气体压力动力学理论的假设来解释。稀溶液的渗透压是由于溶解的溶质分子轰击半透膜造成的。它与溶质的体积成反比，正如气体压力与体积成反比一样。更深一步，物理学那些气体定律的方程式，如$PV=RT$，是可以适用于溶解状态的物质的，只不过这里的压力P要换成液体中可以测量的性质（如渗透压等）。

我们知道物理学家把热力学第二定律用于气体定律得出焓、熵等关系式，从气体系统的条件和很小的变化就可以很神奇地推算出变化的方向和极限等结果。**如果液体和气体是类似的，那就可以充分利用这种相似性，把物理热力学的研究结果用于溶液系统。**化学家在学术实验室研究的绝大多数反应发生在溶液中，大多数工业过程也是如此。因此，溶液理论有可能应用于化学的每一个分支，无论是纯化学还是应用化学。理解溶液中物质的行为是化学科学上更高层次的关键，由此**把物理学的研究方法和结论移植到化学界，这就是范托夫思想的意义，也就是物理化学学科的意义。**

范托夫对物理化学领域的思考和研究结果经常体现在简明的数学关系式上。1884年，他出版了《化学动力学研究》一书。他创造性地把反应速度分为单分子、双分子和多分子反应三种不同类型来研究。范托夫在化学上的这些开创性贡献，表明他对化学系统的认识明显地高于前人和他的同代人，以至于1901年的第一届诺贝尔化学奖无可争议地授给了他。不过，从那时起范托夫基本上不再从事纯科学的研究，那时欧洲国家对自然资源的需求很迫切，范托夫受聘负责研究天然湖泊中盐矿综合利用、冶金工业中合金性能及应用。直至他去世前，范托夫没有在理论领域有更突出的贡献，他的精力都用在物理化学原理的实际应用上。1911年，59岁的范托夫因患肺结核病不幸去世。

阿伦纽乌斯（Svante Arrhenius）

对溶液状况的另一个角度的思考来自比范托夫小7岁的瑞典科学家——阿伦纽乌斯。阿伦纽乌斯关于电解质溶液的博士论文很有意思，在论文里，他认为**电解质在溶液里本身就是以离子的状态存在，而不是当时人们以为的电解质因为通电流才电离的。**而且，他还意识到电解质在溶液中有一部分呈离子状态，有一部分还是以非电离的分子状态存在，这些“活性”和“非活性”的分子是在不停地动态交换而到达宏观上的平衡。按阿伦纽乌斯的观点，如果分子是强电解质，则溶液中处于电离状态的“活性”分子多；另一方面，溶液里的电解质浓度越稀，处于电离状态的“活性”分子就越多。

阿伦纽乌斯的论文很有创见，但导师们认为他的论文观点很混乱，实验数据也不充分。因此，他们对阿伦纽乌斯的论文给了差评，认为他的水平留在大学是不够格的，可能只能去教教中学。对此，阿伦纽乌斯并不服气，他把论文送给了奥斯瓦尔德，想听听他的意见。当时的奥斯瓦尔德已经在研究和教学方面有了名声，他的工作也一直在研究化学亲合力，研究溶液中的反应动力学。他非常欣赏阿伦纽乌斯的博士论文，而且从中意识到电解质在溶液中的导电常数可能会和反应动力学系数是关联的。1884年，奥斯瓦尔德在访问瑞典时，与阿伦纽乌斯见了面，并推荐他去德国大学做访问学者，这样阿伦纽乌斯得以继续他的研究工作。正是在德国大学，1887年阿伦纽乌斯看到了范托夫1886年的论文。因为对电解质溶液有着深入的研究，阿伦纽乌斯领悟了范托夫论文的意义，并提出了自己的见解：就是**那些电离的分子造成了溶液中粒子数的增加，而溶液中粒子数量的增加反映在渗透压、冰点、蒸气压、电导率等可测量参数的变化上。**

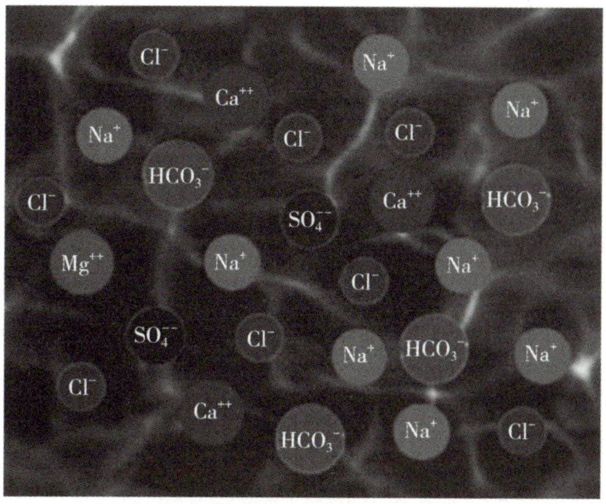

电解质在溶液中处于离子状态

阿伦纽乌斯认为，电解质溶液的异常行为是溶质分子解离的结果，解离程度随溶液浓度和电解质性质而变化。由解离产生的离子携带单位电荷，决定了溶液的电性能和化学活动。**通过测量电导率或与渗透压成正比的任何性质（蒸气压、冰点），可以计算特定电解质的解离程度。**加上奥斯瓦尔德稀释定律的解释，物理化学家有可能预测许多电解质在一定浓度范围内的解离程度，从而对它们的化学和物理性质进行定量预测。阿伦纽乌斯由于在电解质溶液领域的成就于1903年获得诺贝尔化学奖。

并非偶然的是，支持阿伦纽乌斯的奥斯瓦尔德也不是在德国受的教育。他出生于俄国统治下的拉脱维亚首府里加，是德国移民的后裔。由于他只是在德国的边缘地区受教育，所以他没有成为当时流行的有机化学家，可是，他的物理和数学基础又明显地好过德国的化学界同行。1870年，在读大学时，奥斯瓦尔德就认为**化学应该改革，应该向物理学学习。**他早期的论文就是研究化学亲合力，奥斯瓦尔德一直想抽象地研究化学反应的方向、速度和平衡问题（不是针对某个具体反应）。但每个化学反应都有各自的特点，抽象出一个普遍的规律很难。当他看到范托夫和阿伦纽乌斯的研究后，他马上意识到**用电导率、热力学的基本性质（反应热、比热）等更容易测定的物理性质来计算和表征化学亲合力是可行的路径。**后来，奥斯瓦尔德在化学反应的研究方面取得了很多成果。他将质量作用定律应用于电解质的电离，并引入了离解常数概念。在研究讨论了电解质之间的相互作用后，他提出在每一个反应中，总是形成最难离解的物质，例如，中和反应的结果生成水。这样化学反应的方向和平衡就有了理论根据。奥斯瓦尔德因研究催化作用（包括合成

奥斯瓦尔德（Wilhelm Ostwald）

氨的催化反应)、化学平衡条件和反应速率等方面的贡献而获得1909年诺贝尔化学奖。

其实，物理化学的很多思想在范托夫、阿伦纽乌斯和奥斯瓦尔德之前就有萌芽。有几位科学家抽象地研究了化学动力学，有的化学家介绍催化现象和研究催化剂，有的物理学家把热力学思想推广到化学体系，其中还有非常重要的“相律”。但是这些科学家的思想没有发展出一套连贯的学说，而且物理学家的研究结果由于高度的抽象(数学化)，超出了当时化学界的理解，所以这些工作远没有形成一个学科的环境和气氛。

范托夫、阿伦纽乌斯和奥斯瓦尔德被称为物理化学学科的奠基人，他们在1880年代的工作开创了一个新的学科——物理化学。他们研究的系统和内容是化学物质和化学反应，但他们用的是物理学的观念和研究方法：

> 抽象的思维导出普遍的原理，进而推论到一般的化学反应过程。他们习惯于用抽象概念表达复杂现象，用简单的数学关系式表述出他们对现象本质的理解，通过数学方程的推演解释或预测了新的现象。换句话说，范托夫、阿伦纽乌斯和奥斯瓦尔德对溶液状态和反应系统的研究，以及他们使用的相对简单的数学工具，都是化学界比较容易理解的。他们的工作沟通了物理和化学两个学科，意义非同小可。

作为物理化学学科的三位奠基人，范托夫的思想最为深邃，阿伦纽乌斯的理论也比较偏深刻，在传播物理化学的学科思想方面贡献最大的当属奥斯瓦尔德。**奥斯瓦尔德对物理化学最重要的贡献可能是他在莱比锡大学的教学和研究工作。**1887年，奥斯瓦尔德受聘担任莱比锡大学化学系教授，在这里完成了在物理化学领域的主要贡献(稀溶液定律、酸碱指示剂理论、催化剂基础理论等)。他还和范托夫共同创办和编辑了《物理化学杂志》，使这个新学科的研究论文有发表的渠道(这显然是向李比希学的)。因为教学的需要，他还著有《普通化学教程》《电化学》《分析化学的基础》等教科书，书中以物理化学的观点解释了化学中很多问题，使无数的学生受到了物理化学的影响。在非常简陋的条件下，奥斯瓦尔德在莱比锡大学化学系创建了世界上第一个物理化学实验室，从两个学生起步发展成有世界影响力的学术中心，吸引了来自欧洲各国和北美的众多学子。到他退休前(1905年)，已经有40多位美国学生在此获得博士学位，其中来自MIT的学生占相当比例。1906年，美国一些著名大学(Harvard，MIT，Connell，Wisconsin，Stanford，Columbia，Johns Hopkins等)的化学教授就出自莱比锡实验室，1946年，美国评选出最出色的6位化学家，其中3位是奥斯瓦尔德的学生(G. N. Lewis，A. A. Noyes，T. W. Richards)。

1930年后，物理化学逐渐成为化学科学的核心内容，如果不是物理化学的新概念，化学家要解释多组分、多相态的复杂现象显然是不可能的。物理化学的研究结果被化学工程学、生物化学、地质学等学科采纳，即使是保守的有机化学也开始接受物理化学的思想，物理化学成为多门学科的基础课程。

物理化学不是物理学，也不是化学，而是物理学和化学两个基础学科之间紧密联系的桥梁，正是物理化学将分道扬镳的物理学和化学又结合起来了。物理化学帮助我们更深刻地认识了自然界的科学规律，极大地提高了人类利用自然资源的能力，**没有物理化学就没有我们今天的现代生活。**不过，“物理化学”这个学科并不为公众所了解，它经常被人们当成独立的物理学和化学。一个有趣的例子是对英特尔公司创始人之一戈登·摩尔（Gordon E. Moore）的学位介绍。1965年，摩尔预测每隔18个月集成电路的晶体管数量就会翻一倍，处理器性能也提高一倍，这就是描述信息时代半导体工业发展趋势的著名的“摩尔定律”。摩尔是在美国加州理工学院获得“物理化学”博士学位的，但经常被介绍成“化学和物理学博士学位”，或者干脆是说“获得了物理学和化学两个博士学位”。没有办法，物理学和化学是最为基础的两门科学学科，“物理化学”学科经常会被物理学和化学的光芒所遮盖。

热力学奇妙地应用于化学系统

19世纪中叶，热力学揭示了能量守恒、热和功的当量关系，以及热能转化为功的极限，这些都被表示为几条简明的热力学定律。热力学定律是典型的物理规律，抽象而普适，与系统的介质没有关系。可是，现实世界是一个化学的世界，化学的复杂之处在于多组分，多组分可以存在于均匀的一相（均相），也可以是多相共存。而且，多个组分之间还可能会发生反应，相态之间也会发生变化。热力学体系创立后，**几乎没有物理学家打算把热力学应用到化学体系，更没有化学家有兴趣去理解热力学抽象的概念和方程。**

另一方面，化学家们早就观察到一个化学体系的变化往往都会伴热量的变化，当用内能U（含反应放热、分子本身的各种能量等）来表征系统的总能量时，化学家很容易接受热力学第一定律。但对化学家来说，确信系统能量的守恒对认识一个化学体系的帮助还不够。因为能量守恒定律无助于化学家们预测具体的反应过程到底会放出（或吸收）多少热量，更重要的是，化学家们不知道什么反应可以发生，什么状态达到了化学平衡。

其实，化学反应的发生和结果，化学系统的相变和平衡两者都是系统的变化，**凡是变化就有方向和终点。**很长时间，化学家试图用化学亲合力来解释和衡量化学反应的可行性和化学变化的方向，但是化学亲合力的大小没法和可测量的性质（物理量）对应起来。所以，化学亲合力都是由实验数据解释的。**热力学第二定律揭示了一个系统能量变化方向和终点，其方向性可以用来判断一个化学体系的变化方向吗？显然，这个课题太深刻了，对从事具体实验研究的化学家们来说太难了。**

将物理的热力学应用到化学系统主要是美国科学家吉布斯（J. Willard Gibbs）的贡献。1873—1878年，吉布斯先后发表了三篇重要的论文，载于《康涅狄格州科学院学报》。特别是第三篇论文《论多相物质的平衡》，**这篇长达三百余页（含约七百个数学方程式）的论文被认为是化学史上最重要的论文之一，其中提出了吉布斯自由能、化学势等概念，阐明了化学平衡、相平衡、表面吸附等现象的本质。**

吉布斯倡导了当时科学家们不熟悉的状态方程，他通过数学变换，构成了一个新的状态函数G自由能：恒温恒压条件下系统做功的能力。系统的熵值包含在这个新的状态函数中。

$$G_{(p,T)} = H - TS$$

接下来的推论显得深刻而巧妙：

当系统达到平衡或变化的终点时，系统的自由能降到最低（即做功的能力丧失）。热力学告诉我们，一个已知系统不再发生变化时或化学系统达到平衡状态时，系统的熵达到最大。显然，各个系统的最大值是不好统一度量或表示的，衡量自由能却是一个类似于倒计数的方式，对任何系统终点的判断都可以有统一的模式。

进一步，为了使热力学定律可用于处理多组分的多相体系，吉布斯在热力学量中引入了“浓度”这一变量，并将它定义成组分的浓度对内能的偏微商为“热力学势”，即化学势，用符号 μ 表示。**吉布斯认为在规定的条件下，一个化学系统的最终状态（平衡）时，各组分在各相的化学势都相等，**就像平衡状态各处的温度和压力相等一样。

$$\mathrm{d}U = T\mathrm{d}S - p\mathrm{d}V + \sum_i \mu_i \mathrm{d}N_i$$

化学势是一个非常抽象的概念，物质世界中并没有与其直接相当的东西。在创立化学势概念后，吉布斯还导出了体系中最简单、最本质的热力学关系：

$$F\text{（自由度）}=n\text{（组分数）}+2-r\text{（相态数量）}$$

这就是我们所熟知的“相律”，即说明了有多少个变量可以决定一个多相多组分的平衡状态。吉布斯推导相律的过程只有短短的几句话。和吉布斯的其他工作一样，相律在很长时间内被科学界忽视，直到19世纪末，相律的热力学意义和广泛的应用才被物理化学家所认识。

吉布斯是科学史上最杰出的科学家之一。1873年，34岁的吉布斯才发表他的第一篇重要论文，采用图解法来研究流体的热力学，并在其后的论文中提出了三维相图。著名物理学家麦克斯韦（Maxwell）对吉布斯三维相图的思想赞赏不已，亲手做了一个相图的石膏模型寄给吉布斯。可惜的是，1879年，48岁的麦克斯韦不幸去世，吉布斯失去了一位知音。后来的科学史有句苦涩的调侃句子，“世上只有一个人理解吉布斯的论文，他就是麦克斯韦，但现在他去世了。”吉布斯还是统计力学的奠基人，1902年，发表《统计力学基本原理》，把物质的微观结构和相互作用与宏观可观测的变量联系了起来，奠定了用统计力学推算体系热力学性质的基础。吉布斯的研究是天才型的，他在耶鲁大学任职（introductor，没有薪金的教职），课堂上几乎没有学生听得懂他的课。除了和一两位著名的欧洲科学家有通信联系外，他几乎处于孤立状态。吉布斯从没有做过实验研究，他的声誉几乎全部是依赖于他发表的论文。早在40岁时，吉布斯就当选为美国科学院院士，但他很少去参加会议。他还是英国皇家学会的第一位外籍会员，英国科学家对他十分尊重，可他从未去过英国。

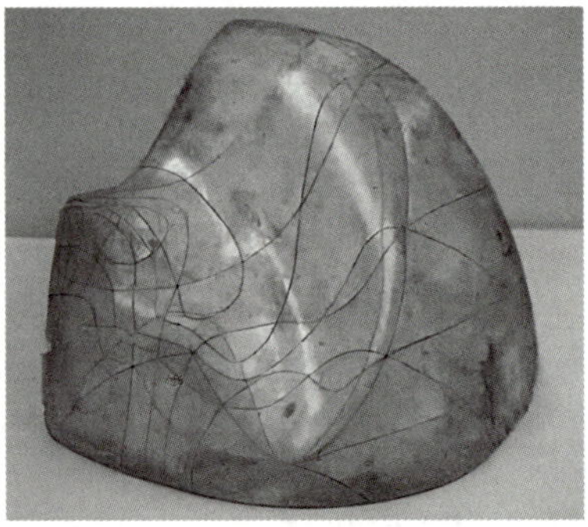

相图的石膏模型

吉布斯的工作开始时并没有引起科学界的注意，因为他的论文发表在当时科学并不发达的美国，而且该杂志的发行量很小，只有少数几位欧洲的物理学家得到了论文的单行本。在吉布斯工作被埋没的十多年里，范托夫（Van't Hoff）、克劳修斯（Rudolf Clausiusius）和亥姆霍兹（Hermann von Helmholtz）都不同程度地独立进行了化学热力学研究。在科学界，他们是比吉布斯更出名的人物，但他们的成果都不过是吉布斯工作的某些特例，吉布斯的优先权和详尽性是毋庸置疑的。物理化学的创始人之一奥斯瓦尔德最早认识到吉布斯论文的意义，在1892年，将吉布斯的论文以德文的《热力学的研究》出版，积极地向欧洲科学界介绍吉布斯的杰出工作。至此，人们才逐渐认识到吉布斯工作的重要价值，从而推动了化学热力学及整个物理化学的发展。奥斯瓦尔德曾说："无论从形式还是内容上，吉布斯赋予了物理化学整整一百年。"可惜，1903年吉布斯去世，从此再也没有机会获得诺贝尔奖。

2005年美国发行的纪念吉布斯的邮票

吉布斯等天才和大师的贡献使从热力学进入了化学领域，跨出了物理学原理应用于复杂的现实世界的一大步。但吉布斯的论文内容博大精深，却没有任何实验证明，化学家们即使看到也难以理解。以相律的应用和推广为例，我们可以看出吉布斯深刻的抽象思维与应用之间的距离。吉布斯认为相律是化学势的一个推论。相律在长篇论文中仅有短短的一段文字和一个公式。同吉布斯的其他思想和结论一样，相律在提出之际并没有实验去证明。在吉布斯的工作被埋没长达十几年后，荷兰物理化学家罗泽布姆（Roozeboom H. W. B.）将相律应用于自己正从事的盐水体系研究工作。罗泽布姆对相律的各项参数实地测定，做了大量和完整的实验，研究和解释了将相律应用到许多非均相平衡体系的特例细节，证明了相律与实验结果完全一致。1887年，罗泽布姆发表《复相化学平衡的各种形式》为题的论文，采用了易于被化学家和冶金家理解的图解法（即现在常见的"相图"），对多相平衡体系加以描述，其中尤为重要的是进行了"固溶体"及"三相点"的研究。此外，1892年，奥斯瓦尔德翻译了吉布斯的论文。至此，吉布斯相律才在国际科学界被广泛熟知和接受。相变过程的研究是物理化学的一个基本内容，化学实验室和化学工业上广泛采用的物质分离和提纯技术大都是借助相变和相平衡来实现的，比如，蒸馏、结晶、吸附等操作。正是**因为化学热力学对相变和相律的深刻认识，物理化学成为化工、轻工、冶金、材料等工业的最重要的理论基础。**

回到化学热力学的研究。化学热力学的一个重要任务就是计算相平衡和化学平衡，但化学热力学的函数都是抽象的，无法计算它们的绝对数值，所以，吉布斯和其他早期物理化学家的化学热力学研究与实际应用还有很大的距离。后来，物理化学家们的努力集中在如何将抽象的化学热力学函数与温度、压力和组成等可测量的物理量联系起来，利用状态函数的热力学概念，构筑基本的化学热力学数据库。物理化学家以实验测定和计算并举的方式，"产出"各种化合物的生成焓、自由能、热容、临界性质（标准状态下）等大量基础数据。化学热力学的研究从根本上改变了化学数据库的结构，经过几代物理化学家的努力，化学热力学数据库趋于完备。**几十年后，化学家和化学工程师依据丰富的数据和可靠的计算方法，可以比较准确地预测一个化学系统的热力学行为（如反应的可行性和平衡组成、热效应、相平衡关系等），由此可见化学热力学的贡献。**

因为物理化学家们研究了真实世界的化学体系，他们必然会遇到非理想的介质或化学系统。这里的非理想性有可能是介质或体系本身的非理想性（如强电解质、大分子、氢键等），也有可能是溶液（广义的）远不是理想的稀溶液。一般极稀或无限稀释的溶液才可近似为理想溶液。可是，这一物理化学的经典实验思想很不受化学家的待见，因为极稀的溶液在化学上根本没有实用价值。物理化学家在化学热力学研究中采用了对应非理想情况的方法，对用浓度（摩尔浓度）推算性质会发生偏离的非理想溶液，则把溶液浓度改为“活度”，而活度是由已知的浓度乘以一个待定的“活度系数”得到的；对气相系统而言，如果是非理想体系，表征系统性质的气相摩尔浓度就改为“逸度”，由一个待定的“逸度系数”乘以摩尔浓度得到。粗看起来，这样的处理并没有什么实质性进展，不确定的仍然不确定，非理想体系仍然必须由经验公式推算和实验数据确定。但是这样处理的好处是维持了化学热力学的理论框架，所有的非理想性也都有了规范统一的推算或实验校正方法，使适用理想溶液的研究结果可以推广到所有体系。**这种以理想状态规律为基础或框架，用系数调整来适应和描述非理想情况的方法，是物理化学家的首创，堪称经典。**对今后化学工程学科处理更为实际的工程问题有很大的启发。

探究变化速度的化学动力学

物理化学学科的内容很丰富，化学热力学是其早期研究的主要课题，涉及系统的平衡组成、相态平衡和系统变化的方向。但化学热力学并不涉及变化的速度，对化学反应速度的研究属于物理化学的另一个大分支——化学动力学（kinetics or dynamics）。

化学热力学重要还是化学动力学重要？

对于化学家和化学工程师来说，两者都重要。人们关心一个系统最终达到的状态，同时也关心会以多快的速度达到最终状态，或者说，有什么因素会影响这个变化的速度？从化学工业的角度看，如何加快化学反应的速率就更为重要。此外，很多有机化合物的反应都不是单一的反应，多条反应途径的竞争结果决定了反应过程的选择性和总体的收率。化学家和化学工程师需要选择有利的反应条件加快有利反应的速度，同时抑制副产物的生成。可见，**要认识和预测一个化学系统的行为，热力学和动力学有同等的重要性。**

物理化学家把影响化学反应速度的条件归纳为温度、压力、浓度、催化剂等，总结了这些因素对化学反应过程速率的影响，系统地发展为化学动力学。经典的化学动力学主要有如下内容：

① 反应速度与浓度的关系（质量作用定律）

只要能生成新的化合物或目标产品，早期的化学家们很少关心化学反应的速度。但是有一种类型的反应——可逆反应，使化学家注意到反应物和产物的浓度对反应过程的影响。1799年，法国化学家贝托雷（Claude-Louis Berthollet）考察了盐湖沿岸，发现碳酸钠、氯化钠与碳酸钙的盐（可逆）反应系统在各处产生了不同沉淀。因此，他得出结论：当产物足够过量时，一个化学反应可以按相反的方向发生，他还认识到化学反应可以达到平衡（可逆反应）。1800—1802年，贝托雷已经注意到反应速度和“作用力”（后来定义的反应物浓度）的关系：在一个反应进行的过程中，作用力（反应物浓度）是逐渐减小的，所以反应速度随之变慢。通常，接近终点的最后阶段需要更长的时间才能完成。德国化学家威廉密（L. F. Wilhelmy）成为对反应速度进行定量研究的第一人。1850年，他利用旋光测定方法研究了蔗糖在酸作用下的水解速度，发现溶液中蔗糖（反应物）的含量越高，转化掉的蔗糖速度就越快。此后，几位化学家进一步研究了反应物浓度和反应速度的关系，实验数据表明一个化学反应的速度与反应物的浓度成正比关系。

反应速度（浓度随时间的变化速率）的概念大约在1860年以后才形成，其中1867年挪威的两位姻亲科学家古尔德贝格（C. M. Guldberg）和瓦格（P. Waage）总结了一条规律：化学反应速率与反应物的有效质量成正比。古尔德贝格与瓦格（一位是化学家，另一位是物理学家）研究了一般可逆反应的速度，他们把单位体积中的反应物分子数（即浓度），叫作“有效质量”。他们认为A、B之间的反应速度与A、B的有效质量（分别为p和q）的乘积成正比，其比例系数（k）被他们称为亲合力系数。对可逆反应，平衡时有：

$$kpq=k'p'q'$$

古尔德贝格和瓦格证明浓度可以改变化学平衡的位置，他们的工作是对一般可逆过程反应速度的抽象处理，并且他们已经有了简明的表达和量化处理。他们工作的潜在意义很大，可是因为这一正逆反应速度的描述并不适用于大多数无机化学反应过程，所以，当时很难引起化学家的注意。

1884年，物理化学的创始人之一范托夫系统而明确地表达了质量作用定律：“化学反应速度与反应物的有效质量成正比”，所谓有效质量，实际上就是指浓度。他对反应速度做出了非常简明的分析和表达，根据参与分子的数量，将范围分类区分了单分子、双分子和三分子的反应，对n分子参与反应速度的一般表述是：

$$-\mathrm{d}C / \mathrm{d}t = kC^n$$

其中，C是浓度，t是时间，k代表范托夫所说的速度常数，范托夫建议把浓度乘积上的指数n叫作反应的级数。实际化学反应没有这么简单，对多分子反应，由动力学测出的“分子级数n”与反应方程式的系数往往不一致，真正多个分子（$n>3$）碰撞而发生反应的机理并不存在。所以，范托夫认为，由一般计量化学反应式表达的化学变化并不代表反应进行的机理的真正图像，即n是一个需要实验测定的参数。

对于可逆反应，古尔德贝格和瓦格没有将质量作用定律与热力学联系起来，他们理解的化学平衡是静态平衡，而范托夫则认为反应系统的平衡是动态的。在任何可逆的变化中，当正向和反向反应的速率相等时，就会产生平衡。范托夫认为**可以通过测量平衡时正向和反向过程的速率来确定反应的平衡常数。**k和k'分别是正、逆反应的速度常数，k/k'的比值被定义为可逆反应的平衡常数K，这建立了化学动力学和化学热力学之间的联系。

范托夫不是第一个阐明质量作用定律的人，也不是第一个理解**可逆反应平衡是动态平衡**的人，还不是第一个提出测量平衡常数方法的人（奥斯瓦尔德等人开展了这方面工作）。然而，范托夫是第一个将这些结果汇总起来，以他特有的简明方式揭示了其中的相互关系。

2 温度对化学反应的影响

温度对化学反应强烈影响，早已为人所知。范托夫的质量作用定律表达式中，速度常数k包含了除浓度外的其他因素，而温度对反应速度的影响是最重要的因素。有了一个通用的热力学表达式，他可以用它来描述任何化学体系的平衡条件，那么推导出一个描述平衡常数应该如何随温度变化的方程就变得顺理成章了。1889年，阿伦纽乌斯首先对反应速度随温度变化规律的物理意义给出解释，他注意到温度对反应速度的强烈影响。他认为，不能用温度对反应物分子的运动速度、碰撞频率、浓度和反应体系的黏度等物理现象的影响来解释反应速度的温度效应。他设想在反应体系中存在着一种“活化分子”，**反应速度则取决于活化分子的浓度，其活化分子的浓度随温度的升高而显著增加（每升高1摄氏度，约增加12%）。**

阿伦纽乌斯还认为，活化分子是由非活化分子转化而成的。但必须吸收一定热量E，他把E称为“活化能”（Activation energy）。阿伦纽乌斯利用范托夫公式得出阿伦纽乌斯方程：

$$K=A\exp(-E_a/RT)$$

其中，E_a就是反应体系的活化能。化学反应速率与其活化能的大小密切相关，活化能越低，反应速率越快。活化能的物理意义一般认为是这样：原系统和生成物系统之间存在着能垒，其高度相当于活化能E_a。当然，**温度对反应物分子的运动速度、碰撞频率、浓度和反应体系的黏度等物理性质都有影响，这些都会影响到反应速度，但影响远不及活化能变化。**范托夫的反应速度质量作用定律把浓度和其他因素分开表达，而阿伦纽乌斯方程进一步把温度从综合的其他因素（k）中再分离出来，这也意味着人们对具体反应过程的认识和研究的思路将会更清晰。

3 化学反应的机理研究

化学动力学对反应条件很重视，主张系统考察浓度和温度对化学反应速度的影响。但温度和浓度只是系统的宏观性质，物理化学家们对分子间发生反应的微观机制很感兴趣，陆续出现一些理论假说，也解释了一些化学反应过程可能发生的机理。比如，（1）双分子反应的碰撞理论。这个理论认为反应过程发生有两个前提：首先是反应物分子必须碰撞，其次是并非每次碰撞都能发生反应，只有活化分子碰撞才能发生反应。（2）过渡状态理论。过渡状态理论仍以有效碰撞为发生反应的前提，不过，对分子碰撞瞬间的过程有较细致的描述。这个理论认为，反应物分子进行有效碰撞，首先形成一个过渡状态，称之为活化缔合物或活化物，然后分解，形成反应的产物。往往活化缔合物的分解是控制反应速度决定性的一步。20世纪，又提出自由基反应、链反应的概念或假说，还有单分子反应理论。不过，化学反应的种类实在太多，物理化学家们早就放弃了由一种统一的理论来解释所有变化的期望。随着人们对物质结构认识的不断深入，**化学反应动力学理论逐渐进入微观层次，这些研究通常需要量子力学的基础和现代高级的分析测试仪器。**

4 催化作用及其理论的发展

催化作用很早就被人注意，在古代，人们利用酒曲酿酒成醋，18世纪用一氧化氮催化氧化二氧化硫制备硫酸（铅室法）。1835年，贝齐力乌斯总结了前人的经验，研究了几个催化反应，例如酸催化淀粉转化成葡萄糖，铂催化氢气与氧气的自动燃烧。他首先提出“催化剂”这一名词，认为催化剂是一种具有催化力的外加物质。1895年，奥斯瓦尔德对催化作用与催化剂作出的定义是最科学的：任何不参加到化学反应的最终产物中，只是改变反应的速度的物质即称为“催化剂”。这就是说，催化剂是一种能改变化学反应速度的物质，理论上说，在反应结束时，可以将催化剂基本按原来的形态和原来的数量回收。他提出催化剂的另一个特点：在可逆反应中，催化剂只能加速平衡的到达，而不能改变平衡常数。

由于催化剂有大大加速反应速度的“威力”，催化作用的贡献令人赞叹不已。**催化技术主要应用于化学工业，**因为工业要讲产量，反应速度（包括反应的选择性）与经济效益有直接关系。如果没有开发出合适的催化剂，即使化学实验室得到了理想的产品，也很可能实现不了工业化。奥斯瓦尔德非常重视对催化作用的研究，成功地使用了铂作为催化剂使氨氧化转变成一氧化氮，为现代硝酸工业发展奠定了基础。

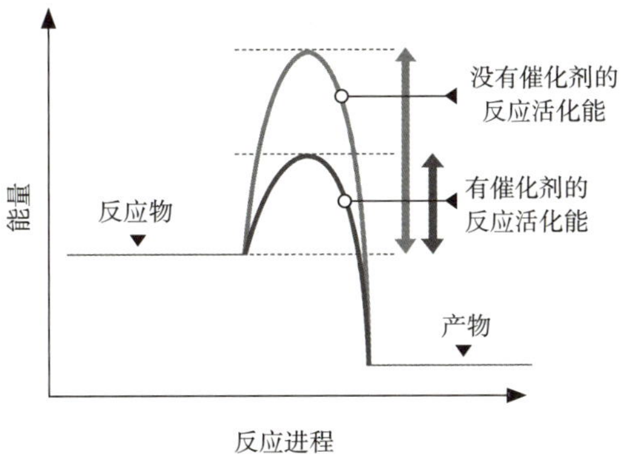

催化剂降低反应活化能的示意图

催化剂对人类社会的贡献是惊人的，20世纪30年代后，催化剂进入石油炼制行业，从此整个炼油行业和石化行业离不开催化剂，最为重要的催化过程是：（1）催化裂化，大大提高了汽油、柴油等油品的产量和质量；（2）催化重整。在催化剂的作用下，把直链烃转变成芳香烃以提高汽油的辛烷值，同时也可以生产苯、甲苯、二甲苯等重要的化工原料。以后开发的高分子材料（人造橡胶、塑料和人造纤维等）也需要使用催化剂。至于生物化学领域作用神奇的酶也是催化剂，青霉素就曾被牛津团队当作酶来研究。

从化学热力学和化学动力学的经典研究内容来看，范托夫、阿伦纽乌斯和奥斯瓦尔德用了10多年的时间就创立了物理化学的理论结构，这不禁让人产生一种兴奋感和动力感。但是物理化学学科的研究领域仍然是开放的，有大量的实验和理论研究问题有待后来者解决。此外，物理化学家们也清楚地认识到该学科处理问题的局限性，这是因为**进入了复杂的化学世界，对几乎所有的问题都必须有一些简化的假设，随之而来的是理论和实验数据之间无法做到完美的吻合。**

通常，物理化学的基本定律只对接近理想状态的物系是正确的，换言之，物理化学的研究结果更多是指出了变化的方向和变化的极限。**对一个真实化学系统做出准确的描述或预测，还要取决于研究者对具体的系统所作的简化及假设是否合适，以及相应的适用范围，**当然这些工作也就是其他学科的发展空间。实际上，化学家和化学工程师已经从物理化学的研究成果中得到了极大的启发和帮助，提到这方面的案例，人们自然会想到合成氨的开发。

合成氨的开发

蛋白质（protein）是组成人体细胞、组织的重要成分，而氨基酸（amino acid）是蛋白质的基本组成单位，其中含有氨基。所以，氨基酸的合成离不开氮元素。氮气是空气的主要组成成分，空气中氮气的比例是79%。可是无论是人类还是生物（少数生物除外），都不可能从空气中直接吸收游离态的氮来作为自己的养料。人和动物只能摄食各种植物和动物已经制造好了的蛋白质，植物是靠根系从土壤中吸收含氮化合物，再转化为蛋白质。

土壤里的含氮化合物主要来源于：

第一，雷雨闪电时在大气中生成的氮的氧化物，溶于雨水后带入土壤；第二，根瘤菌吸收空气中的氮而生成氮化合物；第三，随动物的粪便或尸体而进入土壤的氮化合物。但这些来源远远不能补偿由于大规模强化耕种而造成的土壤中氮元素的减少，氮肥若不经常补充，土壤中的氮将会大量减少，从而降低农作物的产量。因此，研制人造氮肥具有重要的意义。

合成氨之前的人造氮肥的原材料是硝酸盐。直至20世纪初，硝酸盐主要来自智利硝石（鸟粪），其中含有20%~60%的硝酸钠。智利硝石矿是1809年发现，1825年开始大量开采，在1850—1900年期间，智利硝石供应了世界氮肥的70%。1898年，就有人估计，以当时的开采速度，天然硝石矿会在30年内被用光。因此，探索如何利用空气中的氮制造合成氨，以合成氨代替天然硝石矿成为化学家的课题。

合成氨从化学反应式上看很简单：

$$N_2+3H_2 \rightleftharpoons 2NH_3$$

但化学家清楚地认识合成氨反应还是依靠了物理化学的原理。氢气和氮气合成氨是可逆反应，按物理化学的思路，首先得弄清楚氮、氢和氨三种物质的平衡状况，**如果不了解各种条件下的平衡值，化学家对反应结果就心里没底。**其次，合成氨的反应速度（达到化学平衡的速度）也非常重要。平常条件下H_2和N_2之间的化学反应是一个很慢的过程，增加压力和提高反应温度有利于增加反应速度。而且，合成氨反应的“门槛”（活化能）很高，**没有适当的催化剂，合成氨难以实现。**当然，即使知道这些知识也不意味着可以开发出工业化（经济上合算）的合成氨过程。

合成氨的重大突破由哈伯（Fritz Haber）实现。当时，哈伯在德国卡尔斯鲁厄应用技术大学（Karlsruhe University of Applied Sciences）任教。他和他的同事开发了合成氨的催化剂，并设计了原料气的循环工艺，1909年，申请了合成氨催化剂和循环流程的专利。

合成氨是哈伯一生最大的成就。1918年，哈伯因合成氨的成就获诺贝尔化学奖。但人们不知道的是，哈伯的这个伟大成就实际上是一场热力学研究的争执引起，具体地说是由“关于合成氨的平衡数据之争”引发的。1904年，有公司对新的工业固氮方法很有兴趣（当时已有的方法是电弧法），哈伯作为公司的顾问开始了氨平衡浓度的研究。虽然哈伯完全清楚高压对氨合成有利，他还是选择了常压条件，因为常压操作的设备简单。依据实验数据，他用化学热力学方法推算出在高温高压条件下的氨的平衡浓度。可惜的是，得出的结论是即使在这样的条件下氨的平衡浓度依然不高。这家公司认为合成氨没有工业化的价值，并终止了这项资助。

哈伯（Fritz Haber）

可是在哈伯的合成氨平衡实验和计算值发表后，这个被认为是很低的平衡数值却被人质疑仍然太高。在1906年，能斯特（Walther Hermann Nernst，奥斯瓦尔德的学生和助手，热力学第三定律创始人，1920年诺贝尔化学奖得主）在考察气体平衡的实验数据时，发现哈伯的常压合成氨平衡实验数据和高压热力学计算值很有问题。于是，能斯特在高压下（50个大气压），重新测定合成氨的平衡数据。需要说明的是采用高压的目的并不是提高氨的产率，而是为了提高氨的浓度，从而降低实验误差。能斯特的实验数据和理论计算值比较接近，如在1,000℃时，现在得出的理论值是0.0045%，能斯特是0.0032%，哈伯是0.012%。显然哈伯计算的氨平衡数值过高了。1906年秋，能斯特在给哈伯的信中提出了这个问题，哈伯因此重新进行了常压合成氨实验，得出的平衡数值比原来估计的数值低了不少。1907年，在德国一次化学学会上，能斯特报告了他的压力下的合成氨实验结果。在讨论过程中，哈伯宣布撤回“0.012%”这一估值，并公布了新的数值。但是**能斯特认为自己的数据才值得信赖，拒绝承认哈伯新测定值的精确性，并建议哈伯应该在高压下进行研究，以尽量消除实验误差。**

这次能斯特公开表示不相信哈伯实验和计算的可靠性，使哈伯感到自己的名誉受到极大的损害，对此他无法忍受。哈伯和他的年轻同事英国人罗塞格尔（Robert Le Rossignol）一起立即对氨的平衡进行重新测定。这次，他们采用在30个大气压下进行实验。实验设备和过程非常简单：通过氨的热分解，得到氮和氢的混合物，然后将其通过装有铁或锰催化剂的厚壁石英管。然后，平衡混合物被迅速移走，进行冷却分析。哈伯根据新数据计算氨的自由能和其他热力学数值。这时，他敏感地意识到，**如果克服了催化剂和高压的障碍，合成氨就具有工业可行性。**就这样，和能斯特的争论被哈伯搁在一边了（实际上，高温高压条件下的热力学数据几十年后才被准确测定或计算），他们集中精力开始合成氨工业可行性的实验。幸运的是，他的合作伙伴罗塞格尔心灵手巧，具有一流的实验技能，建成了一套在200个大气压下运转的实验装置。哈伯又发现在550℃以下，金属锇和铀具有很高的催化活性。在这些条件下，氢气和氮气能很快生成氨，而且平衡浓度已经不低了（约8%）。在这个基础上，哈伯和罗塞格尔构思了产物迅速冷却的方案，使反应器出口物流中的氨被液化后分离，而未反应的气体混合物和补充的新鲜原料气体通过压缩器再循环利用。这样，小装置每小时可以生产约80克液氨。哈伯为这个加压、催化和循环合成氨工艺技术和流程申请了发明专利（1909年），发明人一栏有罗塞格尔的名字。后来，哈伯在诺贝尔奖获奖感言中也感谢罗塞格尔的合作帮助。

不过，这个发明专利并没有马上得到工业界的青睐。虽然BASF公司对固氮有浓厚的兴趣，但对哈伯合成氨的前景表示疑虑。经哈伯的好友和同事的极力推荐，BASF公司的技术负责人才开始关注哈伯的工作。1909年7月的一天，BASF公司的工程师卡尔·博施（Carl Bosch）和化学家米塔希（Alwin Mittasch）来到哈伯的实验室，观看了合成氨的演示实验。他们亲眼看见小装置生产出来的液氨，了解了哈伯合成氨的循环流程，立即意识到了合成氨的价值。1909年底，BASF公司买下了哈伯的合成氨专利，由公司的研究部主任博施负责实施合成氨的工业化。1911年，建成第一个合成氨工厂，1913年，该生产装置每天生产30

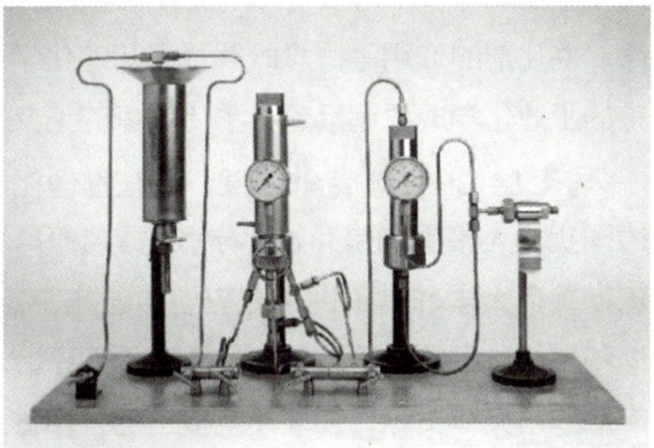
哈伯和罗塞格尔的合成氨实验装置模型

卡尔·博施（Carl Bosch）

多吨合成氨。因为哈伯的工艺流程构思和他的装置还是实验室规模，博施领导的开发团队解决了工业化过程的很多难题。所以，整个这个合成氨工艺后被命名为哈伯-博施合成氨工艺。博施与煤氢化技术的创始人伯吉尤斯因在高压化学合成技术上做出的重大贡献，共同荣获1931年的诺贝尔化学奖。

BASF公司是由染料研发起家的化工公司，公司对新产品开发一直有着坚韧不拔的精神。19世纪80年代伊始，为了实现“染料皇帝”之称的靛蓝染料的人工合成，巴斯夫公司经过长达17年的技术开发，投资500万美元（当时），终于在1897年实现了靛蓝的工业化生产。博施就曾参加了靛蓝的开发项目，表现出了出色的工程能力，博施也因此成为公司的研究部主任。博施率领的这支合成氨开发队伍很庞大，有180多名化学家和1,000多名技术人员。技术上，以博施为首的BASF公司研发团队主要解决了三个问题（因此这个工艺流程也被称为哈伯-博施法）：

① 如何能够生产出大量且廉价的氢气、氮气。最终的解决方法是：对空气进行深度冷凝，分离出氮气；用水煤气制造氢气。

② 寻找便宜、有效而稳定的催化剂。**米塔希与助手们做了6,500次实验，试验了2,500种物质，**最后确定铁和氧化铝的混合物是最适用的工业催化剂。米塔希是著名物理化学家奥斯瓦尔德的学生，在工业催化领域做出了许多贡献，成为当时这一领域的最高权威。

③ 设计制造高压设备。开发能耐高温耐高压的设备，是实现合成氨工艺工业化的关键。什么材料能耐高温和高压又耐氢腐蚀呢？博施委托德国最著名的军火制造企业克劳伯公司制造耐压反应器，还给碳钢反应器加了一层铁制的衬里，解决了氢腐蚀碳钢的难题。据说，合成氨反应器前后就加工了20套。

博施是学机械出身，然后又学习了有机化学，1899年加入BASF公司。合成氨项目开发成功后，1919年，博施担任了BASF公司的总裁。1925年，他担任德国三大染料和化学公司合并组成的法本公司（I. G. Farben）的第一任总裁。1935年，博施被选为法本公司董事会主席。

回顾合成氨的开发过程，可以得到如下认识：

① **类似合成氨这样复杂化学过程的开发没有理论指导是不可能偶然成功的。**在1901年前的几十年里，不少化学家进行过合成氨等过程的尝试都失败了。物理化学的化学平衡、质量作用定律、催化剂的作用等概念既解释已知的化学现象，又给化学家和工业化学家以全新的启示，由此带来的工业化学成果远远超出了化学家的论文范围。

② 哈伯的成功绝非偶然，他在物理化学方面有很深的造诣，而且他的创造力非常旺盛。这位德国犹太人接受的是有机化学教育。1894年，在德国卡尔斯鲁厄大学谋得教职（编外讲师）。**卡尔斯鲁厄大学非常重视工业应用，这也决定了哈伯的研究倾向于工业应用。**他的最初工作涉及火焰和燃烧过程的物理化学，从1897年开始，哈伯又对电化学理论和工业应用感兴趣，对氢氧燃料电池的研究有贡献，在玻璃电极上的开拓性工作（1909年）成为后来发展的pH计的基础。1898年，哈伯被提升为副教授，年仅30岁。同年，他的第一部著作《工业电化学的理论基础》问世。

1905年，哈伯的著作《工业气体反应热力学》出版，他根据平衡常数和温度的关系，推导出一个改进的广泛适用的自由能方程。这样提取火焰的任意一点的气体进行分析，就能得到该点的温度，哈伯的高温和燃烧研究结果对后来的石油裂解过程开发有很大的帮助。

③ 一个化学产品的工业化和实验室研究有根本差别。化学家的研究成果不会考虑成本问题，而工业化的成败，除了有技术上的可行性问题，大部分往往在于经济上的制约。合成氨技术的工业开发过程中，反应器的耐压和防止氢脆是技术问题，但选择反应条件基本是经济上的权衡。合成氨是可逆的放热反应，增加H_2和N_2的压力，会使反应向生成氨的方向移动，但当压力过高，装置的建设和维护成本将难以承受。另一方面，升高反应温度不利于反应向生成氨的方向进行，可是如果反应温度太低，反应速度就变得很慢。所以，这些因素都必须从经济上加以权衡，即使是催化剂的选用也必须考虑成本，因为贵金属和稀有金属并不适宜工业上使用。**自合成氨技术开发成功后，化学化工界对科学、技术和工程三者的作用和差别有了更深的认识。**

④ 工业合成氨技术开发主要依靠巴斯夫公司在资金、人才等方面的巨大投入才获得成功。**合成氨技术开发的每一道工艺和每个工艺参数、催化剂的每一项配方等细节，都是从失败中走出来的。**要开发真正可行的大型工程技术没有捷径，需要接受无数次的失败和巨大的投入。哈伯在获诺贝尔奖的演说中坦率地说道：**"人们尚未充分认识到，卡尔斯鲁厄实验室其实并没有为合成氨的工业化做出多大的贡献。"**德国化工企业在组织大规模的工业研究方面可算首屈一指，以后只有美国公司在化学工程学科兴起后，才可以与德国公司一比高下。

早期的合成氨反应器作为BASF公司的纪念碑

第一次世界大战结束后，英、美、法等国家获取了德国合成氨专利和技术。于是，世界各国竞相建设合成氨工厂，主要用于生产化肥。**现在全球的合成氨生产装置几乎都是哈伯－博施工艺，最大的生产装置达到了日产约两千吨合成氨的规模。**

名师出高徒——学派

1850年前，还没有科学家这个词，有兴趣进行自然哲学研究的人都可以称自己为自然哲学家，而且研究活动都是业余的。"科学"和"科学家"这两个词的流行意味着科学事业的发展，物理、化学等最基础的研究领域很快就容纳不了迅速膨胀的知识。物理学最早开始了再细分，形成了力学、电学、热学、流体力学等分支。化学科学则因为有机化学的发展而分成无机化学和有机化学两个基础领域。对基础科学的分支人们用上了"学科"（Discipline）这个词。

"学科"现在是一个常用词，通常指科学知识体系的分类，不同的学科就是不同的科学知识体系。如果说自然哲学或科学是树干的话，基础学科就是主枝干（如物理、化学、生物学等），主枝干上会生长出分枝，也可以说是学科和分学科。在近200年的时间里，整个科学知识体系长成了一株枝繁叶茂的大树。

通常，学科强调研究的对象和领域，以及产生该类知识的理论和方法。同一学科的研究人员共享相同的著作和教材，关心同一个领域的知识，在同类的期刊发表论文，而且各自工作的水平和成就接受学科其他成员的评价。**学科是科学事业的分工，学科给知识带来秩序和意义，分工提高了人类获得知识的效率。**所以，学科真正的内涵还在于是研究群体的活动，个人的努力在学科的框架内形成发展的合力。

> 一个学科的发展往往是由大师带动的。当一门学科处于萌芽的发展阶段，需要探索和确认主要研究方向，并努力寻找资源（包括优秀学生）。这时，大师的先见之明和投入的精力往往是至关重要的。李比希对有机化学，奥斯瓦尔德对物理化学是最好的例子。

19世纪初，人们对有机化学的认识还十分粗浅。当时，人们都认为有机物只有在一种“生命力”的作用下才能形成，这阻碍了化学家采用实验方法研究有机物。1828年，维勒人工合成尿素之后，无机化学和有机化学不可逾越的分界被打破。但有机化学当时还是一片未开垦的不毛之地，有机化学是否是化学研究的富矿，那时并没有人知道。

在吉森大学，李比希开始思考如何进行有机化学研究。通常无机化合物的构成元素决定了化合物的性质，化学家只要测定化合物的元素组成就很容易推测出其反应特征。可是，有机化合物的基本构成只有碳、氢、氧等少数几种元素，要弄清有机化合物的性质和其相应的反应机理，首先要解决的问题是搞清有机化合物的组成，而这必须依赖精确的定量分析方法，但问题是有机化合物元素少、品种却可能多得数不清。因为有在法国实验室的研究工作经历，李比希非常熟悉有机物的分析方法，他认为当时的分析方法非常复杂和烦琐。所以，李比希在吉森的前期主要是花精力改进有机分析方法。

1831年，李比希设计出了一种沿用至今的分析仪——五球分析仪，这主要是一个碳氢元素比例分析仪（对CO_2和水计重），对该装置略作改动，还可检测出有机物中氧、氮元素的含量等。对比同时代的化学家使用的分析仪器和程序，可以看出李比希五球分析仪的效率。李比希实验室的一位学生一天可以完成三个有机化合物的组成分析，而其他化学家则需要三四个助手配合完成一次分析。著名的化学家贝齐力乌斯得到一个分析数据需要一整夜的吸收时间。所以，**李比希和他的学生采用高效的分析方法，可以对大量有机化合物做详细的分析。这些基础数据的积累为有机化学的突破性进展打下了基础。**李比希的发明对有机化学的发展有重大的历史意义，以至于远在大洋彼岸的美国化学学会（成立于1876年）采用五球分析仪作为自己的会标。

美国化学学会（ACS）会标

有了独特的分析仪，他的吉森大学实验室出研究成果的效率大为提高。不过，有机化学的研究并不只是分析手段，没有理论指导的实验并不能说明什么。所幸，李比希在有机化学的理论方面也有深刻的洞见。1832年，他邀请维勒一起进行苦杏仁酸的研究，在经过各种取代反应（主要是用卤素元素）后，通过分析产物的碳氢氧的比例，他们发现C_7H_6O这个碳氢氧的组成比例是最小的单元。李比希和维勒把苦杏仁酸中的C_7H_6O命名为“苯甲酰基”。同时，他们提出了有机化学的基团理论。发现和验证一个有机基团，可以通过一系列实验（如取代反应）寻找最基本的元素比而得到。**李比希和他同时代的化学家“找到”了越来越多的有机化合物的基团，对杂乱无章的有机化学领域进行了有条理的分析和归类。**最终，有机化学的框架建立在官能团分类的基础上，而对这些基团的研究使有机化学成为化学科学领域的“富矿”。

1824年，李比希的吉森大学开设化学课以前，所有大学的学生只能在教室中看到教授们做实验，而教授们是不准许学生使用仪器的。李比希的大学教育方式改变了大学的办学模式。**李比希认为学生的进步则主要依靠他们自己。**李比希精力充沛，既热忱又勤奋，这种富有感染力的性格使他成为一名最有鼓舞激励力量的导师。在吉森大学实验室，李比希规定选题，学生独立完成自己的研究课题，但整个研究过程得到李比希的指导和监督。每天早晨，李比希要单独听取他们的汇报，前一天做了什么，以及对工作所持的看法。最后，李比希对他们的研究汇报提出自己的意见，并让每个人想出自己的解决方案。通常，李比希每周针对当时最重要的问题做两次简评，主要是总结他自己和学生的工作及其他化学家的研究成果。

李比希的吉森大学实验室是科学界师承关系的根本变革，也是大学教育的一个伟大创新。化学研究涉及比较奥秘的实验技术和复杂的课题选择，所以师承关系的作用可能比其他学科重要。师承关系传承了丰富的“秘密”知识，这秘密可能是导师的独门技术，但更奥秘的是导师对重要问题及关键课题的指导。**李比希的大学实验室“批量”化培养出了众多的学生，这是科学界培养模式的根本变革。**李比希的学生毕业后仿效吉森实验室的做法，建立了一批面向学生的教学实验室，吉森的化学教育模式在全世界得到积极推广。李比希被认为是有机化学学科的创始人，同时也是有史以来最伟大的化学导师和最有成就的学科创始人！

再说物理化学学科的师徒传承。奥斯瓦尔德是物理化学的创始人之一，从物理化学的教育和推广的角度看，奥斯瓦尔德的贡献最大。

1887年，奥斯瓦尔德受聘担任德国莱比锡大学的化学教授，一直任此职到1906年。奥斯瓦尔德到莱比锡大学后，他接手的实验室曾经是农业研究所的地方。这座建筑物很老旧，房间光线不好，通风不畅，没有恒温调节手段，炉子加热产生灰尘，对精密仪器造成很大伤害，老地基没有任何措施来确保减震。总之，建筑物的各方面都不适合进行物理化学那些微妙的实验。奥斯瓦尔德没有可以借鉴的物理化学研究传统，他必须设计和装备一个物理化学实验室。奥斯瓦尔德用他惯有的精力投入到这些任务中，到1897年，他的改造计划基本完成，这是世界上第一个物理化学实验室，鼎盛时期的实验室可以接收40名博士研究生。因为有这个实验室，才可以吸引整个欧洲各地乃至美国的留学生。奥斯瓦尔德是李比希的学生施密特的学生，所以也可以说是奥斯瓦尔德传承了李比希吉森大学的传统。

在物理化学的几位创始人中，范托夫的突出特点是思维抽象，他很少做实验；阿伦纽乌斯的毕业论文受到质疑的重要原因也是因为实验数据比较少。相对来说，**奥斯瓦尔德在实验方面投入的精力最多，因为毕竟仅仅靠其他学科已有的实验数据物理化学很难发展起来！**在莱比锡大学的实验室里，奥斯瓦尔德和他日益壮大的学生团队将研究集中于当时物理化学的核心领域：溶液中的电解离

- 李比希……
  - 安德森……费尔古逊……拉姆塞（1904年）……索迪（1921年）
  - 费林
  - 艾仑迈耶尔
  - 施特莱克尔
  - 培顿科弗
  - 凯库勒……
    - 拜耳……（1905年）
      - 布赫纳（1901年）
      - E. 费歇尔（1902年）
        - 瓦尔保（1931年）……
          - 迈尔霍夫（1931年）……李普曼（1953年）
          - 塞奥雷尔（1955年）
          - 克雷布斯（1953年）
        - 文道斯（1928年）……布特南特（1939年）
        - 迪尔斯（1950年）……阿尔德（1950年）
      - 维兰德（1927年）
      - O. 费歇尔……哈登（1929年）
      - 鲁贝……缪勒（1948年）
      - 巴姆贝尔格……兰斯唐纳（1930年）
      - 温布格……埃利希（1908年）
      - 李伯曼……哈伯（1918年）
      - 威尔斯泰特（1915年）……库恩（1938年）
        - 哈恩（1944年）
        - H. 费歇尔（1930年）
    - 库尔奈
    - 兰顿贝格
    - 威廉斯
    - 杜瓦
    - 饮克……
    - 范特霍夫（1901年）
  - 威尔
  - 索波列罗
  - 齐宁
  - 沃哈德……伏兰德尔……斯陶丁格（1953年）……卢齐卡（1939年）……雷赫斯坦（1950年）
  - 弗雷泽纽斯
  - 霍夫曼……
    - 米勒……齐格蒙弟（1925年）
    - 老珀金……小珀金……
      - 哈沃思（1937年）
      - 罗宾逊（1947年）……托德（1957年）
    - 瓦拉赫（1910年）
  - 武慈
  - 施密特……奥斯瓦尔德（1909年）……
    - 路易斯……
      - 西博格（1951年）
      - 吉奥克（1949年）
    - 能斯特（1920年）……兰格缪尔（1932年）
    - 阿累尼乌斯（1903年）
    - 理查兹……（1914年）
      - 奥伊勒……凯尔平（1947年）
      - 阿培格……贝吉乌斯（1931年）

最早的60位诺贝尔化学奖获得者中有42位出自李比希门下

解过程和溶液中的反应动力学。

物理化学实验室与当时的化学实验室完全不同，实验室的目标不是合成和测试新的化学产品；与普通的物理实验室也不同，因为实验台上摆满了很多化学药品瓶。物理化学则是把电流、电压和渗透压和溶液里发生的化学过程联系起来的，物理化学不仅需要实验技能，抽象的研究思路更为重要。所以，**奥斯瓦尔德的实验室共同研讨的气氛很浓厚，课题的研究形成了一定的程序，**一般是列出一个课题，奥斯瓦尔德本人或者助手提出研究的大致思路；第二次讨论该课题时，研究人员就要报告自己的工作和遇到的困难，这是实验室师生互动最有效的阶段。奥斯瓦尔德发挥导师的作用，而且实验室的每个人都知道其他人的工作，也从其他人的研究过程和结果中获益。

和李比希一样，奥斯瓦尔德也是一位精力十分充沛的大师。他把自己几乎全部的时间和精力都投入实验室工作，他了解每个学生的工作进展，会对学生的实验设计和结果给出指导意见。他自己的个人实验室是对学生和助手开放的，他们有问题可以随时请教。后来，他的学生回忆说：“当你遇到困难时，奥斯瓦尔德总会提出解决的办法；当你感到困惑时，他总能启发你新的思路。”

奥斯瓦尔德在莱比锡大学的实验室

尽管物理化学学科的几位创始人在科学事业上都有非凡的天赋，但奥斯瓦尔德却是最全面的大师。对物理化学学科来说，他是最为重要的宣传家和推广者。奥斯瓦尔德深知期刊对学科建设和学生培养极为重要，他到莱比锡大学的当年（1887年）就创办了《物理化学杂志》，期刊由他和范托夫共同编辑。这是世界上的第一份专业物理化学期刊，创刊以来一直是展示学科研究成果最重要的窗口。奥斯瓦尔德的文笔很好，很少修改就能写出清晰优美的散文。他在承担繁重的教学和实验工作的同时，还笔耕不辍，写出了不少教科书：《普通化学》（1889年）、《分析化学》（1894年）和《有机化学》（1900年）。这些教科书都贯穿了物理化学的认识，极大地提升了化学的理论水平。他还翻译了威廉·吉布斯（1892年）的论文，撰写了《实验室技术手册》（1893年）、《电化学的历史》（1896年）等书。这些著作影响了化学界几代人。

有趣的是，物理化学学科起步的时候，有机化学学科发展的势头还是很旺，留学德国学习化学的学生首选是有机化学。来自北美的留学生到了欧洲以后，却发现有机化学实验室虽然多（大都是李比希的学生当教授主持），但是也经常是名额已满。这时，这些学生往往会前往莱比锡大学，投到奥斯瓦尔德的门下，所以奥斯瓦尔德的美国学生特别多。奥斯瓦尔德也是位非常有魅力的导师，每个月他会在自己家里举行两次周末的师生聚会，他在聚会上展示了自己的画作，师生们会即兴进行弦乐四重奏或三重奏的音乐表演，这对那些远离家乡的美国学生来说无疑是温馨的。

莱比锡大学的化学研究所没有发现新的化合物，研究所最重要的产品是物理化学家，许多学习了物理化学的年轻博士将分赴世界各地。名师出高徒，奥斯瓦尔德在他50岁生日的时候，已有147名取得独立科学成就的学生，其中34名是教授。在他退休前，共有40多名美国学生在莱比锡大学得到物理化学博士学位，到1906年，这一群体的成员已经晋升为美国许多主要高等教育机构的正教授，其中包括哈佛大学、麻省理工学院、康奈尔大学、威斯康星大学、斯坦福大学、哥伦比亚大学和霍普金斯大学。美国化学学会在1901年进行的一次调查显示，美国39所大学有500多名学生注册学习了物理化学课程。奥斯瓦尔德对美国学生的影响很深，这些学生像奥斯瓦尔德一样，他们坚信**物理化学是未来的化学，化学的研究重点应该注重化学变化的规律**。也就是说，物理化学的研究应该是分析性的而不是描述性的，研究的结果应该是精确的、确定的，而不是推测性的。从20世纪开始，物理化学学科发展的高潮将出现在美国，而1920年化学工程学的创立也极大地得益于物理化学的思维方式和理论基础。

在科学的进程中，大师的出现和学科的发展是相辅相成。新学科的创立和发展不仅需要想法，还需要资金、人才（合作者和学生）和各种元素（教科书和期刊、研究学校和实验室、协会和社团），这些都得益于名师的天才洞察力和辛勤的努力。不过，虽然大师对学科的贡献不可或缺，但学科也只能通过融入教育和专业组织的社会网络才能繁荣发展。换言之，**如果一位大师一身挑起了学科发展的重担，那他最终也会感到非常吃力的。果然，李比希和奥斯瓦尔德最后都累了。**1852年，巴伐利亚的国王致信聘请李比希担任慕尼黑大学教授，并许诺保障他拥有教学和研究的自由。李比希决定离开他创立的吉森大学化学实验室。他来到慕尼黑大学任教后即发表声明：“我承教的学生一个也不准进入实验室”。从此，他不接触学生，自然也没有再像在吉森那样培养出一流的化学家。几乎同样的一幕发生在奥斯瓦尔德的研究所。大约在1900年，奥斯瓦尔德本人和学生在一起的时间越来越少，把越来越多的教学职责留给了助手。奥斯瓦尔德于1906年从莱比锡大学退休，这时，他才五十二岁。退休以后，虽然曾经担任过哈佛大学客座教授，但大部分时间是在风景优美的小村中过着隐居生活。

进入20世纪后，科学和技术以出人意料的速度向前发展。科学知识的丰富、高等教育的普及、信息和技术传播的加速，都使得**学科的增长点不可能仅仅聚集在一个实验室**。**李比希和奥斯瓦尔德这样的名师不会再有，因为他们的时代已经过去了。**不过，名师带出的高徒已经遍及科学界，他们的贡献和影响是深远而不可磨灭的。

第3篇

化学工程学科的诞生和发展

100多年前，美国诞生了一门工程学科——化学工程学，这门学科以物理和物理化学基本原理，利用必要的数学工具，将化学工业上常用的设备和操作进行分类研究。通过掌握这些定性和定量的规律，来培养通用型的化学工程师。

化学工程学科在美国的诞生和发展并非偶然。作为一个国土和市场迅速扩张的移民国家，在19世纪末和20世纪初，美国处于一个企业创业的鼎盛阶段，化学工业也以令人吃惊的速度蓬勃发展。美国工业的优势在于促使其工业发展的市场广阔，美国在工业发展的初级阶段就追求规模效益。美国化学工业行业生产追求规模化的背景，刺激了企业对通用型化学工程师的需求，继而催化了化学工程学的诞生并不断推动化学工程师教育的发展。

化学工程学的发端是A. 里特尔提出的“单元操作”概念和W. 沃克团队在MIT的化学工程教学实践。“单元操作”代表了化工过程中的一些基本物理操作单元（如精馏、萃取、吸收、传热、过滤、流体输送等），如果掌握了化工过程常用（并不太多）单元操作原理，加上对反应过程的理解，那化学工程师就有可能成为通用的技术人才。最初，化学工程师活跃在石油炼制行业，以“单元操作”为核心的化学工程学很快被美国的大学和企业所接受，促使石油化工行业迅速发展，把基础化工原料的生产推向了全新的生产阶段。

化学工业史上的重要转折点，是化学产品的主要原料从煤、生物等资源开始向石油转变。虽然最早进入石油化工领域的美国的企业抓住了发展的机遇，但新的挑战无法回避，降低生产成本和进行工艺流程的创新成为企业发展的掣肘。在这阶段，基本化工产品的分批（间歇）式生产被高度自动化的连续生产模式所取代。大规模、连续性强的化学过程的开发得益于化学工程学的出现。化学工程师在炼油技术的现代化到石油化工的发展中都起着关键作用，与此同时，石油化工的发展也促进了化学工程学科的兴旺发达。

第九章 化学工程学科的诞生

实用主义的土壤

美国发展的一个最显著的标志就是领土的扩张。1776年，美国宣布独立时，领土不足80万平方千米。不到100年，美国的版图扩张为930多万平方千米，足足扩大了约12倍。

美国领土的大面积扩张，对后来美国经济的发展产生了极为深远的影响。美国不断扩张的领土上蕴藏着极为丰富的自然矿产资源，如加利福尼亚金矿的发现、得克萨斯和俄克拉何马油田的开发、科罗拉多钢铁基地的建立，都曾为美国工业的发展产生巨大的推动作用。

美国发展的另一个重要因素是人口的大幅增加。19世纪以来的领土扩张使美国占有了北美洲中西部广阔无垠的肥沃土地，这对移民有着强大吸引力。美国的土地资源一直很丰富，只要辛勤劳动就可以过上正常生活的生存模式，对当时的欧洲人来说是自由和平等的理想国。移民潮出现的最主要原因还是从18世纪中叶开始，欧洲政治、经济形势发生剧烈动荡。19世纪初，中欧成为拿破仑战争的主战场。大军过境、交锋之后，当地往往是一片残垣断壁。艰难的生存环境迫使很多人背井离乡，踏上前往美国的旅途。除此之外，自然灾害也是引发移民潮的重要原因。19世纪40年代，英国统治下的爱尔兰马铃薯连年歉收，甚至绝收，从1845年至1851年，大约有100万爱尔兰人饿死，此后十年间，将近有180万人被迫离开了爱尔兰。其次，英国工业革命对移民潮也有相当的“推力”。第一次工业革命引发的圈地运动，将农民赶出了世代耕作的土地，有的人进入英国城市工厂谋生，也有很多英国人选择了移民北美。

在1811年至1860年的50年间，约有500万移民涌入美国，其数量比1790年整个美国的人口还要多。

移民的到来，为美国提供了急需的廉价劳动力，促进了美国工农业的发展。很多移民汇入了西进的大军，成为美国西部的开拓先锋。**大批移民的流入，不仅带来了可观的资金，还大大减少了从欧洲引进技术的难度，为美国的技术的革新和工业革命的开展提供了良好的温床。**换言之，北美殖民地最初的生产技术并不是从零开始的。随着经济的发展和生产的需要，移民开始加工制造更为复杂、具有更高技术水平的设备和工具。比起欧洲人，美国人更注重实验和效果，他们的实验充满了具有美国特色的大胆的冒险精神和创造精神。他们相信，发明和改进技术并不需要什么高深的学问，只要有勤奋而不屈的努力，加上对市场敏锐的洞察力，就可以成功。美国的技术发明者更看重如何把自己的创意转变成商业现实。橡胶产品的开发就是美国人侧重实用发明的一个突出的例子。

在1851年的英国博览会上，美国人固特异（Charles Goodyear）的橡胶产品展厅吸引了无数观众。固特异的展品从家具到地毯，从梳子到纽扣均由橡胶制成。最终，固特异获得了本次博览会的6项大奖。

天然橡胶是一种古老的材料。西方人发现新大陆时，就记载了美洲印第安人用树汁制造的一种有弹性的球；1775年，人们把它制作成了橡皮；1791年，英国人用松节油作溶剂将橡胶制成了防水服。但**天然橡胶有一个致命的缺点，就是温度稍高它就会变得又软又黏，还伴随着浓烈的气味，温度变低它就会变脆、变硬。**苛刻的使用场景使得当时的橡胶产品没有什么市场。如今，我们的工业生产和日常生活都离不开橡胶制品，这是因为橡胶同时具有高弹性、可塑性和耐用、防水、绝缘等一系列优秀性质。显然，天然橡胶的致命缺点已经被彻底改进。这个改进的主要贡献者就是查尔斯·固特异。

固特异
（Charles Goodyear）

固特异不是化学家，但他对橡胶这种神奇的物质十分着迷，认定只要克服天然橡胶的缺陷，橡胶制品的市场就非常广阔。固特异的橡胶实验具有一定的直觉性和偶然性，不管他看到或找到什么可以涂到橡胶表面或可以掺和到橡胶里的物质，他就会把它们和橡胶试验联系起来，然后进行实验。

固特异疯狂地投入橡胶试验，不仅把自己的家庭弄得一贫如洗，还背负一身债务。朋友们都恳求固特异放弃这个行当，并警告他不要再指望能得到他们的支持、赞助和同情。然而，这些劝告没有一点作用，固特异一生都沉迷在橡胶中。1839年，固特异的试验有了重大突破，他偶然把橡胶、氧化铅和硫黄放在一起加热，解决了橡胶的温敏难题。然而，并不是将硫黄随便加进橡胶就可以解决问题。接下来的两年间，固特异反复测试不同的硫黄加入量、加工温度和加工工艺对橡胶性能的影响，他甚至把橡胶浸在了熔融的硫黄池里。最后，固特异掌握了橡胶加硫黄的混合、加热工艺。至经过硫化处理的橡胶克服了天然橡胶的缺点，硫化橡胶最终进入实用阶段。

硫是化学周期表中最活跃的元素之一，硫和碳一样，硫原子与硫原子之间也可以自己链接起来形成聚合物。硫的分子有不同的构型，分别含1、2或8个硫原子，这曾给分子论的发展带来困扰。后见之明告诉我们，加热的硫化处理过程能使硫分子与橡胶分子交叉连接起来，产生出新的具有弹性结构的稳定的聚合物。但是，硫化反应不是一个很快的过程，添加硫黄的量、温度、时间都有讲究。那时候，有机化学也才刚诞生，人们还远远不知道聚合物的存在，攻克橡胶改性这种难题，只有靠固特异这样坚持不懈的人才可能实现。

固特异和那个年代的很多发明家一样，他们没有学历、没有科学知识，但他们想通过自己的发明，提高生产效率，把新的产品和服务提供给大众。当然，他们也特别在意从中牟利。这两种动力在美国社会几乎是不可分的，也是美国实用主义的表现。

美国的高等教育

20世纪初，美国已经成为当时世界上工农业最发达的国家，煤和钢铁的产量超过了英、德、法等国，铁路总长度也超过了欧洲各国铁路总和，棉织业和木材制造业等轻工业也相当发达。但这些经济成就和工程成就与美国的高等教育并没有结合起来，**从钢铁、石油的工业生产，到机械发明、橡胶、塑料等材料的发现，大学教育几乎没有什么贡献。**因此，美国教育界有识之士不断呼吁学习欧洲国家先进的大学教育理念，敦促美国高等教育不断进步，最终让大学教育的发展跟上了美国工业发展的脚步。

殖民地时期的教会学校

初到北美的殖民者生活条件简陋，生存压力无处不在，但是移民们有一个很大的优势，他们可以向他们的母国学习和借鉴那些他们认为有用的东西。他们不需要发明文字、不需要发明武器和农具、也不需要发明大学。他们只需要选择、改进和提高现有理论和技术。

从1607年到1775年，英国在北美大西洋沿岸建立了13个殖民地，它们也就是美国建国之初的13个州。当年（1620年）“五月花号”登陆的地方，马萨诸塞州，有一所世界著名的大学：哈佛大学（Harvard University）。这是1636年来自英国的清教徒移民筹建的第一所学校。哈佛大学最早的名字是剑桥神学院（Cambridge Seminary），1638年，牧师约翰·哈佛捐献了自己的全部图书和一半财产，1639年，学校改名为哈佛神学院，1780年更名为哈佛大学。

按照英国的传统，办大学要得到英王室和国会的特许状。直到1827年前，英国有许多“学院”，却只有两所“大学”，即牛津和剑桥。在古老的英国，大学和学院有着严格区别，前者负责教学、考试和授予学位，后者是住宿和教学的场所。在北美，办学不再受到皇室的掌控，早期移民在美洲办的学院就具有大学的功能。也许当时的学校规模比较小，他们大都采用“学院”的名称。

在美国独立之前，北美殖民地有了哈佛学院（1636年）、威廉·玛丽学院（1693年）、耶鲁学院（1701年）、新泽西学院（1746年，现普林斯顿大学）、费城学院（1755年，现宾夕法尼亚大学）、国王学院（1754年，现哥伦比亚大学）、罗德岛学院（1764年，现布朗大学）等九所殖民地学院。

这九所殖民学院都集中在美国东部城镇，规模不大，受到教派控制和资助的私立学校。初期的殖民地学院建设借鉴了英国剑桥和牛津大学的做法，逐步建立了管理、财政、师生关系、课程和教学实践等方面的制度。和英国的两所大学一样，殖民地学院同样不考虑课程的实际应用，行业教育被视为大学本义之外的东西。这些殖民地的学院培养了神职人员，他们是社区的领袖，极有可能成为政治家。美国建国初期的总统大都出自这些学院，之后很多美国大学的创办人就毕业于这些殖民地学院。

不过，殖民地学院在移植英国大学模式时并非全盘照搬，在英国殖民后期（美国独立前），受欧洲启蒙运动和科学知识传播的影响，殖民地学院更倾向于教授数学和自然科学。18世纪中期建立起来的几所学院，相比哈佛、耶鲁等老牌学院设置的课程范围有了一定拓宽。国王学院（现哥伦比亚大学）强调教育就是要教授一切“有用的东西”，开设的课程包括了政治学、商业学、测量学、航海学和矿物学。1775年成立的费城学院（现宾夕法尼亚大学）注重自然科学学科的学习，学院开设两类课程：一类是古典科学课程；另一类是职业技能课程，并且把英语作为教学语言。显然，**保守的英国大学模式已然不再适合独立后的美国社会。**

19世纪后期，美国人把学习的对象转向了德国。德国的大学教育既有理论深度，又有实用的价值，这一特点是当时的英国大学和法国大学不具备的，**美国的高等教育向现代大学的转型极大地受到了德国大学模式的影响。**可以说，美国大学的现代化是从19世纪末起步的。从此，美国大学走上了重视科学研究、把科学知识用于解决国家工业化问题的办学之路。

州立大学和赠地学院

1776年，美国独立以后，宪法规定教育制度由各州制定。18世纪末、19世纪初，美国各州都需要为本州经济及行政系统培养人才，因此很多州有了办州立大学的想法。

1862年7月2日，在美国内战的隆隆炮声中，林肯总统签署了众议员莫里尔（Justin S. Morrill）提出的《莫里尔法案（Morrill Act）》，法案正式名称是《赠地法案》，规定美国联邦政府按照每个州议员人数（既人口数量）向州政府赠送土地，用于资助教育。法案实施后，联邦政府共拨地1743万英亩用以赠地学院的建设。其中有28个州单独设置了农工学院，其余的州也将土地拨给已有的州立学院或州立大学用以添设农工学院。截至1922年，美国共建立了69所赠地学院，众多的农家子弟开始涌入大学校门。1882年，凭赠地开办的院校在校学生总数2,000多人，但到1895年已增加到接近25,000人。随着赠地学院的数量和学生人数的逐渐增加，校方不断增设包括机械原理、农林科学在内的农业课程，很多学院还附设了农业实验站。

《赠地法案》是美国联邦政府在整个19世纪采取的最重要的教育行动，此前美国联邦政府在教育方面基本没有投入。《赠地法案》帮助了那些本身就想发展州立大学的州，比如，麻省理工学院（MIT）的创立就得到了《赠地法案》的助推。

实际上，**《赠地法案》对大学的学术水平的提升相当有限，这个法案更大的作用是呼吁地方政府重视发展实用教育。**赠地学院（州立大学）、专业学院的优势在于不受传统教育观念的束缚，课程设置注重实用知识和现代科学知识的教育。《赠地法案》也促进了老牌学院的现代化发展，新的赠地学院对传统学院形成了生源和资助两方面的压力，使传统学院不得不进行课程改革——不断地从古典学科和神学转向实用学科。随着经济、社会的发展，一百多年前的以农学院为主的“赠地学院”现在都已成为文、理、工结合的多学科综合性大学。这些高校大多数是公立的，其中不乏世界知名的大学，如加利福尼亚大学、威斯康星大学等；少数为私立学校，如康奈尔大学和麻省理工学院。

19世纪的下半叶，在美国纷纷开始创办州立大学时，欧洲又出现了一个高等教育的强国——德国。1876年，美国仿效德国大学办学模式成立的约翰·霍普金斯大学，标志着以研究为中心的大学开始在美国出现。德国高等教育对美国更大的影响还在于年轻人去德国留学的风尚。19世纪末，德国留学潮是美国最大的一次留学潮，到第一次世界大战爆发前，美国有1万多名留学德国的归国学生。**众多获得德国博士的留学生加入了州立大学，把德国大学教育的做法和经验带回美国，很大程度上提高了美国州立大学的高等教育水平。**

与哈佛大学为邻的麻省理工学院（MIT）

波士顿（Boston）位于美国东北部，1632年成为马萨诸塞殖民地的首府。1773年，著名的“波士顿倾茶事件”引发美国独立战争。与此同时，波士顿地区渔业、商业、轻工业及海外贸易的发展使其成了美国制造业的先驱、工业发展的中心。

在美国历史上的很长一段时间，波士顿及附近地区是美国教育和文化最发达的区域。在美国的开拓年代里，许多美国人都是不爱读书，也不爱买书，但这里的居民却是例外。波士顿的大学大多是私立的，如哈佛大学和波士顿大学等都是由个人捐资办学。哈佛校园里那些爬满常青藤古色古香的红色大楼，包括位于中心的雄伟教堂，也都是由个人捐赠的。

虽然波士顿的教育事业在美国首屈一指，但活跃在这里的大多是文学界人士、思想家和少数自然科学家，绝少有工程技术人员。19世纪中叶，美国人就认识到工程技术人才培养的重要性，一些著名的私立大学开始设立工科学院，也有人想建独立的理工科大学，威廉·巴顿·罗杰斯（William Barton Rogers）就是其中最热心的一位。

威廉·巴顿·罗杰斯

罗杰斯就读于威廉与玛丽学院（College of William and Mary），他曾在马里兰学院教过自然哲学，也在威廉和玛丽学院和弗吉尼亚大学任过教授，还作为地质学家主持了美国的第一次地质调查。

威廉·巴顿·罗杰斯（William Barton Rogers）和MIT的校徽

1846年，罗杰斯提出创办“波士顿综合技术学校”的想法。1853年，把波士顿改为马萨诸塞州。此后8年时间，为了寻求办学校的土地许可和资金支持，他四处奔波。1861年，罗杰斯得到了办学许可。借助于莫里尔赠地学院法案的推行和部分赞助，麻省理工学院（Massachusetts Institute of Technology，MIT）终于获得了建校土地，但因为美国内战推迟，直到1865年学校才得以开学。当时，校舍还未建成，学校借波士顿商业图书馆开学上课。最初学校注册的人数仅为15人，但这还是让罗杰斯兴奋不已，毕竟从他产生创办理工科大学的设想到真正开学花了近20年时间。

早期的MIT设置了5个专业：机械制造、土木工程、建筑施工、采矿冶炼和实用化学，并未涉及农业的专业。按《赠地法案》的初衷，赠地学院是面向农业教育，为当地农业生产服务的。但波士顿和附近的地区农业技术比较成熟，工业和商业正在蓬勃兴起，当地更加短缺工业技术人才，同时美国的新英格兰中低层家庭也倾向于自己的子弟接受实用性教育。所以，MIT的做法也没有违背法案。

MIT强调学生要具有解决工程实际问题的能力，罗杰斯别有一番深意地将一个手持铁锤的工人与手捧书本埋头苦读的学者并列放在校徽上。MIT以实用的课程设置、丰富多彩的实践课程教学，吸引了新英格兰地区中低层家庭的学子，学生人数连年剧增。仅仅成立3年，麻省理工学院的学生人数已经是哈佛劳伦斯科学院（哈佛大学的工学院）的3倍。此后，MIT在招生人数上一直大幅度领先于哈佛的工学院。

罗杰斯深明办好大学的关键是师资。在办学初期，MIT的教师无论在数量、质量上都是不足的。**院长罗杰斯广招人才，大胆任用、提拔新的毕业生担任教学骨干，极重视发挥教师的独立自主性。**虽然建校时间不长，但学以致用的工程教育思想、活跃的教学气氛，使MIT的声名鹊起，校友们也以自己的母校为荣。罗杰斯倡导的MIT办学风格被传承下来。后来MIT扬名天下的基础科学院系——经济学系、语言学系、计算机科学系、数学系吸纳了一大批籍籍无名却相当有天分的年轻人，数十年后，在这些人中涌现出了十几位诺贝尔奖得主和数学大师。

现在的MIT成为世界最著名的理工科大学之一，这不仅得益于学校对科学、技术和工程的定位，还得益于校友的支持。在学校困难的时候，校友和教职工（大部分是MIT的毕业生）总是齐心协力，帮助学校渡过难关。20世纪20年代末，美国很多公司的高层是MIT的校友，这自然使MIT获得了大量的捐助。MIT的工程技术实力在第二次世界大战时得到集中体现，二战时期建立国家科学发展局的负责人布什曾是MIT的电气工程系主任，他负责选择战时军工技术的研究项目，分配这些项目的前期投入，而MIT的电气、机械和化工系分别在雷达、炮弹引信、核原料制备等项目上做出了贡献。据统计，二战期间在美国军队中服务的MIT校友总数约8,800人。MIT给美国政府和军队留下了深刻印象并因此获得了深厚人脉，这直接导致战后十几年中，MIT**在获得研发经费数额的大学名单上遥遥领先。**

不过，罗杰斯并没有预料到MIT建校百年后的盛况。他要做的是坚持自己的办学理念，使独立的工科学校能生存下去，毕竟和伟大的哈佛大学为邻不是一件容易的事。

MIT化学系发生的故事

创办伊始，MIT就是个穷学校，虽然受到社会和学生的欢迎，但一直处于资金匮乏的困境。MIT在经费非常困难时，曾几次差点被哈佛大学吞并为工学院。很长时间，哈佛和MIT两所学校几乎没有什么可比的地方。然而，**美国的第一个物理化学实验室是在穷学校MIT建立的，世界上第一个化学工程系也是从MIT化学系中分离建立的。**

化学工程师教育的起步

1862年，美国通过赠地法案后，各州陆续建立一些赠地学院。赠地学院最初的目的是发展农业教育，后来拓展为土木、采矿和机械工程，然后是电气、冶金和化学。到了19世纪80年代，因为美国加速工业化的趋势，科学和工程的课程受到了许多赠地学院的重视。具体到化工生产领域，虽然国家发展需要受到科学训练的化学家，但企业对工程和技术人才的需求更迫切。最先发展的欧洲化学工业显然已经认识到化学产品的工业化需要很多工业化知识支持，也就是说化学实验室成果和工厂生产需求是有很大差距的。为解决这一缺陷，欧洲主要的工业国开设了化学课程，如工业化学、应用化学、工程化学、技术化学、实用化学，但都没有系统设立相关课程和相应学位。欧洲化学工业的生产知识更多在生产企业传承，或散见于关于工业生产的百科全书中。那么，欧洲化工生产中的问题主要由谁来解决呢？英国、法国和北欧等国家主要依靠企业主的探索，德国则依靠化学家（主要是有机化学家）和机械工程师的合作。作为美国高校教育的学习榜样，欧洲的两种模式当然影响了美国的化工知识教育。

19世纪后期，英国化工界的戴维斯（Davis）率先提出了“化学工程”的概念，他认为**化学家和机械工程师的组合并不能解决化工厂的设计和运行问题，主张用分类的化工生产装置知识进行化学工程师的培养。**遗憾的是，戴维斯的观点和方法并未受到英国及其他欧洲国家化工界的重视。但是，在欧洲没有什么反响的“化学工程”和“化学工程师”，意外地在美国得到了响应。美国一些有工程教育的大学陆续开设了“化学工程”课程，其中MIT是最早接受“化学工程”名称的美国大学。1888年，根据L. M. 诺顿教授（Lewis Mill Norton）的提议，MIT开设了世界上第一个定名为“化学工程”的四年制学士学位课程，即著名的MIT第十号课程。MIT的诺顿教授于1879年在哥廷根大学获得化学博士学位后，1881年回到MIT化学系，担任有机化学和工业化学的教师（1893年因车祸不幸去世）。随后，1892年宾夕法尼亚大学（University of Pennsylvania），1894年杜兰大学（Tulane University），1898年密歇根大学（The University of Michigan）也开设了化学工程课程和授予化学工程学士学位。

“化学工程”课程的开设标志着美国培养化学工程师的最初尝试，但当时的课程设置与今天的化学工程专业完全不同，其主要内容是由机械工程和基础化学知识构成的。诺顿为新课程选择了“化学工程”的名字，但是课程中没有化学工程的内容，仅有的几位教师也没有一位化学工程师。实际上，直到20世纪初，几乎所有化学工程师的教育课程都是“工业化学”或“化学工艺学”。这些课程介绍了硫酸、烧碱、碳酸钠等典型化工产品的生产工艺，还有包括造纸、肥皂、甘油、人造丝、淀粉、油漆、炸药、赛璐珞、皮革、杀虫剂和橡胶等产品的制造工艺过程。1898年，弗兰克·索普教授的《工业化学概论》出版，也就是说，美国化学工程师教育的起步阶段用了英国人提倡的名称，学习的内容却基本照搬德国人工业化学知识。

1905年，MIT院长对沃克发出邀请，请他主持化学工程课程的教学工作。面对MIT的召唤，沃克辞去了咨询公司的工作，返回MIT化学系，全身心投入到培养化学工程师的教学工作中。沃克于1890年在宾夕法尼亚州立大学获得学士学位，1892年在德国哥廷根大学获得有机化学博士学位。回到美国后，沃克在宾夕法尼亚大学当了几年讲师，然后他来到MIT当分析化学讲师。1900年，他辞职加入了里特尔（Arthur D. Little）的咨询公司。沃克有高超的化学分析技能和丰富的化学工业知识。他在咨询公司的经历和与里特尔的友谊对后来MIT化学工程学科的创立和发

MIT化学系的沃克（Walker）

展产生深刻的影响。

如果没有沃克，也许MIT的化学系就会按照“工业化学”的教学思路继续前行。或许可以说，现代的化学工程师教育（或化学工程学科建设）就始于沃克返回MIT化学系的这个时刻。一个新的学科在半个世纪以后发展达到了一种难以预料的卓越状态。但当时的沃克很快就发现了培养他理想中的化学工程师并不是件容易的事。

首先，沃克对当时的化学工程课程并不满意。MIT化学系在1888年就建立了化学工程课程，这个课程包含一系列化学工艺学的讲座，加上通用（理论的和应用）的化学背景和机械工程中的内容。**化学工艺、工业化学课程的特点就是包括操作条件和设备特点在内尽量详尽的过程描述。化学工艺学课程内容繁多，使得当时学化工的大学生望而生畏。**1907年，沃克开始修改化学工程课程，他试图把化学工程课程的重点从化学工艺学和机械工程，转为强调化学训练和工程基础课程。

其次，沃克强烈坚持**化学工程课程的教学必须与工业实践活动结合。**沃克在1908年建立了应用化学研究实验室（RLAC），以获得与工业企业的研究合同，从而不仅为教师和学生提供收入，还为他们提供实践经验。此后，它不仅成为化学工程研究生学习的基地，也成为MIT和企业之间的纽带。

沃克对传统化学工程课程的改造过程就是化学工程学科的创立过程。在相当长的时间内，沃克的团队在探索过程中并没有找到清晰的改造思路。直至1915年，沃克在咨询公司的合作者里特尔提出了“单元操作”的概念，将大量的工业化学过程简化为几个基本单元（如蒸馏、吸收、传热、流体流动、过滤等）。里特尔呼吁化学工程应该成为一个独立的工程学科，而且他清晰地指出化学工程学应该研究这些“单元操作”的工程原理，由此高效地培养化学工程师。另一方面，同处化学系的物理化学团队对化学工程课程也产生了直接而深刻的影响，这是化学工程学科在MIT发端的另一个重要因素。化学工程专业的教师从诺伊斯领导的物理化学团队收获了很多指导和经验。如果没有诺伊斯物理化学团队的榜样和激励，化学工程学的发展路径也许会大不一样。毕竟，**一个很强的化学工程专业教师团队和一个当时美国最强的物理化学团队共处于化学系，在当时的美国高校教育系统是绝无仅有的。**

诺伊斯（Noyes）的物理化学实验室

在20世纪初，MIT化学系的学科建设进行得如火如荼。1887年，A. A. 诺伊斯（Arthur A. Noyes）从MIT获化学硕士学位，在德国获得博士学位后，回到MIT化学系任教。在德国留学时期间，诺伊斯师从物理化学创始人奥斯特瓦尔德。这段留学经历坚定了回美国后他想建立自己的物理化学研究实验室的念头。1901年，诺伊斯提议由他和学校联合出资建立研究实验室。当时，诺伊斯有一笔来自他对照相纸制造过程溶剂回收的技术改造建议的咨询收入。他愿意从这笔收入中拿出5000美元（相当于当时的大学教师年薪的2.5倍）与学院共建物理化学实验室。可是，因为学校场地非常有限，MIT院方没有接受如此的好意。但诺伊斯不屈不挠，又成功说服了华盛顿卡内基研究院（Carnegie Institute）出资几千美元资助他在物理化学方面的研究。这次因为MIT有了搬迁扩大校园的计划（从波士顿市区搬至剑桥），诺伊斯的实验室终于在1903年下半年开张。虽然条件简陋，这却是美国第一个物理化学研究实验室。

诺伊斯（Arthur A. Noyes）

诺伊斯为什么执于建设一个研究实验室呢?

这肯定是受到奥斯瓦尔德的莱比锡物理化学实验室的影响。同时，诺伊斯还有自己特别想研究的问题：强电解质溶液的非理想性质。强电解质溶液的行为与理想溶液的理论严重背离，如果能准确测得这些溶液的相关性质，结合已有的相关数据，就可以对这类非理想溶液行为给出合理的理论解释。诺伊斯的物理化学实验室在强电解质领域做出了出色的工作外，还开创了自由能测量的先河。

诺伊斯自己的物理化学实验室、他的学术根底以及他耐心的性格，吸引了一批年轻化学家。当时实验室的学术气氛极为活跃，这种气氛把曾在哈佛大学化学系任教的路易斯（G. N. Lewis）也吸引了过来。路易斯从哈佛大学获得化学博士学位后，到德国进修了两年，回国后在哈佛大学化学系任讲师，讲授热力学和电化学。1900年和1901年，路易斯发表了极高水平的热力学论文，但他的认识在哈佛大学似乎没有人响应。1905年，路易斯离开哈佛加入MIT物理化学团队，1908年成为MIT的副教授，1911年升为教授。路易斯认为诺伊斯物理化学团队的讨论气氛对他帮助极大。他的几个重要的物理化学概念都是在MIT化学系的几年里完善和成熟的。比如，他提出的逸度、活度概念逐渐明朗，而活度系数和逸度系数也最早在MIT的物理化学实验室得到应用。1912年，路易斯离开MIT，加利福尼亚大学伯克利分校聘他为化学系主任。路易斯于1913年和1916年发表了关于化合价态和化学键的论文，认为所有的化学键都应该被理解为是由原子共享电子对而产生的，因此，无机化合物的极性键分子和有机化合物的非极性键惰性分子在性质上并没有本质区别。路易斯获得多次诺贝尔奖提名，可惜的是他最终还是没有得奖。

作为美国第一个物理化学实验室，**诺伊斯的研究基地培养了一批著名的美国物理化学家。**截至1936年，有11名出自实验室的学生和教师当选美国国家科学院的成员，近150名前实验室教师成为美国各地的大学和研究机构的物理化学教授和学术带头人。其中有加州的伯克利分校、布朗大学、加州理工学院、芝加哥大学、耶鲁大学等著名大学，华盛顿卡内基研究所、洛克菲勒研究所和一些政府部门。诺伊斯的许多学生和前同事还晋升到了工业行业巨头的高级职位，担任了其研究主管和重要部研究部门的负责人，如美国通用电气研究实验室、美国钢铁公司、美国氰胺公司公司、杜邦公司、贝尔实验室、西屋电气公司等。

要知道，在诺伊斯创立物理化学实验室的时候，美国在化学研究方面鲜有成果。诺伊斯把美国的物理化学推进到研究的层次，形成了具有重要学术和社会影响的物理化学学科和学术团体。从诺伊斯开始，物理化学在美国大学的教育体系中得到了尊重，物理化学学科的发展也为以后的化学工程学科奠定了理论基础。

当然，**诺伊斯的物理化学研究和教学活动对同在MIT化学系的化学工程课程教育具有更直接的影响。**

首先，1908年，**沃克创立的“应用化学实验室”（Applied Chemistry Liberator）是以诺伊斯创立的物理化学实验室（1903年）为榜样的。**与诺伊斯的物理化学实验室不同的是，沃克考虑更多的是加强学校和工业界的联系，让学生尽早接触到工业实际问题。沃克的“应用化学实验室”是化学工程师教育的创新，它使化学工程师教育走出了传统的收集和传授“既有的知识”的经验模式。“应用化学实验室”也是培养研究生的基地，对建立化学工程学科体系和化学工程师的培养发挥了重要作用。在化学工程系成立（1920年）之前，化学工程专业的硕士和博士的成长都得益于在“应用化学实验室”学习的经历。

其次，物理化学成为化学工程学科重要的理论基础。**在诺伊斯主导MIT化学系期间，物理化学课第一次纳入化学工程课程体系，这也是美国大学化学工程教学的首创。**诺伊斯编写的《物理化学原理》（Principle of Physical Chemistry）是美国当时最流行的物理化学教材。1914年至1923年期间，化学工程课程的教材主要是沃克和刘易斯（W. K. Lewis）等教师编写的化学工程讲义，以及他们在《物理化学原理》这本书上的旁注和注释（油印的讲义和注释错误颇多耗去了化学工程师生不少时间）。

第三，在更深的层次上，**物理化学独特的研究方式启发了化学工程学。**物理化学研究并不针对具体的化合物，而是对各种繁杂的化学现象进行了抽象及定量化处理。沃克负责的化学工程课程一直想摆脱各种具体产品的生产工艺知识，以“单元操作”的概念对繁杂的化工生产过程进行抽象和归纳。同时，定量化也是沃克的化学工程教学团队的追求。1912年后，刘易斯等教师已经在研究和教学中引入数学，对一些单元操作进行了定量计算。不过，这时也体现出物理化学和化学工程学的差别，那就是化学工程学处理的对象更复杂，定量化计算不得不更注重估算和参数选择。

此外，**诺伊斯倡导和极力实践的案例教学法对教授化学工程课程的教师也有启发。**沃克和刘易斯等非常重视来自工业实践的具体案例，将课堂教学与真正的工业问题联系起来，尽量使抽象的化学工程学课程生动起来。

冲突和成就

MIT创建了美国第一个物理化学研究实验室，又诞生了美国独创的化学工程学科（专业），诺伊斯被尊称为美国物理化学之父，里特尔和沃克是当之无愧的化学工程学之父。化学工程学和物理化学之间有深层的联系：一方面，物理化学是化学工程学的主要理论基础，化学工程师的很多最常用术语出自物理化学；另一方面，化学工程学科是物理化学理论的用武之地，在应用领域上推动了物理化学学科的发展。

但是，科学研究人才的培养和工程师教育的方式是有冲突的，诺伊斯的理想是培养科学研究人才，而沃克代表了培养化学工程师的新思路。沃克和诺伊斯在办学思想发生冲突是必然的。实际上，自从1905年沃克返回MIT化学系负责化学工程课程后，化学系成了他们争夺教学资源的平台。沃克告诉诺伊斯："你和我总是在基本的教育思想上持不同看法，你认为学习了科学的定律或理论就行。因为一旦学会定律或理论，应用科学来解决实际问题并无困难。而我认为，**学生学习了科学的定律或理论，那只是对付实际问题的中途，解决工程问题需要更有能力的思想，需要有经验的判断。把科学原理明智地应用于实际需要做很多的工作。**"

沃克和诺伊斯的冲突绝非个人恩怨，而是根源于他们的教育思想和目标不兼容。遗憾的是，当时MIT的资源非常有限（经费、场地、教师职位、学生的课时等），科学研究人才的培养和化学工程师教育的矛盾竟无法协调。1908年后，学生数量上化学工程开始超过化学，1915年后，化学工程学生和化学学生的比例已经达到3：1，这意味着办学资源上化学工程课程有了优势。这样，沃克在这场长久的争执中逐步占了上风，这也使得两个学科的矛盾更加不可调和。

> 第一次世界大战期间，诺伊斯和沃克都离开暂时学校，各自负责美国政府分配的战时项目。但当他们在1919年返回MIT校园时，冲突再次爆发。沃克公开提出，要么诺伊斯放弃对化学系教学资源的控制，成为与化学系其他同事平等的教授；要么诺伊斯脱离化学系，把自己的活动限于物理化学实验室的研究工作。否则的话，沃克将辞职。他威胁道，如果他辞职，化学工程教师团队也会跟着走。另一方面，诺伊斯也向学院提出了要求：提高基础科学教师的待遇、提供更多的研究经费、在本科生招生中增加理论化学学生的比例，而且化学系还应该停止与外来企业的工业项目合作（针对沃克的）。

显然，双方已经无法妥协。MIT院方选择了支持沃克。这也许是因为MIT是私立学校，当时基本靠学费维持。现实中，一战后学习化学工程的学生数目在显著的增长，而且MIT本身也不可能放弃自己的工程技术特色。院方尽管对诺伊斯很看重，可惜的是，那时的MIT还没有实力兼顾科学研究和工程教育。1919年，诺伊斯离开MIT化学系，赴加州理工学院任教。他的研究风格和教育思想为加州理工学院的迅速崛起做出了贡献。诺伊斯的学生麦克米伦和鲍林先后获得了诺贝尔化学奖。1920年，MIT化学工程专业从原化学系分离出来，成为独立的化学工程系，这是全美（也是全世界）的第一个化学工程系。遗憾的是，沃克在这场冲突中也失去了继续留在MIT的心情，沃克的助手刘易斯担任了化学工程系的第一任系主任。

1920年，沃克从MIT辞职后，学院和化学工程学领域再也不见他的身影。不过，沃克在离开MIT之前，还完成了对化学工程学科有重要意义的大事。1920年夏天，他邀请刘易斯、麦克亚当斯和几位研究生一起在他缅因州的家过了一个暑假，写出了化学工程学科最早的经典的教材——《化学工程原理》（Principles of Chemical Engineering，1923年出版）的书稿。**该书从流体力学、物理化学等基础学科中吸取了有用的研究成果和方法，阐述了"单元操作"的物理原理，第一次对化工过程和设备系统地进行了数学处理，奠定了化学工程学作为一门独立学科的课程基础。**

因为和诺伊斯的物理化学团队共处一个化学系，加上有里特尔的支持和启发，沃克领导的团队最终搭起了化学工程学的知识框架。**如果没有沃克15年持续的努力和他不妥协、不退让的作风，化学工程学科的开创和发展还是一个未知数。**美国化学工程师协会1936年设立沃克奖，纪念这位化学工程学科的创始人。

化学工程学科的诞生

A. 里特尔（Arthur D. Little）

化学工程学科从MIT发端后，很快风靡美国100多所大学，成为石油化工开发年代最流行的专业之一。提起“单元操作”和化学工程学，里特尔（Arthur D. Little）的独特作用和贡献不可忽略。

里特尔的贡献

在MIT的众多校友中，里特尔是很杰出的一位。

里特尔

里特尔是波士顿本地人，1881年秋天，他成为MIT的学生，主修化学。入校后不久，里特尔就显示出写作的才华，三年级时，他当上了MIT校园报纸*Tech*的主编。可是这时（1884年），他的家庭无力再负担他的学费，里特尔不得不离开校园，去一家造纸厂打工。里特尔不仅擅长思辨和写作，他的工程技术能力也是超群的。在辍学两年间，他解决了亚硫酸盐漂白木浆的工艺问题，管理了美洲大陆第一家木浆造纸的工厂。可惜的是，走上社会的里特尔从此再也没有机会去学校完成学业。后来，周围的人都称呼里特尔为“博士”，但他实际上并没有取得任何学位。

虽然离开了学校，但里特尔一生都是MIT忠诚和活跃的校友。1900年左右，MIT再次处于经济困境，一河之隔的哈佛大学又策划要把MIT合并为哈佛的工学院。这时，MIT的管理层拿不定主意，决定征求校友们的意见。里特尔作为校友代表表达了明确的反对意见：“我认为哈佛大学的环境不适合发展伟大的工程技术学院，MIT自由的研究风气会受到哈佛的限制。如果跨出和哈佛合并的一步，学院将失去教师的兴趣和广大校友的支持”。1912年，里特尔担任学院管理层校友代表，1928年被选为MIT校友会主席。

里特尔对母校的感情极深，他一生的事业多半和MIT联系在一起。1886年，他创办自己的咨询公司，咨询的业务范围很广，从分析化学产品到过程工业生产问题（造纸和化工）。里特尔的咨询公司也算是一家百年老店，在电信、物流、化工、国防等多个领域有丰富的经验和技术积累，成为全球管理咨询业有名的公司之一。当时这个咨询公司紧挨着MIT校园，不少化学系的教师在他的公司里兼职。里特尔的公司经常聘用MIT的毕业生，他自己也在学校里授过课（“造纸工艺讲座”）。1900年，里特尔与沃克（William H. Walker）在MIT校园附近成立了新的咨询公司。**咨询业的诞生是伴随着大工业的到来而出现的，里特尔和沃克多少是因为有咨询工作的经历，使他们洞察了繁杂化学工艺后面的化学工程原理。**1905年，沃克离开了咨询公司，全身心投入学院的教学工作，他们的交流和合作转到了化学工程师教育的事业。1908年沃克负责的“应用化学实验室”成立时，里特尔作为嘉宾出席并发表热情祝词。后来，沃克在化学系的每个重要的行动都得到了里特尔的支持。

与MIT学院临近的里特尔咨询公司旧址

里特尔早就提出要重视和改革化学工程师的教育。1915年，他被推举为化学系顾问委员会主席，年底他提交了一份报告给MIT校长，报告中说：

> 化学工程师的培训涉及许多不寻常的难度和复杂性的问题。这新的职业对工程师的要求极高，而且又是多方面的。目前尚没有一所学校或专业可以提供满足这样要求的教育和培训。我们在过去这几年一直讨论如何来培养化学工程师，现在看来，化学工程师的培养必须与（工业上）大规模的操作有更紧密和实际的密切联系，这种联系不是参观几个工厂就可以实现的。化学工程师必须不仅要了解化学和实验室方法，而且必须具备工程的手段和方法，可以解决大规模的各种物料（无论是气、液、固状态）在各种条件下加工和反应过程的问题。

正是这份给学院的咨询报告中首次提出了“单元操作”（Unit Operations）的表述：

> 所有的化学过程，无论其操作规模的大小，都可能分解成为一系列相互关联的“单元操作”，如蒸馏、蒸发、粉碎、染色、烘烤、结晶、过滤、蒸发、电解，等等。对任何工业过程，这些基本操作的数目并不多。

里特尔认为，只有将纷杂众多的化工生产过程分解为构成它们的单元操作来进行研究，才能使化学工程专业具有广泛的适应能力。他进一步强调，**每个单元操作的后面都蕴含着共同的科学原理，研究这些基本物理原理（共性），是认识和掌握这些单元操作的有效途径。“单元操作”的提法简洁明了，对推动化学工程学科的研究和发展起到很大的作用。**

里特尔也是美国化工界的知名人物。1906年，他参与发起成立美国化学工程师协会（AIChE）。1921—1922年，里特尔担任美国化学工程师协会主席。他促使协会属下的教育委员会对当时美国高校的化学工程科目进行调研。调查发现，化学工程专业的课程内容五花八门，而对“单元操作”这样的抽象和定量的课程几乎并不被人知晓。里特尔认为，化学工程学科的课程及教学方法需要变革。1922年，里特尔牵头的教育委员会提交给化学工程师协会一份报告，报告称：

> “化学工程学不是化学、机械和土木工程的混合体，而是一门属于自己的科学，其基础就是那些单元操作。这些单元操作的合理排列及组合构成了工业规模的化学生产流程。”

受里特尔报告影响，AIChE鼓励美国的工学院建立独立的化工系，并建议化工系接受里特尔报告的内容，把单元操作作为培养化学工程师的主干课程。从1925年开始，协会对各校化工系的课程开展认证，**AIChE的认证标准强调在化学工程核心课程要有“单元操作”。**这样美国化学工程师协会促成了“单元操作”概念的推广，使化学工程开始成为一门独立学科。

几十年后，MIT的第一任化学工程系主任刘易斯回忆道：“里特尔先生最早认识到化学工业单元操作都有科学的基础，他认为这些技术并不涉及新的科学原理，只是已有科学定律或原理在化学工业方面应用——但物理学家、化学家和机械工程师并不熟悉怎么应用这些原理。不过，当时化学工程师也不了解科学原理在化学工业上的应用。”里特尔睿智、长于写作、思辨，加上他丰富的工业阅历，他清晰地提出了“单元操作”的名称，支持MIT的沃克团队开展化学工程学科建设，借助美国化学工程师协会的平台推广“单元操作”课程，为化学工程学科的创立做出了重要的贡献。

里特尔对培养化学工程师的教育方式一直很关心。1912年起，里特尔是MIT化学系（含化学工程专业）顾问委员会的成员，开办“化学工程实践学校”是沃克和里特尔的共同想法，他们一贯倡导“在游泳中学会游泳”。但是办这样的实践学校需要一大笔资金，受院方委托，里特尔去柯达公司伊斯曼（George Eastman）那里争取经费。他顺利地说动了伊斯曼为化学工程实践学校捐赠30万美元（在当时可不是小数目）。

里特尔集丰富的科学素养和洞察力于一身，同时他善解人意、为人真诚、看重友谊，包括沃克在内的MIT教师都非常尊重里特尔。沃克和利特尔都有非凡的见识和远见，以及清晰有力的表达能力。**里特尔在1915年提出了“单元操作”的概念，他对单元操作的表述构成了化学工程学科的基础，而沃克团队可以说是里特尔化学工程学思想的实践者。**1934年，沃克遭车祸不幸去世，他的遗孀写信感谢里特尔，信中写道：“沃克对您非常尊敬和钦佩，他曾多次说：我的成功太多得益于里特尔先生的教诲！”

为什么欧洲没产生化学工程学科？

1925年，美国化学工程师协会的代表团受邀请访问英国。在欢迎仪式上，美国代表团发表了对英国同行的祝贺，因为英国化学工程师协会1922年刚刚成立，比美国化学工程师协会整整晚了14年。随后美国代表团负责人在演讲中提出了化学工程师的定义问题，他特别向英国同行强调了“单元操作”概念的重要性。他说：“也许，我们MIT的朋友比任何人都更明确地确立了化学工程师的概念。他们的想法是，化学工程师应该理解并研究化学过程单元操作的基本原理，例如蒸馏、过滤、沉淀、气体和液体流动、热传递等”。接着他介绍了美国化学工程界熟知的几份报告，如1922年的里特尔关于化学工程师的教育报告和MIT“化学工程实践学校”的文章。英国人在答词时说：“我们英国化学工程师协会应该以美国协会为榜样……”。这表明，**在1925年，英国化学工程师已经认识到美国化学工程学科的优越性，并且开始促进英国的单元操作研究。**

不过，英国人说向美国化学工程师协会学习，心中可能别有一番滋味，因为化学工程学、化学工程师，甚至“单元操作”的概念并非美国人的原创。化学工程学（chemical engineering）是1880年左右由英国人提出的，化学工程师（chemical engineer）的名称和对化工过程以“单元操作”分类的方法则应该归功于戴维斯（George E. Davis）。

戴维斯（G. E. Davis）

戴维斯编写的《化学工程手册》

19世纪中叶，英国是最大的化工生产国家。1867年，苏打（纯碱，$CaCO_3$）的产量超过30万吨，1870年，硫酸的产量近60万吨。这些基础的化学产品产量大、利润薄，但对环境的污染却非常严重。英国社会对化工行业的污染一直在逐步地加强监控。G. 戴维斯30岁时成为曼彻斯特政府的咨询员，后来又应邀出任碱业行业的污染巡视员，这样他有条件了解了曼彻斯特地区的很多化工企业。戴维斯认识到化工企业的技术人员需从提高收率、降低成本、减少污染的角度考虑问题，显然，这些都不是化学家在意的问题，也不是工厂的机械工程师有能力对付的。所以戴维斯认为**应该有一个职业，从整体上考虑和负责化工企业遇到的工程问题，**这就是他提出“化学工程师”职业名称的原因。

戴维斯的另一个努力是试图改进化学工程师的教育。他认为**化学工程技术人员应该是通才，而不是按产品分类细分的工程师。**戴维斯明确表示，各种化工生产工艺，都是由为数不多的基本操作如蒸馏、蒸发、干燥、过滤、吸收和萃取组成的。戴维斯在曼彻斯特工业学校举办过一次12集讲座，讲座的讲稿分期刊登在他自己编辑的《化工商业期刊》上，随后据此整理编写了著名的《化学工程手册》，于1901年出版。该书的撰写和编排都是按“单元操作”来分类。所以，虽然戴维斯没有使用“单元操作”这个名称，但单元操作的分类方法可以说是属于他的。《手册》于1904年由他的助手补充后再版，这本近1,000页的手册成为化学工程师的百科全书，在英国国内和国际上都有影响。

戴维斯是一位极有天赋而勤奋的人物。整个职业生涯，他表现出两个特点：

> 第一是不知疲倦地持久收集化工专业的信息，不放过很小的细节；第二是以新的方式归类、整理资料，这使得戴维斯成为现代化学工程学的前驱。

那么，里特尔和沃克的单元操作概念与戴维斯的创新有什么相同和不同之处呢？他们的思路和工作的异同可以归结为两个问题：（1）对工业化学制造工艺的教育应该是具体描述还是抽象认识？（2）即使把复杂的化工工艺解析为一些单元操作的组合，那么对单元操作是描述还是研究？

对第1个问题，里特尔、沃克与戴维斯的认识几乎是相同的，他们都认为**任何化工生产过程都可以看作“单元操作”组合，应该从分类的“单元”来认识化工生产过程和培养化学工程师。**不过，对第2个问题的回答可以看出里特尔和沃克与戴维斯的差异。戴维斯的《化学工程手册》是按化工单元操作分类的，但仍然是经验知识的积累和表述，戴维斯还没有能力涉及单元操作背后的物理原理，更无法对此进行定量化（数学）的描述和计算。这和几十年后美国的情况很不一样。里特尔不仅为化工操作的分类取了“单元操作”的好名称，而且他特别强调的是要研究单元操作背后的科学原理。另一方面，MIT的沃克团队从物理化学、流体力学、传热学等基础科学中汲取养料，并进行了大量的工业项目单元的研究，直至1920年才编写成《化学工程原理》教材（Principles of Chemical Engineering，1923年出版）。这本按“单元操作”分类的基础教材，是抽象思维、原理描述和定量计算几个要素结合的产物，是沃克团队多年的工业问题研究成果和教学积累的结果。因此，沃克等人的《化学工程原理》与戴维斯的《化学工程手册》有明显的差别。这也说明，**对化学工程学科的形成、知识的积累和传播来说，仅仅个人的努力是远远不够的。**

欧洲化学工业界的另一个问题是：“为什么当时化学工业更为发达的德国没有发展出化学工程学？”

李比希时代以来，德国的强项在于化学科学，特别是有机化学。在德国，像染料、药物之类产量不大、附加值高的产品通常都是由化学家主管从实验室推进到工业生产的。由于精细化学品的产量不多，工业反应器（一般采用搅拌釜反应器）与实验室的小装置形式相似，生产过程的“放大”倍数也不算大，而且操作方式都是分批的。这些**化学结构复杂的、附加值高、产量不大的精细化工产品，需要高级的化学知识而不是更多的工程技术。**所以，德国化工企业认可“工业化学家”，而对化学工程师没有什么兴趣，也没有机会发展出抽象的化学工程学科。

> 值得一提的是，1950年以前，德国化工企业不仅在染料和药物的研究和生产占有明显优势（1913年，德国生产了13.7万吨染料，包括上千个品种），几个大型化工企业在合成氨、催化法硫酸生产、煤气化制烃、聚合物单体等大规模产品开发上也取得成功。这些基础化工产品的开发并没有受益于化学工程学科的研究成果，也没有受过“单元操作”教育的化学工程师的参与。这说明没有化学工程学和化学工程师照样可以开发成功大规模的化工产品，或者说，化学工程学并不是化工过程开发的必要途径。不过，德国化工界这些基础化工产品开发成本远高于美国同行，这些成本基本上都是由企业精细化学品的丰厚利润承担的。

以单元操作和反应器为研究对象的化学工程学，是以“分类和量化”为特征的，**这种“分工”的模式并不决定某个具体的化学品开发的成败。**但应用化学工程学方法进行化工产品的开发明显有效率，对大规模、连续化生产是如此，对精细化工产品的开发也是合算的。**随后在两次世界大战期间，整个化工行业逐步转向以石油为原料。掌握了大规模、连续加工运行放大规律的美国化学工程**

师体现了压倒性的优势，而以煤（煤焦油）为基础的工业系统中发展起来的欧洲化工技术和教育（包括德国化工企业）则跟不上这一转换。

化学工程课程体系

化学工程学是一种抽象的分析，关注的不是在于个别的实例，“单元操作”的分类改变了人们对繁杂的化工流程的理解。把纷杂的化工产品生产线表达为有限的“单元操作”的组合，然后对这些单元操作进行原理方面的探索，这使得化学工程学得以成为一门独立的工程学科。1923年，《化学工程原理》出版，几位作者在序言中写道：

> 重要的单元操作都有共通之处，如果领会了这些工程设备决定性的内在原理，对这些基本的类型进行理性设计和操作，能成功地应用于整个工艺流程，工业开发就不再是碰运气的事了。

自《化学工程原理》开始，培养化学工程师不再是教授工业上已有的旧知识。

但是早期的化学工程学还有两个主要的缺陷：

① 对单元操作研究还是对其物理过程的定性描述为主，其数学表述比较简陋。原因是对具体单元操作的数学描述（或称数学模型）需要很多参数，早期化学工程单元操作的数学模型参数即使有，也主要是凭借经验估算得来。

没有比较可靠的参数，数学模型就是泛泛而谈的空架子。此后的几十年时间里，建立在单元操作的“分类和量化”模式上的化学工程学科不断拓展。这些充实的化学工程学知识，最终都体现在化学工程专业的课程体系上。继《化学工程原理》后，一批论述各种单元操作的著作，如C·S·鲁宾逊的《精馏原理》（1922年）和《蒸发》（1926年）、刘易斯的《化工计算》（1926年）、麦克亚当斯的《热量传递》（1933年）、舍伍德的《吸收和萃取》（1937年）相继问世。化学工程学科逐步探索了多种因素相互作用的内在机理，借此引入了很多实用的概念，逐渐从经验数据中获得接近过程机理的模型，并且归纳出易于应用的近似解。

单元操作定量计算的另一个重要的基础是化工热力学的发展。物理化学的化学热力学虽然为化学工程师提供了热力学计算的理论基础和基本数据，但远远应付不了实际的工程计算需要。因为实际工况的条件（如高温高压）和组成都非常复杂。20世纪30年代初，MIT的韦伯教授等提出了一种利用气体临界性质的工程热力学计算方法。虽然从物理化学的观点来看，这种方法十分粗糙，但对工程应用，却已够准确。1939年，韦伯写出了第一本化工热力学教科书《化学工程师用热力学》。此后**化工热力学开发了多种计算方法，化学工程师推算复杂系统的热力学数据才有了相当的把握。**此外，霍根（Hougen）和华生（Watson）的《工业化学计算》（1936年）一书，对物理化学在化学工程中的应用也做出了重要的贡献。

② 尽管里特尔和MIT化学工程系的教师们强调了研究物理过程的“单元操作”，但“单元操作”没有涉及化工行业的核心——化学反应或化学反应器。我们现在了解的化学工程学发展史一般

都比较强调“单元操作”。其实很长一段时间，不少美国大学的化学工程系并没有放弃化学工艺学，因为化学工艺学对化学反应过程的描述是很详细的。遗憾的是，对各种化工产品的工艺学进行抽象和定量化是不可能的任务，所以化学工艺学的研究和教学还是很难坚持和开展。另一方面，1930年后，陆续有“应用反应动力学”或“催化反应动力学”的教材面世。其中，1956年，英国化学工程教授登比（G. K. Denbigh）写出了《化学反应器理论》的专著。美国大学的化学反应工程教材则是列文斯比尔（O. Levenspiel）的*Chemical Reaction Engineering*（1962年）。**对化学反应器进行分类分析和研究构成了“化学反应工程”分学科，这样化学工程师的专业教育课程才算比较全面。**

1960年后，化学工程学科的课程体系已经比较成熟，专业核心课程：单元操作和化学反应工程；专业基础课：化工热力学、传递过程、化工过程自动化原理等，再加上更为基础的数学、物理和化学（特别是物理化学）等，构成了具有逻辑、连贯的化学工程学科的课程。到第二次世界大战结束的时候，化学工程师已向世人彰示其价值，化学工程形成了一门具有大量系统化知识的独立学科，很多大学的化工系是在20世纪50、60年代创立的。

20世纪60年代，是科学家和工程师信心最足的时代，对科学的信服和对科学的追求是国际大潮流。不单单是化学工程学科，所有的工程分支都有科学化的愿望。在化学工程学科的大框架完成以后，一些大学教授和化学工程学研究者认为，单元操作体系里的每个单元也无非是热量、质量和动量传递的不同组合。换句话说，应该寻求各种单元操作背后的更具普遍意义的原理。确实，单元操作的处理还有很多经验和不确定性，还不够科学。1960年，《传递现象》（*Transport Phenomena*，by Bird，Stewart，and Lightfoot）出版，这引起了化学工程界的强烈反响和一片赞美。《传递现象》从基础的流体力学、物理化学和物性参数开始，试图演绎出很多单元操作和反应器的原理和规律，这也构成了化学工程学科有名的术语“三传一反”，即动量、热量和质量传输过程，加上对反应器的分析。当然，**以后的实践证明化学工程科学化运动太理想化了，对于复杂的化工过程，从最基本的物理和化学原理是难以推算出可靠的结果的。**

回到化学工程师的职责和工作范围。

什么是化学工程师的工作？涉及化学工业装置（生产线）的设计、开发、建设和管理等都是化学工程师的工作。其中的大部分任务都涉及未知领域，经常面对的是不熟悉的化合物和产品。如何把实验室研制的产品放大到工业生产规模，或者小规模的生产装置放大到更大规模，这些任务都非常复杂。在学校里的课程教学对付不了化学工业实际的不确定性。显然，仅靠化学工程学课程和教学无法弥补与实际的化工过程开发的差距，从这个意义上说，**即使是最好的化学工程学课程也是不够完善的。**

美国化工发展的三个阶段

化学工业一直是美国的支柱产业。第二次世界大战以后，美国化学工业成为世界上该行业的最强者。为了清楚地分析这个行业的成长过程，可以把美国化工发展过程分成三个阶段来描述：

（1）19世纪至第一次世界大战之前；（2）两次世界大战期间；（3）第二次世界大战之后。

第一阶段：学习欧洲

美国化学工业第一阶段（1860—1914年）是一个从无到有的时期。这一阶段美国的化学工业大部分是无机化学产品，基本上都是基于矿物和其他自然资源的加工。美国的肥料和炸药一直是自己生产为主，因此硫酸和硝酸的生产比较发达，而其他的基本化工产品从英国进口。当时的英国化工也是以无机化学品见长，与棉纺工业、制皂、玻璃等工业紧密，主要生产漂白粉、苏打和苛性碱。在1914年前，染料和其他有机化学品美国基本上依赖从德国进口，即使美国本土生产的染料和其他精细化学品也是由德国人在美国开的公司经营的。实际上，美国本土生产染料之类的有机化学产品的企业一直很少，原因是美国开采的煤质量好，他们烧起来也大方，将含量不高的副产物（煤焦油和氨）大都排放了，而不是像德国和英国那样收集和利用煤焦油。所以，**煤化工在美国一直没有得到重视。**

美国作为一个国土和市场迅速扩张的移民国家，给许多来自欧洲的家庭提供了许多创业的机会，一些添加剂之类的产品，就是由美国各地的小公司生产、销售的。这类小公司是家庭或家族管理，他们选择生产或销售的产品肯定是当地的需要，而且往往他们的家庭在欧洲时多少与这类产品有点关系。成功开发青霉素深罐发酵的辉瑞公司就是一例。1848年，查理默克和他的侄子一起从德意志的一个邦国移民到美国，查理默克在药房当过学徒。到美国后，他们搭档开了自己的公司生产美国当时还没有的化学品（食品和饮料添加剂），如酒石酸、酒石酸钾钠、柠檬酸。

美国的发展吸引了欧洲的投资，投资带来了技术和工艺，企业家、工业化学家、工程师也随着技术的转移来到了美国。在化工发展的第一阶段，来自德国、荷兰、瑞士、英国、法国的资本、技术和训练有素的专业人才帮助了美国化学工业起步和发展。产量大、技术要求的大宗化工产品，如硫酸、合成氨、炸药和肥料、人造丝等，大都是欧洲投资或和美国本土企业合资的企业生产。

与欧洲不同的是，**美国国内市场的膨胀和交通的便捷，催生了化工企业和生产线的大型化。**1880年，索尔维制碱过程引入美国，标志着美国的化工生产进入了规模化的阶段。美国人对规模放大的渴望和实践，由此得到了宝贵的大规模生产的开发技术和经验，这是众多国家共存的欧洲所不能及的。即使在第一次世界大战之前，美国在炸药、肥料和硫酸等行业的生产规模也大于欧洲同行。硫酸生产就是一个例子。1899年，美国的通用化学品公司打算引进德国巴斯夫公司的催化法硫酸生产工艺（俗称的“接触法”），但由于转让费（许可）和分成费太高而没有成交。美国通用公司决定开发自己的硫酸生产技术（也是催化方法）。几年后，巴斯夫公司状告美国通用化学品公司侵权，最终这场知识产权官司是和解解决的。但这一番法律调查程序走过之后，巴斯夫公司发现美国通用化学品公司的生产技术其实超过了自己。最终，德国巴斯夫公司请美国通用化学品公司为自己设计了四套硫酸生产线，每条生产线的生产能力为2万吨/年，是巴斯夫当时最大的硫酸生产线能力的4倍。**美国的化学工厂往往比欧洲工厂大得多，规模大这个因素对降低单位成本很重要。**

所以，处理大型工厂和（最终）连续工艺技术的能力将成为化学工业发展的一个关键因素。

在1900年时，美国成为石油、煤、铜、铁矿、磷化物、铅、钨等矿产和材料的头号国家，从工业系统的角度看，化学工业的发展得依赖其他制造行业的发展。美国是建筑、消费品市场最繁荣的国度，对化工产品的需求自然很兴旺。美国的化工公司已经展现了不凡的实力，产生了很多原创的新技术和新工艺。20世纪初，美国利用丰富的水电资源和发明新的电解池，使氯碱工业电化学产品的生产超过了欧洲；还有硫的提取新方法（将地下硫矿熔融后压出），使美国的硫酸生产上了一个台阶。美国个体发明家也取得了很多实用技术发明，如固特异发明了硫化橡胶，美籍比利时人利奥·贝克兰（Eo Baekeland）于1909年实现了酚醛树脂的实用化。酚醛塑料是世界上第一种人工合成塑料，贝克兰是1889年来到美国的，是当年50万移民之一。

在第一次世界大战前夕（1914年）美国的化工产值仅次于德国，成为世界第二。但是，从化学工业系统的角度看，美国化工产品的配套远远不完善，技术含量较高的产品大都是从欧洲进口。1886年，里特尔在波士顿开设了工业咨询公司，波士顿是当时美国重要的进出口门户，公司有一项重要的业务是为该地区各种贸易商提供化学分析服务。里特尔和沃克发现有技术含量的产品都是自欧洲进口的，而美国出口的大都是初级的农副产品和原料。咨询公司开阔了里特尔和沃克的视野，他们在20世纪之初就认识到，**美国这么大的市场，需要建立自己的化学品生产体系。化工产品的繁多和美国市场对生产规模的追求，必然需要大批的化学工程师。**从1908年开始，里特尔和沃克就不断地争取化学工程师教育的资源，探索化学工程师培养的有效途径。此外，里特尔形成“单元操作”的概念正是在这个阶段。1915年，他向MIT校方提出了著名的报告，建议以单元操作为核心课程培养化学工程师。

> 如果没有第一次世界大战（1914—1919年），美国化学工业也会发展，但也许仍然是一种和欧洲合作的模式；美国的化学和化工的教育也会推进，但不会有化学工程学科快速成长。1914年，第一次世界大战爆发，改变了美国化学工业的进程。

第二阶段：研究和开发

> 美国化学工业发展的第二阶段是两次世界大战爆发之间的25年（1914—1939年）。

美国化工发展第二阶段的特点是企业开始注重研究和开发。战争改变了产品和原料的供应格局，当战争爆发于1914年时，从欧洲进口的许多工业化学物质的渠道被切断了。受战争的刺激，美国化工企业开始投入产品的研究和开发，以补上美国化工行业的短板（有机化学品：染料、药物等）。例如，战前几乎所有染料都是从德国进口的。1918年，战争结束时，杜邦和苯胺公司为主的美国公司已基本满足美国的染料需求。即使是辉瑞这样的小公司也于1914年建立了自己的实验室，开发以糖为原料发酵生产柠檬酸的工艺，以应对生产原料断供带来的问题。辉瑞公司后来在发酵法生产葡萄糖酸又取得成功。令人没有想到的是，这些技术为青霉素深罐发酵工艺开发打下了基础。

一个成功的化工工业装置需要什么知识？当时很多企业都以为关键的知识在相关的专利中。但**第一次世界大战使美国化工企业真正全面认识到“研究和开发”的重要性。**

1917年，美国向德国宣战后，没收了敌对国在美国的财产，其中包括平时承诺要保护的知识产权：大量化学品生产专利（包括哈伯－博施的合成氨过程在内的250项专利）。可是，当美国有关企业在获得这些专利后却发现，仅有工艺流程和技术的专利对成功实现一个产品的工业化生产还远远不够。那还缺些什么呢？缺少很多环节的技术诀窍（know-how），还缺少催化剂生产的秘诀。**德国的专利法保护了他们的发明，并没有包含所有的技术细节！**美国化工界很快意识到必须自己从事研发工作，开发自己的催化剂，摸索出工业装置的诀窍。

一个化工厂是一个复杂的系统，从实验室研究出来的产品“放大”（scale-up）到工业规模，或从规模小工厂“放大”成较大型的工厂，绝不是一件轻而易举的事情。美国化学工业不仅要实现从实验室到工业装置的“放大”，而且要尽快实现从小装置到大规模生产的“放大”，这是美国化工的起点和美国市场的规模决定的。**美国化学工业的发展必然为“放大”问题所困扰，化学家、工业化学家和设备工程师对此没有好办法。**在美国化学工程师承担了化工产品工业化的任务。但是很长时间，化学工程师也没有找到合适的方法应对这个放大困难。直至100多年前，美国诞生了一门工程学科——化学工程学，这个学科用物理、化学、物理化学的基本原理和必要的数学工具，分门别类地研究化学工业上常用的设备和操作。通过掌握这些定性和定量的规律，化学工程师将实验室的化学实验结果比较有把握地转换成工业规模的生产，如此大大加快了“放大”的进程。

培养化学工程师的化学工程学科是在第一次世界大战后应运而生。1920年，独立的化学工程系在MIT建立，哥伦比亚大学、威斯康星大学随之跟进，很快，更多的美国大学有了独立的化学工程系。因为受过单元操作为核心的化学工程课程训练，美国的化学工程师擅长从事化学过程的工程放大。正因为美国企业需要自己开发各种化工产品，所以化学工程师的就业机会多。化学工程师在炼油、石油化工和其他化工产品的开发过程中发挥了很大的作用。

在1919—1939年的两次世界大战期间，美国化工行业开始系统地投资研究和开发，工程技术的基础已开始全面超过欧洲。大学的化学研究和化学工程师教育也得到企业的资助，仅杜邦公司在1918年就在美国各地大学，设立了18项奖学金和33项成就奖。可以说，1920年前后，里特尔和沃克多年来对化学工程师培养模式的探索和美国化工企业开展“研究和开发”正好汇成了合力。

不过，在美国化工界（大学和企业）意识到产品生产的“放大”问题时，美国的汽车工业却成功地解决了“放大”难题。20世纪的开端，亨利·福特（Henry Ford）利用机械设备和材料的进步，开发了汽车零件制造的标准化。他的工厂省去锉磨零件这种既昂贵又耗时的工作，零件标准化使汽车装配线得以实现。1913—1914年，建成生产线的福特汽车厂出产了248,307辆汽车。如果按每天八小时计算，每36秒就生产一辆。10年后，福特的装配线达到了其产量的顶峰：每15秒就生产一辆T型汽车。**大批量生产完全改变了工业的形式。**

20世纪20年代，汽车制造成为美国最大的工业部门，汽车产量由1920年的近1,000万辆，增加到1925年的2,000万辆。那时，美国经济的发展基本上是围绕汽车进行的，其中对燃料汽油的需求增长最令人惊奇。在汽车问世以前，没人知道从石油中提炼出来的“汽油”有什么用处，沸点比煤油低的汽油是炼油过程的废料而被倒掉。

因为追求汽油的产量和质量，化工过程的催化裂化、加氢、烷基化等技术被广泛地应用于石油加工行业，这使得炼油过程几乎成为一个化学加工过程。最初热裂解、催化裂解技术把石油尽量转化为汽油（含4～12个碳原子的混合物），进一步，人们尝试把直链的烷烃转换成环状的芳烃以提高汽油的辛烷值。以生产汽油为目标的炼油加工过程伴生出现的大量炼油副产物乙烯、丙烯等，同时，炼油的重整过程也可以生产各种芳烃原料，而石油常见的伴生物天然气主要含甲烷和一氧化碳等，也可以开发成汽油的添加剂或作为合成氨的原料。如此，**美国诞生了煤焦油化工的主要竞争者——石油化学工业，这样从“根系”和“树干”上改变了化工树的结构。**

汽车改变了美国，也改变了化学工业。急速发展的美国汽车制造业给化工产品带来了巨大需求，汽车的大量内件需要合成的材料（塑料和橡胶），汽车生产还需要一些化学品，比如“快干纤维素漆”。没有这种漆，汽车生产流水线的运行就会很慢。还有用于轮胎的橡胶化学制品，冬季汽油需要加甲醇或乙二醇防冻剂，汽油防爆剂当时用的是四乙基铅。似乎仅仅一个汽车行业都使化工产品生产应接不暇，仅在汽油中添加微量的防爆剂就是一个利润非常可观的产品。

美国化学产品原料从煤、生物等资源改变为石油，是化学工业史上的一个转折点。此前，化学科学和产品的研究源头都在欧洲，美国的企业和大学在化工技术方面成果很有限。

第二次世界大战以前，实际上只有美国生产石油化工产品。在这个阶段，**基本化工产品的分批（间歇）式生产被高度自动化的连续生产模式所取代，化学工业从劳动密集型转为资本密集型产业。**在美国化学工业发展的第二阶段，以单元操作为核心的化学工程学科发挥了重要作用。

第三阶段：石油化工

石油化工及衍生的合成材料是美国化学工业第三阶段的主题。这是一个市场需求、工程技术进步之间的良性循环，其中**催化剂研发和化学工程学科发展是工程技术领域的亮点。**

与煤炭或其他资源相比，石油和天然气是比较纯的碳源和氢源。为了生产汽油，炼油行业需加工大量石油伴生的小分子烯烃。小分子烯烃也可以合成转化为含苯环的芳香烃化合物，这样**从石油和天然气就可以得到几乎全部的基础化工原料。**同时合成氨工业开始利用天然气中的甲烷，因为甲烷富含氢元素。如此一来，石油化工和化学工业就分不开了（参见现代化工产品树）。

石油化学工业发展得很快，截至1950年，美国大约有1/3的有机化工产品是石油衍生物。到1968年，这个比例上升到90%。不过，石油化学产品的主要用途是作为新的聚合物工业的原料，并没有完全取代煤化工产品。

聚合物是由大量的小分子聚合在一起构成的大分子，聚合物可以加工成合成材料，塑料、合成纤维和合成橡胶被称为三大合成材料。从化学角度看，合成材料有两个特点：一是它们的主要构成成分是碳，而且多数情况下都是碳与氢或氧的化合物；二是它们的分子量超大。**人工合成材料的产**

生使人类摆脱了只能依靠天然材料的历史。现代任何一个行业的发展，比如航空业、计算机行业、汽车行业、食品制造业、农业和纺织业，都离不开合成材料。仅以塑料为例，1954年塑料销售量总计已达210万吨，塑料管、塑料片和塑料板在那个时代已经应用到工业之中，至少替代了几百万吨的金属。后来，消费品经济又为包装用塑料提出了新需求。人造纤维是人们更熟悉的产品，如果不是各种性能优异的合成纤维，仅依靠天然的羊毛、棉花和丝绸是无法满足人类的需要的。

因为合成材料是从石油化工的基础原料出发的，原料的低成本是合成材料成功的关键。**丰富的石油化工资源和巨大的企业生产规模是合成材料原料成本低的根本原因。**炼油企业拥有极为雄厚的资本，并且一直经营的是大规模生产。第二次世界大战期间及战争结束后，石油与天然气公司凭借其优势进军化学工业。由于汽油和基本的化工原料生产规格比较简明，对化学科学研究的依赖远不及染料、药物等精细化工产品，石油化工产品更多地依赖催化剂的开发和工艺创新。1920年前后创立的化学工程学科，正好也在石油化工（大规模、连续化生产）的开发过程中发挥了极大的作用。当分析美国化学工业（主要是石化工业）快速增长的原因时，业内人士总是会着重提到化学工程学科的贡献。确实，没有以单元操作为核心内容的化学工程学科，美国不可能有那么多出色的化学工程师，也就不可能开发出大型的反应器和分离设备。

石油化工的发展具有美国的特色，其中有天然资源丰富的因素，也有市场规模和资本的因素，还有美国企业和大学的研究和开发的贡献。不过，很少有人注意到的是美国化学工程公司（Specialized Engineering Firms，SEFs）的贡献，化学工程公司并不直接生产产品，而是专业开发和出售成套化工技术的公司，成套技术包括了专利许可、催化剂和生产流程的设计。

第二次世界大战结束后，有很多新的石油化工和其他化工流程是由化学工程公司开发成功的。SEFs在开发新的和改进石油化工工艺以及它们的推广中发挥了关键作用。

第一批化工工程公司形成于21世纪初，它们的客户通常是石油公司。因为石油公司都是建造大型的装置和生产线，而石油公司本身没有必要配备专业的设计和施工部门。在20世纪20~30年代，当大型化学公司都致力于产品研制时，专业化工程公司从事着大型化工工程的设计和开发工作。40年代炼油企业开始进入石油化工领域时，它们借助的是化学工程公司的设计和开发力量。通过设计和开发石油化工生产工艺流程和装置，专业化工程公司积累了工程经验，更获得了开发新流程和“放大”大型化工装置的信心。随着社会专业分工的细化，SEFs也开始进入基础的化工原料产品生产装置的建造过程，如硫酸、合成氨和甲醇等。

第二次世界大战发生后，突然出现了大宗化工产品的需求（军工），给了化工工程公司巨大的外包设计和工程服务的市场。除了杜邦等几个特大化工企业参与外，美国战时的大型化工装置基本上都是由SEFs承建的。例如，在原子弹的研制过程中，除了钚的生产线由杜邦公司承包外，其他几条原料生产线都是由几个著名的工程公司负责的（Stone & Webster、M. W. Kellogg等）。那时，SEFs已经具有了处理更高温度、更高压力和其他特殊生产条件的强大设计和施工能力。**尽管传统的化学公司不愿意与化工工程公司结盟发展，化学工程公司却大步地进入了化工领域（主要是石油化工领域）。**

催化剂的开发（也就是新工艺的开发）和化学工程学科支撑的“放大”本领成为专业化学工

大型石油化工装置著名的美国专业工程企业有：斯通＆韦伯斯特公司（Stone & Webster）、M. W. 凯洛格公司（M. W. Kellogg）、巴杰公司(Badger)、福斯特－惠勒公司（Foster-Wheeler）、环球石油公司（Universal Oil Products）、鲁姆斯公司（Lummus）和科学设计公司（Science Design）等。70年代末期，美国有机化学产品几乎全部以石油和天然气为原料，化学工程公司在乙烯、丙烯、芳烃、合成氨等基础化工原料以及各种塑料、人造纤维等大宗产品的生产方面拥有各具特色的技术设备。后来在美国以外地区新建的大型石油化工装置，成套的技术大都出自美国化工工程公司。

程公司工程技术的两大利器。同时，专业化工程公司通过多次技术转让组成了生产厂家联盟，不断完善工艺技术。工程公司一旦开发了一个新的工艺流程，实现了第一次技术转让后，虽然少不了要为生产企业解决第一次工业化“放大”过程中的很多问题，但专业化工程公司也因此完善了自己的技术，为今后向其他企业复制这种新技术或者“放大”到更大生产规模积累了宝贵的知识和经验。因为开发的是基础化工产品的生产技术，专业化工程公司会对多家企业转让技术。多次设计和建设某种产品的生产装置，每次实践都会积累很多在各种情况下运行的实际信息。**工程公司所积累的知识和专业的技能，反倒是一家生产企业无法获得的。**也正是有了转让多套装置的机会，使得专业的化工工程公司开发能力和信心进入良性循环的发展道路。

从专业化分工提高效率的角度看，化学工程公司是打破了化工生产企业小而全的开发和生产模式，**专业化分工使这些化学工程公司在石油化工生产方面的技术和装备成为世界最先进的。**化学工程公司获得的成功掀起了美国化工发展第三阶段的高潮，从此也改变了世界化工技术转让和生产的格局。

杜邦公司与化学工程学科结缘

第一次世界大战前，欧洲的化工企业并没有把美国的化工公司当回事；战后，美国的企业崭露头角，欧洲同行再也不敢轻视对手。1925年，德国的主要8家化工公司（巴斯夫、拜耳、赫希斯特等）组成了法本公司，即“染料工业利益集团”；英国帝国化学工业集团公司ICI（Imperial Chemical Industries）成立于1926年，主要由英国染料公司、布鲁纳－蒙德公司、诺贝尔工业公司和联合碱公司等4个公司合并而成。老牌的工业国用举国之力和美国一个公司抗衡。

富可敌国的美国化工和石化公司有好几个，杜邦公司（DuPont）是这些公司中最有实力的企业。

从生产炸药到多产品的化工公司

1799年10月，皮埃尔·杜邦（Pierre du Pont）率领全家13口人乘船横渡大西洋赴美，他们冒险出走是为了逃避法国大革命后的不稳定局势。老杜邦（皮埃尔）原打算用手中的钱在美国搞土地买卖的生意，但到达美国后，他们就很快明白了，美国土地不是稀缺资源，从事土地买卖没戏。

杜邦家族在美国选择干什么呢?

老杜邦的次子伊雷内·杜邦曾在著名化学家拉瓦锡门下学习过，而拉瓦锡曾担任过法国皇家火药厂总监。伊雷内·杜邦认为在美国生产火药值得投资。当时美国的火药质次而价高，生产规模也很小，他有信心在技术竞争中战胜对手。

1801年，一个资本为3.6万美元的合股公司——杜邦公司由此诞生，伊雷内·杜邦是公司的创始人。那时全世界的火药都是黑火药，用约75%的硝酸钾、10%的硫黄和15%的木炭混合制成。黑火药技术的关键是原料要纯、比例要尽量准，以及混合要均匀，所以黑火药生产的成功在于生产的管理，这是学习过化学的伊雷内·杜邦的优势。此外，除了生产技术和管理，杜邦公司的成功还得益于以下因素：老杜邦曾为美国从法国手上购买路易斯安那地区（面积达214万平方公里）牵线搭桥，精明的伊雷内·杜邦利用了这种关系，使美国联邦政府成了杜邦火药公司的最早和最大的买主。

此后的近100年里，杜邦公司是一个家族的合伙企业，公司的生产和销售基本上围绕火药（黑火药、黄火药、无烟火药等）开展。美国的开发过程中离不开火药，开山、筑路、打猎、开矿、战争等。在美国南北战争时期（1861—1865年），杜邦公司向美国联邦政府提供了价值230万美元的军用火药，这是杜邦公司发展史上最重要的时期之一。

20世纪初，第三代杜邦人总裁尤金·杜邦去世后，他们那一代的合伙人不想再管理公司，决定将股票出售。可是，家族的少壮派不希望把公司转给外人，公司创始人的三个曾孙共同买下了杜邦公司。这三兄弟制定了杜邦公司新的发展计划，开始了产品的多元化转型。最初，杜邦公司的拓展是与炸药有关的产品。首先，杜邦公司对人造丝和硝化纤维素感兴趣，因为这与炸药生产中的原料和产品有关。

人造丝（rayon）不是化学纤维，是用化学助剂溶解植物纤维素（cellulose）成浆后再拉成的丝；硝化纤维素又名硝化棉、棉体火棉胶，是纤维素与硝酸酯化反应的产物，作为生产塑料赛璐珞的原料。早期的人造革是用硝酸纤维素溶胶涂覆织物所制成的类似皮革的制品。1910年，杜邦公司把一家在人造革市场上已占有一定地位的公司收购到手。此后，杜邦公司又相继购买了另外几家生产人造革的公司，还收购了当时美国最大的赛璐珞生产厂家。

紧接着发生的第一次世界大战，打断了杜邦公司正常的多样化进程。为满足战争订单的需求，杜邦公司必须投巨资扩充生产设备，扩大生产规模。然而，任何人都知道，战争不可能长期地进行下去，一旦战争结束，过剩的生产能力将会成为企业的巨大包袱。越是接近战争末期，杜邦公司就越是重视生产经营多样化的问题。开发新的生产领域的资金、人才和物质条件都已具备，问题是干什么呢？杜邦公司在战争结束后的20年代，主攻了以下几个产品：

① 玻璃纸

杜邦公司的人员在美国市场发现了一种透明的包装材料新产品“玻璃纸”，是一家法国公司下属的美国工厂进行实验生产的。玻璃纸和人造丝一样，是一种是以棉浆、木浆等天然纤维为原料，用化学溶剂溶解后制成的材料。杜邦对玻璃纸很感兴趣，下决心要把这项人造纤维技术搞到手。第一步杜邦公司买下了这家法国公司的技术，采用法国的设计和设备。但是，由于法国人拥有的玻璃纸制造技术并不完善，杜邦公司在已有的基础上，经过2,000次试验，使玻璃纸生产技术臻于完善。

从玻璃纸开始，杜邦公司的市场营销问题顿时突显出来。**杜邦招聘有科学技术基础的人员参加销售服务队伍，并培训销售服务人员熟悉这些新产品的大量技术细节，从而使新产品能够很快地为广大的消费者所接受和认可。**由于杜邦的生产和市场销售都到位，在1931年时，美国市场上几乎所有的日常生活用品，从卷烟到面包，都用上了玻璃纸包装。玻璃纸成了杜邦公司的一棵摇钱树。

② 合成氨

19世纪以来，杜邦公司几乎垄断了美国的炸药生产，这也使公司高层特别注意保证炸药原料的供应。从黄色炸药硝化甘油到TNT，都少不了硝酸。自20世纪开始，硝酸就以氨氧化过程生产。所以，杜邦公司很早就瞄上了合成氨技术。1924年，杜邦公司购买了法国的技术进入了合成氨生产领域。法国技术的合成反应压力比哈伯法还要高，这是杜邦公司第一次遇上高温高压强腐蚀的操作工艺。从试生产开始，装置上的阀门和其他部件频繁泄漏、损坏，使得生产线经历了无数次的失败，投资的几百万美元长期没有回报。**杜邦公司为合成氨项目投入了巨额的资金，饱尝了装置大型化带来的风险。**

合成氨和配套的硝酸、甲醇、尿素工艺都是当时特大型的生产装置，一旦建成就得基本做到满负荷生产，否则是无法盈利的。不过，合成氨项目给杜邦带来的不是现金回报，而是**积累了开发大型装置的经验，培养了一支熟悉高压催化技术的工程技术人才队伍，也开发了各种高压设备，为今后公司开发其他高压生产技术的产品做了准备。**此后，杜邦公司的合成氨事业部成为公司其他项目建设过程的工程主力。

③ 投资汽车行业、开发汽车用产品

20世纪以来，美国的经济离不开汽车，杜邦公司很早就瞄着汽车上用的材料，比如，汽车座位的人造革、汽车的面漆等。其中，耐磨的磁漆是以硝化纤维素为原料的，比一般清漆和树脂漆干得快。杜邦改进后的磁漆，最终占领了汽车工业的面漆市场，后来还逐渐在一些玩具和小商品上使用。

1917年，美国通用汽车公司遇到危机，通用的股票价格暴跌。杜邦公司决策层决定向通用汽车公司投入高达5,000万美元的法人投资。和通用公司的合资，使杜邦公司对汽车用化学品的信息更敏感，杜邦介入四乙基铅的生产就是一例。

1921年年底，一种汽油防爆添加剂——四乙基铅被发现，只要在汽油中添加千分之几的量，

就可以起到防爆震效果。虽然大家都知道四乙基铅有毒，但稳定汽油在发动机的燃烧过程也实在重要，否则汽车没多长时间就会被震坏。所以，四乙基铅在当时是一个快速成长且非常有利可图的产品。由于杜邦公司长期从事炸药和有机化学品的生产，专业知识和危化品管理水平自然比其他公司高出一筹，在防爆汽油的研制上起步最晚、投入最少的杜邦公司，却夺得了四乙基铅汽油市场的最大份额。（*即使是杜邦公司，在生产四乙基铅时也会出现事故，给工人带来伤害。另外，四乙基铅是空气中铅的主要来源，1980年后主要发达国家先后实现了汽油无铅化。*）

经过近20年的努力，杜邦公司从19世纪末单一类型产品（炸药）的企业逐步转变为多类产品的化工公司。化学研究部和开发部、工程部等是辅助部门，其中化学研究部下属有两个实验室，一个是1902年建立的“东部实验室”，另一个是1903年建成的“实验中心”。“东部实验室”主要为炸药生产部门服务，实验室的研究目标清楚，与生产制造部门联系紧密，很快使公司获利丰厚。**“实验中心”与生产部门的直接联系相对不那么紧密，主要承担基础性研究和咨询工作，将对杜邦公司以后的发展起到关键作用。**

1921年时杜邦的生产部有5个部门：炸药、纤维素、硝化纤维、染料、油漆。

基础研究、研究与开发（R&D）

第一次世界大战后，杜邦公司利润丰厚、生产能力过剩，公司决定向更多的产品领域挺进，人造丝、合成氨、电化学产品等都是1920年后扩展的。杜邦通常是收购兼并该产品的公司或购买专利技术进入这些领域。**对一个新领域，尽量从技术水平最高处切入，然后高强度地介入产品的研究和开发，使生产过程更上一个台阶，这是杜邦公司的常用做法。**当然，不管是兼并其他公司还是购买专利技术，杜邦公司都需要自己的工程技术队伍强势接手。

给各个生产部都配置一个研究室？显然不行，也就是说杜邦原来的“东部实验室”（主要服务炸药部）的模式行不通。公司的高层开始考虑新的思路，而这时化学研究部正好换了新的负责人——斯泰恩博士（Charles M. A. Stine）。斯泰恩极力主张建一个共同的研究中心，而不是各个部门都建自己的研究所。1907年，斯泰恩加入杜邦公司，在东部实验室（炸药部的专业研究部门）负责了TNT炸药的开发，成功地把实验室的研究成果放大到工业化生产。**斯泰恩是当时杜邦公司里最早意识到中间实验（pilot-plant）重要性的化学家。**TNT项目就是在他的力主之下，建了一套中间实验装置才成功放大到工业规模的。由于斯泰恩的职位迅速上升，他提倡的“中试是放大的必经之路”的观念被公司接受，此后杜邦在很多产品的开发上都取得成功也得益于此。

1923年，42岁的斯泰恩负责筹划公司中心研究部门的构架。斯泰恩负责过具体项目的研究和开发，但是他又特别对纯科学研究感兴趣，认为只有脱出生产部门的限制，才能使公司的长远发展建立在科学的基础之上。斯泰恩竭力说服公司的决策层给化学研究部独立拨经费（当时的研究部是依靠服务生产部门和开发部才能得到经费的）。斯泰恩在1926年提交给公司决策层的备忘录中使用了“纯科学研究”的提法，但公司董事会没有认可。他们要求斯泰恩对“纯研究工作”解释得清楚些，要说明“纯研究”和公司的效益有什么关系。后来，**斯泰恩选用了“基础研究”**

(fundamental research)这个词，并列举了具体计划展开的“基础研究”内容：胶体化学、催化剂研究、高温高压基础数据测定等。他认为这些研究对公司的相关生产部门都有用，而且科学研究的成果也会给公司带来更好的名声。至于具体会有什么发现和发明，斯泰恩并没有给出时间表。众所周知，科学探索的结果是无法规划的。由于斯泰恩本人在公司的出色业绩，他与公司的生产部门（如炸药部、染料部）有良好的关系，加上他出色的演说能力，公司决策层最终通过了化学部主导的研究规划。斯泰恩得到了他需要的经费，还得到了一笔11.5万美元的专款建一栋新实验室，这实验室就是著名的“纯研究楼”（Purity Hall）。

19世纪20年代的后期，杜邦的化学研究部已经开始使用“研究与开发”（research and development），后来就缩写为“研发”（R&D），好像他们是一个完整而单一的概念。**实际上，研究和开发是不同的两项活动。**研究是探索和发现，研究成功的标志是在科学界得到认可；而开发则是调整、改变或组合技术，把理想化的概念或不成熟的产品变成现实中的产品。开发追求的是在外部的技术和商业环境中成功，是成功生产有市场、能盈利的产品的一个复杂过程。对企业来说，把“研究与开发”（R&D）连起来也有必然性，这一方面表明研究和开发相互联系；另一方面也表明**企业的研究和大学的科学研究还是有区别的，**而这个区别是杜邦的化学部负责人念念不忘的。

卡罗瑟斯（Wallace Carothers）

新实验室刚开始建造，斯泰恩就开始以高薪和优厚的工作条件为科学研究招募人才。这些人才大都是大学里的年轻学者，32岁的哈佛大学化学家华莱士·卡罗瑟斯（Wallace Carothers）是其中一位。卡罗瑟斯当时在化学界已经有了名气，他用电子理论研究化合物的双键，这是有机化学后续发展的基础理论。在哈佛时，卡罗瑟斯就已经开始转向研究聚合形成的大分子。卡罗瑟斯是个专注研究的人，不喜欢大学的教学活动。1929年，斯泰恩以绝对的研究自由和充分的财物支持为保证，将卡罗瑟斯招募到公司，负责基础研究的有机化学组。

加入杜邦不久，卡罗瑟斯把研究集中在缩合聚合过程——这是对高分子化合物的认识和如何通过小分子得到大分子的工作。很快，他和他同事的研究使得氯丁橡胶和尼龙被发现，最终成为杜邦公司最有名气的产品。

1930年，斯泰恩在公司升职后，博尔顿（Elmer K. Bolton）博士接替他的位置，成为杜邦公司研究中心的负责人。博尔顿的专业是有机化学，在哈佛大学获博士学位后，得到奖学金去德国留学，1915年加入杜邦公司。在杜邦公司做了一年多实验研究后，博尔顿就开始了他的研究管理生涯，从染料的技术考察、谈判，直至研究和开发，他在公司的染料部门工作了近10年。染料生产部经历了一个很长很困难的开发过程，才成为杜邦公司的盈利部门。博尔顿在这个开发过程中起了关键作用，这也使他**从一个化学家转变成了面向市场的实际研究管理者。**如果说杜邦公司的“基础研究”归功于斯泰恩的努力的话，“开发”的成果则得益于博尔顿博士的强势管理。

也许，最初对斯泰恩的纯科学研究或基础研究就不太赞同，博尔顿认为研究是需要管理的，因为公司的研究工作要讲效率。如果一个研究项目5~9年还没有见到可商业化的苗头，博尔顿就认为公司很难从研究的投入中得到回报。但是博尔顿对科学的作用并不怀疑，问题是他不愿意让科学家们随着自己的兴趣研究。**博尔顿认为科学家需要解决具体实际问题，这就是企业研究与大学研究的不同之处，也是研究和开发（R&D）连在一起的意义。**

值得一提的是，尼龙开发的整个过程博尔顿起了关键的作用，是他把卡罗瑟斯发现的聚酰胺的应用定向为人造纤维。而且，他根据聚合物的加工性能和原料的是否可得，选择了尼龙66（己二酸和己二酸都是6个碳原子）为开发的路线。由此，他向催化剂研究团队和合成氨、人造丝生产部门下达研究攻关任务，将原料生产、聚合反应、应用研究分解执行，历经10年左右的时间使尼龙产品研发成功，成为杜邦公司的最盈利的产品。卡罗瑟斯团队的研究和发现是尼龙产品成功很关键的第一步，但对整个产品的研发过程也只是其中的一小步。尼龙66开发同时进行的氯丁橡胶，其成功的过程也差不多。博尔顿动用了好几个团队攻关，加上销售队伍的配合，耗时也近十年。

尼龙和氯丁橡胶这样的项目可遇而不可求。如果没有斯泰恩成功组成了所谓基础研究队伍，没有成功招聘了年轻的化学家卡罗瑟斯，就可能没有这两个发现；但如果没有博尔顿接手负责化学研究部，就没有人给科学家指明实用研究方向。科学家的目标是自由地探索，抢先发表自己的成果，但在企业这并不能随意。卡罗瑟斯在聚合物研究上的思想和发现延缓了一年多才发表，因为公司要在这个领域申请注册尽可能多的专利。即便如此，卡罗瑟斯也还是因为对聚合物化学的贡献获得了诺贝尔奖提名，但他1937年因忧郁症去世而未获奖。

显然，斯泰恩和博尔顿对基础研究或研究与开发（R&D）的不同看法，带来了不同科研管理方式，这给科学家们带来的感受是不同的。也许，斯泰恩的意愿未必能在企业持续，但博尔顿的管理也使企业的科学家感到不舒服。不过，化学部的另一个研究团队——化学工程研究组却得到斯泰恩和博尔顿一致的支持，因为**化学工程学的研究是面向过程和面向设备的，没有纯科学研究和应用研究的冲突。**

化学工程研究和化学工程师的贡献

斯泰恩最早是杜邦东部实验室的一名年轻的化学家，为了成功地把TNT工业化（放大）他耗费很多时间和精力。此后，杜邦公司的染料生产又使斯泰恩和博尔顿很辛苦，他们都意识到化学工厂完全不是实验室过程的简单放大。20世纪20年代后期，杜邦公司已经大量招聘化学工程毕业生了，仅斯泰恩的化学部里就有10位化学工程专业人员，其中有一半是从MIT化学工程系毕业的。那时的MIT化学工程系主任是W. 刘易斯。他主导的教学和研究开始用数学工具，将单元操作的原理与基础物性数据关联起来，以预测化工设备的操作性能。自化学工程学科建立后，化工装置的放大就可以不再依靠纯经验型的摸索。

正好在那个时期，杜邦公司开始产品的多样化转型。化学部的化学工程师主攻了硝酸项目开发，还对高压技术用于生产合成氨、甲醇等产品的开发做出了很大贡献。但是当时的化学工程师是分散在化学部的各研究团队里，直到1928年底，斯泰恩决定成立一个独立的化学工程学研究小组，负责人是奇尔顿（Thomas H. Chilton）。1922年，奇尔顿从哥伦比亚大学获得化学工程学位，1925年加入杜邦公司，开始了他35年的化学工程学研究生涯。奇尔顿是最有成就的企业界化学工程研究者之一，曾在1951年担任美国化学工程师协会主席。

化学工程研究小组在纯科学楼占的地方并不大，但是他们的研究工作与大学的教授们相比有几点优势：**公司的化学工程师没有教学任务，精力全都用于化学工程研究；他们有实在的研究背景，有足够的经费和设备供使用。**而且，杜邦公司的其他部门还有很多同行。奇尔顿按照里特尔提出的单元操作思路组织化学工程组的研究，把研究内容分为流体流动、传热、蒸馏、过滤、破碎和研磨等领域。1931年，杜邦公司又成立了第二个化学工程研究组，偏重开发公司需要的单元操作设备。后来两个研究组合并，目标集中于解决公司的生产部门化学工程问题。

在氯丁橡胶和尼龙的开发过程中，杜邦公司非常依赖新兴的化学工程学科。两个产品从实验室发现到真正规模化生产，整个研究和开发过程差不多都经历了9年的时间。早期的化工厂都是依赖经验和反复尝试成功的，但对全新的聚合物开发是没有经验可以借鉴的。化学工程基础研究组在开发中发挥了重要作用，这种作用可以与卡罗瑟斯对聚合物的贡献相提并论。

生产尼龙66的一个主要难题是单体己二酸的生产，工业上不可能使用实验室的合成方法。气相催化反应是工业生产可以尝试的方法，但气相合成过程中的己二酸非常不稳定。化学工程师认为这是传热和传质交互作用的问题，为此开发了一种旋转盘式反应器，反应物和产物仅在加热的表面上摊了薄薄一层，反应物在反应区域的停留时间很短。这样的反应器加上改进的催化剂，使己二酸的得率由35%提高到85%。在经过小型装置的验证后，化学工程师完成了尼龙66单体的工业装置设计，最终交付给杜邦公司的合成氨部门运行。

氯丁橡胶和尼龙的开发过程的困难是类似的。在早期开发过程中，生产过程是实验室试管合成的放大版。液态氯丁烯原料倒入敞口大容器中聚合成为氯丁橡胶，后来又放大到约20升的广口瓶中生产。这是一个单体在容器内自发聚合的过程，根据经验判断达到差不多的聚合度后，倒入乙醇终止反应。氯丁烯的“本体聚合”过程极其缓慢且无法控制，生产过程中各批次之间聚合物性能有很大差异。这样的聚合过程还产生了许多副产物，其中有一种副产物的气味很刺激，致使氯丁橡胶很难被客户接受。为了大规模生产氯丁橡胶，杜邦工程师抛弃了实验室的合成方式。他们试验了一种新的方法——乳液聚合，将液态氯丁二烯分散在水乳液中。乳液聚合反应器加快了反应速度，对聚合过程有了控制手段，生产出了稳定的产品，而且消除了产生异味的副产物，生产成本也降低了一半。反应器和其他密集的工程开发活动使整个氯丁橡胶生产过程的工业化获得成功。到20世纪30年代末，杜邦公司解决了氯丁橡胶生产过程中的大部分问题，其中化学工程师起到了重要的作用。

杜邦公司的管理层最早认识到，化学实验室的发现只是整个开发过程的第一步。当时，每个研发的团队都有200人以上，有化学家、化学工程师和其他技术人员，工程上的难题需要各专业的协作解决。化学工程师要预测工业反应器运行的结果（包括产量和转化率），把反应结果与下游的分离和纯化步骤联系起来，等等。化学工程师的最终目标是提交靠谱的大设备、新设备的设计，这需要对单元设备的规律认识了然于心，然后借助每个具体产品的基础数据，通过中间工业试验装置

（pilot-plant）的检验和验证步骤，争取以最小的代价尽快获得成功。显然，**只有化学工程师一直需要考虑“放大”的问题**。

杜邦公司的化学工程研究小组把研究、整理的化学工程基本资料在公司内部传递，逐步用作工程部的设计标准，此后还成为美国国家和国际化学工业界的资料和标准。现在仍然很流行的《佩里化学工程师手册》（Perry's Chemical Engineer's Handbook）首次出版于1934年，主编佩里（John H. Perry），助理编辑卡尔科特（W. S. Calcott）都是杜邦公司的化学工程师。手册的30多个章节覆盖了当时研究的化学工程单元操作，有60余位化学工程专家参与编写，其中约三分之一是美国大学的专业教师员工，**三分之一则是杜邦公司的化学工程师。**由此可见杜邦公司在化学工程专业上的积累和贡献。

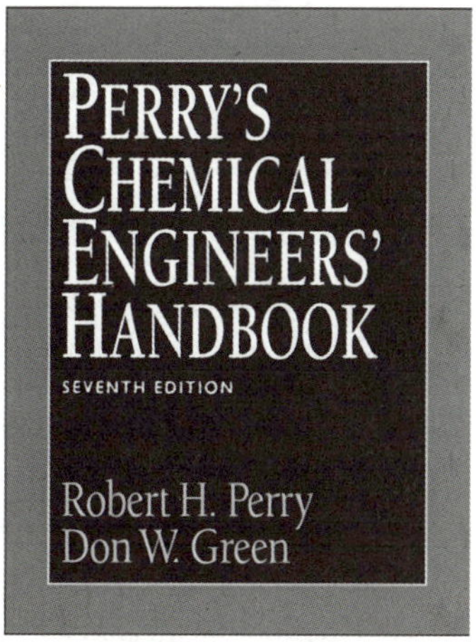

著名的《佩里化学工程师手册》

杜邦公司高层最早认识到**化工过程开发极为复杂，化学实验室与工业生产之间有一条鸿沟，需要化学工程师架设工业工艺设计和设备的桥梁。**杜邦公司非常重视化学工程学科的发展，公司在鼎盛时期的员工达4.5万人，其中化学工程师约占一半。1942年秋天，负责曼哈顿项目的格罗夫斯将军选择杜邦公司承包建设钚的整个工程，杜邦公司确定的项目负责人之一是格林沃尔特（Crawford H. Greenewalt），他于1922年从MIT获化学工程硕士。钚的生产和提取与对杜邦公司是一个全新的领域，杜邦公司的化学工程师团队是钚制备项目的核心力量。格林沃尔特把他的化学工程的专业能力和协调沟通特长都发挥出来，说服了那些傲气的物理学家和化学家建立了一个中间实验厂，保证了钚制备工程的成功。这也证明了**化学工程学的工程处理方法对开发新的工艺过程（“规模放大”）有着非常重要的作用。**

第十章　炼油和石油化工

石油是黏稠的蓝绿色液体，组成的元素并不复杂，主要含有氢元素（以重量计占14%）和碳（84%），及少量的氮、硫和氧等元素。石油是多种烃的混合物，既含有链烃，也含有环烃；既含有直链链烃，也含有带支链链烃；既含有脂环烃，也含有芳环烃；既含有饱和烃，也含有不饱和烃。经过现代石油加工利用技术，**一桶石油物尽其用，可以加工出很多东西：**一辆汽车行驶450公里的汽油和一辆大型卡车行驶约65公里的柴油，剩余燃料可发电接近70千瓦/小时；还以可生产1.8千克的碳黑、12个小罐丙烷、0.95升柏油的石油沥青、0.95升润滑油；可制作27根蜡笔的蜡；从裂解过程和剩余的残渣还可以回收生产聚合物的原料，大约可以制成以下商品：39件聚酯衬衫、750把梳子、540把牙刷、65个塑料簸箕、23个呼啦圈、65个塑料饮水杯、195个测量杯、11个塑料手机外壳、135个4英寸的皮球。石油这种液体已经完全地、永远地改变了世界。

石油加工为何倚重化学工程师

在美国宾夕法尼亚西北部的一个山谷里，有一些渗出地面的黏糊糊的深色液体，附近的盐井也会夹带很少的黑油，人们把这种液体称为石油（rock oil）。有人把石油稍加处理，装在小瓶里当外敷的药卖（并没有什么药效）。也许出自直觉，有人对这种没有大用途的石油感兴趣，成立了第一个石油公司（Pennsylvania Rock Oil Company），他们把石油的样品送给耶鲁大学化学教授本杰明·西利曼（Benjamin Silliman，1779—1864）作化学分析。

本杰明·西利曼

本杰明·西利曼是美国最早的科学教授之一，1804年在耶鲁大学讲授化学课，同时讲授地质学。西利曼熟悉化学元素的性质，他对石油进行了化学分析，认为石油主要是由碳和氢元素构成。1854年，西利曼教授在对石油样品进行分馏后，提出了石油的用途和价值的报告。至此，在宾夕法尼亚的这一带地区，人人皆知西利曼教授提出的石油可以取代煤炭用于照明和生产润滑剂的论断。

虽然知道石油可能具有利用价值，但前提是石油能以工业规模开采。人们可以相信钻井取水，还可以钻井抽取卤水制盐，可是没有人相信从地下可以采出石油。当年负责钻探的·德雷克（Edwin Drake）非常执着，而且对钻探石油的技术有独到的发明，终于在1859年钻井采油获得成功。当众人发现开采石油可以成功，以及石油可能具有的价值后，争购土地的热潮就开始了。那些曾嘲笑德雷克的人也开始疯狂地钻探石油，一时间整个山谷挤满了人，乡村田园上的树被砍得精光，成了架设随处可见的石油井架的木材。过不多久，几百座钻塔挤满了油溪四周的大地。但是那时照明燃油（煤油）和润滑油的市场规模还很小，炼油能力也远远跟不上采油能力，石油出现了供大于求的现象。

石油供过于求，油价猛跌，从1861年1月的每桶10美元跌到了那年年底的每桶只有10分钱，繁荣很快变成萧条。可是，当别的公司都纷纷破产，拼命想从石油生意中摆脱出来的时候，克利夫兰有一家做猪肉和其他农产品生意的小公司——克拉克和洛克菲勒公司——却决定进入石油开采和炼油行业。在他的合伙人退出后，洛克菲勒（John Davison Rockefeller）仍然坚定地看好石油行业。**在此后的数年里，洛克菲勒以他的战略眼光和经营手段（包括金融），在众多的石油企业中异军突起。**

1870年，洛克菲勒创办了美国标准石油公司，创立时有资本100万美元。1879年，他合并了其他14家石油公司并控制了26家石油公司的多数股票，组成了美国第一个托拉斯（Trust，垄断组织的高级形式之一。托拉斯由多个生产同类商品的企业或产品有密切关系的企业合并组成，参加的企业在生产上、商业上和法律上都没有独立性）。标准石油公司把美国90%的石油生产集中在自己手里，还掌握了产油区的铁路，建筑了四通八达的输油管，拥有自己的码头、仓库和海洋轮船，组织了庞大的遍及全国的销售网点。这样洛克菲勒控制了全国大部分炼油业，他组织了全美范围和世界范围的销售系统（主要产品是煤油）。（原油的计量单位普遍用桶而不用吨，1桶=42美制加仑≈35英制加仑=158.97升。最早的盛石油的桶是橡木板用铁片箍成的，这种啤酒桶式的木桶腰部胖圆，目的是方便在地上滚动。1870年洛克菲勒成立标准石油公司时，大量使用自产的木桶，把1桶定为42加仑。由于洛克菲勒实现了垄断经营，所以他的木桶规格成为沿用至今的国际通用石油计量单位。）

石油是各种烃的混合物，要加热提炼（蒸馏）才能得到市场上可销售的产品（表1）。

表1　原油主要分馏物及用途

	沸点（近似值）	分馏物		产品
原油→	40摄氏度以下	液化石油气（C_1~C_5石蜡烃）	→	燃料 化工原料
	40~180摄氏度	轻质汕（直馏汽油）	→	汽油 化工原料
	130~220摄氏度	重油馏分	→	溶剂
	160~250摄氏度	石蜡烃（煤油）	→	民用燃油
	220~350摄氏度	粗柴油	→	柴油 工业燃料油
	—	残油	→	润滑油 石蜡 沥青

早期的炼油过程就是简单的加热蒸馏。加热蒸馏过程是分批操作，石油倒入加热罐加热蒸发，在顶部冷凝器出口按馏出物的沸点分割收集，这过程与蒸馏酒差不多。不过，那时只有用于照明的煤油（沸点160~250摄氏度的馏出物）有市场，宝贵的汽油（沸点40~180摄氏度）并没有发现有用处。当时对石油的加工过程是简单的馏程切分，石油混合物里的各种长碳链基本没断裂，所以产生的气态小分子组分很少，即使有一点也排入大气中。炼油厂觉得麻烦的是汽油，汽油沸点低、又容易着火，当时的炼油厂明里暗里把汽油倾倒了事。洛克菲勒很重视生产管理，降低生产成本是他不懈的追求，他一直努力把炼油的产品和副产品都派上用场，但**那个时代石油的主要产品还只是煤油和润滑油。**

到19世纪末，内燃机和汽车相继问世。内燃机是将燃料放在汽缸内燃烧，使燃烧产生的气体推动活塞工作。内燃机需要容易燃烧的液体燃料，汽油正好符合要求。在福特创造的标准化、流水线生产方式的带动下，美国汽车制造业在20年代发展成为全国最大的工业部门。汽车的动力是内燃机，内燃机的动力来自汽油的燃烧。**敏感的炼油企业意识到炼油产品应该转向生产汽油。**

伯顿法的成功与失败

1910年之前，炼油企业主要对煤油和润滑油感兴趣。在20世纪初，汽车的引入迅速将炼油工业的重点转变为生产汽油。可是，1910年原油中汽油的收率仅为13%左右，是通过简单蒸馏获得的。通常认为伯顿（Burton）法是石油加工的第一个巨大进步，该方法的要点是在高压下加热裂化石油，使汽油产率显著提高。

威廉·伯顿

威廉·伯顿（William M. Burton）是霍普金斯大学的化学博士，于1890年加入印第安纳州标准石油公司（Indiana Standard），他可能是第一位在炼油行业工作的博士。1909年，伯顿开始探索如何增加汽油产量，他组织了一个小组研究了早期工业经验中提出的许多裂解方法。大约在1910年，他们决定利用加压蒸馏，因为有试验表明在3.5千克/平方厘米的压力下加热蒸馏石油并没有发生爆炸，而且证明了加压裂解的有助于提高汽油的收率。伯顿允许该小组在高压下继续试验，在约190升的蒸馏装置上他们尝试如何控制温度和压力。1913年1月建成了第一个工业化装置并开始运行，压力约为6千克/平方厘米，温度约400摄氏度，使汽油产量增加了一倍左右。

虽然蒸馏罐可以不断补原油、不断蒸出油品，但这个过程并不可以连续操作。罐子（蒸馏釜）很快就积累了热裂解产生的焦炭，使加热操作无法再进行下去。**伯顿法的效率是很低的，生产几天就要停产清理罐内的焦炭，才能开始下一批次的操作。**整个过程需要用经验控制进料速度、控制温度和系统压力。伯顿团队开发这套裂化装置时，电焊还没有发明和应用，第一批裂化釜和蒸馏塔是用铆接的方法制造的，油气泄漏不可避免，好在析出的焦炭很快将缝隙堵住。那时还没有可以用于输送热油的泵，加料还得用高位槽。

工业化过程中的很多问题是罗伯特·汉弗莱斯解决的。汉弗莱斯也是霍普金斯大学的化学博士，1900年由伯顿招聘加入公司。他的主要改进是：

（1）在精馏塔冷凝器后设控制阀门，对塔和加热釜系统的压力进行调节；

（2）设计了中间冷凝器（空气风冷）以控制精馏塔的回流；

（3）底部的蒸馏釜上设了格栅用于拦截裂化过程中产生的焦炭。这是因为他们观察到焦炭并不是在加热面形成的，而是在液体的油相中产生的。

下图是伯顿工艺的示意图，该工艺结合了汉弗莱斯的改进和刘易斯-库克鼓泡塔的技术。

在石油加工的早期，伯顿法是一个非常成功的开发项目。当时伯顿曾提出建100套热裂解装置的计划，可是公司拒绝了伯顿的建议，洛克菲勒那时还不想把资金投入到炼油技术。不过，一场反托拉斯官司改变了炼油技术的进程。洛克菲勒的标准石油公司的产品在全国市场上占有份额过

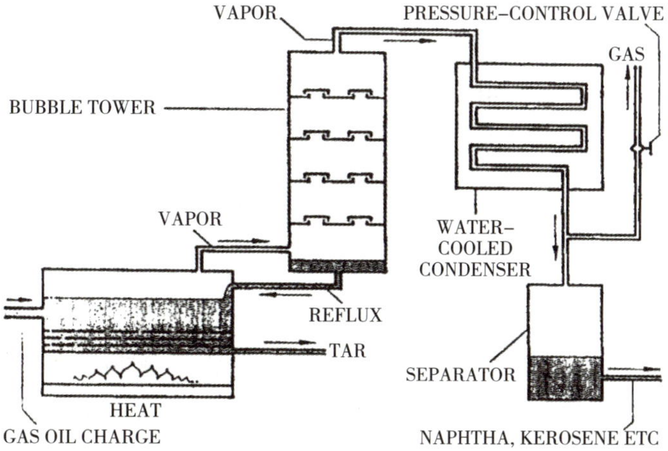

伯顿法热裂解的工艺简图

大（95%），被判定是妨碍竞争和贸易的垄断企业。**根据美国反垄断法，1911年，标准石油公司按属地被分拆成37个独立的公司**（洛克菲勒仍占有37家企业股权中的1/4）。这些散布美国各地的石油公司以后逐渐独立运营，很多又成为新的石油巨头。印第安纳州标准石油公司（后改名为阿莫科石油公司，Amoco）是37家公司中规模最大的公司之一，未分拆前的标准石油公司的研究和开发力量集中在此。印第安纳州标准石油公司独立后很快批准了伯顿扩建100套炼油装置的提议。

随着伯顿法成功的消息传开，许多炼油厂开始购买伯顿法的专利。印第安纳州标准石油公司获得了石油精炼技术上最早和最大的成功，该工艺的研发总成本约为20万美元（当时），到1920年，该工艺从提高自身的汽油收率和出售专利许可的收入就超过1亿美元（当时）。伯顿早就是印第安纳州标准石油公司负责技术开发的副总裁，他最终成为阿莫科石油公司的总裁。像许多成功人士一样，伯顿认为没有必要改进他的过程，也没有鼓励内部其他员工的改进。而他的开发人员主要是化学家，思路还是局限于实验室操作的模式，对开发连续生产的工业过程没有紧迫感。而原本没有开发力量的埃克森石油公司（前身是拆分后的新泽西标准石油公司）于1919年建立了开发部，公司与MIT化学工程系建立了紧密的合作关系，化学工程师开始在炼油装置的大型化、连续化方面发挥作用。

加热、加压蒸馏石油的过程并不复杂，各家炼油厂在加热釜上衍生出各种改进。1920年后，伯顿法已经不是石油热裂解技术的主流了。对伯顿法的改进主要是改变了化学家的思路，最成功之处在于：

（1）由几天就要停产清理的批次法（batch）改进成了可持续操作的连续过程；

（2）夹套加热的蒸馏裂化釜改成了内部列管式加热，使单位体积里的传热面大为增加，大大强化了单套装置的生产能力；

（3）把粗糙的简单蒸馏改变为大型的连续精馏，并实现整个过程的自动控制。

通过这些改进，热裂化炼油装置基本上可以实现连续、稳定的操作。此外，新的企业或工程公司也参与这场技术竞争，如通用油品公司（UOP，Universal Oil Products Company）。**这些公司之间的竞争和合作，一方面促进了技术进步，另一方面也是专利纠纷不断**（直到1938年，近20年的专利之争才基本解决）。

虽然伯顿法在一段时期内获得成功，但从技术经济的角度看，伯顿法（包括改进的伯顿法）是难以持久的。使伯顿炼油工艺出局的新技术是催化裂化工艺，而**化学工程师加入炼油行业加速了这个开发过程**。新型催化剂开发和化学工程学相结合，促使整个石油炼制进入了一个全新的时代，由此也带动了石油化工的发展。

炼油行业与化学工程学

1914年7月，第一次世界大战爆发。虽然美国是1917年才对以德国为首的同盟国宣战，但一战对MIT化学系的影响来得更早。1915年4月，德国在战场上首次使用了化学毒气。美国政府秘密启动了化学武器的研究（生产和防护），沃克团队的很多教师参加这项秘密工程项目，随着美国对世界大战的介入逐步深入，化学工程专业从教师到研究生都参与了备战，最后从高年级学生直至低年级学生都派上了用场。化学系的负责人和骨干，诺伊斯、沃克、刘易斯等人都在政府和军队的有关机构承担了负责的工作，正常的教学工作直到1919年才逐步恢复（一战于1918年11月11日以德国投降结束）。也正是**因为一战的原因，里特尔1915年提出的“单元操作”这一化学工程学科核心思路被搁置，直到1920年沃克、刘易斯等人才写成了《化学工程原理》教材的草稿（1923年出版）。**

1919年，诺伊斯和沃克分别从各自的战时岗位返回学院，他们的办学思路冲突随之爆发。显然，化学工程专业团队不可能和诺伊斯的化学研究团队共处同一个系了，遗憾的是，沃克和诺伊斯因为这场学科争斗都选择了离开MIT。1920年，化学工程专业脱离化学系成为独立的化学工程系，刘易斯（W. K. Lewis）担任第一任系主任。化学工程学科的发展重任落在了刘易斯身上。

第一次世界大战后，工程教育越来越受欢迎。从表面上看，MIT的化学工程学科已经有了很好的基础：以单元操作为核心的化学工程专业课程体系已有了框架，战时的中断“应用化学实验室”和“化学工程实践学校”逐步恢复正常。可是此时的刘易斯却察觉到化学工程学科发展的问题，恢复正常的“应用化学实验室”面临着课题和资金的短缺。应用化学实验室的处境使刘易斯担忧，他清醒地意识到**化学工程学科仅有基本思路和抽象的学术研究是不够的，工程学科需要自己的应用特长。**

> 幸运的是，美国的炼油企业预见到战后汽油的需求将激增，它们对技术进步有强烈的愿望，其中，对提高汽油产量和收率最为着急的可能是新泽西州标准石油公司（后来的埃克森石油公司）。埃克森石油公司尽管生产规模大，可是公司没有自己的研究和开发力量，伯顿-汉弗莱斯的热裂解工艺专利是属于印第安纳州石油公司（后来的阿莫科公司）的。为了避开专利侵权，埃克森公司着手进行热裂解工艺的改进。为此，埃克森聘请了专利律师霍华德（Frank A. Howard）负责组建公司的开发部。1919年，以霍华德为负责人的埃克森技术开发部成立，霍华德的第一个动作是为公司聘请技术顾问。MIT化学工程系的刘易斯教授成为公司最重要的顾问之一，从此埃克森公司和MIT化学工程系建立了长久的合作关系。

当时炼油技术面临的第一个挑战是把分批操作的伯顿法改造成连续裂化的工艺。这是需要强化传热过程、控制加热温度，以及减少油品在加热过程中的结焦。经过数年的努力，埃克森公司的连续裂化工艺已经达到很高的水平。下一个问题是油品的蒸馏精制。没有改造前的蒸馏过程是在加热裂化罐上面摆放几个分凝器，从蒸发的油气中把重组分拦截下来，如此收集到的油品还得经过多道的重新蒸馏，这是效率很低的精制过程。当时的炼油企业用的是在地面水平排列一系列蒸馏釜，容积大小200~1,000桶。精馏是化学工程专业研究得比较透的单元操作，在20年代精馏的基本原理和操作在化工行业已经普及推开，但在石油炼油行业却对精馏一无所知。正是W · 刘易斯等化学工程教授把精馏塔的原理和设计传授给炼油领域，把粗糙的蒸馏改成连续化的大型精馏装置，使埃克森的油品精制能力达到275,000桶/天（4万吨/天）。这项工作和他早期的泡罩塔设计成为炼油厂的标准配置。

炼油生产是一个资本密集型行业，也是一个竞争性极强的行业。炼油企业必然要追求生产规模，以降低产品成本。从小装置放大到大型装置，从分批操作到连续生产的转变带来了很多工程问题。化学家们习惯于分批操作方式和复制成套装置增加产量的思路，炼油工业生产要求大型化、连续化的操作方式使化学家很不适应。而化学工程学对“单元操作”原理的理解和定量化计算，可以比较成功地预测这些单元设备的连续化和“放大”后的行为，这正是实现装置放大和连续操作的设计基础。与传统的化学公司不同，**炼油企业的技术进步一开始就依赖化学工程学，**相对于对化学工程师和化学家，他们往往更倚重前者。

刘易斯教授（W. K. Lewis）

作为公司顾问的W. 刘易斯教授与工业界建立了一种新的关系，这种关系也对MIT化工系的教学和研究产生了巨大影响。W. 刘易斯特别重视对过程或具体单元操作的定量化，他经常**通过建立简明的物料衡算和能量衡算，来认识和分析工业实际问题，**为装置的工艺设计奠定了基础。实际上，即使是化学反应并不十分复杂的炼油过程，物料衡算和热量衡算也涉及多组分和高温、高压复杂操作条件的计算（实际上是比较准确的估算），既需要对单元操作的深刻理解，也需要开展化工热力学等领域的研究。**刘易斯把化学工程学科的特长和挑战集中在大型化和连续化的设计工作上，这使得化学工程学科找到真正生长点。**如果说里特尔和沃克从化学工程师教育出发而建立了化学工程学科，那么刘易斯则从工业实践中发展了化学工程学科的实用性。MIT化学工程专业的课程吸收了刘易斯的新概念，使化学工程系的学生受到工业界的欢迎。W · 刘易斯对现代化学工程学科的发展（包括教学方法）作出了卓越的贡献，他的作用是独特而不可或缺的。也许可以说，如果没有刘易斯等教授与工业界的紧密联系，化学工程学科的发展可能会变得过于抽象而不实用了。

在改进教学的同时，刘易斯给MIT化学工程系的办学思路带来了另一个根本性的变化。**刘易斯一直鼓励和推荐有才能的教师和学生进入工业界，相信他们在工业界有用武之地和发展空间。**同时，MIT的化工系可以通过他们建立与化学工业界的联系，为化学工程学科的建设和专业教学提供宝贵的经验和丰富的素材。由于企业陆续建立自己的实验室，“应用化学实验室”不可能像沃克时期那样获得很多研究合同，但刘易斯把MIT化学工程系的人才推向了企业。刘易斯向埃克森公司推荐了“应用化学实验室”主任和“化学工程实践学校”负责人罗伯特·哈斯拉姆（Robert T. Haslam），在埃克森公司组成了一个由15名MIT员工（其中多数来自“应用化学实验室”）和毕业生组成的研究团队。1927年哈斯拉姆加入埃克森公司，很快成为埃克森美孚开发部的副总裁，研究团队有6名员工最后成为埃克森公司的高层管理人员和董事会成员，由此可见他们对公司的贡献和影响力非常大。还有，MIT的另一位教师R. E. 威尔逊成为阿莫科公司的董事长兼首席执行官。

第一次世界大战前后，化学工程学科兴起的另两件事与MIT化学工程系也很有关系。其一是化工工程公司的发展，工程公司包含建造完整工厂所需的所有技能，通常需要设计大型的连续、自动控制的炼油和化工装置。环球石油产品公司（UOP）和M. W. 凯洛格工程公司是最著名的化工工程公司，**重视化学工程师的作用是这两个工程公司的共同特点，**而这两个公司的工程技术骨干都出自MIT化学工程系。后来的科学设计公司（SD公司）的创始人兰道（Ralph Laudau）是刘易斯的学生，毕业后经刘易斯推荐去凯洛格公司。第二次世界大战后兰道成立SD公司，成功开发了多项化工生产工艺。

第二件事是1929年杜邦公司在研发部成立了化学工程组，公司聘请了MIT的另一位教授麦克亚当斯（W. H. McAdams，《化学工程原理》的作者之一）为顾问。化学工程小组的负责人奇尔顿非常赞同里特尔和沃克的“单元操作”思路，并接受麦克亚当斯的建议在杜邦公司开展化学工程学研究。杜邦公司的这个团队吸引了来自美国各地的化学工程专业优秀毕业生，他们出版的论文、标准和手册在学术界和化学工业界非常有影响力，在化学工程学科的发展中占据显著地位。

化学工程学科与石油炼制过程的进步是交互作用、相互促进的。化学工程师解决了炼油和石油化工过程开发中的很多重大的工程问题，同时化学工程师的开发能力和信心也很大程度是来自于炼油和石油化工的实践。此后，化学工程师与开发催化剂为代表的化学家合作，在传统化工和石油化工行业很快就有了更多、更广泛的贡献。

催化剂进入石油加工领域

早期的炼油过程是把石油中的可用成分分馏出来，热裂解则是利用热能断裂石油中碳链，试图得到更多的汽油或柴油。但热裂解的结果不可控，收率自然很不理想。能不能把催化剂用在石油加工领域？果然，**催化剂完全改变了石油加工行业，**也催生了石油化工的大规模生产，同时为化学工程师提供了过程开发的舞台。

霍德瑞（Houdry）的催化裂化法

虽然在霍德瑞（Eugene Houdry）之前早就有人尝试过催化裂化加工石油，但霍德瑞是公认的实现石油催化裂化工业化的第一人。令人难以相信的是，霍德瑞没有受过化学或化学工程师教育，也不是炼油行业的人。

霍德瑞

霍德瑞（Eugene Houdry）

霍德瑞出生在法国，他的父亲经营一家非常成功的钢结构制造企业。霍德瑞大学毕业后，加入了家族的生意。第一次世界大战时参军，负过伤，得过勋章。战争结束后，他又回到家族企业。也许是在军队的经历使他开始对汽车和汽车的引擎感兴趣。1922年，他赴美参加了一次赛车比赛，还参观了福特汽车公司。在福特公司，他确信好汽车一定要好引擎，而好的引擎还要好的汽油（高辛烷值）。回到法国后，霍德瑞开始自己开发汽车燃料油。可是，在法国他不得不选择液化煤制汽油（在法国化石燃料只有褐煤），这个项目得到了法国政府的资助。但以煤为原料制汽油经济上明显不合算，法国政府很快停止支持这项开发。好在霍德瑞家族有钱，他在招人搞煤液化开发时，同时也探索石油的催化裂化。

霍德瑞没有受过化学教育，但他搞研究既肯投钱，自己也非常投入苦干（经常吃住都在实验室）。他的实验方法和发明家爱迪生、固特异一样，穷举穷试。他把能想到、能找到的固体物质都当催化剂来试验。至于如何评价石油裂化的实验结果呢？不是化学家的霍德瑞自有一套办法检验：对各种“催化剂”产出的油品，霍德瑞先点燃烧烧看，如果火焰透明而偏蓝，那证明裂解得到的分子偏小了；再把布条挂进汽油里，从布条的颜色和黏附的胶质物可以判断汽油纯度。但最实际的检验是霍德瑞开着自己的跑车冲上实验室附近一条长长的上坡路，爬坡的动力表现使汽油的质量高低见分晓。经过三年不懈的试验，1927年，霍德瑞找到了一种白土（硅铝黏土），其催化裂化石油的效果最佳。

霍德瑞报道了他的试验结果。不过，霍德瑞的试验结果和想法没有得到欧洲公司的响应。他转而期望美国公司对他的技术感兴趣。由于美国对汽油的需求量比任何其他产品都大得多，众多从事炼油的企业总有敢于冒险投资新技术的企业。在访问美国真空公司（Vacuum Company，后来并入美孚石油公司）时，霍德瑞得到了发展的机遇。真空公司与他设立了合资公司，共同开发催化裂化工艺。1930年，霍德瑞和他的研究团队来到了美国，他们将实验室搬到了美国（新泽西州）真空公司炼油厂附近。

1932年，霍德瑞发布了催化裂化工艺成功的消息，他有了小装置的实验结果，也构思流程方案。可是，催化裂化的工业化还没法实现，因为工业装置需要的阀门、泵和反应器还没有面世。直到1936年，上述的设备硬件总算都鼓捣出来了**（现在市场上各种规格的阀门和泵其实都是被各种新工艺给催生出来的）。**

1936年，他们建成了一个每天处理2,000桶原油（BPD）的装置，这是世界上第一个工业化催化裂化装置。催化裂化过程在约480摄氏度、2个大气压的条件下操作，催化剂是小球状或圆柱状，堆放在垂直的列管里，管外流动着传热介质，这就是列管式固定床反应器的最早形式。**霍德瑞**

工艺的问题是催化剂表面会生成碳结焦而失活，所以当裂解操作一段时间后，催化剂需要再生。再生过程要把原油蒸汽切换成空气，利用氧气烧去催化剂上积累的碳。大型工业装置进料的切换很不容易，其中还要考虑热量的平衡和利用。尽管如此，催化裂化的优势还是很吸引人：**催化裂化比热裂化的汽油得率提高30%，辛烷值也提高10%。**

在解决了切换控制等技术难题后，1937年，霍德瑞把生产规模扩大到每天处理12,000BPD，在接下来的4年里陆续有十多个这样的装置投产。固定床催化裂化过程是现代化学工业发展的一个里程碑。工业装置的大型化促使了相关设备制造和过程控制技术的发展，比如，控制周期性的催化剂再生操作、耐高温的各种阀门、大型燃气轮机驱动压缩机等。催化裂化列管式反应器采用了耐压防腐的合金材料，此外，大型的室外框架支撑着反应器和分离系统，**这些超大的设备群和框架是现代化学工业装置的前驱。**

催化裂化装置的复杂性是石油行业此前从未遇到过的，霍德瑞过程的开发从小试到工业化的放大过程用了约5年时间，总投资达700万美元（霍德瑞家族投入了300万美元）。在第二次世界大战的头两年，霍德瑞的催化裂化工艺生产了美国约90%的航空汽油。1944年，美国有 29套霍德瑞过程在生产，总处理原油量达375,000BPD。

可是，当霍德瑞还沉浸在成功喜悦之中的时候，他没想到接下来石油催化裂化过程会发生新的革命性变化。启动新技术开发的原因是几个炼油的巨头企业与霍德瑞在技术转让费上谈不拢，美国汽油的市场过于庞大，相应的转让费和提成费算起来太高。不过，霍德瑞的固定床催化裂化技术最终被淘汰也是本身的技术原因，催化剂结焦需要的定期清焦操作使运行无法连续化，这成为大型或超大型装置的致命弱点。

流化床催化裂化

1938年底，由8个公司参与组织了一个“催化剂研究协会（CRA）”，实际是**准备避开霍德瑞的专利，试图开发新的催化裂化工艺。**这8个公司的名头和技术经济实力是惊人的，其中有标准石油公司（新泽西、印第安纳）、壳牌（Shell）、UOP和德国法本（I. G. Farben，后退出）。CRA把打算使用的催化剂颗粒大小选择在0.05毫米到0.15毫米，这种奶粉一样的催化剂不在霍德瑞的固定床颗粒催化剂的专利范围（后来这催化剂真是用制奶粉的喷雾干燥法制造的）。另一方面，粉状催化剂催化性能也特别好。可是问题是如何使粉末状的固体颗粒像流体一样流动起来？还有，如何使催化剂再生（粉状催化剂也会结碳失活的）？

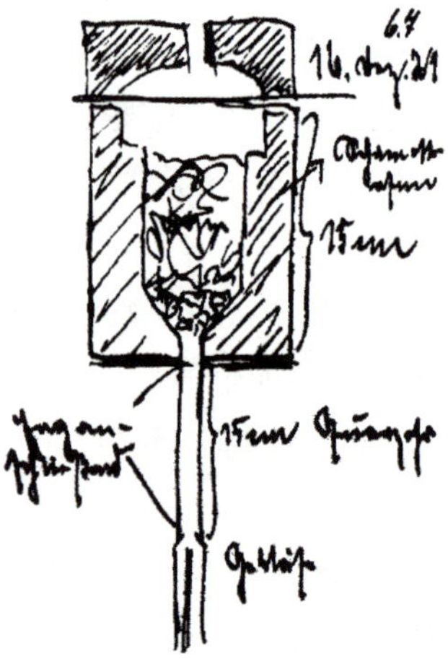

煤颗粒的流化床燃烧设想

1921年，德国人曾开发一种让细粒煤颗粒悬浮燃烧的新型气化炉，这种气化炉被称为“流化床”燃烧炉。然而，用空气流把细小的煤颗粒悬浮起来燃烧的方法并不适用石油的催化裂化过程，因为煤的细粉在空气中很“稀”，而催化裂化的催化剂与油气比必须很高［（7：1）~（10：1）］，否则反应器就太没有效率了。所以，

问题首先在于是否能形成固体粉末含量很高的“高密度”流体化，而且要在反应器和再生器之间形成可控的流动。

几经尝试，新泽西州公司的研究人员发现他们能想到的方法均无法对付这样的气固系统。流化床的难题就交到MIT化学工程系的W·刘易斯教授手里，此时的刘易斯已经不再担任MIT的化工系主任，但他一直是公司的高级顾问。

流化床催化裂化的可行性集中在两个问题上：

（1）“密相”颗粒流态化是否可行，即细小的催化剂颗粒是否可以用较小的气量翻涌起来。如果需要很大的油气才能形成颗粒的流态化，那催化剂与油气的接触时间就不够，而再生器中需要鼓进的空气太多也会造成安全和效率问题；（2）“密相”的气固混合体是否能实现单向的流动，这是实现催化剂连续再生的关键问题。刘易斯和另一位教授吉利兰（Edwin Gilliland）带领着几位学生开始实验室研究。经过几个月试验，他们确认较低的气量可以使细小的颗粒流态化，这个气速要远低于斯托克斯定律的计算值，原来这个著名的流体力学定律只适合单个颗粒的系统，并不适用于大量微细颗粒聚集的气固系统。MIT化工系师生的研究结果使流化床的开发有了信心。

在流化床开发的过程中，MIT和新泽西石油公司的合作可以说是最默契、最有效率的。在MIT化学工程系师生对流化床原理进行试验诠释的同时，新泽西公司的团队进行着相应的试验，他们在公司的实验基地上建了一套100BPD规模的流化床中试装置。在这套中试装置上，果然在较低气速下，催化剂细颗粒稳定地悬浮起来了，实现了稳定的“密相”流化床；另一个重要的结果是，他们验证了管道里“密相”颗粒流与液体的液柱一样，可以实现颗粒的单向流动（从再生器流向反应器）。按当时初步的设计计算，工业装置（约10,000BPD）的催化剂循环流量必须达到几百吨/分钟。第一个流化床反应器系统再生器高过反应器约10米，以压差来实现催化剂颗粒的单向流动，催化剂的流量是用管道上的插板阀的开度来调节的（后来的催化裂化流化床系统改为用反应器和再生器之间的压差来控制）。

由于第二次世界大战急需高辛烷值航空汽油，新泽西公司看到中试的结果有利，就决策放大120倍，**这个放大倍数是化工过程开发历史上的奇迹之一。**1942年5月第一套12,000BPD的流化床生产装置建成，这是石油行业和化工行业当时最大的装置。参与流化床开发的工程技术人员仅次于原子弹研制的曼哈顿项目，新泽西公司承担了主要的开发任务，有400名工程技术人员参加。经过几个月的整改后，这套流化床催化裂化装置终于开车成功，汽油得率约50%，辛烷值也提高了（热裂解汽油的得率约为13%，固定床催化裂化汽油得率约为30%），关键这还是连续化生产。

第一套流化床开发成功后，化学工程师们继续对气固流化的规律进行研究，后来有好几代的改进型流化床反应器。20世纪60年代沸石分子筛催化剂的成功开发，使催化裂化过程的汽油得率和辛烷值又一次明显提高。20世纪后期，世界上所有的石油催化裂化都采用了流化床过程。现在单套流化床催化裂化装置的生产能力达到了600万吨/年以上，是名副其实的巨无霸装置！

值得一提的是，流化床催化裂化过程开发是由化学工程师为主导的项目。化学家探索了催化剂的反应和再生条件，而如何连续地、大规模地使用催化剂是化学工程师的任务。流化床反应器的微细颗粒与气流形成了像流体般的状态，物理学没法处理这么复杂的现象，所以，**流化床的成功是化学工程师的杰作。**

早期催化裂化流化床反应器

UOP的铂重整

辛烷值是表示汽化器式发动机燃料抗爆性能好坏的一项重要指标，汽油的辛烷值越高，抗爆性就越好，发动机就可以用更高的压缩比。汽油的辛烷值和汽油中烃类分子的组成及结构有密切关系。催化裂化产品仍不能满足高级汽车和飞机引擎（发动机）的要求，炼油企业对提高汽油的辛烷值做出了长期的努力，最先实现工业化汽油重整过程是热重整（1931年）。热重整就是把汽油馏分再加热，使其中的成分发生自然调整。这虽然有点效果，但产品质量没有明显提高，未得到广泛应用。

催化重整开发于1947—1949年，催化重整是以C_6～C_{11}石脑油馏分为原料，在一定的操作条件和催化剂的作用下，烃分子发生重新排列，使环烷烃和烷烃转化成芳烃或异构烷烃。催化重整涉及奇妙的分子转换，比催化裂化过程要复杂得多。但是，**催化重整既可以生产高辛烷值汽油，也可以生产芳烃（苯、甲苯、二甲苯等）和氢气，继催化裂化过程后催化重整成为炼油行业技术攻关的重点。**

与催化裂化过程一样，催化重整的麻烦之处也是在催化剂需要再生（烧去催化剂上的积炭），催化剂的再生使得整个过程没法连续化。问题是催化重整的催化剂比裂化催化剂要复杂得多，用流化床方式实现催化剂再生不理想。

1949年，UOP公司宣布了一个震惊业界的发明，他们开发了一种含贵金属铂的催化剂，反应过程中没有结碳，因此不需要催化剂再生，可以实现了催化重整过程的连续化。新工艺的高辛烷值汽油产量为95%，比固定床反应器的收率高10%，比流化床重整收率高30%。

说到UOP公司成功开发催化重整过程，还得从一位关键的人物俄罗斯化学家伊帕季耶夫（Vladimir Ipatieff）说起。伊帕季耶夫出生于1867年，1890年加入俄罗斯物理和化学协会，与门捷列夫等著名的俄国化学家有直接交流。1900年，他发表了金属氧化物催化作用的论文，同时他还发现氧化铝、锌和铜等催化剂在脱水、脱氢反应中的催化作用。伊帕季耶夫后来研究基本有机化合物的转换，他理解和描述了反应平衡和反应的可逆性。但最重要的是，**伊帕季耶夫最早认识到了催化剂表面状况对催化过程的重要性，认为要制作表面积大的非均相催化剂，以提高催化剂的效率。**

UOP公司的技术负责人在德国出席国际学术会议时，遇上了伊帕季耶夫，劝说他离开苏联到美国工作。由于种种原因，伊帕季耶夫最终决定移民到美国。62岁的伊帕季耶夫抵达美国芝加哥后，立即成为UOP公司的科研顾问，同时被聘为美国西北大学化学教授。虽然年过六旬，伊帕季耶夫还处于他科研水平的高峰期，是当时世界上公认的催化剂顶级专家。伊帕季耶夫对催化剂的理解非常深刻，又擅长制备具有高活性的催化剂，UOP诸多催化过程开发都得到他的指导和帮助，在开发催化重整工艺之前，UOP公司其实也开展过热重整的研究。但到1950年左右大家都很清楚，要完成这样复杂的过程没有合适的催化剂是不可能的。伊帕季耶夫的兴趣在于科学研究，对石油化工产品的工业开发并没有兴趣，但他和他的学生、同事对烯烃、烷烃的催化反应研究却导致了石油加工的革命。以前在炼油行业加工石油的手段只是加热，加热裂解、加热重整，即使是催化裂解（前面介绍的霍德瑞过程和流化床催化裂化过程）也是比较简单地把原油中的大分子分解成小分子。

UOP开始时研究并没有什么好苗头，即使在催化剂里添加了5%的贵金属铂，反应活性也很低。一次伊帕季耶夫的学生在试验时用了没有脱硫的直馏石脑油作为原料，结果含铂的催化剂马上中毒失效了。他们想试试把失活的铂恢复过来，就把氢气的分压升高，同时提高反应的温度（比通常反应温度高200摄氏度）。结果得到了异乎寻常的好结果，重整收率优于常规传统过程，产品的辛烷值要更高。最为神奇的是，这个过程催化剂不结焦，这意味着低效而麻烦的催化剂再生过程可能不需要了。

> 如果没有伊帕季耶夫这样的催化专家参与研究，从事炼油的企业很难变换那些烷烃、烯烃化合物（烷烃化、芳烃化、异构化等反应过程）。

实验室的突破虽然很关键，下一步的过程开发也同样重要。当时UOP公司把一半的技术力量投入到铂重整项目开发，可见UOP公司对这个项目重视。首先，他们通过改进催化剂，把贵金属铂的含量降下来。同时，研究人员还发现催化剂载体对催化剂的活性有很大的影响。最终UOP得到了含铂量低（0.3%~0.7%）、以氯化物或氟化物为载体（控制催化剂酸度）的工业催化剂，称之为双功能催化剂。试验中还发现，各类反应进行的程度取决于操作条件、原料性质以及所用催化剂的类型。因为反应的进程涉及环烷烃的脱氢和直链烷烃的脱氢异构，UOP的化学工程师使用了三个串联的反应器，设计了各自入口的进料换热器，针对各反应器的功能提供不同的换热量，这样重整工艺可以设计不同的反应条件，使装置在生产高辛烷值汽油和化工基本原料BTX（苯、甲苯、二甲苯）之间进行选择。

石油加工过程（裂解和重整）的成功是研发催化剂的化学家和化学工程师紧密合作的结果，但也可以说，化学工程师主导了石油加工过程的开发。

① **催化剂虽然是一个过程的核心技术，但用好催化剂是化学工程师的任务。**化学工程师开发了固定床反应器、流化床反应器、模拟移动床等设备，把吸附、精馏、萃取、结晶等单元操作过程和设备都用上了；

② 化学工程师负责中间试验装置的设计和运行，内容涉及了流程选择、原料和循环物流的组成控制、反应条件和分离方案等详细的工艺参数。最终，化学工程师还必须完成工业装置的设计、运行。

石油加工领域为诞生不久的化学工程学科提供了发挥作用的舞台，另一方面，成功开发大型化、连续化的过程也给化学工程师极大的信心和鼓舞，他们紧接着将在石油化工领域中发挥重要作用。

率先进入石油化工领域的企业

今天化工和石油化工好像是一个行业，但在1920年以前，很少有人把石油和化工行业联系起来。石油开采和炼油就是生产燃料和润滑剂，化学工业则主要利用煤炭焦化的副产品作为主要原料生产化学品。不过，这一切都因为汽车需要大量高辛烷值的汽油而改变。为了提高汽油的收率，就要把石油中的长链烃类裂解成汽油范围的成分；为了提高辛烷值，就要对裂解生产出的汽油重整，以增加芳烃的含量。**裂解的过程中必然会产生更小的“碎片”——烯烃，主要是乙烯、丙烯和丁二烯等，重整过程产生了苯、甲苯和二甲苯等芳烃产物。**用这些基础化工原料再进行聚合、氧化、合成等反应，能制成无数有用的产品。

随着石油化工的开发，人们认识到石油中含的碳和氢太宝贵了。有趣的是，石油化工的开发过程是上游的炼油企业和下游的化工企业共同进行的，这些企业为石油化工的发展都作出了各自的贡献，下面讲述的是其中的几个例子。

联合碳化物公司

联合碳化物公司（Union Carbide & Carbon Corporation，UCC）是1917年由四家公司合并成立的：联合碳化物公司（Union Carbide Co.）、林德空气产品有限公司（Linde Air Products Co.）、国家碳有限公司（National Carbon Co., Inc.）和Prest-O-Lite有限公司。

联合碳化物公司（UCC）标志

先从Prest-O-Lite公司的故事说起。这个气体公司源自一家卖自行车的商店。当时自行车装着一个点气体的灯，可点燃的气体是压溶在钢罐里的乙炔（HC ≡ CH）。自行车商店的两个店主在1904年成立了这家气体公司卖气体灯。20世纪初，美国的汽车潮开始了。Prest-O-Lite公司开始卖汽车乙炔灯，还建立了一个全国的销售服务网（最早的汽车灯也是点乙炔的气体灯）。很快，爱迪生发明的电灯取代了气体灯，汽车乙炔灯在市场上并没有生存几年。不过，Prest-O-Lite公司为乙炔找到了新的销路，乙炔焊：乙炔和氧气混合燃烧用于切割、焊接金属。

因为需要乙炔，Prest-O-Lite公司不得不与联合碳化物公司UC打交道，UC公司是当时生产乙炔的原料碳化钙（CaC_2，俗称电石）的唯一供应商。可是，Prest-O-Lite公司对乙炔供应完全依赖一个公司的状况不放心，所以他们资助了一个研究项目，看看有没有别的途径可以生产乙炔。他们选择资助了一位刚从德国留学回来的化学家G·柯姆（George O. Curme），那时柯姆从事利用电弧从石油原料生产乙炔的研究。柯姆发现电弧过程每产生1摩尔乙炔就同时有0.5摩尔的乙烯，当时柯姆就有一种直觉，也许从乙炔出发生产的种种化合物（乙醛、丙酮等）都可以用乙烯来合成。

涉及乙烯研究还有一家公司是林登（Linde）气体产品公司，该公司用德国人的技术液化、精馏空气（常压空气的液化温度约-190摄氏度）制取氧气。林登公司那时想开发从天然气中分离乙烯的技术。经过几年既竞争又合作的过程，这几家公司走向了合并。这次的公司合并给了柯姆博士一个轻松的环境，他再不用考虑研究成果的归属，几个资助的公司现在成一家人了。柯姆很早就意识到乙烯可能代替乙炔，成为化学合成的最基本的原料。他现在要想探索的是裂解乙烷（CH_3-CH_3）得到乙烯，这需要低温技术把乙烷从天然气中分离出来（乙烷常压液化温度-89摄氏度）。如果能裂解得到乙烯（常压液化温度～-104摄氏度），也需要低温分离技术把乙烯和未反应的乙烷分开。这时候，林登气体产品公司用于空气分离的低温技术就派上用场了。联合碳化物公司的生产乙烯中间实验装置（pilot-plant）并不是一个集中的工厂，而是分步在几处工厂完成的。

> （1）从天然气中分离出乙烷，压入钢瓶运至热解装置工厂；（2）在热解实验装置通入加热的石英管得到乙烯和乙烷的混合物，再压入钢瓶去低温分离工厂；（3）混合物经低温精馏分离，最终得到乙烯并灌入钢瓶。

这样的试验操作利用了公司已有的装置和设备，但运输成本和操作费用肯定过高，可是工业化中间实验的目的达到了。**联合碳化物公司是石油化工发展的先行者，他们率先从石油和天然气中的轻组分中制取了烯烃。**随后，联合碳化物公司对低温分离技术进行改进，如提高系统压力，这样就可以在较高的操作温度分离各组分。以后炼油过程中分离低沸点的轻烃气体（乙烯、丙烯等），都是以联合碳化物公司的分离技术为样板的。

以乙烯为原料制备一些重要的中间化合物的研究和开发一直在进行，但是这些过程的工业化还有待时日。这阶段联合碳化物公司找到了一个小分子混合烃类的市场，液化石油气（Liquefied Petroleum Gas，LPG）可以作为民用燃料。LPG是丙烷和丁烷的混合物（通常伴有少量的丙烯和丁烯），丙烯和丙烷的混合气体还可以用于氧割。林登公司有低温分离、压罐的技术，Prest-O-Lite有气体销售网点，相当长一段时间里LPG成为联合碳化物公司的赚钱产品。在此期间，研究开发和市场两个部门的人员都在忙碌着，1927年，乙二醇被用作汽油防冻剂，这是公司烯烃产品开发的一个巨大成功。乙烯本身也发现了新的用途，作为水果的催熟剂和制冷剂。其他进入市场的产品还有乙二醇醚，作为清漆和其他油漆的溶剂，生产乙二醇过程中的副产物二氯乙烯，可以溶解油脂，可用于干洗剂。

联合碳化物公司综合了产品开发成功的几个基本元素：原料、技术、市场开发。1926年，公司以乙烯为原料开发了6个产品、用丙烯开发了2个产品：异丙醇、丙酮、乙醇、乙醛、巴豆醛、正丁醇、环氧乙烷，乙二醇和乙二醇醚等。1934年时，从乙烯出发生产出35个产品、以丙烯为原料生产出15个产品。UUC公司还有几件值得一提的事：1930年进入合成乙醇生产领域；1939年公司买下了贝克兰的酚醛塑料公司（贝克兰年龄大了不想再经营企业）；50年代，开始生产分子筛（合成沸石），是世界上第一家工业规模合成沸石的生产厂；1979年公司发明低密度聚乙烯低压气相合成法，获化学工程技术成就奖；1984年，联合碳化物公司在印度博帕尔市的农药厂甲基异氰酸酯气体泄漏，酿成重大事故，公司蒙受很大损失，被迫进行重大改组。

（注：1999年，联合碳化物公司和陶氏化学公司的董事会批准一项价值116亿美元的交易，2001年，联合碳化物公司正式成为陶氏化学公司的全资子公司。）

壳牌公司

荷兰皇家壳牌集团（Royal Dutch Shell）始于1907年壳牌运输和贸易有限公司（英国）与荷兰皇家石油公司股权的合并，它是一家跨国石油公司集团。1915年，壳牌集团在美国的第一座炼厂投产。

1927年，壳牌集团公司的管理层分析了燃料油和化学品生产的世界局势，他们得知主要竞争对手新泽西州标准石油公司已经准备开始石油化工生产，壳牌公司认为他们也应该起步进入化工领域。**壳牌公司决定把开发的重点放在氨和脂肪族的化学物质。**

利用天然气制取合成氨是皇家荷兰集团早有准备的。1927年，壳牌公司在欧洲建了一座合成氨的中试工厂。1929年，规划设计在美国加利福尼亚州建一条基于以天然气为原料的合成氨生产线。合成氨的主要原料是氢气和氮气，**使用天然气还是煤气化或焦炭焦炉气作为原料，实际上就是制备氢气的不同原料路线。**壳牌在加利福尼亚州碰上了运气，当地公用事业公司对天然气的重整（会产生氢气的过程）已经有了经验。为什么加州公用事业公司掌握了天然气重整的技术呢？这是因为加州开采的天然气热值太高，已有管道和炉具承受不了。公用事业公司不得不开发天然气的重整技术，把天然气中的部分甲烷转化成二氧化碳和氢气，这样降一半热值的天然气就可以供民用了。壳牌公司是天然气的大用户，加州天然气公司自然愿意把他们的重整技术提供出来。壳牌公司的合成氨装置是欧洲和美国技术的结合，基本上没有公司本身研究团队的贡献，但合成氨项目的经历为壳牌进入石化工业提供了宝贵经验。

壳牌公司的石化装置

当开发利用脂肪族化合物（直链的烷烃和烯烃）时，壳牌公司迫切需要建立自己的研究和开发队伍。当时的炼油行业技术简单，开展研究和开发工作的基础远不及传统的化工企业，所以他们很慎重地选择研发负责人。

最终，壳牌董事会想聘请英国伦敦大学科学学院的院长威廉姆斯（E. Clifford Williams）。1928年，威廉姆斯接受了壳牌公司的聘请，上任后立即开始规划公司在美国加州的实验室。四个月后，也就是1928年底，实验室就开始运行了。（值得一提的是，伦敦大学的化学工程专业是威廉姆斯倡导和筹建的，要知道当时的化学工程学科在欧洲并不流行。）

脂肪族化合物乙烯、丙烯、丁烯占炼油厂裂解气的15%～20%，**威廉姆斯团队的研究思路是利用这些烯烃制取相应的醇类化合物，然后从醇类化合物再制取其他含氧化合物。**他们从实验室研究的第一个产品是仲丁醇。当时，炼油过程的裂化设备得到了很大的强化改进，使正丁烯和异丁烯越来越多，但这些4个碳的烯烃又没有明显的用处。由于C_4馏分沸点较高，能被通常的冷却水冷凝下来，所以收集比较容易。威廉姆斯研究室的研究人员开发了分离正丁烯和异丁烯的技术，然后把异丁烯水解成仲丁醇。1931年建成了一个小型的仲丁醇装置，可惜这个石油化工产品并没有什么市场。研究人员只得对仲丁醇进一步加工，他们选择了仲丁醇脱氢生成甲乙酮（MEK）。以前MEK这种化学物质只是从木材蒸馏液中有回收，生产量很小，限制了MEK的用途。实际上，MEK是一种性能优良的溶剂，可以溶解几乎所有的有机材料，包括硝基漆，醋酸纤维素，在香水工业也会有巨大的市场。很快，它也用在印刷油墨、石油馏分的溶剂脱蜡和杀虫剂生产中。MEK中试装置在1931年底建成，工业化装置1933年投入生产。甲乙酮的开发是壳牌公司在石油化工领域的一项成功。

壳牌公司在利用C_4组分的研究和开发方面多有建树，其中他们把2个C_4分子合成1个C_8异辛烷很成功。异丁烯和其他C_4组分的分离过程是用硫酸溶液处理的，这种酸和烃的混合物是保持在低温状态。然而，研究人员发现异丁烯和硫酸的混合物被加热时，两个分子的异丁烯结合起来，形成了二异丁烯。二异丁烯的组成与异辛烷非常接近，而异辛烷正是高辛烷值汽油的理想成分。显然，二异辛烷加氢后就可以得到异辛烷。正巧，壳牌公司有自己的合成氨厂，有充足的氢气来源实现加氢过程。1934年，壳牌公司把生产的异辛烷卖给美国空军。美国空军把异辛烷与低辛烷值燃料混合，然后加上抗爆剂四乙基铅（TEL），配成了辛烷值为100的航空燃料。

1934年壳牌公司开始生产异丙醇和丙酮（联合碳化物公司早几年已经生产）。丙酮作为一种常用溶剂广泛应用于油脂、染料和合成树脂行业，汽车面漆和抛光漆以及人造丝也都需要丙酮溶剂。丙酮长期以来一直通过发酵法产生，发酵工艺得到的丙酮含有很难去除的副产品。**壳牌公司以丙烯为原料可以生产纯度达99%的丙酮，高纯丙酮是壳牌石化中最重要的产品，壳牌也很快成为丙酮的最大供应商之一。**

从石油烃生产醇类、酮类使壳牌公司进入了石化领域，但壳牌公司对石油化工更重要的贡献是合成甘油。甘油当时是动物油脂加工的副产物，在制皂、炸药及醇酸树脂生产中广泛使用。这是1930年代后期的事，威廉姆斯仍然掌管着公司的研发团队。他对氯化技术有相当的了解，注意到了丙烯和氯气可以不同的方式反应。在较低反应温度下，氯气添加在丙烯的双键上形成二氯丙烷；在500℃时，氯原子却不加在双键上而形成氯丙烯（$CH_2{=}CHCH_2Cl$）。氯丙烯可以很容易转变为丙烯基醇，然后生成甘油（丙三醇）。壳牌公司开始完善甘油合成技术，并于1937年建了一个中试工厂，1938年底威廉姆斯在一次美国石油学会的演讲中宣布合成甘油工艺开发成功。后来发表的论文比较详细地描述了甘油的开发过程。比如，在实验室里无水乙醇与氯化氢反应并不困难，但工业上用同样的方式就太慢，壳牌公司开发一种充满氯气的填料塔实现了工业氯化反应。他们把搅拌釜反应器用于连续水解生产最终产物甘油。最终，E. 威廉姆斯团队对丙烯制甘油的过程研究得十分透彻，他们可以采用不同的工艺路线或不同的操作条件，得到相应的产品。他发表了整个过程涉及的各种混合物的汽液平衡数据、反应条件和不同阶段中试工厂的详情。**壳牌公司合成甘油的开发中开发和应用了自由基反应系统、多种单元操作及组合等工程技术，堪称化学工程实践的经典之作。**

1948年10月，壳牌公司获得化学工程成就奖，该奖项特别提到了合成甘油的过程开发，当然也提及壳牌公司在石油化工和化学工程的其他贡献。

陶氏（Dow）化学公司

陶氏化学公司（Dow Chemical Co.）是一家美国跨国化工公司，现在是全球名列前几位的巨型化工企业。公司的创始人H. 陶（Herbert H. Dow）学的是化学，1888年还在大学期间，他就有了第一个研究成果：用电解法从卤水中提取溴（密歇根州有丰富的盐矿资源，当时用生成卤水提取，然后蒸干水分的方法提取溴，成本很高）。溴的用途很广，溴的化合物可被用来作为阻燃剂、净水剂、杀虫剂、染料等等。1891年H. 陶的电解溴工艺完成工业化，打破了欧洲对溴生产的垄断。

在溴工艺开发成功后，H. 陶还想研究和开发用电解法生产其他化学物质，这与出资办公司的人产生了冲突，这家化学公司（Midland Chemical Company）解雇了他。1895年H. 陶在亲戚和朋友的资助下，成立了陶氏工艺公司（有57位出资人），开发电解工艺用氯化钠（食盐）制取氯和苛性钠。1897年，他创立了陶氏化学公司，三年之后他的新公司买下了当年把他解雇的公司。

陶氏化学公司创立后的20年里，主要是生产无机化工产品，提取和利用的大都是卤水中的化学物质：溴、镁、盐、钙和钠，生产电解盐的系列产物（苛性碱、漂白粉、苏打等）。1900年，公司生产了氯仿（三氯化碳）和四氯化碳，这是杀虫剂类产品和农用化学品的基础原料。第一次世界大战期间，英国封锁了德国的港口，切断了世界上最大的化学品供应商德国的出口。陶氏化学公司迅速填补了美国战争物质的需要，提供镁用于生产燃烧弹、氯化苯和苯酚用于生产炸药、溴用于药品和催泪瓦斯。1918年，陶氏化学公司生产的90%用于军需。

溴、氯、碱等基本化工原料非常重要，其中氯的反应活性特别强，通过氯参与反应可以制取很多化合物。1917年，H. 陶开始对有机化学感兴趣，请来大学的有机化学教授给公司技术人员上课。1919年，筹建了公司的有机化学研究室。当时苯酚是用硫酸磺化苯后水解，陶氏公司是用溴化生产溴化苯后水解，这两种工艺生产成本都很高。1922年，陶氏公司的实验开发了氯苯水解的工艺，氯苯在高温压下在很稀的碱水溶液水解。氯苯的水解反应器是约1英里长的盘管，反应物停留时间约20分钟。这种独特的低成本氯化水解工艺使陶氏公司多年垄断了美国苯酚生产。

1930年，H. 陶去世后他的儿子W. 陶（Willard Dow）接管了公司，他是密歇根大学化学工程专业毕业生。当时美国正经历第一次经济危机，很多公司破产裁员。可是，W. 陶决定扩大陶氏公司的研究力量，成立了有机化学、药物化学、聚合物和表面化学等化学研究部门，还设立了工程部、中试装置和仪器仪表部。高强度的研究和开发产出了各种产品，从塑料、染料、制药、合成橡胶制成品到有机硅产品，还有杀虫剂、杀菌剂、防腐剂，其中杀虫剂和除草剂开辟了一个新的农业化学品时代。

从20世纪30年代开始，陶氏化学公司与石油行业联系紧密起来了。当时的炼油企业把稀盐酸水注入储集层中，这能扩蚀地下含油裂缝和洞隙，以达到油井增产的目的。注稀盐酸的操作需要金属防腐剂保护开采设备。陶氏公司开发了一些对付酸性介质的金属防腐剂为油田服务。后来，陶氏公司偶然地把用过的卤水高压注入采油的密致沙土区域，结果却有扩大地下裂缝的效果，这使采油量明显增加。用高压卤水注入油沙层的技术成了采油公司的一个增产“法宝”，陶氏公司的高层领导人因此也常出入采油炼油厂。W. 陶在晚上就经常开车经过几个采油区，他注意到了一根根放空火炬，晚上放空火炬的明亮程度可以使路边和车上的人阅读报纸！这是采油公司无法利用的油田天然气，对这些化工原料白白烧掉感到可惜。也就在这时（大约在1938年）陶氏公司就瞄着要利用这些炼油企业的“废物”。

接下来，W. 陶把他们新的综合性工厂建在休斯敦附近的海湾地区。他认为当地电便宜、天然气和石油丰富，更重要的是海水也是陶氏公司产品的重要资源，加上当地还有堆成山的牡蛎壳可以作为石灰、氧化镁矿源。1929年，陶氏公司开始规划和设计工厂装置以便从海水中提取溴。W· 陶继续了他父亲的梦想，在经历了中间实验装置的阶段后，1940年，以海水中提取的溴生产二溴乙烷的大型工厂建成。1941年1月，陶氏公司从海水中成功提取了金属镁。这是人类第一次大规模从海水中“采矿”，整个工程的开发建设耗去了十多年时间，是化学工程的壮举。

陶氏化学品公司于20世纪30年代开始涉足石油化学产品。1932年，液态苯乙烯单体的商品化，1937年，带来了另一种新型多用途产品——聚苯乙烯塑料（Styron）的商品化。随后投入商品化生产的是甲基纤维素（商品名Mthocel），这种产品作为一种增浓剂、黏合剂、胶片成形剂、悬浮剂，被发现有成千种用途。此后，陶氏从海水、石油和天然气中生产出大量的原料和中间产品，这些石化产品包括苯乙烯、聚苯乙烯、乙烯、二溴化乙烯、乙二醇、氯化镁，以及日用聚合物。陶氏公司是塑料、聚氨酯、聚乙烯、聚丙烯和合成橡胶的大型生产商。它还是环氧乙烷、各种丙烯酸酯、表面活性剂和纤维素树脂的主要生产商。20世纪开始，杜邦公司主要通过并购实现产品的多元化，而**陶氏公司则主要是通过自己的研究和开发成为多产品化学公司。**在石油化工蓬勃发展的年代里，陶氏化学公司的石油化学产品的商业化最为成功。在20世纪末，生活消费品领域成为道化学品公司的一个主要利润来源。**陶氏化学公司长期同时具备工程开发实力和强大的产品开发能力，这在世界上众多的大型化学公司（包括石油化工公司）独树一帜。**

陶氏公司的石油化工产品综合性工厂

现代的大型化工厂都会尽量选择敞开式框架结构。从建设和维护费用上看，一个开放框架的化工厂是同样生产规模的封闭结构室内工厂的三分之一到二分之一。但很少有人知道，**现代化工厂的开放性框架结构，就是源自陶氏公司的创造。**陶氏从建海湾工厂开始，它的工厂建筑就没有传统的厂房，只有在框架内的装置设备和管道。当时，陶氏公司还给大名鼎鼎的杜邦公司上了一课。陶氏公司的人告诉杜邦公司，建化工厂没必要像大学研究楼那样造成封闭型建筑。后来杜邦公司和其他大型化工公司都逐渐采用框架式结构的化工厂。

1958年，陶氏公司建设了称为“单序列工艺”（single train）的现代化工生产线，整个工厂就一个流程，没有重复的生产线和冗余备用的大型设备。**实现“单序列工艺”是过程放大的最高成就，对化学工程学科是一个极大的挑战。**与原来的化工厂相比，“单序列”工厂具有更大的规模效率，可以显著降低单位产品的固定成本。框架式建筑结构和单序列生产方式引领了大规模化工生产的潮流，可以说是陶氏公司在化工工程建设上的两大创新。

以上是几个著名的早期进入石油化工领域的企业，实际上，石油化工发展是众多大小化工企业和炼油企业竞争和合作的结果。

大规模生产装置和“放大”（scale-up）

化工行业的发展并不是一个自发的过程，化工产品的种类和规模都是由人类衣食住行的需求决定的。对化工产品的需求最早来自于纺织业，接下来是建筑业离不开玻璃，农业离不开肥料，汽车、飞机需要汽油。除了用途特殊的精细化工产品，化工大部分产品都需要有相当大的产量，化工产品树的基础化工产品的需求量更是惊人。**基础化工产品的大需求带来了生产装置的规模“放大”（scale-up）问题，这却是化工行业的特殊难题。**

工业生产与实验室研究的差别

从事化工产品的规模生产与实验室里进行的化学实验几乎没有相像之处。根本原因在于实验室化学家进行的是研究活动，目标是探索自然现象和规律，率先取得科学发现，而企业投资工业生产是为了赢利。生产企业不得不考虑投资效益，还有原料、市场、环境等因素的制约。**正是目标和制约等因素的大不相同造成了工业生产与实验室研究的差别：**

① **设备材质。**首先，工业装置设备的材质不能套用实验室的设备材质。玻璃一直是实验室最常用的器皿，用了玻璃容器，化学家不用担心物料的腐蚀性，而且还可以方便地观察到过程中各种变化。硫酸生产早期技术用了约200升玻璃容器，但其生产能力再放大时就没法用玻璃了。

与化学家的想法不同，化学工程师基本不考虑用玻璃做设备，可是如何选用工业设备的材质却经常困扰着化学工程师。**化学产品生产中需要处理各种各样的物料，反应环境又可能是在高压、高温等极端的条件下，是否有耐压、耐腐蚀等性能的设备材料往往决定了一个新工艺的成败。**巴斯夫公司开发合成氨反应器的过程就是一个例子，杜邦公司开发金红石型的钛白粉也说明了设备材质的重要性。1931年，杜邦公司的化学部发现有一种金红石型的钛白粉遮光性能比当时市场上的产品要高20%。这种金红石型的钛白粉可以用氯化工艺制取，两步基本的化学反应并不复杂：由氯化钛氧化物（原料）得到四氯化钛（$TiCl_4$），把$TiCl_4$提纯后再氧化得到纯的TiO_2。在四年的实验室和其他工作的基础上，杜邦公司建立了一个氯化工艺的钛白粉工厂。然而，在工厂运行时竟然无法正常生产。这是因为反应温度达到1,550摄氏度，反应物物料具有强腐蚀性和黏性。在实验室阶段用特种玻璃可以对付这种强腐蚀性物料的，但选用的工业用的材料却没有经受住实际物料的考验。这套装置一路试运行过来，出现了50个以上的设备和工艺方面的大问题，这些问题只能摸索着换材料、改造设备（包括小配件）来解决，就这样又耗费了几年时间最后完全才打通了工艺流程。

2 原料。化学家总是倾向在实验室里使用尽量纯的原料，因为科学实验不喜欢引入其他不确定的因素。虽然偶然用了不纯的原料可能导致一个大发明，但这实在是概率极小的事件，而且让化学家重现好的实验结果也非常困难。高压聚乙烯的发明过程是一个例子，化学家用乙烯和苯乙醛在高压的试验反应管中偶然生成了聚乙烯，但随后用乙烯在同样压力和温度下却再也得不到聚乙烯！半年后，几位研究人员还是不甘心，他们用业余时间想再试试。因为是计划外的试验，用了不纯的乙烯原料，结果确认得到了聚乙烯（高压低密度）。原来乙烯的聚合需要自由基的引发，两次聚合成功的试验中都是原料中意外含有氧气作为自由基。高压聚乙烯的成功是非常偶然的，因为几乎所有的杂质都可能终止自由基反应。所以，化学家的试验选用高纯的原料无可厚非。

另一方面，**实验室试验研究时原料试剂的用量很少，化学家们也有条件用高纯的原料，不必考虑今后工业生产时大量原材料的来路和代价。显然，工业生产对原料就不可能那么挑剔。**与其他行业不同，化学工业生产过程几乎没有单一原料，需要以复杂多样的原料生产市场生产需要的产品。因此，一个成功的化工生产过程必须适应使用的原料。如果原料中含有对后续过程（特别是催化剂）有害的物质，这时还得开发辅助的工艺和设备去除这些杂质。例如，石油加工流程中通常有加氢脱硫过程，这是为了防止后处理工艺所用催化剂中毒，同时避免原料油中存在的硫化物腐蚀设备。

3 物料循环使用。实验室进行化学试验基本上没有物料循环使用的麻烦事，用比较纯的原料完成一个反应过程就行了，但**工业生产得考虑反应原料或辅料的循环利用。**很多化学反应是可逆的，达到化学平衡后无法得到更高的收率；也有的反应过程后期速率很慢，工业流程上往往得选择停止反应过程，把剩余的反应物从产品中分离出来循环使用，这样的操作经济上更合算。在实际工业的过程中，往往核心的反应器并没有多大的分量，反应器周围的分离和换热单元却很多，这通常是因为物料的循环使用需要的操作步骤。例如，索尔维氨碱法得到纯碱是不难的，难点是如何回收氨，使氨气循环利用起来。当时，好几家采用索尔维工艺的制碱厂已经生产出合格的纯碱，可是氨的回收利用不过关，结果不得不放弃先进的氨碱法。至于合成氨，由于平衡限制，很大部分的原料氢气和氮气都需要在系统中循环。

4 副产物处理。实验室的研究不会对副产物感兴趣，化学家们通过各种手段得到期望的化合物就算大功告成了。可是，到了**工业规模往往副产物的处理决定了工艺的成败。**例如，杜邦公司的合成氨氢气来自于水煤气发生过程（水蒸气通过炽热的焦炭），这个反应不仅生成了氢气，还有大量的一氧化碳，二氧化碳。综合利用这两个副产物，才能降低了合成氨的生产成本。杜邦公司研究开发出了从一氧化碳生产甲醇的工艺，当时甲醇可以和乙醇混合后用作汽油的防冻剂；而二氧化碳与氨反应生成了尿素，成为含氮量最高的化肥。杜邦公司的合成氨项目前后投入约800万美元，在30年代中期以后才赢利，其中如何对副产物进行综合利用是成功的关键。

化工生产过程不可避免地会产生一些副产品，有些副产物是可以综合利用的，但有些副产物是没有市场价值的，而且还带来污染环境。所以**基础化学工业面临的问题是，既要大规模有效率的生产过程，又要处理随着生产规模扩大带来的副产物。可以说，化学工业生产流程（含催化剂）的开发往往是围绕这个难题展开的。**

5 **操作模式。**通常，化学实验的目的是要得到一种化学品，或验证一个反应或分离过程是否可以实现。实验室的反应过程是分批或间歇式的，如果需要对反应产物进行分离，其操作也是分批或间歇的。在化学工业生产中，产量不大的精细化工产品操作可能采用分批（间歇）模式，但产量大的中大型工业装置总是要采用连续运行模式，这也是由工业生产的经济性决定的。大规模生产如果采用分批、间歇式操作方式，加料、卸料、清洗等辅助操作会用去不少时间，生产效率就大大降低。而且，分批生产的产品规格还会不一致，辅助的升温和降温过程中还浪费了能量。例如，石油的催化裂化、催化重整过程都很讨厌催化剂的结焦，催化剂结焦后必须周期性烧焦清焦，这样就中断了连续的生产过程，物料流动和热量交换都需要切换。所以，石油化工企业不惜代价也要开发连续性的生产过程。

连续化生产的优点是显然的，然而实现连续化生产并不容易。过程原理、设备、催化剂等如果有一项条件没有过关，大规模的连续化生产也许会导致完全的失败。几乎每个基础化工产品都经历了从间歇式到连续式生产的艰难转变，但最终流化床催化裂化和铂重整这样的连续化过程还是发明出来了，很快淘汰了其他不连续的生产工艺。

化工产品的品种繁多，产量的规模也相差很大，实验室的“研究”成果到工业规模生产都少不了“开发”过程。正是研究和开发的差别标志着化学家和化学工程师两个职业的不同，换句话说，工业生产上的问题（包括“放大”）毕竟还是需要化学工程师来考虑解决。

规模放大引起的问题

对于一个化学品的生产过程，通常是化学家给出了实现化学反应的条件（温度、压力、浓度和催化剂等），还有系统物料的基础物性数据（如果数据不齐全也可以补充）。这也可以说，化学家们取得了实验室规模的成功，接下来工业生产的任务基本上是由化学工程师承担了。化学工程师要负责把产品从实验室研究成果转化成工业生产模式，还要从小规模生产发展到大规模生产，这两个过程都称之为过程“放大（scale-up）”。**把化学家的实验室成果“放大”到规模的工业产品是非常困难的过程，不直接从事化学过程“放大”的人对此大都不理解。**

很少有人会关注一个非常关键的尺度关系：**容器的体积和其外表面积是不成比例的，**体积是容器特征尺度的三次方，而外表面积只是该尺度二次方关系。也就是说，一个容器单位体积具有的面积随着容器体积的增大会急剧减小。比如，实验室用的烧杯、试管或其他小型设备，单位体积具有的外表面积（平方米/立方米）通常＞6，而一个30立方米的工业搅拌釜外表面积只有1～2。所以，**化工过程开发的实质性难题在于系统体积和表面积不可能同比例“放大”。**其实生物也有同样的问题：相对于小型动物，大型动物的表面积（也就是“皮肤”）与体积的比率很小，造成大型动物在散热方面效率较低。所以，大体型动物一般不能够持续地剧烈运动，否则自身产生的热量无法及时散发，会把自己身体的系统“烧”坏。

当然，化工生产过程不是仅仅是产热和传热的问题，其中涉及的问题更复杂。简单地说，化工生产的规模取决于所处理物料的体积（v），反应或分离的控制条件取决于该单元的表面积（S），可是实验室的小装置S/v很大，大型工业装置的外表面积可以忽略，$S/v\sim0$。可以说，此岸（实验室）和彼岸（工业装置）看上去距离并不远，但其实是两个不同的世界：实验室小设备有很大的外表面积，而“放大”后的业设备（装置）的体积就远远没有同样的表面积。当工业生产规模比实验室规模要大上万倍以上时，处理物料的容器（反应器等）的外表面积几乎可以忽略。显然，一个没有外表面的容器不可能保持和实验室装置相同的条件（温度、浓度等）。所以，**放大生产能力（由体积决定）和维持合适的操作条件（由表面积决定）是矛盾的，所谓“放大”（scale-up）问题很大程度上是这两个关键的尺度无法按同一比例放大引起的。**即使是生产同一种产品，采用相同的工艺，但规模大小不同的化工装置在换热条件、浓度梯度和物料分布等方面极有可能产生悬殊的差别，这是化学工业规模生产的特殊困难。

从经济效益考虑，把实验室的设备和操作方法复制很多套没有经济可行性。实验室就像一个小家庭，小锅小灶一个人下厨就行了，而且炒出的小锅菜味道也会很好。可是工业生产装置可能是上千人的大食堂，如果照搬实验室的做法，得用多少炉灶、雇用多少厨师？大食堂得用大锅炒菜，可是如此一来，菜肴主体的翻炒就困难了，油、盐、调味品和主体之间混合也不容易。而最关键的问题是大锅的传热面有限（这就是比表面积剧减造成的），烹饪该用大火时输不进能量，想冷却时却又冷不下来，**再高级的厨师也无法在大锅里炒出小锅菜的味道**。

现在，化学工程师面临着大食堂厨师同样的困境。不过，化学工程师却没有退路，他们必须在工业装置上做出实验室小装置同样的结果，因为化工产品只有合格和不合格之分。这看上去是不可能完成的任务，但在很多产品的开发过程中，化学工程师却硬是想出了办法，实现了从实验室到工业装置的“放大”。**在工业装置的“大锅”里炒出了与实验室“小锅菜”同样的味道，这是化学工程师的贡献。**

> 我们已经知道，青霉素抗菌效果的发现是科学家的贡献。可是，牛津团队和后来美国很多公司对青霉菌的培养基本上照搬了实验室的做法，想要扩大产量就增加发酵浅盘的数量，但是这种生产模式的效率是很低的。辉瑞公司开发的“深罐发酵技术”在装满培养液的发酵罐里让菌种生长，发酵过程中持续地鼓入洁净空气，然后用合适的搅拌桨把气泡打碎，解决了培养基“体积”和供氧“表面”放大中的问题。

再来看看氯丁橡胶的工业化生产的例子。氯丁橡胶是杜邦公司的研究人员在1930年时发现的，最初的试生产只是实验室试管法的放大，氯丁二烯倒在敞口的盘子上聚合反应。后来用约20升的广口瓶当反应器，这种完全由原料在反应器里聚合的过程被称为本体聚合，也是聚合反应最早的模式。对氯丁橡胶来说，本体聚合是一个缓慢又无法控制的过程，即使是20升的瓶子反应器，各批次之间的聚合物也各不相同，而且在聚合过程中还产生了大量的副产品，有时候还造成产品有难闻的气味。显然，照实验室的模式再放大是没有希望了，杜邦公司的工程师们尝试了一个新方式：把原料通过搅拌分散在另一种液体里（氯丁二烯的分散溶剂是水），这样每个分散的氯丁二烯小液滴就成了独立的反应器，当反应的温度条件达到给定值时，反应器内的所有小液滴会同时开始反应。只要做到液滴分布均匀（通过合适的搅拌），最后得到的聚合物规格就差不多了。这种将聚合原料分散在另一种溶剂中的聚合方式就是乳液聚合。1935年，乳液聚合过程试验成功。新的聚合反应方法使聚合进程得到了控制，生产的各批次产品性能稳定，异味的化合物也消除了。20世纪三十年代末，杜邦公司已经解决了大部分的生产问题，使氯丁橡胶的开发得到了一个令人满意的结果。氯丁橡胶的开发过程与后来的青霉素深罐发酵有异曲同工之妙。

现在应该很清楚，**如果照搬化学家的实验室操作方式，人们得不到商业化的产品**。**以化学反应为核心的化工行业，其实更多的是物理操作构成的，这些物理操作往往决定了一个流程的命运。化学工程师必须为生产装置提供合适的物理条件（温度、浓度等），才有可能成功“放大”一个化学反应过程，这就是所谓的“形不似而神似”吧**。化学工程学科的发展综合了物理化学、流体力学等原理，开创出了化学工程学科的独特方法，加上后来发展的化学反应器分析，成为实验室化学研究成果与工业化生产之间的桥梁。其中高效传热、流体均匀分布和以精馏为代表的分离过程就是几个典型的化学工程单元操作，从中也可以体现出化学工程学对过程“放大”的贡献。

① **传热**。传热是工程技术领域中极为普遍的一种传递过程，而**化工生产与传热的关系尤为密切**。化工生产单元操作中，大多数单元操作都有供热和移热的问题，蒸发、结晶、蒸馏、吸收和干燥等都需要换热过程来实现冷、热流体之间热量传递。换热操作的一个重要作用是为反应过程做准备。还有，化学反应过程中很多都是强烈的放热反应或者是吸热反应，为了保证反应在最佳温度下进行，必须将多余的热量及时移走；而吸热反应则要求供给所需的热量才能使反应按所要求的方向进行。我们已经知道，乙烯裂解是一个吸热反应，为了得到高乙烯收率，同时避免反应器内的结焦，要求原料在管道反应器中的停留时间极短（不到1秒钟），而反应温度却很高（>1,000摄氏度），可以想象对反应器的供热强度应有多大。但对于反应后的裂解气却需要将其热量迅速移走，这样才能使副反应尽量少发生。同时，对裂解气这样的气体混合物，分离过程中需要大量的冷剂来冷却，才得以分离出所需的产品。

② **流体的混合和均布**。流体是指具有流动性的物体，包括气体和液体。化工生产中所处理的物料，包括原料、中间体和产品，大部分是流体，或由流体组成的非均相混合物。流体的输送自然是生产中必不可少的一个单元操作，**化学工程师对流体的流动状态和流体的分散、混合也特别在意**。如果设备中的流体分布不均匀、流动状态不理想，对这些过程设备的效率大小、产率的高低等都具有很大的影响。现在，大型的工业反应器、直径10米的精馏塔的流体都可以做到均匀分布，这也是化学工程学对化工装置大型化的贡献。

再以容器内流体的混合、分散过程为例，化学工程学研究时并不考虑具体的物料对象，选择的是容器搅拌过程的重要参数：功率输入、搅拌桨的转速速度、流体密度和黏度、叶轮直径和其他几何特征长度（即挡板宽度和深度、叶轮形状等）。通过系统的研究，上述这些参数被关联成方程式供工程师在工艺和设备设计时使用。氯丁橡胶乳液聚合和青霉素深罐发酵都涉及容器内两种流体之间的混合、分散过程，化学工程师可以获得均匀而合适的液滴分布，也可以使通入发酵液的空气打散成小气泡分散到发酵罐各处。

3 精馏。精馏是化学工程学早期研究最多的单元操作之一，化学工程学基本探明了精馏的机理，还开发了多种精馏塔的内件（新型塔板和新型填料）。20世纪中期以后，如果有了待分离物系混合物的气液平衡数据，化学工程师就可以合理地选型，提供相当准确、节能、可靠的设计。石化产品大规模生产使用得最多的分离设备就是精馏塔，比如乙烯裂解产物的分离系统是由一系列的精馏塔组成的，包括脱甲烷塔、脱乙烷塔、脱丙烷塔、脱丁烷塔、乙烯精馏塔、丙烯精馏塔等。实际上，石油化工的大型化生产就是从精馏过程开始，当时一条生产线可能有几个反应器，但后续只用一个（套）精馏塔实现产品的分离，正是因为精馏塔的大型化给了化学工程师把整个过程“放大”的信心。

此外，由于化工产品一般都具有特殊性，一个产品开发过程的成功经验不具备可复制性，所以化工开发（放大）过程本质上是有风险的。这也说明了即使化学家对化学产品非常熟悉，加上有物理学中传热、传质和流体力学知识的帮助，基础化工产品的生产规模“放大”仍然要靠“摸石头过河”的方式摸索。（精细化工产品的“放大”效应不明显，因为小生产装置的*S*/*v*值与实验室装置差别不大，而且生产方式也可能是采用与实验室相同的分批次的模式。）

单序列生产模式

化工生产的单序列（single train）模式，就是一条大规模生产线的每个环节都只有一台设备，这样的设计和运行当然风险极大，因为所有的关键设备都没有备用的。

> **为什么要追求单序列的生产模式呢?**
>
> 这里需要简单了解化工厂生产的成本构成。对化工厂和石化企业而言，正常产品的成本由固定成本和可变成本构成。可变成本包括原材料、公用工程（水、汽、电等）、催化剂、助剂等消耗品的成本。生产过程的固定成本包括人工和管理费用、保险及其他收费。项目建设的投资以折旧的方式体现在固定费用中，此外，还有投资的利息。要降低单位生产成本应该从降低可变成本和固定成本两方面着手。利用便宜的原料、改进催化剂、优化反应器以提高过程的选择性、利用副产物、降低公用工程用量消耗，都可以降低可变成本。如何降低固定成本？这主要得节约项目建设的投资了。基本化工产品的产量大、利润低，生产装置都十分庞大。显然，这类产品的建设投资费用在固定成本中占相当比重。

完全复制已有的工业生产线，这也就意味着产品的固定成本保持不变。以建桥梁打个比方，如果已经建成了一座4车道的桥梁（或掌握了这项技术），现在另有一处要建8车道的桥，采用什么方案呢？独立建两座4车道不是等于8车道了吗？这样没有多大的技术风险，成本也基本清楚，但桥梁建筑公司肯定不会这样干。即使工程技术上存在困难，他们也会选择建一座8车道的大桥。同样，**化学工程公司和化工企业也不愿意平庸地复制一个生产装置，**它们把每个单元都放大成单一的设备（单序列模式），而不是通过“复制”几套同样的设备来扩大生产能力。

在化工、石油化工企业的投资建设领域流行着一条经验规则：

如果生产能力增加一倍，并不需要投资翻倍，而是$10^{0.6}$关系。也就是说，如果10万吨装置的投资是1,000万美元，20万吨装置的投资估计是1,500多万美元，而不是2,000万。但这规则是有前提的，这个前提就是要实现单序列（single train）的生产线。大型的单序列装置具有投资少、成本低、占地少和劳动生产率高等明显的优势，这样生产出来的产品在市场上就会有强的竞争力。

单序列生产模式是从第二次世界大战后的石油化工发展出来的。一开始，石油化工企业的反应器还是两套以上的配置，化学工程师只是“放大”精馏塔、换热器之类的单元设备。随着化学工程理论和实践的成功，化学工程师们信心也越来越足，把流程核心的反应器也放大到足够的产量，加上设备和材料的研制，化学工程公司最终实现和推广了单序列的生产模式。合成氨和乙烯是其中最有代表性的例子。

① **合成氨。**1909年，德国物理化学家哈伯在实验室里发明了循环使用氮气与氢气合成氨的工艺，当时他的实验装置每小时产氨80克。德国巴斯夫公司购买了哈伯的专利后，对催化剂和工艺流程都进行了大改进，开发了工业合成氨反应器，1912年建成了世界上第一座日产30吨合成氨的装置。那时候谁也没有想到50年后会有日产超过500吨的单系列合成氨装置（1963年和1966年美国凯洛格公司先后建成世界上第一座日产540吨和900吨的单系列装置），而21世纪新建的合成氨装置日产可达2,000吨。

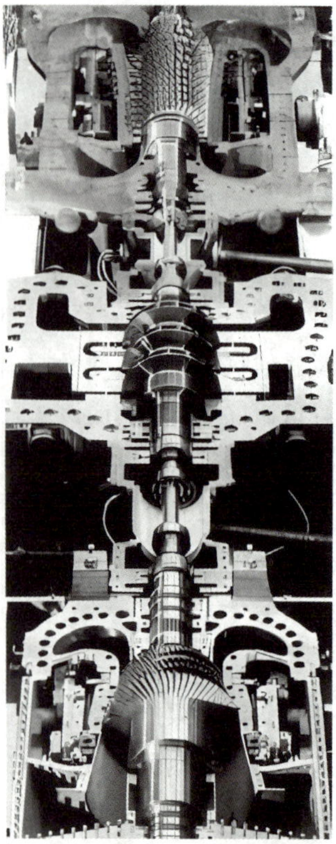
大型离心式压缩机

任何生产装置的大型化都非常复杂，合成氨生产线大型化当然也不例外。围绕单系列合成氨装置的大型化，必须解决高压、低温、原料气制造、气体净化以及催化剂研制等方面的诸多问题。其中，开发高温、高压制备原料氢气的工艺是合成氨装置大型化的前提。合成氨的原料之一氢气来自焦炭或天然气，1960年前，产生氢气的变换反应是在常压下进行的。如果要实现合成氨装置的大型化，产生氢气的变换反应也必须在高压下进行，否则单台常压反应器如何能提供足够的氢气供应高压的合成氨反应？这项技术被英国的ICI公司在1960年前后攻克，使得氢气的生产和合成氨反应器的生产能力基本匹配起来了。其次，传统的合成氨工厂使用的多级的活塞式压缩机不适合大型装置，因为活塞式压缩机容易损坏，即使小型合成氨工厂也需要备用机。专门为此研制的汽轮机驱动大型、高压离心式压缩机才解决了这个问题，单系列的合成氨生产线使用的离心式压缩机，做到了机器运行一年无故障，所以不需要备用机。

合成氨装置的大型化不仅降低了合成氨的价格，还推动了相关产品和过程的发展，尿素、甲醇和高级醇、石油加氢精制、高压聚合过程等规模和技术也上了一个台阶。

②乙烯。乙烯项目是利用石脑油、轻柴油为原料，将原料油热裂解成氢气、甲烷、乙烯、乙烷、丙烯、丙烷、丁二烯、C_5、混合苯等一系列化学产物，然后再通过精馏的办法，逐渐将各个产品分开，得到各种化工的基本原料。20世纪60年代开始，乙烯的用途越来越广，全球乙烯需求量的迅速增长，1965年预计的需求是450万吨。但50年代最大的乙烯裂解炉生产能力仅为年产4.5万吨。显然，乙烯生产企业可不想重复建100条生产线。因此20世纪50年代末，乙烯生产装置的放大变得急迫起来。好几家公司对乙烯生产过程动脑筋，他们的目标是开发超大型的乙烯生产装置，其中最关键的是把核心设备——裂解炉“放大”。

烃类裂解、脱氢生产乙烯不是一个催化过程。**因为没有催化剂的介入，只有用加热作为促进反应的手段，乙烯生产规模的放大，基本上全是化学工程师的任务。**1964年，乙烯生产流程和关键设备逐渐有了突破性进展，研究表明极高的温度和较短的停留时间有利于形成乙烯。几个公司设计的加热管使反应物的停留时间从以前的1~1.5秒减少到约0.4秒或更短（如现在使用的“毫秒炉”反应器）。同时，加热的强度增加了一倍（热量主要由管壁的热辐射传递）。极高的热通量和短停留时间的组合，不仅得到了高得多的乙烯产量，而且由于高壁温使得反应物呈汽化状态，实际上抑制了结焦，这使得装置不会因清焦而停产。

急冷换热器等概念和设备开始出现。乙烯裂解的反应温度很高（>1,000摄氏度），出口需要急剧冷却（~150摄氏度）。此前的过程是冷热流体的直接换热，能量的利用效率很低。新型换热器的设计很巧妙，既能使热裂解炉出口的气体迅速冷却，又能提高能量的利用效率，还能防止物料的积垢和结焦、避免了经常的停产清理。

目前，几乎世界上所有乙烯装置均采用管式炉蒸汽裂解技术。经过改进、放大的乙烯流程和装置不断地降低产品的可变成本和固定成本，1960年至1975年间仅制冷/压缩功率消耗就减少50%，单套装置的生产能力达到20万吨/年。**现在乙烯单系列生产规模达到了年产100万吨，成为产量最大的石化产品。**

激烈的市场竞争是推动产品生产装置大型化的经济动力，在许多情况下，装置的生产能力往往反映了该企业产品的市场竞争力。合成氨、乙烯只是基础化工产品生产装置大型化的例子，实际上，硫酸、烧碱、甲醇、氯乙烯和苯乙烯等其他基本有机原料的单套装置生产能力也是惊人的。显然，化学工程师对单序列大型化工装置的开发作出了很大的贡献。

现代乙烯生产装置

聚合物离不开石油化工

自古以来，人类的衣食住行都离不开天然高分子材料。工业革命后，随着人们生活水平的提高，天然材料已经没法满足需求。20世纪开始，人们利用煤焦油等自然资源开始合成高分子材料。1960年后，聚合物的原料（单体）来源从煤转向石油化工，这些基础原料成为化工产品树主干的主要组成，由此影响和改变了人类的现代生活。

高分子科学

天然高分子材料包括纤维素、蛋白质、蚕丝、橡胶、淀粉等。天然橡胶和纤维素都是复杂的高分子物质，发明家把它们改造成适用的材料，可以模制成有用的商品。比如，天然橡胶很黏，实用价值有限。1839年查尔斯·固特异在橡胶加工过程中加入少量硫，获得了有可加工、有持续弹性的材料。1846年，英国人开发了硝化纤维素，可以用于照相胶片的制备和其他用途。一战前法国人开始在欧洲和美国生产玻璃纸，随后，杜邦公司购买专利权，玻璃纸成为当时杜邦公司最赚钱的产品之一。而完全人工合成的材料最为成功的当属酚醛树脂，是由贝克兰（Leo Hendrik Baekeland）于1905年用苯酚和甲醛聚合生成的塑料材料。

长期以来，人们对天然高分子物质如纤维素、蛋白质的本质并不了解，发明家们的尝试并没有科学的指导。即使是学化学出身的贝克兰对酚醛树脂的分子结构也并不关心，他在意的是树脂的配方和实用性能。现在很清楚，高分子化合物的分子比通常的小分子有机化合物的分子大得多：一般有机化合物的分子质量不超过1,000，而高分子化合物的相对分子质量可高达10^4万～10^6万（硝酸纤维素的分子量约10,000，橡胶的分子量约12,000，淀粉的分子量高达40,000）。由于高分子化合物的相对分子质量很大，所以在物理、化学和力学性能上与小分子化合物有很大差异。为了解释高分子的很多独特的行为，当年的一些化学家发展了一种“胶束”理论，认为这些高分子材料是其实还是由小分子组成的，但这些小分子通过“次级”化学力结合在一起，形成他们称之为的“胶束”团簇，使它们的行为就好像是大分子。但是，有几位化学家不认可“胶束”理论，**德国化学家施陶丁格（Hermann Staudinger）就是其中最著名的一位，他认为高分子化合物是由小分子聚合而成的直线长链结构的化合物。**1920年，施陶丁格在《德国化学会会志》上发表了“关于聚合反应”的著名论文。他明确指出，高分子量聚合物如聚甲醛、聚乙烯、聚氯乙烯和天然橡胶，都是由数目巨大的单体小分子通过共价键的重复连接而形成的线性长链分子，其分子量高达数万乃至数百万，他称之为“大分子”。“大分子”虽然在化学成分上与原来的单体并没有什么不同，但在化学性质和物理、机械性能方面都表现出极大的差异。

大分子（即高分子）理论是一个革命性的观点，提出之后遭到了传统胶体论者的坚决反对，而没有参与学术争论的大部分化学家也不认为有“大分子”化合物。在1926年的一次学术会议上，施陶丁格阐述他的大分子理论，结果与持低分子观点的（胶体）化学家们发生冲突，争论的场面很火爆（据说，当时施陶丁格气得面红耳赤，双方差点动手）。**此后很长时间，施陶丁格的大**

分子理论很长时间内没有得到公认。这是由于缺乏必要的实验证明，或对同一实验事实可以有不同解释，直至1953年，施陶丁格才被授予诺贝尔化学奖，这距他首次提出高分子理论已有30多年了。

施陶丁格（Hermann Staudinger）

虽然施陶丁格一时没有得到诺贝尔奖，但并不意味着高分子合成的领域不受关注。20世纪20年代后不少化学家已经开始从事合成高分子物质的研究。更为重要的是，一些大企业感觉到了聚合物研究的重要性，通过向大学拨款和在企业中建立研究实验室来推进高分子领域的研究。其中，最有成就的是化学家卡罗瑟斯（Wallace Hume Carothers），他在1928年离开哈佛大学加入杜邦公司。当时32岁的卡罗瑟斯在科学界已经有了名气，进公司后他转向了通过聚合形成高分子物质的研究。1931年，他和他的团队发现氯丁二烯聚合速度可以比天然橡胶的单体异戊二烯大100多倍。由此得到一种合成橡胶"聚氯丁二烯"，即人们所熟悉的"氯丁橡胶"。1932年，氯丁橡胶开始商品化的生产。1936年，在英国法拉第学会召开的"聚合和缩聚"专题国际研讨会上，卡罗瑟斯发表了他的缩聚理论。他根据这一理论发明了尼龙纤维，这也是对大分子理论的最有力支持之一。

实际上，构成聚合物的单体有很多，聚合反应可以由不同的机理引发，反应的条件和聚合的结果也是多种多样。通常有两种主要类型的聚合：（1）链增长或加成聚合，通常涉及具有碳碳双键的单体，和（2）缩合聚合，单体间的缩合反应往往会释放副产物，例如水。**卡罗瑟斯对通过缩合过程生成高分子聚合物有独到的理解，**这时正好杜邦公司实验室有了分子蒸馏设备，可以把胺和酸缩合反应生成的水迅速移走，有助于缩合反应持续进行。有了新设备，卡罗瑟斯的团队用各种胺和酸的组合生产出分子量为10,000以上的高聚物。1935年2月，杜邦公司决定用己二胺和己二酸缩合生产高聚物（这就是尼龙66），可以通过熔融纺丝或干法纺丝转化成纤维。

氯丁橡胶和尼龙66是杜邦公司最重要的发明，卡罗瑟斯如果不是意外早逝，他很有可能率先获得高分子领域的诺贝尔奖。卡罗斯的第一项聚酰胺专利于1937年发表，**对这个专利的研究又引发了两个重要的聚合物的发明：尼龙6和聚氨酯。**首先，德国法本的化学家用内酰胺聚合成了长链高分子量聚酰胺。内酰胺一端有一个氨基，另一端有一个酸基。法本公司避开杜邦公司的专利，用己内酰胺为原料开发了尼龙6。1939年到1941年期间，两名英国研究者更仔细地研究了杜邦公司的专利，发现卡罗瑟斯没有涉及芳香族化合物单体。很快他们选择了对苯二甲酸（PTA）和乙二醇作为单体合成聚合物，结果得到称为"聚酯"的高分子材料，ICI公司在1943年开发了新合成纤维"涤纶"。

聚合物领域20世纪最重要的另一项发明是聚乙烯，这是加成聚合反应过程，单体是最简单的有机化合物乙烯。**高压低密度聚乙烯的发明是偶然的，**ICI公司的一个研究部门当时有了超高压实验装置（最高压力可达20,000个大气压），他们把各种化合物陆续放进高压试管反应器中，看看这些化合物在高压和高温下会生成什么产物。1932年3月，研究人员把乙烯和苯甲醛一起放入反应器中（2,000个大气压，170摄氏度），结果第二天他们得到了石蜡状的白色材料聚乙烯。可是，这个实验结果怎么也无法复现。直至1935年12月，几位研究人员决定在休息时间再做一次乙烯反应的试验，这次他们使用了低纯度的乙烯，结果第二天得到了大量聚乙烯（约8克）。研究人员在以后的试验中确认乙烯原料中的少量氧杂质起到了聚合催化剂的作用。1939年9月，英国建成第一座高密度聚乙烯的工厂，当年生产了10吨聚乙烯，主要用于军方设备的电气绝缘（如机载雷达等）。聚乙烯有非常好的绝缘、隔潮等性能，第二次世界大战后迅速开拓了民用市场。同时，**聚乙烯的发明也促进了聚合过程的科学研究，聚合引发剂和催化剂成为高分子化学最富成果的研究领域。**

> 要说聚合过程的催化剂，最著名的当属德国化学家卡尔·齐格勒（Karl Waldemar Ziegler）发明的有机金属催化剂。齐格勒早期主要研究碱金属有机化合物、自由基化学、多元环化合物等，1953年他使用烷基铝化合物和四氯化钛作为催化剂，在大气压和接近环境温度下得到了乙烯。这种聚合物基本上没有支链化，分子量可以超过100,000，称之为高密度聚乙烯（HDPE）。德国赫司特公司买下从齐格勒的催化剂专利，1955年开始生产聚乙烯（HDPE），菲利浦石油公司和美孚石油公司分别于1956年和1961年投产生产HDPE。

受齐格勒催化常压合成乙烯的启发，意大利米兰大学的教授纳塔（Guilio Natta）他将齐格勒催化剂中的四氯化钛改为三氯化钛，用于丙烯的聚合过程获得成功（1954年）。聚丙烯(PP)分子量大、结晶性好、熔点高，可用于纤维、薄膜和各种各样产物的注塑。1962年，高密度聚乙烯和聚丙烯这两种聚合物的世界产量约为25万吨。1963年，齐格勒和纳塔共享诺贝尔化学奖。

自从20世纪30年代末期以后，很多高分子化学家从事着基础研究工作，他们**用不同于低分子的研究方法和实验仪器等来测定和描述高分子的结构，使高分子化学形成独立、完整的学科体系。**同时，面向产品和技术的研究开发工作也收获了很多成果，如研制和改进催化剂、合成新单体的聚合物，并开发了各种聚合过程（本体、溶液、悬浮液和乳液聚合等）技术，几十年里各种合成高分子材料相继问世。可以说，高分子聚合物是一个科学、技术和市场（工程化）相互激励最为生动的领域之一。

聚合物材料和单体

材料是人类赖以生存和发展的物质基础。如果从物理和化学属性来分，可分为金属材料、无机非金属材料、有机高分子材料和不同类型材料所组成的复合材料。其中，品种繁多的高分子材料来自化学家的发现或发明。高分子材料具有洁净、多彩、抗热等其他任何传统材料都不具备的其他许多特性。**从20世纪50年代开始，高分子材料逐步走进我们的生活，可以说，没有高分子材料，就没有今天如此便利的生活。**

按材料的性质和用途分类，可将高聚物分为塑料、橡胶和纤维。其中塑料产量最大，主要用于包装材料、结构材料、建筑材料以及交通运输材料；橡胶的主要用途为制造轮胎；纤维的主要用途为衣着用料。

① **塑料。**塑料是以合成或天然聚合物为主要成分，辅以填充剂、增塑剂和其他助剂在一定温度和压力下加工成型的材料或制品。**塑料中的基础聚合物常被称作树脂，即树脂是指尚未和各种添加剂混合的高分子化合物。**塑料可分为热固性与热塑性二类，前者无法重新塑造使用，后者可以再重复加工。塑料的行为介于纤维和橡胶之间，软塑料（热塑性）接近橡胶，硬塑料（热固性）接近纤维。大多数塑料质轻，化学性稳定，不会锈蚀、耐冲击性好、具有较好的透明性和耐磨耗性、绝缘性好、导热性低。而且塑料柔软，易着色，在加工过程中容易制成许多不同的形式，所以塑料的用途非常广。其中，每年全球制造的塑料袋数万亿只，这虽然方便了人们的生活，但也带来了巨大的环境污染问题。实际上，**塑料这类聚合物品种太多，成分非常复杂，这使得对废弃塑料进行分类非常困难。难以分类收集和处理，造成回收塑料在经济上很不合算。**

② **橡胶。**橡胶通常是一类线型柔顺高分子聚合物，分子间次价力小，具有典型的高弹性。橡胶在受到弯曲、拉长等外界影响时，分子被迫显出一定的规则性。当外界强制作用消除时，橡胶分子就又回到原来的不规则状态，这就是橡胶有弹性的原因。橡胶经适度交联（硫化）后形成的网络结构可防止大分子链相互滑移，增大弹性形变。天然橡胶、丁苯橡胶、顺丁橡胶和乙丙橡胶是常用的品种。合成橡胶一般在性能上不如天然橡胶全面，但它具有高弹性、绝缘性、气密性、耐油、耐高温或低温等独特的性能，因而广泛应用于工农业、国防、交通及日常生活中。

③ **合成纤维。**合成纤维通常是线性结晶聚合物，平均分子量较橡胶和塑料低，纤维不易形变，伸长率小。纤维的熔点应在200摄氏度以上，以利于热水洗涤和熨烫，但不宜高于300摄氏度，否则不好熔融纺丝。工业中常用的合成纤维有聚酰胺（如尼龙66、尼龙6等）、聚对苯二甲酸乙二醇酯（聚酯）和聚丙烯腈等。就像塑料一样，低成本的合成纤维被广泛使用。1966年，人造纤维最早被使用在消费品上，其中使用量最大的行业是服装业，几乎占了合成纤维总产量的1/3，其次是包括地毯、织物、家具等在内的家用装饰行业。到1968年，人造纤维超过了（按重量）棉花和木材的合计产量。

高分子化合物虽然分子质量很大，而且品种极多，但其基本组成并不复杂，因为它们的分子往往都是由特定的结构单元通过共价键多次重复连接而成。这些结构单元都是小分子化合物，称为“单体”。**当今世界上作为材料使用的大量高分子化合物，是以煤、石油、天然气等为起始原料制得低分子有机化合物，再经聚合反应而制成的。**

从表2可以看出，**合成材料是建立在一些主要“积木”（如乙烯、丙烯、丁二烯、苯、二甲苯等）的构架上的，具体的聚合物产品的性能往往是依赖于单体的性质。**最早的合成纤维是尼龙66和贝纶（尼龙6），它们都属于聚酰胺纤维，前者是美国杜邦公司的发明，后者是德国法本公司的发明。它们有一个共同点，就是其原料都来自煤焦油。尼龙袜上市时，杜邦公司自豪地告诉世界，它“用煤、空气和水”制造了一种合成纤维。当时即使在化工界也几乎没有人意识到合成纤维将很快就会完全由“石油”生产出来。

表2　主要的聚合物原料和产品

原料	重要的衍生物	最终产品
乙烯	聚乙烯(高密度和低密度)	塑料
	苯乙烯 → 聚苯乙烯	塑料
	环氧乙烷 → 乙二醇	防冻剂、纤维
	氯乙烯 → 聚氯乙烯	塑料
	乙醇	溶剂
	EP橡胶	弹性体
	醋酸乙烯酯	黏合剂、塑料
丙烯	异丙苯 → 苯酚	塑料、尼龙6(纤维)
	聚丙烯	塑料、纤维
	环氧丙烷 → 乙二醇	塑料、聚氨酯
	丙烯腈	纤维、塑料
	异丙醇	溶剂
	丙酮	溶剂、塑料
	丙烯酸酯	涂料、黏合剂
丁二烯	丁苯橡胶	弹性体
	聚丁二烯	弹性体
	己烷二胺	尼龙66(纤维)
	ABS树脂	塑料
苯	马来酸酐	塑料
	苯乙烯	塑料、弹性体
	异丙苯 → 苯酚	塑料，尼龙6
	环己烷	尼龙6，尼龙66（纤维）
二甲苯	对苯二酸	聚酯纤维
	邻苯二甲酸酐	塑料、涂料
天然气	氨	肥料、炸药、纤维
	甲醇	黏合剂、塑料
	乙炔	塑料、溶剂、黏合剂
	炭黑	弹性体复合
	氯化溶剂	干洗液、制冷剂

1960年后，现代聚合物（合成高分子材料）开始转向了石油化学原料，这是因为催化裂化和催化重整使得炼油过程可以大量地提供乙烯、丙烯等脂肪族和苯、甲苯、二甲苯等芳香族基础化合物。合成纤维和工程塑料具有很好的功能，高分子聚合物的流行有一些综合的因素，但是总的来说，合成聚合物的低成本起了非常重要的作用，而低成本取决于更便宜的原料（单体）。单体产品能够成功规模化生产很大程度上是化学工程学科的贡献，聚酯纤维的单体生产就是一个典型的例子。

聚酯纤维和单体PX

1936年，卡罗瑟斯团队合成了聚酰胺聚合物。聚酰胺由两种脂肪烃单体（一种含氨基，另一种含酸基）脱水缩合而成。最终杜邦公司选用了己二酸和己二胺生产合成纤维（尼龙66）。尼龙66是合成纤维的突破，但卡罗瑟斯和杜邦公司遗憾地错过了另一种纤维——聚酯纤维，俗称涤纶。

1939年，英国印刷协会公司下属研究室的两位有机化学家仔细研究了杜邦公司聚酰胺的专利，发现卡罗瑟斯没有选用芳香烃化合物作为聚合的单体。他们想寻找一种合适的芳香酸试试，至于酸醇缩合的醇部分单体乙二醇明显是可用的。因为研究室从事纺织品染色的研究，对苯二甲酸（PXA）是常备试剂。他们将这两种化学物质（乙二醇和对苯二甲酸）加上催化剂在真空蒸馏釜反应（脱水），很快就生产出性能优异、熔点高达240℃的聚酯树脂。他们为自己的发明申请了专利，该专利后被ICI公司买断后，很快开发成功了聚酯纤维（通常指聚对苯二甲酸乙二酯纤维）。

聚酯纤维

聚酯纤维有许多尼龙的品质，也有一些不同寻常的品质，最大的优点是抗皱性和保形性很好、不粘毛，这用尼龙纤维难以实现。因为ICI手握基础专利，1951年，杜邦公司不得不向ICI购买聚酯纤维的专利许可，然后把一个尼龙中试工厂改为聚酯的试验厂，1953年在美国生产商品名为达可纶（Dacron）的聚酯纤维。随后聚酯纤维在世界各国得到迅速发展。**合成纤维是传统棉纺织布的替代物，40万吨的聚酯纤维相当于约1,000万亩棉田的棉花产量，1972年后聚酯纤维已是合成纤维的第一大品种。**此外，聚酯还可以用作包装、容器等，这些用途的用量现已超过纤维，所以聚酯是非常重要的合成材料。

> 合成聚酯的工艺路线有几种，但基本原料都是对苯二甲酸（PXA）和乙二醇。
>
> 聚酯纤维的生产理想的工艺路线是从PX（对二甲苯）→PTA（精对苯二甲酸）→PET（聚酯）→涤纶→长丝短丝。这个工艺路线涉及两个难题：（1）如何从PX生产PTA？（2）如何从粗PTA得到聚合级PTA（纯度 > 99.9%）？

① 对苯二甲酸（PTA）生产。早期ICI和杜邦公司采用硝酸氧化对二甲苯的方法，但由此得到的对苯二甲酸纯度达不到聚酯纤维单体级要求。因此，硝酸氧化生成的PTA不得不与甲醇反应转化成容易精制的甲基酯（DMT），精制后的酯与乙二醇反应转化回到PTA。硝酸氧化工艺就这

样兜一圈，而且氧化过程还会产生一些氮氧化物，需要回收处理，也会引起环境污染问题。

直接用空气氧化对二甲苯行不行呢？化学方程式上是成立的，但谁也不知道什么样的催化剂能起到作用。

1946年才创立的科学设计公司（Scientific Design Company，SD）决定开发空气氧化对二甲苯的过程。试验探索催化剂成了SD公司最优先的课题，研究人员夜以继日地试验配方，把他们药品架上几乎所有的化学品都试了个遍。最后他们试出了一种金属溴化物催化性能优异，这个催化剂能使对二甲苯以很高的收率转化为对苯二甲酸。SD公司是几位化学工程师和化学家的小型创业公司，探索研究和随后的设计开发工作效率非常高。SD公司的创始人之一兰道是MIT的化学工程博士，在 M. W. 凯洛格公司工作时参加过曼哈顿工程的铀分离工作。公司还有两位创始人，一位也是参与铀分离项目的化学工程师，另一位是与兰道在MIT一起读博士的同学。

有了合适的催化剂，SD公司开发了新的工艺流程，并与阿莫科公司合作建成了工业装置。SD公司在美国之外出售了该工艺技术的专利许可，ICI等化工超级企业都买SD的工艺包。ICI是首家生产涤纶聚酯的公司，ICI对硝酸氧化工艺的缺点也非常清楚，但在直接氧化技术的开发竞争中这家超级大公司输给了小公司SD（**据说SD公司的含溴催化剂及工艺流程技术开发比ICI公司仅领先了约两周时间**）。后来，壳牌公司开发了纯氧气氧化对二甲苯的过程，空气氧化和氧气氧化各有优点，这两种直接氧化新工艺很快淘汰了硝酸氧化工艺。

为了提高氧化反应的收率，阿莫科化学品公司采用高温和在醋酸钴-醋酸锰催化剂（见络合催化剂）中加入助催化剂溴化物（常用四溴乙烷）的流程。溴化物所产生的溴可引发产生自由基链式氧化反应。氧化反应一般在塔式反应器中进行。反应温度为175~230摄氏度，但多数是高于200摄氏度。高温氧化过程以对二甲苯计收率可达90%以上。由于反应温度高，又存在溴，反应物料具有强烈的腐蚀作用，故反应器需用钛或衬钛材料。

② PTA的精制。直接氧化得到的粗PTA可经对苯二甲酸二甲酯生产聚酯，但更好的方法是**用提纯后的精PTA直接作聚酯的原料。**1965年，阿莫科公司成功开发了催化氢化工艺来纯化对苯二甲酸。即在高温、高压下使粗PTA溶于水，然后在钯催化剂存在下对杂质进行加氢，经结晶、过滤，即得纤维级精PTA。产品中主要杂质对羧基苯甲醛的含量小于25ppm。达到这个纯度的对苯二甲酸与乙二醇直接酯化，然后用对苯二甲酸乙二酯进行缩聚获得聚酯熔体，聚酯熔体可以用于制备聚酯切片直接用于纺丝。

1963年，PTA精制方法实现工业化，随后聚酯生产更多地采用PTA与乙二醇直接酯化的方法，省去了对苯二甲酸二甲酯的制造及甲醇的回收过程，产品质量也较高。PTA还可通过与环氧乙烷反应直接生成对苯二甲酸乙二酯，这种路线省去了环氧乙烷水合制乙二醇的生产步骤，而且对苯二甲酸乙二酯能溶于水，易于进行结晶精制。

对苯二甲酸直接氧化和精制获得成功，大大降低了聚酯切片生产的成本，促进了聚酯消费量的急剧增长。这也使得PX（对二甲苯，对苯二甲酸的上游原料）的需求迅猛增加，最初PX和其他所有苯衍生物（芳香族化合物）都是从煤焦油中提取的，但现在对二甲苯（PX）主要从石油裂解获得。可是，PX并不是简单地从石油炼制过程提取。

20世纪50年代，UOP的催化重整技术可以从石脑油（naphtha，主要成分为烷烃的C_4~C_6

成分）中生产苯、甲苯、二甲苯等芳烃产品。从重整油中抽提苯和甲苯后得到混合C_8芳烃是四种异构体（对二甲苯PX、间二甲苯MX、邻二甲苯OX、乙苯）的混合物，下一步需要将利用价值低的间二甲苯和乙苯转化为PX和OX。混合C_8芳烃通过二甲苯异构化反应，产物中PX达到或接近热力学平衡值（其平衡组成大致为：邻二甲苯20%、间二甲苯55%、对二甲苯25%）。然后，经过分离装置将PX和OX产品分出，剩余物料可作为异构化的原料循环利用。

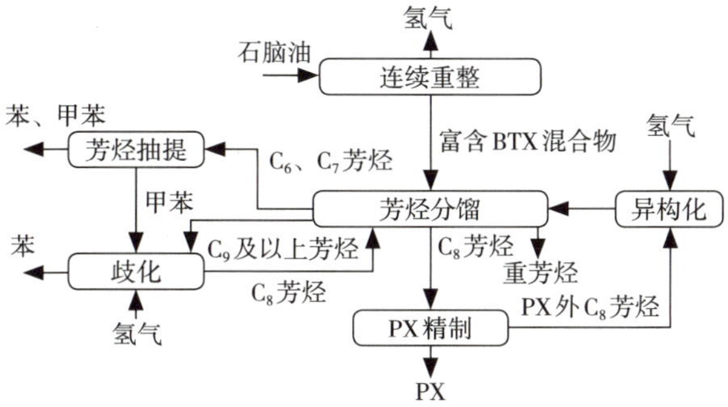

催化重整、异构化过程和PX等产品提取流程框图

炼化一体化的PX生产装置

也就是说，**生产PX是一个循环的工艺加工过程。**经过了石油裂解组分的催化重整、C_8芳烃异构化及乙苯转化等，反应过程（异构化等）与分离过程结合才形成完整的工艺流程。所以，**生产规模巨大的PX装置（百万吨/年）并没有自己独立的工厂，而是炼化一体化企业的一个单元。**

炼化一体跨越了炼油企业自身的范畴，有着很高的集成度。随着炼化一体化的深入，相关技术也有了发展，如催化裂化生产低碳烯烃技术、催化重整多产芳烃技术等，在新型催化剂开发、降低成本、优化操作等方面取得了一些新进展。**正是石油化工的工程和技术发展提供了低成本的单体，才有现在聚酯等高分子材料领域的兴旺发展。**

没有化工厂的化学工程公司

第二次世界大战后，美国出现了专业开发技术的化工工程公司，打破了传统化工企业的技术垄断。20世纪70年代开始，全球兴起了基础化工产品（主要是石油化工产品）装置建设的高潮，这主要是化学工程公司的贡献。

化工工程公司为何成功?

一个化工厂是怎么建成的？要知道，一个化工产品的生产技术开发是很复杂的过程，首先要有合适的实验成果或专利，这可能来自本企业的研究或买下大学等研究机构的成果，然后经过生产企业的开发才实现工业规模生产。美国的杜邦公司、陶氏化学品公司、联合碳化物公司，英国的ICI公司，德国的巴斯夫公司等，都是研究和开发力量实力雄厚的大公司，这些公司有自己的研究实验室，也有工程部负责建设中间实验工厂和工业生产线。但常规的化工生产企业只需要拥有自己的研究、运行管理和销售团队，**大部分企业没有能力也没有必要维持一支工程建设力量**。在20世纪20~30年代间，化工产品的研究和开发活动基本上在化工公司内部进行，生产公司将诸如采购和设备安装之类的功能，承包给专业化工程公司。也就是说，**化工生产企业通常提供工艺流程设计（隐含了技术诀窍和催化剂使用条件），聘用外部承包商负责项目的详细工程设计和建设，包括管道铺设、机械和电气工作和项目其他方面的工作。**

其实，早期的工程公司并不是为化工行业服务的，例如成立于1901年的美国M. W .凯洛格公司最初的主要业务是发电厂建设和发电厂部件制造。但炼油行业开始开发热裂解过程时，凯洛格公司具有的锻焊接技术帮助公司进入炼油装置建设领域。在20世纪20年代，凯洛格公司与很多炼油企业有过合作。在炼油项目建设过程中，凯洛格工程公司嗅到了商机，1926年公司成立了石油实验室，这是美国最早的企业石油研究室之一。30年代和40年代，凯洛格用自己技术或炼油企业的技术设计和建造了约130套热裂解装置。

第二次世界大战期间凯洛格和其他工程公司是曼哈顿项目的主要设计和施工力量，田纳西州橡树岭的气体扩散工厂（代号K-25）是由凯洛格的子公司负责开发的。二战期间凯洛格公司同时在石油加工方面大展身手，建造了六个加氢重整装置，还参加了流化床催化裂化过程的开发，后来承建了20套流化床催化裂化装置。20世纪50年代凯洛格技术扩展到蒸汽热解、异丙苯制苯酚和煤制合成燃料技术，60年代凯洛格开发了氦气回收、乙烯和单序列氨工艺。

炼油企业的技术进步和进入石油化工领域，依赖化学工程师，也借助化学工程公司开发力量。石油公司请专业化工程公司为其设计、建造和开发生产装置和设备。第二次世界大战后，石油化工领域扩大产能的需求最旺盛，有众多的资金想投资建设基础化工产品，这些从其他行业进入石油化工领域的企业几乎都是依赖化工工程公司的。因此，**开发成套化工工艺技术成为化工工程公司的新商机。**

实际上，这些大型的工程公司已经拥有了进行新流程开发的能力。工程公司清楚认识到，在新兴的石油化工领域有很多创新的机遇，这是由化工产品的特点决定的：

> 同样的化工产品可以由不同的原料、不同的生产方法，或用不同的催化剂体系生产。这使得生产企业无法垄断一种产品的生产技术，因为即使某公司开发的产品流程申请了专利，但相应的催化剂、工艺路线和操作条件不可能全覆盖。1950年前后，石油化工开始发展时，化工基础原料从煤转换为石油，这也是传统化工企业不熟悉的领域。况且，基础化工产品达到40～60种，其中的技术开发空间之大可以想象。

化学工程公司成功的主要工程技术因素是：

❶ 从20世纪40年代开始，催化剂知识和制备技能从神秘走向普及，发明新的工业催化剂成了众多大学和企业实验室都可以尝试的研究活动。**从催化剂的研制入手可以一举改变原有的生产工艺**，而化学工程公司既可以从市场上购买催化剂，也可以有针对性地开发自有知识产权的专用催化剂。实际上，这些化学工程公司的催化剂开发实力比老牌的化工企业并不逊色。

❷ 美国是第一次世界大战和第二次世界大战的战胜国。从宣战开始，美国就没收了对手（主

要是德国）的专利等知识产权。二战胜利后，美国马上把德国主要化学公司（主要是法本公司）的技术资料掳掠回国，供美国化工企业参考，**化学工程公司也从中获取了很多技术细节。**

3 20世纪40年代，化学工程理论已经基本成熟，对传热和传质等单元设备的“放大”有了相当的把握。例如，化学工程专业的优秀毕业生就可以利用基础的物性数据设计出产量几十万吨产品的精馏塔。化工工程公司聘用了大量的化学工程师，他们把单元操作、化工热力学、催化反应过程等化学工程学科原理应用于石油化工产品的开发过程，取得了丰硕的成果。**如果没有20年代开始的化学工程学科的发展，开发规模巨大的连续过程化工厂是很难的。**换句话说，没有化学工程科学的贡献，低成本的合成纤维和塑料恐怕难以面世。

也许我们对工程公司的技术能力是否全面仍有疑问，因为专业的工程公司并不从事生产实践，化工企业非常重要的实践知识从何而来呢？毕竟这些实践性的细节知识对工厂的成功操作和运行至关重要。**工程公司也清楚它们缺乏生产厂家的工业实践，因此特别重视过程开发中的“放大”环节：一是从已有的经验中学习，二是抓住机会进行有限的工业中间实验。在“放大”过程中，化学工程学的理论和实践帮了工程公司的大忙，使负责开发新流程和“放大”过程的化学工程师充满信心。**一旦开发了一个新的工艺流程，实现了第一次技术转让后，虽然少不了要为生产企业解决第一次工业化“放大”过程中的很多问题，但专业化工程公司也因此完善了自己的技术，可以为后续项目设计更好的工厂。正是有了转让多套装置的机会，使得专业的化工工程公司的开发能力和信心进入良性循环的发展道路。

在美国，知名的专业工程企业包括斯通＆韦伯斯特公司（Stone & Webster）、M. W. 凯洛格公司（M. W. Kellogg）、巴杰公司（Badger）、福斯特－惠勒公司（Foster-Wheeler）、环球石油公司（Universal Oil Products）和鲁姆斯公司（Lummus），这些公司在乙烯、合成氨等基础化工原料，以及各种塑料、人造纤维等大宗产品的生产技术上，拥有各具特色的技术和设备。不过，**当石油化工产品生产和开发的高潮过去后，化学工程公司的盈利模式难以持续。**所以，1970年后，这些化学工程公司往往会经历多次收购和更名，这也是行业发展的历史趋势使然。

> 化工工程公司的成功说明，对于产品的研究和开发而言，开发过程其实更为重要。即使科学研究在新产品和新工艺开发的最初阶段占主导地位，但最终的商业成功相当大程度上还是要取决于工程开发能力。UOP公司和SD公司的故事也许能给予我们很好的启示。

环球油品公司（UOP）的故事

UOP公司创建于1914年。美国当时一家世界最大的肉类加工企业开始寻找有技术含量的项目投资。一开始，他们想投资的是沥青加工，为此买了很多沥青加工的专利，其中就有业余发明家杰西·达布斯（Jesse Dubbs）的沥青乳化专利，但投资者把达布斯的其他专利也一并买下了。当公司聘请的专利顾问对买下的专利一一查看时，却认为**其中的石油热裂解专利更有价值，而且还比美国其他专利（比如著名的伯顿法裂解过程）要早。**他说服了投资方把产品的方向转到炼油方面，所以成立了环球石油产品公司（Universal Oil Products Company），计划建套小型炼油装置证实达布斯的专利！

第一次世界大战结束后，肉类加工行业风头不再，UOP的投资人（Armour）失去了他的财富。债权人清算了他的肉类加工企业和名下的其他企业，但没人把UOP当回事，因为当时的UOP只不过拥有几项没有看到实用效益的专利。确实，在最初的十年里，UOP公司没有赚到任何钱。

UOP公司专注于炼油过程的开发，真正的突破是由J. 达布斯的儿子完成的。J. 达布斯对有机化学情有独钟，他给儿子取名碳（Carbon）。他儿子继承了父亲的发明热情，而且很奇特地给自己的姓名之间还加了一个字——石油（Petroleum），周围的人经常把他称之为“石油”先生。UOP把C. P. 达布斯也招进公司，想让他负责建一套中间实验装置来证实他父亲的热裂解专利。可是，“石油”先生对此并不热心，他热衷自己的发明或改进。C. P. 达布斯用原油裂解得到的部分产品再混入要加工的原料石油中，这样循环操作降低了原油的浓度和操作温度，结果大大缓解了热裂解过程的结碳现象，基本上解决了原油热裂解过程最令人头痛的结焦问题。1919年，UOP的第一套连续热裂化工业装置（Dubbs Thermal Cracker）建成。C. P. 达布斯申请了专利，很多不属于印第安纳州标准石油公司联盟的其他炼油厂（包括Shell公司、标准石油加州公司等）购买了UOP的专利许可，UOP公司这才开始获得赢利。

另一方面，UOP从成立之时就状告伯顿的热裂解法是侵权行为，这场专利诉讼官司耗时耗资。出于不想与UOP再纠缠专利官司想法，1931年，由雪佛龙、壳牌及几家标准石油公司（印第安纳、新泽西、加州）等六个大炼油企业索性联合出资把UOP公司收购了（2,500万美元）。不过，虽然被六大炼油企业联合收购，UOP还是独立的研究和开发公司。

UOP公司开发了很多石油化工的关键工艺技术，但他们并没有自己的炼油厂和石化厂，这种开发技术、转让技术的工程公司模式归结为UOP成立之初的抉择。1919年，哈勒（Hiram J. Halle）出任UOP总裁。哈勒没有受过什么高等教育，不是科学家，也不是工程师，但他在石油化工等领域有多项发明。哈勒是一位成功的企业家，他**把UOP定位为工程公司，即研究和开发石油化工新技术，但不从事工业生产，而是通过技术转让赢利。**

在达布斯过程还没有为公司赚钱时，哈雷就开始策划公司的将来。他把研究和开发基地选在休斯敦市的西南近郊，那里交通方便、周围炼油厂很多。按他的要求，基地100多亩地分成两部分，前面的一半建筑像大学的校园，环境幽雅，有研究楼、图书馆和接待室；后面是试验工厂区，中试厂区有公用设施、油罐、产品贮槽、精馏塔等设备。当时，达布斯的连续热裂解装置中试工厂就建在这里，后续UOP开发的几个新工艺过程的中间实验大都是在这里完成的，UOP的商业催化剂、吸附剂等也在这里生产。这个研发基地耗费50万美元（当时）。哈勒的设想：优雅的环境和轻松的研究气氛会吸引优秀的人才，而中试工厂就在后院，使实验室研究成果也很容易进入工业中试阶段。而且，这种研究实验室和工业中间实验厂的近距离布置，还容易给来公司参观洽谈的厂家留下完整和深刻的印象。现在，休斯敦市郊的这处UOP研发基地已被美国化学学会列为化学历史地标建筑，以纪念UOP对石油化工发展的贡献。

1995年UOP研发基地列为ACS（美国化学学会）地标建筑

30年代中期，UOP公司开发了异构化和烷基化技术，首次实现高品质航空汽油的工业生产。这六家大炼油企业拥有UOP这样的研究和开发公司引起了其他炼油企业的担心，美国司法部判定这些炼油企业与UOP的关系违背了《反垄断法》。1944年，这六家炼油企业索性把UOP公司交给美国化学学会（ACS）托管，而UOP的赢利用作石油加工的发展基金。1959年，美国化学学会把UOP公司公开出售（股票上市），从而UOP又成了一家独立的公司。

在哈雷的任期里，UOP公司聘请到了俄罗斯化学家伊帕季耶夫，一位国际顶级的催化剂专家。伊帕季耶夫在62岁时抵达美国芝加哥，立即成为UOP公司的科研顾问。以前在炼油行业，加工石油的手段只是加热，加热裂解、加热重整，即使是催化裂解（前面介绍的霍德瑞过程和流化床催化裂化过程）也是比较简单地把原油中的大分子分解成小分子，如果没有伊帕季耶夫这样的催化专家参与研究，从事炼油的企业很难加工那些烷烃、烯烃化合物。有了伊帕季耶夫的指导和他培养的学生，UOP开始了开发石油化工的催化加工过程。

1947年，UOP开发了铂重整工艺（Platforming），它的商品名源于催化剂的氧化铝上含有少量铂。UOP的铂重整是石油炼制史上最重要的过程之一，它不只与高辛烷值汽油的生产有关，而且关联到石油化工的发展。根据原料和反应条件的不同，催化重整可以从石脑油中生产苯、甲苯、二甲苯等各种芳烃产品，广泛用于塑料、橡胶、合成纤维、油漆、医药，染料等部门。在催化重整过程中，还副产大量氢气，可用于各种需要氢气的加氢工艺中。1947年，UOP申请了铂催化重整过程的专利。1949年，UOP在行业交流会议上发表了技术论文。会后，一家小炼油厂的主管表示愿意将他们的一套热裂解装置供UOP中试。合同签订6个月后，装置改造成催化重整的新反应器。

当时，美国的很多小炼油厂无力投资流化床催化裂化这样的过程，他们采用的热裂解和热重整过程得不到高辛烷值的汽油，产品在汽油市场上没有竞争力。**UOP开发的重整过程的原料范围很广，各种炼油的轻组分重整加工后，都能得到高辛烷值的汽油。**这正是小炼油企业需要的提高辛烷值的简单新工艺，UOP从铂重整工艺上得到丰厚的技术转让费。

从重整油中抽提苯和甲苯产品后，剩余的混合C_8芳烃是四种异构体（对二甲苯、间二甲苯、邻二甲苯、乙苯），物化性质很相似，用常规精馏和萃取方法很难得到高纯度的对二甲苯，当时有公司使用的是结晶技术，生产成本很高。可是，高纯对二甲苯（PX）是生产精对苯二甲酸（PTA）的原料，而PTA是生产聚酯纤维（PET）的基本原料。为了降低催化重整产物的分离操作成本，UOP公司又开始研发低成本的分离技术。

这时，UOP公司采用的吸附剂分离对二甲苯（PX）。1971年，UOP公司推出模拟移动床技术（商品名Sorbex），这成为化学工程学分离技术的一大成就。固体吸附剂（通常为分子筛、沸石）选择性地吸附对二甲苯，然后利用解吸剂将对二甲苯解吸下来，再经过精馏得到高纯度的对二甲苯产品。从化学工程学的基本原理可知，要得到连续、高分离度的结果，需要两个目标物料连续的逆流操作，还必须有回流（如精馏和连续萃取等过程一样）。可是，吸附剂是固体，液固的逆流操作做不到。UOP公司发明了模拟移动床技术，这是一个奇妙的想法，即把装填固体吸附剂的床层分隔成独立的若干段，各自有液体的进出口管道。操作时周期性地改变流体进出口的组成和流向，从效果上看，它好像固体吸附剂一直在与液体逆流运动。所以，UOP的连续吸附分离技术（Sorbex工艺）称之为“模拟移动床”。模拟移动床连续操作，质量稳定，处理量大，可以实现自动化操作。除了分离原理和操作设计巧妙，UOP发明的旋转阀是一种经过高度精密设计制造的设备，对连续吸附分离过程的可靠性起决定性作用。

Sorbex连续吸附分离技术迅速取代结晶过程成为对二甲苯的回收首选工艺。负责UOP模拟移动床开发的是布劳顿（Dow Broughton）。布劳顿1943年获MIT化学工程学博士，1946年在化学工程系任助理教授，1949年加入美国UOP公司。布劳顿对化学工程学原理的理解，以及他对工业设备开发的特长，帮助他发明了模拟移动床分离装置。

> UOP公司成立100多年来，开发了70多项专有成套工艺技术，申请有30,000多项专利，在全球范围内，现有7000余套工艺装置应用UOP的技术，使得UOP成为在石油化工领域工程技术最成功的公司之一。

科学设计公司（SD）

如果说UOP公司和其他美国工程公司进入石油化工行业有历史过程的话，1946年创立的科学设计公司（Scientific Design Company，SD）则是专业工程公司的新军，这是几位化学工程师和化学家的创业公司。**从开发效率来说，SD公司可能是一个最有开发能力的团队。**SD公司的创始人之一R.兰道（Ralph Landau）是MIT的化学工程博士，在M. W. 凯洛格公司工作时参加过曼哈顿工程的铀分离设计工作。不过，SD公司尽管在公司名称上讲“科学”，但实际上并没有取得什么科学发现。工程公司的研究不是按兴趣开展的，他们分析的是市场需要，分析现有工艺流程的缺陷和其他专利商的漏洞，然后确定自己的开发目标，直奔解决问题而去（包括催化剂的开发）。

下面就是SD公司在化工过程开发的几个成功例子。

环氧乙烷

20世纪40年代后期，由乙烯生产环氧乙烷的工艺路线显得益发重要，很多乙烯的衍生物需要通过环氧乙烷转化。其中，大部分环氧乙烷转化为醇类产品如：聚乙二醇、醇醚类、醇胺、丙烯腈、及非离子型表面活性剂。当时，环氧乙烷有三个生产商：联合碳化物公司、道化学公司和杰斐逊化学。后两家公司是采用氯化工艺的，联合碳化物公司是唯一使用直接氧化法工艺（1937年商业化）。但**联合碳化物公司没有为该工艺申请专利，这是期望长期独占这项工艺技术以长久赢利。**

当时，如果有新的企业想从事环氧乙烷的生产，技术上并没有障碍，因为氯化工艺已经是老技术，其中技术诀窍可以用合理的费用购买，也可以从对德国工厂的考察报告中获取。然而，氯化工艺无法避免会产生副产品二氯乙烷及氯化钙，价值很低或直接是废物。显然，直接氧化法在经济上和环境保护方面都有优势。

兰道和他的同事们看准了开发乙烯直接氧化生成环氧乙烷工艺的机会。SD团队仔细分析了以前法国人和英国人对环氧乙烷反应过程的研究结果，他们选择和制备了银系催化剂，然后进行了催化反应的动力学研究，据此选择了固定床反应器，并确定优化的反应条件，得到了理想的转化率和选择性。在此基础上，他们设计了相应的工艺流程。最终，使用银催化剂和新工艺流程由SD公司开发成功，收率等指标超过了联合碳化物公司工艺。SD公司为其工艺流程及催化剂申报了专利，迅速在环氧乙烷的工艺技术领域占了一席之地。

由SD公司开发的空气法直接氧化乙烯制环氧乙烷工艺逐渐取代了传统的氯醇法，该技术使世界环氧乙烷的生产能力大幅度增长。

顺丁烯二酸酐（Maleic Anhydride）

顺丁烯二酸酐（顺酐）是较为老旧的一个苯衍生物，在从煤焦油中提取苯的时代就有的。对顺酐的化学名称和结构常人可能不熟悉，但几乎人人都知道玻璃钢（玻璃纤维增强复合塑料）。玻璃钢常用的树脂黏合剂就是顺酐为基本原料的。在20世纪40年代后期，玻璃钢开始用于建造船只、储罐和其他大型模制物体，顺酐在制药、农业化学品等领域也有应用。

在20世纪50年代初，美国一家树脂公司建起了生产顺酐的工厂。这家树脂公司需要顺酐，却大大低估了化工产品的技术难度，建成的顺酐装置无法运行起来。这时，着急的树脂公司请来SD的工程师帮助解决问题。在仔细考察了顺酐工艺和装置后，**SD公司觉得对原有的催化剂和工艺流程应该做重要的修改，**这样可以大幅度改进这一过程。此后，一年半时间里，SD公司把顺酐生产的催化剂和流程完全改造了。

当然，这整套的顺酐技术都属于SD公司。在接下来，SD公司向很多生产企业出售了专利许可，这些生产企业遍布世界各地，包括美国氰化物、孟山都、壳牌这样的大公司。除了主要用于不饱和聚酯的生产外，顺酐后来还成为重要的有机化合物丁二醇、四氢呋喃和丁内酯等的基本原料。**SD公司的顺酐技术促进了全球的顺酐生产的发展。**

对苯二甲酸（Terephthalic acid，TPA）

对苯二甲酸用途广泛，主要用于生产聚酯树脂、聚酯纤维、薄膜、绝缘漆、工程塑料和增塑剂等，是一种重要的工业化学品。对苯二酸可以用硝酸氧化对二甲苯而生成，硝酸氧化生成的粗TPA需要与甲醇反应转化成容易精制的甲基酯（DMT），精制后的酯与乙二醇反应转化回到TPA。

硝酸氧化工艺就这样兜了一圈，而且氧化过程还会产生一些氮氧化物，会引起环境污染问题。

SD公司灵敏地嗅到了开发PX直接氧化过程的商机，很快开发出了催化剂和相应的生产工艺流程。该技术许可被很多生产企业购买后，促使对二甲苯直接氧化的工艺淘汰了旧的硝酸氧化工艺。据说，SD公司的开发进度比ICI快了两周时间。最后，ICI也得来买SD的TPA生产工艺包。

SD作为一个后起的工程公司，在短短的20多年里开发了9个重要的石油化工新工艺，世界各地有300个以上的大型化工厂采用了SD的工艺软件包，还生产出售了好几个品种的催化剂，现在仍然是环氧乙烷银催化剂和顺酐催化剂的最大生产者。

SD公司的创业史也是一个典型的美国故事，几个志同道合的博士生租用了几间房子开办了自己的公司，车库既是实验室，又是设计室。这么小小的一个研究团队，竟然也做出了和杜邦公司、ICI、联合碳化物公司研究和开发部门同样的成果。SD成功的原因，首先是他们选择了一个正在蓬勃发展的行业，基础的石油化工产品的开发给了他们机遇；其次，他们的研究实验室虽然很简陋，但几位创始人的化学工程技能却非常了得。要知道，**那还是一个没有计算机的时代，对大型化工装置的物料衡算和热量衡算都是人工计算，SD的工艺设计和关键单元设备设计大都很成功，也可以说，正是化学工程技能帮助他们取得了成功。**

专业化工程公司对全球的石油化工发展和竞争产生了重要影响。因为**有了这些化工工程公司，想进入石油化工行业的资本就不用担心产品生产的技术来源。**20世纪60年代以后，70%以上大型石化工厂都是由专业化工厂承包商承建的。不过，这样的建设模式带来了资本的激烈竞争，也导致了重复建设和生产能力过剩。石油化工行业经过几十年的发展和扩张后，产能需求基本趋于平缓。专业的化学工程公司开发能力再强也没有用武之地。果然，20世纪后期那些赫赫有名的化学工程公司纷纷被收购、并购了。

第十一章 化学工程学科基础与实践

学习流体力学知识和研究方法

化工生产中处理的物料绝大部分是流体（气体或液体）或包含固体的多相流体，物料输送、搅拌、过滤、沉淀以及许多其他的操作都涉及流体的流动，理解和应用流体力学自然成了化学工程学的基础。**没有流体力学基础的化学工程学是不可想象的，**从某种意义上来说，化学工程学科就是在学习流体力学和物理化学的过程中创立和成熟的。

流体力学基础

流体力学是物理学（力学）的分支，是现代科学中很有历史淀积的学科。因为流体（液体和气体）对人类非常重要。从牛顿开始，流体力学一直受到科学界的关注。分析并计算流体的受力和运动很有难度，著名的流体力学大师也往往是知名的数学家。以下是几位科学家对流体力学的贡献。

对于世人来说，丹尼尔·伯努利（Daniel Bernoulli）作为物理学家比作为数学家的知名度更高。1738年，伯努利出版了流体力学的第一本著作《流体动力学，关于流体中的力和运动的说明》。最著名的伯努利方程并没有在他的著作中出现，但是伯努利是洞察流体的压力和其速度成反比关系的第一人。

流体力学的另一位奠基人是欧拉（Leonhard Euler），瑞士数学家和物理学家，近代数学的先驱之一。Euler引入了流体单元的概念，直接从牛顿运动定律出发，建立了流体力学的欧拉方程（1752年）。欧拉对流体的描述是微分形式的，另一位欧洲数学家和物理学家约瑟夫·拉格朗日（Joseph Lagrange），对流体的条件给出一些限定后，得出了欧拉方程的积分形式：

$$p+\frac{1}{2}\rho v^2+\rho gh=\text{常量}$$

这就是最基本的“伯努利方程”，其思想最早出自D. 伯努利对水流压力和速度反比关系的认识，这是一个200多年前就有的公式。在能量守恒定律被认识之后，伯努利方程表述为：不可压缩流体在忽略黏性损失的流动中，流线上任意两点的压力势能、动能与位势能之和保持不变。

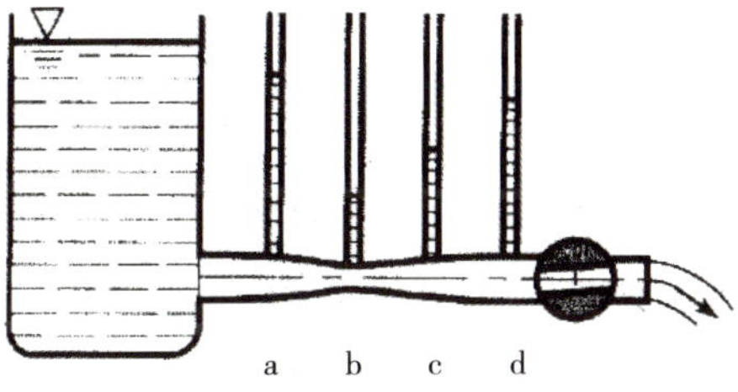

非常著名的早期实验，通过管中的压强分布来验证伯努利方程

对流体力学有突出贡献的还有法国工程师和物理学家纳维尔（Claude Louis Navier）和英国力学家、数学家斯托克斯（George Gabriel Stokes）。他们分别从质量、动量和能量守恒的基本原理导出了流体力学的基本方程，简称为N-S方程。N-S方程对流体的受力情况、能量变化和物性（黏滞性）考虑周全。但N-S方程式是一组求解十分困难的非线性偏微分方程，化学工程教科书中一般不出现这么复杂的方程组，通常的化学工程学问题也很少求助于N-S方程。不过，1851年斯托克斯提出的球体在黏性流体中（作较慢运动时）受到的阻力的计算公式，即斯托克斯公式$f=6\pi r\eta v$（指明阻力与流速和黏度系数成正比），常常被化学工程师应用。

19世纪中叶，理论流体力学开始蓬勃发展起来，其标志是广泛应用数学工具来解各种流体动力学问题。可是，实际上一切并不简单，流体力学的欧拉方程对于许多特例积分出来了，但计算结果与实验数据相差甚远。而且，**流体力学回答不了最常遇到的流速和阻力的关系问题：**当在流体中运动物体的速度很小时，物体受到的阻力正比于速度；当速度逐步增加时，阻力系数变得几乎不再变化；而当物体的速度进一步增加时，阻力系数会下降。流体的阻力系数随着物体的速度有如此奇怪的变化，原因是什么？

这时，雷诺（Osborne Reynolds）出现在流体力学的研究领域。这位英国物理学家是一位杰出的实验科学家，他的许多早期试验都是在家里进行的。他于1883年发表了一篇经典性论文，**以实验结果说明水流分为层流（laminar）与湍流（turbulent）两种形态，并提出以无量纲数*Re*（后称为雷诺数，$Re=\rho vd/\eta$，其中v、ρ、η分别为流体的流速、密度与黏性系数，d为一特征长度）作为判别两种流态的标准，*Re*数的物理意义代表了惯性力和黏性力的比。雷诺认为，流体在不同流速时表现出的阻力系数的不同是因为流体处于不同的流动状态。**

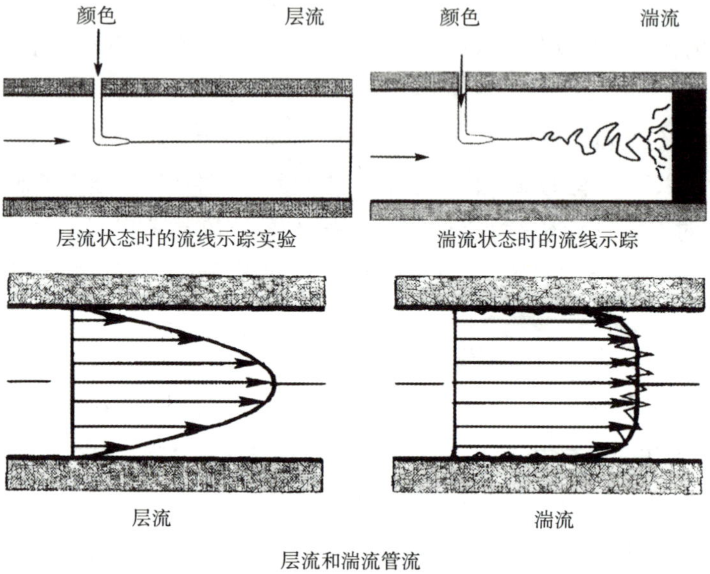

流体在不同流速时所处的不同流动状态

雷诺彻底改变了黏性流体流动的整个概念，他还明确指出固体表面的黏性附着力“拖住”了流体的流动，这也就成为现代边界层理论的起点。雷诺也是一位工程师，对固体和流体之间的传热研究有助于锅炉和冷凝器设计方面的改进。

完整的边界层理论是由被称为“现代流体力学之父”的普朗特（Ludwig Prandtl）完成的。普朗特在大学学习机械工程，后来攻读弹性力学，1900年获得博士学位。1901年，为解决工厂的实际问题而发现了流体分离现象。三年后，他提出边界层理论。他于1904年发表的关于低黏性流体运动的著名论文提出了边界层理论，奠定了现代流体力学的基础。湍流理论也是普朗特的重大贡献之一。1942年，普朗特出版了划时代的著作《流体力学概论》，全面论述了流体力学的理论；1950年，普朗特的学生施利希廷（Schlichting）在《边界层理论》一书中把边界层理论应用于流体力学的几乎所有领域。

雷诺（Osborne Reynolds）

普朗特强调对基本流体力学现象和概念的分析，然后建立简化的数学模型，从而得到简明的结论。当年，普朗特对描述边界层和湍流给出一个简化的解，可他的学生和同行并不满足。但他们在复杂的数学方程世界里努力了多年，却没有得到什么有意义的结果，最后仍然回到了普朗特的结论。这也证明了一百多年前普朗特大师深刻的洞见：**如果不依赖实验，绝大多数的流体力学问题是无法解决的。**普朗特长期进行风洞和水槽的实验，持续改进相应的测量设备，总是用精确的实验来检验和验证他的理论和概念。可以说，理论和实验结合的研究风格是普朗特对流体力学的独特贡献，也是对化学工程学科发展的重要启示。

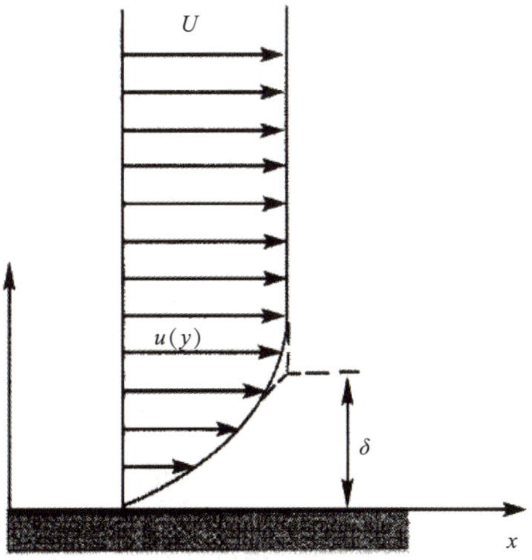

边界层示意图

学习流体力学

19世纪末，美国的石油生产已经很有规模，炼油的产品主要是煤油和润滑油，如何测定润滑油黏度是当时的课题。1879年和1888年，流体力学家对黏性流体中颗粒的运动已有过深入的研究，以后发明的各种黏度计都可以从流体力学的基本原理推出。但美国人在研究润滑油黏度测量时不知有斯托克斯定律。1893年，有一篇关于黏度计的论文，提出了一种黏度的测量方法，论文的作者以为黏度系数还没有人研究过。1912年，有论文研究离心泵在化学加工过程中应用，但没有把机械能量平衡作为分析泵效率的工具。很长时间里，从事工业化学课题研究的论文中都没有提及著名的流体力学定律和方程，这说明，**当时美国大学化学系的教授们对流体力学一百多年来的工作和成就并不知晓，颇有点隔行如隔山的味道。**

不过，**化学工程学科在创始之初就开始借鉴和应用流体力学。**1877年，雷诺成为英国皇家学会会员，1888年获皇家学会奖。雷诺的职业生涯都是在英国曼彻斯特大学度过的，而化学工程学的创始人戴维斯（Davis）和他的助手诺曼·斯温丁（Norman Swindin）长期在曼彻斯特生活和工作。斯温丁曾听过雷诺的讲座，对雷诺处理流体的思路和工作钦佩不已。斯温丁很快理解了流动状态可以用Re数作为判据的意义。1922年，他出版了《管道中化学液体的泵送》（The Pumping of Chemical Liquids in Pipes）的小册子，**这可能是雷诺准数在处理化工流体问题上的首次应用。**现在很少有人知道斯温丁是一位对化学工程学有贡献的人物。他出生于1880年，18岁时在工厂从事文员工作，凭借自己的学习努力在机械工程和化学方面获得了相当好的基础。1901年，斯温丁受聘担任戴维斯的助手。在戴维斯长期患病期间，斯温丁接任《化学贸易杂志》的编辑，《化学工程师手册》的第二版（1904年）修订和扩充的内容基本上是斯温丁完成。

流体力学对单元操作的深入研究有很多帮助，因为单元操作绝大部分都涉及流体或流体和固体的相对运动。最早开设单元操作课程的MIT化学工程系研究人员和流体力学结上了不解之缘，**因次分析或无因次数群的运用决定了化学工程学的研究和实验风格。**1917年，化工界发表的论文中，流体力学的经典原理和定律就开始屡屡被引用。1922年，麦克亚当斯等人对管道中流体的流动问题研究采用了因次分析方法，考虑了管道表面粗糙度的影响（定性），摩擦因子后来被表达为*Re*数的函数。1916年，刘易斯发表了管内黏性流体流动的论文，指出“容器的壁总是存在一层

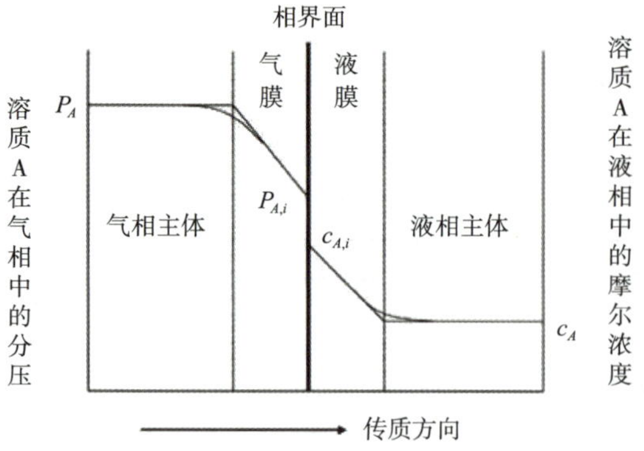

双膜理论示意图

液体的膜，这是由固体表面的摩擦拽住的”。虽然这个发现没有领先于流体力学家，但却很可能帮助了他和惠特曼（W. G. Whitman）在1923年提出了双膜理论（two-film theory）。双膜理论是一个经典的传质机理理论，较好地解释了液体（吸收剂）对气体吸收质吸收的过程。

那时，MIT化学工程系还有一位助教默弗里（Eger Vaughan Murphree）对流体力学也很感兴趣。1922年，加入MIT化学工程系，他的数学水平明显超出他的同事，化学和物理的基础又很好，很快显示了非同寻常的研究能力。

在MIT的两年时间，默弗里感兴趣的研究领域之一是精馏过程。当时对精馏的计算都是假设在塔内的一块塔板上，气相和液相达到了完全的平衡，如果实际上达不到气液平衡，则加上一个校正系数，即所谓的塔板效率。默弗里认为用一个气液平衡的校正系数失之于简单化了。他通过对精馏塔塔板上的流体流动和传质过程进行了仔细的研究，成为研究精馏过程塔板上气液两相流动和相互作用的第一人。**在研究的基础上，默弗里提出了新的塔板效率处理方法，默弗里塔板效率的概念至今还被广泛使用。**

默弗里还研究了液体与固体间界面湍流的基本问题，提出了与流体力学大师普朗特不同的边界层湍流运动的理论，还把他的理论用于研究流体摩擦力和传热的关系。可惜默弗里只在MIT化学工程系待了两年，如果在MIT任教的时间更长些，他在流体力学研究上会有一番建树。1924 年，默弗里去索尔维工艺公司（Solvay Process Company）。1930 年，他加入新泽西州标准石油公司（即后来的埃克森石油公司）。几年后，默弗里成为公司研究和开发部门的负责，负责的最大的开发项目是流化床催化裂化过程，催化裂化流化床反应器是有史以来最大的反应器，开发过程中遇到很多难以攻克的工程问题，大多都涉及含固体物料的多相流体流动过程。

默弗里
（Eger Vaughan Murphree）

提到催化裂化流化床反应器的开发，不能不提到MIT化学工程系刘易斯等人的贡献。人们往往以为流化床反应器的开发离不开流体力学的指导，但实际上刘易斯教授等人的主要贡献是让大家的思路摆脱了经典流体力学定律的束缚。MIT化学工程系开展流化实验时，发现使固体颗粒流动起来并不需要很高的气速。**刘易斯很快判断出斯托克斯定律只适用于单个颗粒在流体中运动，对管道或容器中大量的固体颗粒并不适用。而且，造成流化状态并不需要一致的颗粒尺寸。**随后的颗粒流化实验也是按化学工程学的研究方法组织的，对颗粒大小及分布、气速和容器尺寸等几个关键因素进行了系统的研究，很快揭示了使颗粒流态化的最基本规律。而默弗里领导的开发团队，马上在较大规模的中试装置上验证了流化输送和反应器实验，最后成功地开发了流化床催化裂化反应过程。

学习流体力学的基本理论，借鉴流体力学的研究方法，对化学工程学科发展起到了非常重要的作用。与流体力学研究比较简单的物料相比，化学工程学往往需要研究复杂的物系的分离和反应过程，即在流体流动的同时发生物料扩散、传热和反应的过程。从20世纪30年代开始，化学工程学开始把流动与传热、传质过程联系起来。50年代，化学工程学开始研究湍流条件下的质量、热量和动量传递过程。这样，化学工程学科对流体力学也有了贡献，舍伍德（T. K. Sherwood）等发表的论文也可以归于流体力学研究的范畴（“Heat Transfer，Mass Transfer and Fluid Friction: Relationships in Turbulent Flow”，1950年）。还有，流体力学的几个无因次参数就是以化学工程学家命名的，例如，Sherwood准数表征了对流传质与扩散传质的比值，以 刘易斯命名的Lewis准数表征热扩散系数与物质扩散系数之比。

应用流体力学的难度

化学工程师从流体力学最直接的收获，自然是流体的流量测量及控制，流体在管道中流动的阻力计算和提高泵的功能及效率等。更重要的是，**雷诺的无因次数群的方法启发了化学工程学研究者，他们学会了把相关的物理量组合起来，构成参数集总的无因次数群。通过这些数群来研究复杂的物理、化学现象，对复杂问题的认识有了一定的理论框架，也大大减少了探索试验的工作量。**

搅拌方式和计算搅拌功率是化学工程师学习、应用流体力学的一个典型例子。搅拌过程涉及流体的流动、传热和传质。因此，搅拌效果的影响因素复杂繁多，流体力学的理论和定律很难直接给出答案。可是，化学工程师需要比较快捷地对液体搅拌的设备做出选择，比如，搅拌过程需要什么样的流动场，需要供给多大的能量。这时，化学工程学研究和整理的规律告诉工程师什么样的搅拌方式（容器几何形状、搅拌器、挡板等）会有什么样的流型，达到一定的混合效果需要输入多大的功率。这是因为搅拌消耗的能量主要提供给釜内物料进行剪切与循环，计算搅拌功率的常用公式：

$$P = N_{\mathrm{p}} \rho N^3 d^5$$

这个公式把影响搅拌功率的因素分为两类，（1）明确的条件：搅拌的转速N、叶轮的直径d和液体的密度ρ；（2）经验参数：功率准数N_{p}。功率准数受很多因素的影响，如搅拌器的形状、单个搅拌器叶片数、搅拌器距离容器底部的距离、挡板与容器尺度之比等。N_{p}由大量的实验数据归纳整理得到，有可参考的数据图表供化学工程师选用。

普遍性和简单化对于应用是至关紧要的。在工程学中，人们想让定律或适用于相当宽的范围，必须把主要的影响因素包括进来，并明确这些因素之间的关系。比如，从搅拌功率的公式中可以清晰地看出，液体的密度和搅拌功率是线性关系，转速N则是3次方关系，搅拌桨直径d是5次方关系。但仅计算这些主要因素还不够，还有很多具体的搅拌设备的特性要考虑，这体现在经过大量的实验归纳和应用实验得到的经验参数N_{p}之中。正是基本参数及相互关系与经验参数的结合，才使得一个公式既可普遍应用，又使得计算误差在可以接受的范围内。

类似于搅拌功率计算方法在化学工程学科还有很多，这种追求普遍性和简单化的处理方法也许是受到雷诺的启发，也可能出自化学工程学科本身的探索。不过，雷诺代表的只是流体力学的一种研究风格，还有很多流体力学家更重视数学描述（他们本身既是物理学家也是数学家），追求从原理上解决流体力学问题。著名的N-S方程基本方程是从质量、动量和能量守恒的基本原理导出的，这组非线性偏微分方程就是流体单元的数学模型。流体力学作为物理学的一个分支，追求完整、普适性的数学描述很自然。有趣的是，化学工程学科也有比较强烈的愿望将工程学科发展成为科学。当然，**一个学科要“进化”到科学的层次需要更为抽象的物理基础，而且其基本原理和现象可以严格地用数学语言表述。**20世纪60年代后，化学工程界开始了“科学化”工作。其中，1960年等出版的《传递过程》（Transport Phenomena）对“传递现象”给出了严密的数学描述。伯德（Bird）等认为在各种单元操作设备和反应装置中进行的物理过程不外乎三种传递：

> 动量传递、热量传递和质量传递。显然，传递过程比单元操作和反应器的层面更为抽象、更为基础。《传递过程》对上述三种传递过程的相似性和复杂的结合处理得非常漂亮，一时化学工程界的好评如潮。化学工程科学化的支持者认为，如果系统的物性数据充分可靠，系统的边界条件也可以用数学描述，那化学工程问题的解决可以从基础研究做起，至少化学工程师的经验成分会逐渐减弱。

但是，接下来多年的实践表明，化学工程科学化没有得到理想的结果。现实中，化学工程师需处理各种物料，物系的性质非常复杂；而且设备的形状多种多样，边界条件无法用数学方程描述。以基础的传递过程出发，从相应的数学方程组求得具体问题的解几乎不可能。也就是说，流体流动或传递过程的局部（或微观结构）特征与宏观尺度行为无法关联，从传递过程基础研究出发对化学工程师来说不实用。

新型填料的开发是一个很好的例子。新型填料的目的是降低阻力，提高传质效率。显然，填料的流体力学特性决定了填料的性能，这是一个典型的动量和质量的传递过程。但是，填料的开发者基本上都是依靠不断的试验，而传递过程的研究几乎没有人提及，流体力学的指导意义也很有限。原因当然是**理论研究过于太复杂，相反做实物模型倒很简单**，发明或改进填料可以用简单的设备测试其性能和效率。显然，**如果实物模型的制作代价不高，结果又很可靠，工程技术人员肯定会走实物模型的路径**。

各种不同形状和规格的散装填料

确实，化学工业加工过程几乎都涉及流体力学问题，很多流体力学问题甚至是化工过程开发的关键。例如，第一个工业规模的流化床反应在试运行时，流化态化的催化剂床层中产生了大气泡，大气泡的破裂造成了庞大的反应器震动。这是典型的气固两相的流体力学问题，反应器被迫停车整改。但问题的解决不是靠数学模拟提供方案，而是在反应器里增加了限制气泡的内件。从此，流化床大气泡的生成和破裂行为只会在论文中出现。另一方面，精细化工（包括新材料）加工过程涉及的都是复杂流体（如聚合物溶液和熔体、悬浮液、胶体分散体、乳液、泡沫、颗粒介质等），生物加工和生物产品也大都是处理复杂流体的过程。在这些领域的开发活动中，流体力学和传递过程的研究按理应该可以发挥作用。但化学工程师面对的困难是这些物系比传统的化工产品更复杂，相关流体的热力学和传递性质数据都很缺乏。因此，目前还没有一个方程能真正描述并预测真实材料或产品的行为。但即使高速计算机能模拟一个加工过程，并能预测出材料结构和性能的关联，这些计算结果也需要通过实验来评价。这意味着化学工程师必须自己做实验验证，或者让产品开发人员来做验证实验。显然，这种合作模式在现实中很难实现，因为以配方主导的高附加值产品会选择直接做实验的路径来开发产品。因此，不管是在传统的石油化工领域还是在新兴的高附加值化工产品领域，**化学工程师必须快捷而有效地解决实际问题，包括流体力学方面的问题。**

为什么需要化学工程热力学

由于吉布斯（Gibbs）和其他科学家的贡献，物理学的热力学推广到了化学系统，热力学的新概念（自由能、化学势、相律等）描述和解释了多组分、多相态的复杂现象。不过，这些热力学方程只是对理想的化学系统适用，而对偏离理想状态的实际系统不能给出准确描述和推测。对此物理学和物理化学家们做出了贡献，把热力学的方程应用到非理想体系。然而，**涉及化学工业过程面对的是更为复杂的系统，化学热力学的理论还需要工程上的处理方法，这就是化学工程热力学。**

状态方程

早期的物理学研究都很抽象，热力学的基本定律（能量守恒和熵增）是普适的规律，不限于具体的介质或系统。另一方面，在描述系统状态方程（即压力、体积和温度之间的关系）时，又默认了所谓“理想状态”，即压力足够低或液体浓度足够稀薄。抽象的介质和理想的状态是远离真实世界的，进一步的研究必然会面对遇到真实的介质或非理想条件。对理想气体状态方程的改进是热力学的一大重要进展，这个成就可以归于荷兰科学家范德瓦尔斯（Van der Waals）。

压力、体积、温度是一个系统最基本的性质，这些基本变量非常重要，最早的波义耳—马略特定律表明这几个变量之间是有确定关系的。这些变量之间的关系可以用状态方程（Equation of state，EOS）描述，最简单的状态方程是理想气体状态方程，即一定质量的气体在温度保持不变的情况下，气体的压强和体积的乘积是一个常数。对于理想气体应有下列关系：

$$pV=nRT$$

式中，m为气体的摩尔数，R为1mol气体的气体常数。实验证实，在气体压力趋于零的极限情况下，上式是正确的。当时还没有什么人去研究非理想状态的气体p-V-T关系，更没有从气体和液体之间的关系去考虑问题，因为人们都认为气体和液体二者的性质是完全不同的。

1873年，范德瓦尔斯提交了他的博士论文《气体和液体状态的连续性》，在这篇论文中，他指出**物质的气态和液态不是截然不同的两个相态，在一定的条件下（称为临界状态）两相可以连续的方式相互融合，而且它们实际上具有相同的性质。**范德瓦尔斯的天才洞见让他认识到，在建立气体和液体的压力、体积和温度之间的关系时，有必要考虑分子的体积和分子间的力（现在一般称为范德瓦尔斯力）。范德瓦尔斯据此提出一种实际气体状态方程，被理想气体模型所忽略的气体分子自身大小和分子之间的相互作用力考虑进来，以便更好地描述气体的宏观物理性质。

$$\left(p+a/V^2\right)\left(V-b\right)=RT$$

范德瓦尔斯在他的状态方程中引入了两个参数：a/V^2项是分子间的引力对p的校正项；b则是考虑分子本身的体积的校正项。值得注意的是，各种物质的a、b值是不同的，**这种思路和处理方法与传统的物理学研究方法是不一样的。**范德瓦尔斯方程是最简单的立方型状态方程。该方程能定量地描述流体的p-V-T关系，能够同时描述气、液两相的性质。虽然精确度不高，但还是特别值得关注，因为其建立方程的推理方法对立方型方程、对比态原理以及后来与之类似的状态方程的开发有着巨大的贡献。

此后，范德瓦尔斯继续研究气体和液态的临界区域。1880年，他阐述了对应状态定律，描述了系统在临界条件下的状态方程：

$$\left(p_{\mathrm{R}}+\frac{3}{\upsilon_{\mathrm{R}}^2}\right)\left(\upsilon_{\mathrm{R}}-1/3\right)=\frac{8}{3}T_{\mathrm{R}}$$

这是适用于所有物质临界状态的方程一般形式，因为原方程中的三个常数a、b和R没有了，**物质的特性转为用其临界量来表示。**这条定律在低温实验中起到了指导作用，最终导致了1898年对氢气的液化和1908年对氦气的液化。

由于在气体和液体状态研究的贡献，这位自学成才的伟大科学家于1910年获得诺贝尔物理学奖。范德瓦尔斯虽然是物理学的教授，但他也可以算是化学热力学的创始人之一。他是欧洲最早理解吉布斯工作的科学家，他把吉布斯的相律论文推荐给他的同事和学生，推动了相律研究在欧洲的普及和发展。此外，范德瓦尔斯还提出了溶液的二元混合理论，为物理化学开辟了一个新的研究领域。他认为混合物的p-V-T关系同组成有关，他将二元混合物假设为一种纯物质，采用一套虚拟特征参数，然后用纯物质相同的状态方程来处理。这里出现的**虚拟特征参数，是混合物中纯组分的特征参数和混合物组成的函数。具体的函数关系则称混合规则，也就是说，混合规则决定了具体物系的参数。范德瓦尔斯的开创性工作使得混合规则成为化学热力学中重要研究课题，也正是对多组分混合规则的研究和实验数据积累，极大地增加了状态方程的适用性和实用性。**

范德瓦尔斯（van der Waals）

范德瓦尔斯状态方程是摩尔体积的三次的半经验型方程（这类方程比较简单，仅含两个或三个方程参数），首次提出的既可用气态物质又可用于液态物质的状态方程，并且是第一个可用于解释气液转变、临界点存在等性质的方程。将半经验模型结合理论方程，或分析已有方程偏离实际情况的原因，引入经验修正项以改进原有方程，是目前建立半经验方程所用的主要方法。**范德瓦尔斯方程的计算结果是中等偏差，现在很少用于实际计算，但是范德瓦尔斯方程在历史上有重要的意义。**他的研究思路和研究方法给物理化学学科和化学工程学的影响是深远的。

另一类型状态方程是多参数的半经验方程。这类方程比三次型方程应用范围和准确度更高，但**由于参数多，所需要的实验信息和处理数据的工作量都大大增加。**还有一类是运用统计力学方法导出的理论状态方程，例如著名的维里方程（维里一词来自拉丁文，其意义是力），就是根据分子间相互作用力的概念，由统计力学导出的。不过，理论方程虽然研究成果显著，但是尚无法用于对于实际流体，还须借助于实验参数才能适用于实际流体。

> 现在回过来再看研究状态方程的意义。对工程应用而言，状态方程中的压力、体积和温度，都是有重要应用价值的物理量。用一个状态方程即可精确地代表相当广泛范围内的实验数据，借此可比较准确地计算所需的数据。状态方程可用于计算纯物质和混合物的许多重要性质，如纯物质的饱和蒸气压和流体的其他热力学函数，可以用于混合物的气-液相平衡、液-液相平衡，尤其是高压下的相平衡等数据计算。此外，状态方程是经典热力学中推算其他热力学性质不可缺少的模型之一，也可用于分析物质的性质与分子间相互作用的两者之间的关系。

因为状态方程有非常重要的作用，从19世纪的理想气体方程开始，一直在发展和完善之中，至今已经提出的状态方程已有几百个之多（但仅有十多个得到广泛应用）。同时，**科学界和工程界已积累了大量纯物质及其混合物的压力、体积和温度数据，这为状态方程所得出的结果的普遍性和正确性奠定了基础。**

逸度、活度和活度系数

溶液里分子处于什么状态？气液相的物质分配如何达到的（相平衡）？化学反应朝什么方向进行？反应的最终结果可以预测吗？这些问题（溶液理论、多相平衡、化学反应平衡等）都涉及到了系统的状态和能量之间关系。其中，**相平衡是物理化学家和化学工程师非常关心的状态，平衡意味着一个多相和多组分体系达到了（宏观）变化的极限。**相平衡有热力学条件和判据，吉布斯指出了平衡状态时各相各组分的化学势相等，或者平衡物系的自由能最小。然而，这些**抽象的判据必须与可以测量的物理量联系起来才有实际意义。**建立真实物系的状态方程（pVT关系）是一种处理方法，而找出组分的浓度（化学成分）与实际的浓度效应的关系是另一种处理方法，这就是逸度或活度（活度系数）法。物理化学家很早就认识到系统的化学组成和实际的浓度效应是不一样的，但是对非理想物系确定两者的关系却非常困难。

20世纪开始，物理化学研究热从欧洲转移到了美国，非理想物系成为美国物理化学家们的研究重点。1900年、1901年，美国哈佛大学的路易斯（Gilbert Newton Lewis）发表了两篇论文，提出了对化学热力学难题的解决方案。**路易斯认为用分压和浓度使热力学方程在化学系统中失准，**

他建议用逸度（fugacity）来代替分压。“逸度”表示一种物质从一个相态传递到另一相的趋势。和此前物理化学家对某些方程的非理想性误差校正不同，路易斯认为逸度不是对压力非理想性的调整，而是一个显示系统真正的热力学关系的基础物理量，逸度是可以（用其他物理量）测得的。最重要的是，如果使用了逸度，那么化学热力学就成为有逻辑的理论体系了。

Gibbs的自由能和化学势是化学世界（真实物系）热力学研究的基础。路易斯的早期论文显示出对Gibbs化学势思想的深刻理解，他指出**“逸度”就是化学势的一种表现形式。**可是，路易斯的逸度概念当时并没有引起科学界的重视，这可能是因为他当时还很年轻，发表论文的期刊也没有名气，而且，此后数年间路易斯没有发表后续的相关论文。总之，当时的物理化学家没有理解逸度的深刻含义，认为用逸度替换分压意义不大。

1906年，路易斯离开哈佛加入MIT化学系，他很喜欢诺伊斯领导的物理化学实验室，那里活跃的研究气氛正是哈佛大学化学系缺乏的。1907年，路易斯发表了一篇重要的论文《化学热力学新体系大纲》（Outlines of a New System of Thermodynamic Chemistry），给出了另一个有用的术语：活度（activity）。活度具有浓度的单位，也是表征物质逃逸倾向的物理量，逸度和活度的关系：活度 = 逸度 /*RT*。**路易斯用活度代替了化学热力学方程中的浓度。**

与压力和浓度不同，逸度或活度的具体数值是无法知道的，所以测定逸度或活度的绝对数值没有意义。**物理化学家关注的是两种状态下的逸度或活度差值或比值，而这比值包含实际物系热力学的丰富信息。**

如何测定两种状态下逸度或活度的比值呢?

常用的研究方式是指定或设定一个标准状态（通常选择25摄氏度），实际状态与标准状态的物性差别就是物理化学关注的信息。同时，物理化学家还给出了测定逸度和活度差值的方法。原来，当系统的状态发生变化后，一些相关的物理量（如溶解度、渗透压、冰点变化、电动势等）必然会发生相应的改变，这些物理量的改变是可测的，测量出这些物理量的差值就可以得到活度的比值。

1911年，诺伊斯等率先在溶度积试验中尝试用活度分析实际溶液对理想溶液的偏离，证实了活度概念是一个有效的工具。为使活度这一概念运用得更方便，诺伊斯定义了一个新的系数：活度系数（activity coefficients），即活度和其浓度之比，活度系数是无量纲的。“活度系数”给了物理化学家一个更有效的工具，使化学热力学的方程与实际的非理想物系的表现联系起来了。实际上，活度和活度系数是一个集总参数，把实际溶液偏离理想溶液的所有影响因素都归结在了一起。**粗看起来，这样的处理并没有什么实质性进展，不确定的仍然不确定，非理想体系仍然必须由经验公式推算和实验数据确定。但是这样处理的好处是维持了化学热力学的理论框架，使对理想溶液的研究结果可以推广到所有体系，所有的非理想性也都有了规范统一的推算或实验校正方法。**这种以理想状态规律为基础，用系数调整来适应和描述非理想情况的方法，是物理化学家们常常采用的处理方法，也为后来的化学工程学科所借鉴。

有了逸度和活度（逸度系数或活度系数）概念以后，物理化学家就可以在热力学的框架工作。**应该强调，对应一定的条件，逸度系数或活度系数是确定的、唯一的，本质上是由热力学规律决定的。**和大多数热力学函数一样，逸度系数和活度系数没有绝对值，但从物系的两个状态测得的系数比值却可以推算出很多系统的热力学性质。当时MIT的物理化学实验室有了基础工作的方向和任务：**通过活度的测定，得到标准状态时的物质自由能。**诺伊斯和路易斯意识到了测定物质标准生成自由能的重要性。1910年前后，MIT物理化学实验室的很大部分人力就是投入了这个领域的研究。路易斯等人出版的化学热力学教科书（1913年）的附录表格列出了139种物质的标准生成自由能。

路易斯的思想，加上诺伊斯和MIT物理化学实验室同事的支持，使逸度和活度的概念很快流行起来，在化学热力学的框架中发挥出了核心作用。到1920年，世界各地的物理化学家们都开始运用活度和活度系数的概念。重复一遍，**路易斯并不认为逸度或活度是对化学系统的压力或浓度非理想性的校正，而是隐含在一个化学系统中真实的物理量，只有逸度或活度才符合严格的热力学方程。路易斯提出的逸度和活度概念，使化学热力学可以把诸多抽象的热力学函数和海量的热力学实验数据关联起来，使现实世界非常重要的平衡问题得到解释和预测。**除了活度理论，路易斯还提出化学键和电子对理论（路易斯曾多次得到诺贝尔奖提名，但最终都与诺贝尔奖失之交臂）。

有趣的是，化学热力学的成熟和化学工程学科的初创是平行发展的。1900年前后，路易斯和化学工程学的创始人沃克都在哈佛大学的化学系待过。1905年前后，他们分别来到MIT化学系；1907年，路易斯提出活度概念时，沃克正在准备与诺伊斯的物理化学实验室分庭抗礼（1908年，沃克的化学工艺实验室正式建立）；1915年，里特尔提出单元操作的概念，而诺伊斯的物理化学实验室已经积累了化学热力学基础数据。1920年，MIT化学工程系成立，1923年，《化学工程原理》教材出版，而这期间化学热力学理论框架已经完成。此后的美国大学纷纷建立独立的化学工程系，物理化学课程一直是化学工程系学生的必修课，其中最重要的内容之一就是化学热力学。

为什么需要化学工程热力学

化工热力学是化学热力学在化工领域的应用和拓展，是化学工程学科的一个分学科。化学工程学科建立初期的主要成就在精馏、气体吸收和萃取等单元操作方面，显然，设计这些单元操作离不开基本的化学热力学关系，如气液平衡的拉乌尔定律、气体溶解的亨利定律。但直到1930年左右，大多数蒸馏计算都是基于理想混合物的状态方程和热力学定律，对复杂物系的热力学计算并不可靠，所以那时的化学工程师更依赖经验。1940年后，化学工程学科开始重视多组分系统热力学计算，因为化学工程设计的优劣很大程度上依赖热力学关系的可靠性。第二次世界大战后石油化工的发展和计算机的兴起，使化学工程师能够对许多流体混合物的平衡性质进行实际的计算，由此产生了化工热力学的理论和模型。

为什么有了化学热力学还需要化学工程热力学呢？这是因为**化学热力学的理论和方法还远远对付不了化学工业超级复杂的物系。**这里我们来看看工业化学系统的特点：

1 化工生产所涉及的化合物实在太多，至少几万种，而且化工生产流程各个环节中所处理的绝大部分是混合物。**化学热力学虽然已测定了大量基础化合物热力学数据，但与实际工业涉及的物系相比还是太少，化学工程师需要推算（估算）大量实际物系的热力学性质和关系。**

2 因为大部分化学系统都是非理想的，**多种多样的非理想性不是简单的几类模型可以描述的**。所以实际物系的热力学数据既不能由纯物质性质加和获取，也不能由已有数据简单外推而得到。

3 化学工程师关心的基础化工产品（主要是石油化工产品）通常在高温高压的条件下生产，而且加工流程中压力跨度也很大，化学热力学的数据或计算方法不适用。低压（常压）时的热力学计算还比较可靠，高压所带来的问题则大得多（工业上操作的压力高的≥1,000大气压）。**如果没有相应的高压热力学计算方法，化学平衡及相平衡无从预测。**

化学工业要处理的物系的热力学行为如一个“开放”系统，在没有实践的检验之前，谁也不知道相平衡等热力学状态的准确结果。问题是在实际的工业化运行之前，化学工程师必须要交出一个装置的工艺计算，但这时什么是比较“靠谱”的热力学模型和参数并没有把握。**总之，在实际的化工工程开发时，化学热力学已有的理论和模型的推测值往往不可靠。而进行偏离常态（如高压、特高压）的热力学实验是费时费钱的工作，常常还有实验技术上难以克服的困难，大学实验室的基础研究满足不了工业上的需要。显然，化学工程师要想办法解决化工生产中的实际问题。**

化工热力学的发展是企业的研究室和大学化学工程学科共同努力的结果。最早成立企业研究室的凯洛格公司（M. W. Kellogg Company），在1940年开发了著名的BWR状态方程（Benedict - Webb - Rubin equation of state），描述了小分子烃类（甲烷、乙烷、丙烷等）在低温高压条件下的*pVT*关系，方程有8个参数，都得由实验确定。由于这个状态方程的使用，使M. W. Kellogg 公司在低温气体液化工程的研究和开发居于领先地位。杜邦公司成立企业研究所时也有一个物性测试组，实验测定高压下的一些物性基础数据，对公司后来开发多种高压加工工艺起了非常重要的作用。

1939年，MIT化工系教授Weber出版了《化学工程师热力学》，这是化工热力学的第一本专著，表明化学工程学科开始形成自己的热力学研究和应用特色。简单地说，化学工程热力学的理论基础都是来自化学热力学，但化工热力学并不是追求理论的创新和结果的精确。化学工程热力学计算过程有太多的选择，从方程的选用到各种参数的选取，加上如何利用有限的实验或工业数据来校核估算值，步步都面临着选择。正因为路径选择太多，面对同样的体系和条件，化学工程师们不会得到一致的结果。这意味着化工热力学的计算没有标准答案。可以说，**化工热力学是一门估算的学问或选择的艺术，这是由时间和实验条件的限制决定的，也就是工程的经济性决定的**。

多年来，化工热力学对各种热力学数据的估算开发了多种方法，其中**实用的估算方法主要是对应状态法和基团贡献法。**对应状态法认为，在相同的对比状态下，所有的物质表现出相同的性质（范德瓦尔斯当年提出的*pVT*方程就是基于对应状态原理的）。对应状态法用于计算简单的气体挺准确，但用于复杂流体的热力学计算时，其精度和准确性都不够。后来的研究者补充了更多的参数，改进的对应状态法也扩大了适用范围，但其局限性还是很明显。

1975年，加利福尼亚大学的化学工程研究人员提出基团贡献法。**基团法假定纯物质或混合物的物性等于构成此化合物或混合物的各种基团贡献值的总和，并假定在任何体系中，同一种基团对于某个物性的贡献值都是相同的。**从基团贡献法得到的估算方程称之为UNIQUAC（universal quasi-chemical equation）方程。构成常见有机物基团仅100多种，具有通用性是基团贡献法的优点。显然，基团贡献法与对应状态法具有完全不同的出发点。

基团贡献法最早，也是最著名的应用是UNIQUAC方程用于估算活度系数（UNIFAC法）。UNIFAC 法可以用于预测非电解质、非理想混合物系统的活度系数，在精馏等分离过程的工艺计算中得到广泛使用。几十年来，UNIQUAC法相应的数据库积累得越来越丰富，这给化学工程师的热力学估算工作带来很大帮助。但基团贡献法毕竟是一种估算方法，有时可能有较大误差。UNIQUAC和UNIFAC方法的原创者曾说：他们也明白形成基团贡献方程的几个假设有问题，后来的研究表明这些假设并不是正确的物理模型。他们自嘲说，UNIFAC在活度系数估算时起到了作用，也许是因为几个不正确的假设之间有抵消效应。实际上，**基团贡献法的成功是因为官能团的分类繁简恰到好处（100余种），这使得计算各种热力学函数的参数数据库容易积累。**由于上述原因，UNIQUAC法被化学工程师广泛使用，其中UNIFAC作为相平衡唯一的估算方法在许多化工软件使用。

化学热力学和化工热力学属于理论和应用的两个不同领域，与化学热力学相比，化学工程热力学似乎更难学难用。**化学工程师的追求不是精确地计算结果，而是如何利用有限的相关数据尽快得出比较可靠的计算结果。这当然是非常困难的任务，取决于各人的理论基础和实践经验。**几点建议：

1. 学好化学热力学。化工热力学的理论框架是从化学热力学传承的，计算过程中也必须充分地利用化学热力学的数据库。真实的复杂体系仍然符合热力学的基本定律，化学热力学的理论和数据库提供了检验估算值的基准。

2. 成功的估算既要选择合适的模型，又要有可靠的数据。可靠的实验数据有助于合理地选择化工热力学模型方程，也有助于了解模型的优势和弱点，进而对相关的参数进行调整。相对来说，模型易选，而可靠的数据难求。所以，对一个系统的热力学关系进行估算时，首先要寻找化工数据，特别是要收集相关的实验值。

3. 多实践多体会。每种估算方程都是既有优点又有缺陷的，如果以为有了理论和工具（模拟软件等）就可以解决实际问题是无知的，化学工程师需要的是理论学习和实践的结合。

4. 重视工艺计算软件的学习和应用。20世纪80年代以来，化工设计软件中大量使用了化工热力学模型。现在复杂系统的热力学计算是离不开化学工艺计算软件的，但软件（包括提供的数据库）只是工具和手段。要用好这些软件，必须有扎实的化学和化工热力学知识，才能在人机对话（选择计算方法和参数）过程中减少盲目性。

迟来的化学反应工程

化工流程的核心是化学反应，反应器是化工厂最重要的设备。可是，以单元操作概念为基础的化学工程学科很长时期没有涉及化学反应。沃克等人在1923年出版的《化学工程原理》，只有第一章讲述了化学计量学（化学反应方程式）。这是为整个过程的物料衡算计算准备的，而且以后的版本中删去了这一章。单元操作实际上处理的都是物理过程：输送、传热、粉碎、精馏、吸收、萃取等。化学工程学科的分支——化学反应工程在20世纪50年代末才建立起来，与工业实际开发使用的大型反应器落后了几十年，这多少有点令人意外吧？

实用化学反应动力学

一个化学反应是否能发生，反应最终的平衡组成是什么，这是化学热力学的研究内容。化学动力学则关心化学反应速率，动力学研究温度、压力、浓度、催化剂等因素对的化学反应速率影响。化学动力学的基础是由物理化学的创始人范托夫、阿累尼乌斯、奥斯特瓦尔德奠定的。1884年，范托夫出版了《化学动力学研究》一书，把化学动力学（浓度随时间变化的速度）用很简明的数学关系式表示为：

$$-\mathrm{d}C/\mathrm{d}t=kC^n$$

这里C是反应物浓度，t是时间，k是范托夫称之为的速度常数（需测定），n是参与反应的分子数。反应级数和分子数对基元反应来说是一致的，但对非基元反应而言，二者不是一样的，它们的级数只能通过实验测定。

温度对化学反应强烈影响，早已为人所知。范托夫通过实验，总结出规律：温度每升高10℃，反应速度常数增加2~4倍。1889年，阿累尼乌斯首先对反应速度随温度变化规律的物理意义给出解释。阿累尼乌斯推测，化学反应是依靠反应体系中那些数目极小、但能量很高的活化分子进行的。非活化分子转化成活化分子必经吸收一定热量E，他把E叫作“活化能”。他利用范托夫公式得出阿累尼乌斯方程：

$$K=A\exp(-E/RT)$$

化学动力学的另一个重要研究领域是催化剂对化学反应的影响，奥斯特瓦尔德给出了催化剂的严格准确的定义。虽然催化剂的定义和作用是明确的，但催化剂的种类是无限的。催化剂配方的一点改变，就会引起反应速度和结果的大变化，而且对同一个化学反应可以开发不同的催化剂。依赖催化剂使得化学反应动力学失去了稳定的研究基础。所以，化学反应动力学只有一些反应速度模型和几个反应机理的假说，不可能像化学热力学那样积累大量的基础数据。

1930年代，催化裂化过程开创了炼油和石油化工的新时代。随后，越来越多催化过程被应用于炼油、石化产品生产和聚合物的合成。可以说，绝大多数工业上的化学反应都是催化过程。固体催化剂研究一方面是找到有活性高选择性的配方，另一方面要制成尽量大的固体比表面积，颗粒催化剂直径一般＜5毫米，但它们是多孔结构的，1立方厘米的催化剂的（内部）表面积高达几十平方米对工业催化反应器有如下的图景：反应物料输送至反应器入口，该流体流经催化剂颗粒的外围时，反应物扩散到催化剂颗粒内部发生催化反应；然后反应的产物又扩散至催化剂表面，进入催化剂外部的主体物料流。

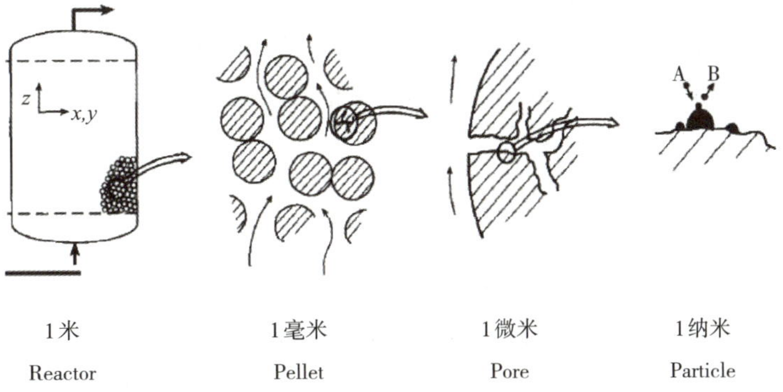

反应器内催化反应全过程及尺度

化学工程师对实际的反应速度是非常关心的，因此，催化剂内反应和扩散是化学工程动力学研究的重要内容。1939年，席勒（Ernest Thiele）发表了“催化剂颗粒大小与催化剂活性的关系”（Relation Between Catalytic Activity and Size of Particle）的论文。1925年，席勒从MIT的化学工程系获得博士学位后，应聘在标准石油印第安纳公司（后来的阿莫科公司）从事研发工作，开始了对催化剂颗粒的实用反应动力学研究。席勒的论文揭示了催化剂颗粒内部扩散过程和反应过程的关系，研究表明随着催化剂尺度的增加，反应的速率和选择性都有变化。在这篇论文中，席勒采用的是典型的化学工程学研究方法，他提出了用反应速度与扩散速度的（系数）比（即后来被广泛使用的无因次参数：Thiele模数 Φ），来表述了不同情况的催化反应效率。后来席勒回忆说，1925年，他在MIT读化学工程学博士时就注意多孔颗粒有特殊性，直觉告诉他，颗粒内部与外部的扩散过程可能有不同的规律。席勒是一位在化学工程学科有重要影响的大师，化学工程师都熟知二元混合物精馏计算的MaCabe-Thiele图解法，这是席勒在MIT博士论文送审、等候答辩期间的成果。

席勒（Ernest Thiele）

席勒对催化剂反应动力学的研究引起了化学工程界的注意，引发了对固体催化剂的更多理论和实验的研究，极大地影响了现代催化加工裂解、石蜡异化、烷基化和改造。1950—1960年，有了催化剂颗粒的更严格数学模型，模拟计算的结果给出了催化剂颗粒内部和外部的更为精确的浓度分布和温度分布。从席勒开始的化工动力学研究可以看出，单颗粒催化剂的反应和传质过程也很复杂。这是由于催化剂结构的不规则、反应物边扩散边反应以及反应热引起的温度效应和催化剂活性不均匀等因素造成的。因此，即使精确的数学模型和高速计算机的模拟也是不可靠的，不能指望以此来计算反应器的整体反应结果。催化剂颗粒的反应动力学研究是如此，其他多相反应（气液、液液、气液固等）也是如此。

现实的工业反应绝大多数是多相反应过程，多相反应过程中热量、质量传递和反应过程交织在一起。化学工程动力学，还有一个重要的达姆克勒（Damkohler）准数*Da*，其物理意义为极限反应速率与极限传质速率之比，用于描述同一系统中化学反应与反应相外传质过程的相对时间尺度。*Da*准数包含了反应级数和传质系数，理论研究可以导出，当*Da*准数取不同值时外部传质对反应结果的影响程度。

达姆克勒准数Da和席勒模数Φ都反映了化学工程动力学非常重视传递过程对反应结果的影响，这方面的研究是化学反应工程学科内容的重要组成部分。虽然这些成果一般并不能够直接用于反应器的设计，但是对于分析判断多相反应过程却有重要的指导意义。

化学反应工程的诞生

直至20世纪的50年代，反应动力学的研究和反应器分析没有结合起来，这不能不说是化学工程学科的一个缺憾。这种局面在50年代末被几位欧洲的化学工程研究者打破，他们在化学反应器的宏观描述上提出了新见解。其中最有影响的是丹克沃茨（Peter Victor Danckwerts）。1953年，他在英国剑桥大学化学工程系任教时发表了一篇论文《连续流动系统的停留时间分布》（Continuous Flow Systems-Distribution of Resistance Time）。论文指出，通常对流体经过反应器的流动，要么被视为“活塞流”，要么被视为“完全混合”后的流动。活塞流PFRs表示物料从进口直至出口都不与其他物料发生混合（如管式反应器），而理想的连续搅拌釜式反应器则假设物流进入反应器后与里面的物料瞬间充分混合，这两种状态是物料在反应器中混合情况的两个极端。丹克沃茨认为实际反应器中的物料混合状态介于两者之间。当然，真实的混合状态决定了反应器的性能和最终反应结果。

停留时间分布（DRT）的概念有助于化学反应器的分类研究，也有助于理解反应器的结构和分析反应结果之间的相互关系。反应器内流体（单元）的停留时间有分布似乎不是意外的事，在连续流动反应器实际上发生着具有不同的停留时间物料的混合（通常称之为返混，backmixing）。显然，不同停留时间的物料具有不同的反应物和产物浓度，由此会引起反应速率和选择性的差异。反应器停留时间的分布函数使得微观层面的动力学（温度和浓度效应）和反应器宏观流动的模式有了结合点，也就是说，停留时间分布和反应系统的动力学共同决定了反应结果。

丹克沃茨是化学反应工程学科的创始人之一，也是一位传奇人物。丹克沃茨大学时学习化学，“二战”期间加入英国海军，得过军功章。“二战”后获奖学金赴美国留学，在MIT化学工程实践学校取得硕士学位。丹克沃茨回忆他当时刚到MIT时的学习生活，他不会用计算尺，也没有听说过“物料衡算”。不过，他很快领悟了化学工程学原理，了解了数学方法在化学工程问题中应用。从美国返回英国后，丹克沃茨曾在多所英国大学的化学工程系任教，在化学工程学研究上屡有建树：1951年提出了表面更新理论、1953年后发表多篇研究停留时间分布的论文（丹克沃茨说，这是他在剑桥大学下午茶与同事闲聊时闪现出来的）、1959年后主要研究混合和吸收过程。丹克沃茨 1969年当选英国皇家学会会员，1976年任《Chemical Engineering Science》期刊主编。

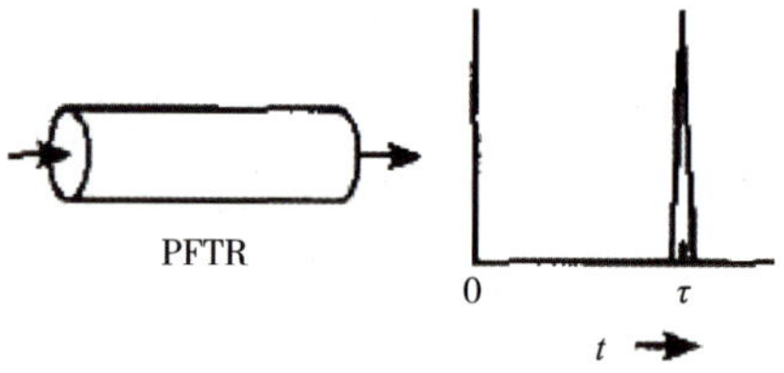

活塞流反应器流体的RTD

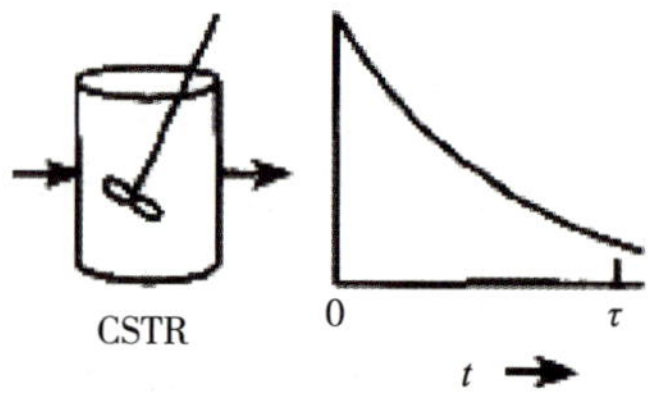

完全混合型反应器的RTD

丹克沃茨
（Peter Victor Danckwerts）

另一位英国化学工程学教授K. 登拜（Kenneth Denbigh），于1956年出版了《化学反应器理论》（Chemical Reactor Theory —an introduction），这是关于化学反应器的第一本教科书。书中对反应器进行比较系统的分类介绍，着重分析了两种典型的理想流动反应器（活塞流的管式反应器PFD和连续搅拌釜式反应器CSDR），对反应器选型也提供了清晰的考虑（经济规模和反应特点等），还介绍了停留时间分布在反应器性能分析方面的应用、催化剂颗粒发生的化学反应及传热和传质过程，反应器的总体热特性和由此引起的热稳定性也有章节介绍。登拜的教材写得非常简明，采用的数学表述也不很深奥，这本教材对以后陆续出版的化学反应工程教科书有很大的影响。登拜的学术生涯开始于物理化学，他对化学热力学很有造诣。他早期有过工业的经历，“二战”期间又在化学工业界工作，这使他转向了化学工程学的研究方向。美国第一本化学反应工程教材，当属列文斯比尔（Octave Levenspiel）的《化学反应工程》（Chemical Reaction Engineering），于1961年出版。该教材更为系统，配套的习题更全面，成为化学反应工程领域最为普及的教科书。

化学反应工程在20世纪50年代后期有了正式的名称。1957年，在荷兰举办了化学反应工程第一次国际会议，在这次国际会议上，大家一致认为化学反应工程是化学工程学的一个分学科。在化学反应工程的研究方面，欧洲人似乎领先于美国人。第一次国际化学反应工程会议的发起人主要是荷兰和英国的化学工程学者，此后连续三届，国际化学反应工程会议都是在欧洲举办的，会议收录的论文一半以上也是欧洲研究人员提供的。

> 化学反应工程学科创立后，在工业应用中和化学工程师培养方面都发挥了重要的作用。运用化学反应工程理论，对已有的反应器或反应过程分析，有助于发现其中的问题和薄弱环节，为优化反应过程提供了启发。另一方面，如果从事新型反应器和反应技术的开发，反应工程的理论自然会给化学工程师很大的帮助。

总体来说，在化学工程学科创立后的30年内，主要是单元操作（物理过程），在工程理论和应用两方面都高歌猛进，而化学反应器这个最重要的化工单元在实践开发取得很多成功，不过在理论上还没有系统化。实际上，流化床反应器、移动床反应器、聚合反应器、乙烯热裂解反应器等成功并没有多少理论指导，基本上是靠化学工程师的探索和发明。可是，如果没有化学反应工程这个分学科，在分析工业反应过程和反应器时会显得不清晰、不系统。所以，化学反应工程的教科书，汇集了化学工程动力学研究、化学反应器特征和模型等内容，与处理单元操作的化学工程原理、化工热力学等构成了化学工程师教育的基本框架。从化学工程学科创始时期的《化学工程原理》（单元操作），到《化学反应工程》，竟过去了约40年，由此可见对繁杂的化工过程抽象处理之难。

化学反应器的分析和开发

化学反应过程通常是化工产品生产流程的核心。原材料经过许多物理处理步骤，达到进行化学反应合适的状态，然后通过反应器的加工得到反应的产物。回顾化学工业（包括石油化工）的发展过程，每个重大的突破都与新型化学反应器的发明有直接的关联。

1940年前后，工业催化剂的发展促进了反应器的开发，化学反应器得考虑反应系统的特征和催化剂要求的条件，如列管式固定床反应器处理强放热反应，催化剂可以耐受的温度决定了反应管的直径。反应器开发最成功的例子当属催化裂化流化床反应器，这种使微小催化剂颗粒与原油物料呈沸腾状接触，固体颗粒和气流的混合物像流体一样地流动，以实现连续再生的过程，堪称奇迹。和当时大多数反应器开发过程一样，流化床反应器的成功，并没有多少化学反应工程理论的指导。不过，由于化学反应工程理论的发展和计算机的超级计算能力，1970年以后，大型工业反应器和反应流程的改进及优化，在很大程度上依赖了数学模型计算。

> 值得一提的是，尽管化学反应器处于化工流程的核心，但其在整个项目的投资中，一般占比并不大（约10%~20%）。换句话说，即使是最理想的反应器，也必须有上下游很多单元操作设备的配合，这些配套的单元操作设备及相应的公用工程（水、汽、电等），是投资的大头。所以，化学反应器开发的目标，不仅仅是反应器成本或操作费用的最小化，而是必须综合考虑整个过程的经济性。如果再考虑到反应过程的关键技术——催化剂并不是由化学工程师主导开发的，化学反应工程就是化学工程中最综合最复杂的领域。

化学反应器的设计，没有通用的程序，也没有标准的答案，化学工程师在化学反应器开发过程中，权衡的因素更要多些：

1 根据产品的规模确定生产方式，连续化生产还是分批（间歇）式生产。

连续操作的反应器。当某一化学产品产量达到每年万吨以上的规模时，一般考虑采用连续操作的反应器，因为连续操作方式可以明显地降低生产成本。基本化工原料是化工产品树的“躯干”和主要枝干，每个生产商都必须努力成为该产品的“低成本生产商”，否则会被竞争对手淘汰。所以，大宗化工产品都是在大体积连续反应器中生产。连续反应器的开发非常有挑战性，在早期石油化工行业，一个过程一旦实现了连续化生产，就意味着一个大成就，催化裂化（流化床反应器）、催化重整（列管式固定床反应器），都是石油化工发展过程中的里程碑。化学工程师对反应过程的连续化有非常重要的贡献，但连续化的反应器开发过程通常都有大企业的投资背景。

间歇反应器。间歇式操作反应器内物料一次性加入，反应过程没有物料的输入和输出（半间歇式操作可以在反应过程中添加其他反应物料），浓度、温度比较容易做到均一，物料无返混，能达到较高的转化率。间歇反应器操作灵活，适用性强，适用于小批量、多品种、反应时间较长的产品生产，常用于在精细化学品领域制药、染料、食品和特种塑料树脂等产品的生产。间歇反应器没有连续式反应器的种类多，通常是搅拌釜式反应器（体积从数立方到几百立方）。化学工程师在设计和优化间歇反应器操作时也可以发挥作用，但在精细化工领域配方、专利、市场营销等因素往往比降低直接生产成本更重要。此外，工业间歇反应器与实验室的试验装置差别不是很大，即间歇生产模式的放大难度远没有连续化过程那么大。

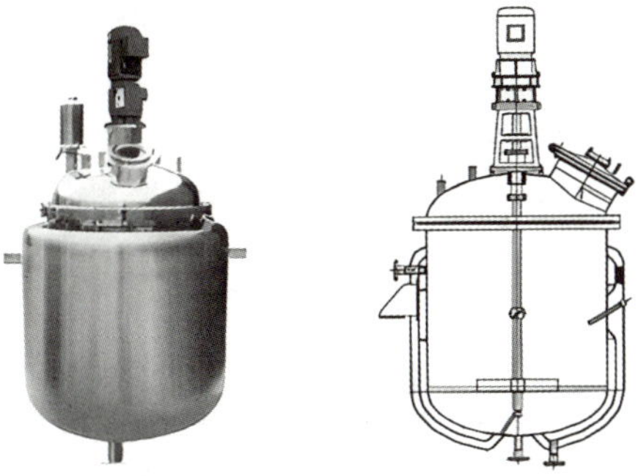

常用于间歇操作的搅拌釜反应器

② 化学工程师要充分了解催化剂的性能。绝大多数工业反应过程都使用催化剂，催化剂和反应系统的特征决定了反应器的选型和操作条件。这些条件可能在实验室规模很容易做到，而工业反应器内就会受到诸多因素的制约。比如，实验室规模的反应器很容易控制温度，但工业反应器受传热面的限制，反应区域的温度几乎没有什么调节手段，而反应过程受温度的影响又特别显著。如何在工业规模的反应器中用好催化剂，这是既是对化学工程师的挑战，也是化学工程师发挥作用的机遇。

③ 化学工程师关心的是综合各种因素的化学工程反应动力学。工业反应过程会涉及多个相态，相间传质和传热一定会影响反应的总体结果。即使现代的计算机硬件和模拟软件很强大，但仅靠实验室的动力学数据加上反应器流动模型的模拟计算，对反应器设计还是没有什么成算的。关注和研究各种工程因素对化学动力学的影响，提出反应器的开发方案是化学工程师的任务。

④ 化学过程开发大都需要经过中间实验装置（pilot-plant）阶段，对反应过程的开发，通常还是要经历小实验、中试装置，再扩大到大型装置以及最终设计。在中试装置上，可以实现反应产物的分离和再循环的完整流程操作。与工业规模相同的物料循环使用，可以检测到微量副产物的积累及对催化剂的影响，可以对生产过程和产品质量进行评价。而实验室规模的反应器处理量很少，流程不完整、操作时间短，对于流程设想、对催化剂性能及产品的评价有局限性。中试装置可以得到用于工业装置设计，以及操作优化的大量数据和信息，这是化学工程师要特别重视的环节。

不过，化学工程师也应该清楚，石油化工行业（含合成氨等大宗化学产品）工艺已基本成熟，开发大型反应器的机会是极少的。现在需要开发产品的领域，主要是在新材料、生物过程、微电子、食品加工等行业，这些行业的产品规模一般不会很大，不一定需要连续操作的反应器。因此，企业也不会在过程开发方面投入很多研发费用，化学工程师自然很难有机会按部就班地开发反应过程或反应器。也许，这会迫使化学反应工程研究者放弃那些精妙复杂的数学模型计算，而选择定性分析化学反应过程，进行简明工艺的计算，尽快进行实验验证的模式。所以，化学工程师如果有机会参与新产品的开发，当以化工动力学的基础知识加上对各种反应器特点的理解，快速应对实践中遇到的反应器问题，如此，才有可能在石油化工以外的行业中体现出自己的价值。

绕不过去的中间实验阶段（pilot-plant）

一个产品的工业化生产必定是有产量规模的，但对化工产品来说，生产规模的放大，并不是一个按产量比例推算的过程，把实验室研究结果或小规模的生产装置“放大”到工业规模生产非常困难。在化工产品“放大”的过程中，一般都得经过试验工厂或“中试”（pilot-plant）的阶段。企业家并不喜欢“中试”工厂这样规模小、却费钱耗时的开发活动；化学家也不关心“中试”，因为小工厂的试验没有科学研究的价值。可是，化学工程师却需要依赖“中试”，过去和现在如此，将来也绕不开“中试”台阶。

技术和市场的检验

一项发明要被人接受，要让企业愿意出资来实施，就必须拿出有说服力的证明。通常，实物模型就是一个很形象的展示。历史上，欧洲人在承建一个大的项目（教堂或城防工程）时，经常要建一个模型。这有时是为了征求审美效果的意见，有时是为了与对手同台竞争。中世纪以来，发明家为了展示自己发明的机械设备和功能，也经常制造出按比例缩小的模型。为什么发明人不造出实际尺寸的原型机展示呢？因为当时市场上没有可以购买的零部件，每个部件、每项改进都需在小作坊里自己打磨出来。制造一个“原型机”的成本很高，发明家一般负担不了，所以用模型来吸引投资。

其实，各行各业都需要展示自己的样品，没有好的样品要吸引投资者是困难的。20世纪以来，建筑、机械、汽车、电器等行业，提供设计图纸或原型机都没有多大的困难。可是，化学工业在展示样品方面却遇到了特殊的问题。自纯碱、合成氨等基本化工产品，经历多年的艰苦开发工作以后，化工企业认识到化学实验室研制出一个产品，远不能代表工业规模的成功。参观实验室化学家的操作，买下他们的专利，并不意味着企业能生产出同样的产品。企业家在投资决策之前，通常想要拿到产品的样品，还要了解生产装置的信息，也就是要考虑和权衡技术和经济的可行性。

这种考察技术和经济可行性的活动，可以称之为化工产品开发过程，通常需要几个逐步放大的中间试验阶段。技术开发者需要中试装置（pilot plant）运行过程中产生的种种信息，争取有把握地把实验室的成果放大到工业装置规模。同时，中试装置对产品的市场开发常常也是不可少的，很多产品只有中试试验工厂生产出样品后，企业才能开始对外开展营销推广，然后根据市场反馈的意见改进生产工艺。

回顾化工产品的开发历史，只有硫酸、纯碱、合成氨、乙烯等最基本的化工原料不需要用户的体验（由化验指标即可决定）。而由基本原料加工成的化工产品或材料都需要有一个市场的推广和认可过程。企业推广新产品会遇到棘手的问题：因为没有足够的样品供开拓市场，所以产品的销路没把握；而在销路不明的情况下，企业下不了决心投入建大的生产装置。

化学家的实验室为什么提供不了样品？

确实，很多化合物或新的工艺流程设想都是化学家们在实验室发现或发明的。但是，化学家们进行科学研究的目标，主要是为了证实自己的想法，并不是想开发出一个可以赚钱的产品。即使有人（包括化学家自己）对实验室产品感兴趣，也提供不出足够数量的样品。实验室的装置都是很小的，得到的产物虽然足以供分析测试所用，但离市场试用需要的量差得太远。而且实验室的操作方式本身就不稳定，要得到多批次稳定的样品几乎不可能。还有，化学家们在实验室用的原料都是比较纯的试剂，即使得到了很好的样品，将来工业生产使用的原料能否保证产品的质量或性能是个问题。

怎样提供足够而且稳定的样品？显然，中间试验生产装置，是市场开拓和技术开发两方面的一个共同选择。产品的市场开发需要提供稳定、可靠的样品，然后根据市场反馈的客户要求改进产品性能。实际的开发过程——工程技术问题，经常和市场反馈的要求交织在一起，综合解决这些问题，才是中间实验阶段的“全景图”。杜邦公司对氯丁橡胶和尼龙66两个产品的工业和商业开发，就是典型的例子。

氯丁橡胶的开发。橡胶硫化成功后，橡胶制品获得了广泛的应用，天然橡胶经常供不应求。化学家们对天然橡胶的化学成分进行了反复分析，确认橡胶的基本组成成分是异戊二烯（含有5个碳原子并且有两个双键的烯烃）。了解到天然橡胶的化学组成和分子结构后，很多化学家都着手合成橡胶。可是异戊二烯只能从松节油等少数天然物质中取得，要大规模人造橡胶是不可能的。于是化学家用丁二烯、苯乙烯、异丁烯等与异戊二烯类似的具有双键的化合物，作为原料开发人造橡胶。这些开发过程有成有败，但杜邦公司最终采用了氯丁二烯作为人造橡胶原料，这源自公司有机化学组研究工作中的一次偶然发现。

当时，杜邦公司以Carothers为首的有机化学小组，合成了一种干性油，后来用于金属防腐剂。在原料精制时分离出了一种会使干性油变黄的杂质，令人吃惊的是，几天后这些杂质竟变成了白色的橡胶状物质。研究人员对这种杂质进行了剖析，分析结果表明这种橡胶状物质的单体是氯丁二烯，氯丁橡胶就这样被发现了。杜邦公司因为有合成橡胶失败的尝试，所以他们决定开发氯丁橡胶。

最初生产过程，只是实验室试管聚合的简单放大，用20升的广口瓶当聚合反应器。但这种本体聚合的过程十分缓慢，还造成各批产品之间质量不统一，副产物多，有时产品还有难闻的气味。最后，化学工程师开始试验乳液聚合方法，把原料氯丁二烯分散在水里，成为大小差不多的液滴，符合反应条件时，各液滴同时独立地进行反应。1935年，新工艺试验成功，既提高了反应速度和原料收率，又控制了反应进程，还消除异味。直到中间试验工厂生产出了稳定的氯丁橡胶产品，销售人员才开始在市场进行开发活动。

杜邦公司不准备制造氯丁橡胶的产品，而是把原料出售给那些橡胶加工企业。为此，杜邦公司需说服橡胶制品生产企业使用氯丁橡胶。氯丁橡胶的耐磨耐热性能都比较好，而且还具有良好的耐油性能。杜邦公司精心策划了销售活动，宣传氯丁橡胶的优点和特殊的用途，引起消费者的需求来刺激供应商使用氯丁橡胶。但这不是件容易的事，因为氯丁橡胶的性能毕竟和天然橡胶不同。例如，天然橡胶可以通过转速不同的两个辊子的碾轧，来扯断橡胶的分子链，降低橡胶的黏度，但同样的设备却打不断氯丁橡胶的分子链。得到下游加工企业的反馈意见后，杜邦公司采取了相应的工艺措施降低了氯丁橡胶的黏度。因为有氯丁橡胶的中试生产装置，可以方便地对生产工艺进行改进。中试生产装置的产品性能得到用户认可，稳定的生产技术形成后，氯丁橡胶才正式进入工业化生产。

尼龙66的开发。杜邦尼龙的开发成功也经历了这样的过程。所谓尼龙是有机胺和有机酸两类化合物缩聚的一系列高分子化合物，比如尼龙66是由己二胺和己二酸缩聚制得的。杜邦公司选择了尼龙66进行商业化生产，这没有什么特定的科学意义，而是尼龙66的综合性能比较适合进一步加工。

尼龙66的应用试验由人造丝部门承担，应用试验其实是与生产环节紧密相关的。尼龙66要用喷嘴来制成丝，10个喷嘴喷出的丝被纺成纱线。多高聚合度的人造纤维能适合纺线工艺？什么规格的尼龙丝线能够满足织造、定型和耐穿？这些问题只有从中试工厂得到稳定样品，再经过人造丝部门的试用后才能回答。在中试产品的应用试验过程中，几千公斤的试用产品成为废品。最终，中试生产的产品性能达到了应用要求，工程技术问题也基本解决。至此，杜邦公司才启动了尼龙66的工业生产，使尼龙66成为公司那个时期特别赚钱的产品。

各显神通的中试路线

作为试验工厂的中试装置很重要，但对一种具体的产品和工程开发能力不同的公司，中间试验阶段的做法却没有一个统一的模式。在化工产品的开发过程中，化学公司、石化企业和化工工程公司在中试阶段各显神通。从下面几个化工产品或工艺开发的例子中，可以了解开发过程的风险，理解放大过程的中间实验阶段的必要性。

投资最大，也是放大风险最大的项目当属流化床催化裂化的开发。1939年，以新泽西石油公司为首的炼油企业联盟在成功地开发了流化床催化裂化，这是一项投资仅次于曼哈顿原子弹项目的大工程。当时，MIT化学工程系的师生们在实验室里，确认了催化剂的小颗粒流化状态可行，新泽西公司的工程师做了颗粒流化的放大实验确认，然后建了一套100BPD的流化床催化裂化中试装置。这套中试装置显然没有给出否定的信息，加上第二次世界大战美军急需高辛烷值航空汽油，新泽西公司决定建12,000BPD的工业生产装置，这意味着把中试规模放大了120倍。但是在大装置试运行时，出现了很多大大小小的问题，最大的两个问题是：

（1）催化剂流动不起来，催化剂在再生器和反应器之间，没有实现设计的正常流动；
（2）在流化床的催化剂密相产生了大气泡，气泡上升、破裂使得反应器喘动振动。

当时，负责开发（设计）的工程师们陷入困境：回头再建一个放大倍数小些的中试是一个方案，但投资至少需几百万美元，关键是没有时间了。最后，他们决定在工业装置上想办法改进。幸好几个月后，大的问题得到解决，世界上第一个流化床工业反应装置开起来了。尽管这场“赌博”赢了，从工程开发的角度看，可以说这次从中试到工业生产装置的放大步子还是迈得过大了。

也许流化床催化裂化装置的“冒险”放大，是第二次世界大战局势所迫，其实新泽西石油公司对其他过程“放大”是很慎重的。1936年时，新泽西石油公司的实验室有了一项“加氢重整”的技术，就是用适当的石油馏分加氢并转化成芳香族化合物，加氢重整得到苯－甲苯－二甲苯（BTX）混合芳烃。1938年，公司决定通过工业规模的中间实验阶段探索这项技术，目标是用石脑油原料生产出纯度＞99%的甲苯，因为第二次世界大战需要高纯的甲苯供硝化反应制炸药。

新泽西公司的各种生产装置齐全，所以这次开发只需新建固定床加氢中试装置，而反应器前后配套的单元操作都可以利用现有生产装置。整个加氢重整中试过程，是在公司的几个工厂“周游”后完成的。原料来自得克萨斯州的炼油厂蒸馏分离的石脑油，用油轮运到新泽西州的中试工厂，在中试规模的固定床催化反应器上加氢转化成混合芳烃（BTX）。接着，用22个火车油罐车运回得克萨斯工厂，用已有的萃取生产装置提取了甲苯。萃取得到的甲苯（90%～95%）运往路易斯安那州的工厂，在那里由经过了精馏和酸处理，达标后的硝化级甲苯按合同卖给了炸药生产企业。这批甲苯卖了4.5万美元，核算后新泽西石油公司净亏9万美元（当时的美元）。从原料制备到中试装置反应，再把产品分离处理合格，几个步骤都是槽罐车长途运输，这样运来运去的产品成本当然高得离谱。但这亏损是新泽西石油公司预计到的，如果要建一套完整的中试装置，那投资远不是9万美元可以建成的。就这样，新泽西州标准石油公司用最少的中试投入，验证和改进了从石油原料合成硝化级甲苯的工艺。随后，完整的芳烃加氢重整生产线投入设计和生产，新泽西公司成为合成甲苯的重要供应商。

新泽西的芳烃重整虽然很成功，但其缺点是使用的催化剂要结焦，所以需要周期切换操作烧焦以再生催化剂。10年后，UOP发明了铂催化剂和合适的催化载体，使催化重整过程不结焦，这样就可以实现连续化操作。UOP是一家石油化工工程公司，没有自己的生产工厂，尽管1947年UOP注册了新催化剂和重整过程的专利，但并没有实现铂重整的工业化。新的过程需要通过中试的检验和展示。1949年，UOP在行业交流会议上发表了技术论文。会后，一家小炼油厂的主管表示，愿意将他们的一套热裂解装置供UOP中试。合同签订六个月后，装置改造成催化重整的新反应器，运行后虽然出现了一些设备和工艺上的问题，但都得到了解决。通过中试的UOP铂重整工艺趋于成熟，成为石油炼制史上最重要的过程之一。

在诸多的化学工程公司中，科学设计公司（SD）比较独特。1946年，才创建的SD公司没有像杜邦、新泽西公司那样，有自己庞大的工程部和生产组织，也没有UOP公司的中试基地和传统领域。SD公司是如何进行中间实验阶段？难道SD公司因为化学工程学的基础好就绕开了耗资耗时的中试？

实际情况恰恰相反，SD公司特别注重中试阶段的工作，这也许是他们早期有时会跳过中试环节，结果却大吃苦头后得到的教训。SD公司曾为一家企业设计氯乙酸（氯乙酸是染料、医药、农药、树脂及其他有机合成的中间体）项目时，因为没有经过中间实验阶段，结果整条生产线因腐蚀而报废。另一个例子是SD公司为孟山都公司开发设计环己烷的氧化过程，试运行后证明根本达不到设计目标。结果，这套工业规模的装置被当作了中间实验装置，代价当然是极其昂贵的。因此，在以后的开发过程中，SD公司极为重视中间实验装置的环节。

SD公司进入苯氧化生产顺丁烯二酸酐的领域，缘于一家树脂公司的邀请。这家树脂工厂建了一套顺酐生产装置，但很快就知道这套顺酐装置不可能运行起来，所以向SD公司求援。SD公司的化学家和化学工程师分析了这家树脂厂的顺酐装置的问题，认为有必要开发新催化剂和新的工艺流程的。这家树脂公司的顺酐生产装置成了SD公司的中试装置，经过18个月的研究和开发，SD公司才获得了成功。现在，世界上还有很多顺酐生产企业还是使用SD公司的催化剂和工艺。

空气直接氧化乙烯生产环氧乙烷，是SD公司的另一个重要开发成果。使用银催化剂有实验室的研究论文，SD有制备实用催化剂的能力，他们的化学工程师对化学动力学研究后，完成了新流程的工业过程设计。但是没有哪家公司敢用他们的新工艺，这一次他们把中试装置建在英国，因为一家英国化工公司愿意建立一个中试工厂，条件是今后这个新工艺在英国的转让由该公司垄断。

1953年，法国建了第一个工业装置。到80年代初时，SD公司的这个工艺卖了100份以上的许可。

SD公司和英国这家公司合作完成了中试，经过中试装置的反复试验和改进，环氧乙烷的空气直接氧化工艺获得成功。

邻二甲苯氧化制造邻苯二甲酸酐（简称为苯酐），也是SD公司感兴趣的项目。苯酐可以用作增塑剂等产品，有公司请SD公司设计、建造苯酐的生产装置。SD公司从对德国公司的考察报告（二战结束后，美国对德国公司的技术收集汇集）获得了详细的技术信息。于是，他们打消了建中间实验装置的想法，直接进入了年产1万吨苯酐的生产线设计和建设，毕竟一个中间实验的装置太耗费了。然而，出乎意料的事故在等待着SD的工程师。

首先是反应器的加工问题。反应器是4,000根管子并联的固定床反应器，由于氧化反应是强放热反应，移热的介质是几种工业盐配成的熔盐溶液。可是，当反应器开始运行时，这些管子和管板的焊缝发生了熔盐的泄露。原来，熔盐在高温下的渗透性极强，SD公司并没有接触过这样的设备加工。经反复摸索，实验出适用的焊条和电焊的电流才解决了问题。

顺酐和苯酐虽然有相同的酸酐官能团，分子式看上去相差也不大，但两者的性质差别很大。苯酐的熔点很高，生成苯酐离开反应器后，马上会发生冷凝，很快堵住了后面的管道。生产过程是在反应器后接两个苯酐收集器，切换完成冷却捕集、蒸汽加热熔融收集的循环操作。实际试产时，出乎意料的事发生了：反应器出口后的设备和管道发生了着火、爆炸。而且，这样持续了几周。这真是把SD的工程师们逼疯了，如果不找到原因、解决问题，整个项目就要宣告失败。还好，他们找到了一位以前在苯酐生产厂的操作工。他告诉工程师，反应器出口后的管道和设备在使用前都得钝化液循环，钝化防止氧化铁与产物中各种酸的反应，而这些酸与氧化铁的反应产物是会自燃的。

经过这样惊心动魄的挫折，SD公司的化学工程师对技术诀窍有了深刻的认识。不经过真材实料的中间实验装置（pilot-plant）的实践，哪里知道一个生产过程会有这么多麻烦？

避免不了的“中试”台阶

1909年，多年研究合成氨的德国教授哈伯（Fritz Haber）申请了发明专利，他和他的同事开发了合成氨的催化剂，并设计了原料气的循环工艺。

巴斯夫公司买断哈伯的专利，接受了哈伯的合成氨可行性的想法，可是在工业规模实现这种可行性的困难远超他们的估计。在接下来的几年中，巴斯夫公司开发了能够生产大量且廉价氢气的水煤气工艺；通过6,500次实验，试验了2,500种物质，制成了便宜、有效而稳定的合成氨催化剂；合成氨装置的核心反应器的成功也颇费周折，因为这涉及高温、高压、耐氢蚀设备的设计制造。上述成果是巴斯夫公司上千工程技术人员花了数年时间才取得的，为此耗去的资金是惊人的。可以说，从人力资源和资金上，实验室研究和企业开发的投入上也是成千上万倍地“放大”。

为什么企业还要耗费如此的人力、物力、财力去开发？没有其他的原因，实验室的研究成果距离工业化所需的知识和信息差远了，企业必须补上这些知识。比如，哈伯的合成氨实验设备和过程非常简单：反应原料氮和氢的混合物是通过氨的热分解得到的，所以原料既纯净、配比也正合适；哈伯使用的催化剂是贵金属或稀有金属，工业上显然用不起；实验室反应器用小金属管即可，而且装置不需要长时间运行，所以反应器的耐高温高压和反腐问题不会出现。所有这些问题，在工业上都是绕不过去的难题。

不仅是合成氨，几乎所有的化工产品都会遇到类似的境况。所有的化工产品都经历了从实验室发现或发明到工业装置的生产规模放大（scale-up），其生产规模的放大倍数是惊人的。例如，实验室最早发明的聚乙烯（高压低密度）约8克，而现在的聚乙烯装置的生产能力可以达到80万吨/年。化学家在实验室里合成了新产品或发明了新的生产工艺（包括很多催化剂），这些都是在实验室条件下可以重现的科学成果。化学家没有责任和义务考虑他们的科学研究成果的经济性，换句话说，实验室搞出一点样品，不等于可以规模生产。从不稳定生产到稳定生产，短期稳定生产到长期稳定生产，小规模生产到大规模生产，每一次转变都有本质的不同，都需要很多知识（包括各种细节）来支撑，没有工业企业经验的人通常不了解这一点。

如果能全方位地掌握所有的知识和信息，企业家和工业化学家当然能做出正确的决策，但是出于各种各样的原因，这是没办法实现的。企业应该认识到产品工业化必须由“开发”过程补充大量知识，精细化工产品和基本化工原料产品都是如此，只不过侧重点不同而已。如此，化工企业需靠自身的人力和物力资源从事“开发”，才能把化学家的研究成果最终推至工业化生产。

不过，很长时间以来，对基本化工原料产品的开发活动是纯粹经验性的。即，生产装置按产量规划一个生产规模加以“放大”，试生产时遇到什么问题就解决什么问题。合成氨的工业化生产，以及此前的硫酸、纯碱等基本化工原料的生产都是如此。后来，企业发现在一步到位的生产装置上做实验，成本和风险太大，“放大”过程应该设几个台阶，逐步把规模扩大，这出现了化工工程开发的重要阶段：中间实验工厂（pilot-plant）。

中试装置需采用以后大规模生产时的设备（类型和材质），如果将来采用连续化生产方式，那中间实验阶段也需连续化生产，未反应的原料要循环起来。中试工厂意味着产品的生产脱离了实验室模式，中试装置与工业生产装置非常相近，可能只不过规模小而已，辅助的设施都是少不了的。化工过程放大的中试工厂基本上是完整的生产线，但本身却远不是一个经济规模的生产装置。中试装置建设起来后的改进是避免不了的，中试装置失败的概率也很大，而且整个开发阶段可能会需要数个规模逐步增大的中试工厂，所以化工产品（特别是年产万吨以上的连续化生产的产品）的开发成本非常昂贵。实际上，一个成功的工业化学品开发，都经过了许多工程实践改进、市场应用的互动调整。

> 长期以来，采用实际运行的中间实验工厂（pilot-plant）“试错”，是化工过程开发放大必不可少的环节。这些费钱耗时的开发活动通常不会引起人们的兴趣，但对投资的企业家和负责开发的化学工程师来讲却绝对有意义。从经济的角度来看，中间实验工厂成本虽然非常昂贵，但以此来减少或解决最终工业装置的不确定性还是合算的。

尽管中间实验工厂的阶段不可少，但如何降低开发成本也成为化工界的重大课题。也正是因为化工过程开发的代价极高（又慢又费钱），所以才有化学工程学科和化学工程师存在的意义。化学工程学科研究了单元操作、反应器的规律，分门别类地积累很多化工过程和设备的知识，这使化学工程师可以高效地处理来自实验室的基本信息和中试装置的各种反馈信息，最终判断哪些信息是准确的或关键的。也就是说，化学工程师应该从中间实验装置中得到尽可能多的反馈信息，以发现化学工艺设计中的各种问题（包括流程和设备的选择，相应的工艺计算），使最终的工艺计算和设计尽量可靠。实际上，所有的石油化工产品和流程的开发最终取得成功，一个很重要的原因是负责过程开发的工程师们大都受过化学工程学科的训练，他们获取和利用反馈信息的能力很强，从而大大减少了开发过程的放大步骤。

经过几十年的积累，化学工程学逐步成熟，化学和化工相关的数据库非常庞大，各种单元操作和反应器的理论和实践也已经非常丰富。这些进展使化工工程开发摆脱了早期的经验模式，进入了比较成熟和高效的开发模式。20世纪60年代以来，化学工程公司在石油化工产品开发取得的成功就是证明。

在化学工程学成熟的同时，计算机技术的飞速发展影响了化工过程开发的进程。不过，计算机硬件和软件虽然极大地提高了化工项目的计算和设计进度，但毕竟化工产品的开发还没有摆脱对中间实验装置（pilot-plant）的依赖。现在的问题是，随着大数据理论和人工智能的发展，加上成熟的化学工程学理论，化工企业是否可能摆脱耗时耗资的中间实验工厂阶段，从化学实验室的研究成果直接走到工业化？

化学和化工数据库的丰富及相应的搜索工具发展有目共睹，人工智能在21世纪的发展可称得上飞跃。人工智能研究的目标是学习和获取知识，具有主动处理信息和做出决策的能力。现在，人工智能不仅在视频、游戏、机器人等领域取得了突破性进展，而且已经应用于越来越多的领域。例如，它可以加快合成前所未有的新材料，并预测各种化学合成。以AlphaGo为代表的人工智能技术，加上难以想象的庞大的数据库，将成为研究和开发工作的有力工具。应该认识到，人工智能时代已经来临，它们的工作有些时候人力真是无法企及。

然而，人工智能攻克了围棋和其他领域的难题，但并不代表类似技术可以解决化工产品的开发问题，化工产品开发过程的特征和挑战在于其“开放性”。化工产品的开发过程是一个“信息不完全”的系统，这也就是说人工智能等技术并不能使实验室的研究成果直接走到工业化，耗时耗资的中试（pilot-plant）阶段台阶仍然少不了。对此，我们可以再次简单地分析化工产品开发过程的特点和问题。

1 一个单元的体积和外表面积不可能同比例放大，这使化工生产过程无法轻易“放大”。生产能力是由装置的体积决定的，但反应和分离的结果是由局部的条件（主要是外表面积）决定的。“放大”过程中，单元体系的体积尺度增大后，单元的表面积却不可能同比例增大，使得内部区域的物理条件无法维持不变。正是局部物理条件的改变，造成化学反应结果的变化，使整个过程的结果无法准确预测。另一个因素是由于设备规模和操作方式的不同，造成浓度、温度、物料在系统中的停留时间的差异，这些效应也会引起各种规模的生产线加工处理结果大不相同。由于传递过程

（热量、质量和动量）对化学反应过程的影响过于复杂，即使是最完整的数据库和强大的模拟计算也只是会给出各种可能的结果，这些结果既不完备也不准确，不能作为工业装置设计的依据。这也意味着，同一个品种从一个小规模的工业过程扩大为更大规模的生产线，会有不可预料的变化。

2 缺乏工业装置运行过程中产生的种种信息。例如：原料变化（杂质含量不同）对生产过程造成影响、物料循环造成的杂质（微量、甚至是痕量）累积效应、催化剂或菌种性能随时间的变化、多种因素对产品质量（由用户处得到）的影响，等等，不经过运行（甚至是长期运行）这些信息根本不出现，也吃不准哪些信息是关键。

实际上，化工产品过程放大涉及很多因素，这些因素之间有相互依赖性，变动一个就会牵动另一个，所以，化工产品的放大（scale-up）是一个“开放”的过程，其本质是非静止的、动态的。加上预料不到的内部和外部因素变化（或扰动），所以，化学产品开发过程中的“信息不完全”是无法避免的。化工产品的开发过程和军事战斗有着一些共同点。虽然战斗之前可以收集到尽可能多的情报，对双方实力的评估也可能是适当的，但真正的战斗结果还是要打到最后才能见分晓。战争的决策需要一步一步地进行，至关重要的信息和结果只能在真正的战场上获得，战前的沙盘推演时不可能就有充分把握。化工产品的开发过程也必须要应对这种信息不完备，而中间实验阶段是接近“决战”的一场（或数场）真实的“接触战”！

中试装置的运行是一个接近工业真实的过程和结果，化学工程师需要中间实验装置的各种信息反馈，来发现放大过程中的问题，验证和修正数学模型假设，调整模拟计算的组分和参数。以化工热力学为例，相平衡计算是化工过程放大的基础，化工热力学的数据库和计算模型已经相当丰富和成熟可以对已知体系进行模拟计算，并能得出基本准确、完整的结果，但对各种化合物之间的相互作用（如缔合、共沸等）的理解并没有把握。更令人头痛的是，真正工业上使用的原料都含有微量的杂质，反应过程本身也可能产生微量或痕量的副产物，物料的循环使用（分批操作也可能会有）使得杂质或副产物积累起来。显然，工业上实际的物料组成与实验室提供的信息是不相同的，此前进行工艺模型计算时并不知道这些杂质和副产物存在，也许根本没有考虑到分离这些杂质的步骤。所以从中试阶段得到的反馈信息对工业规模的工艺计算和设计至关重要。换句话说，如果不在中间实验装置规模上运行足够时间，很多工艺过程的问题就不会暴露出来，化学工程师就无法发现问题，更谈不上掌握其中的技术诀窍。

值得一提的是，化工过程的开发并不因为有了中试装置（pilot-plant）就可以保证放大的成功，这是因为中间规模的装置还不能完全表现出工业规模生产的全部特征。如果再放大还是一种外推和预测，工艺计算和设计还是面临着失败的风险。但充分利用中间实验装置提供的反馈信息，使整个过程开发的投入尽量减少，争取把投资风险降到最低，这正是化学工程师的责任和贡献。

面对化工工程开发的“开放性”过程，我们要认识到其信息的“不完备”是无法避免的。也就是说，即使化学工程学的理论更先进、计算机或人工智能的能力再上台阶，化学工程师也不可能靠推断或计算完成一个化学品开发过程。对大型化工装置的放大或改进，我们不要幻想避开中间实验阶段（pilot-plant）就可以顺利获得成功。

化学工程师能使化工开发过程尽量成功，但不可能做到绝对可靠。

化学工程设计工作与教学

从事化学工程设计工作是化学工程师就业的主要出路之一，**但很少有人注意到化学工程设计应该分成两个层面的工作**，一是工艺计算和工艺设计，这是对一种化工产品加工工艺过程的详细定性和定量描述，是整个工程设计的基础；二是工程设计阶段，是在工艺设计基础上进行的大量的、具体的施工图设计。

工艺计算和工艺设计

工艺计算和设计极为重要。麦克亚当斯（McAdams）是《化学工程原理》（Principle of Chemical Engineering）的作者之一，他曾说：**“工程设计的终极问题是充分发展基本而可靠的计算方法，以使人们能够从化合物的物理和化学特性中，预言新型设备的性能所具有的精密性和可靠性。”**

化学工艺计算和设计从最基本的化学反应方程和流程选择开始（通常由化学家提供），进展到反应条件和分离方案的选择，由此推算出原料的转化率和循环物流的组成。这是一个**从化学反应方程式到工艺流程框图，再发展至物料流程图（PFD）**的过程。当然，从事实验室研究工作的化学工作者也可以作出类似的流程图，但化学工程师考虑的对象是工业装置，从操作方式到生产规模都

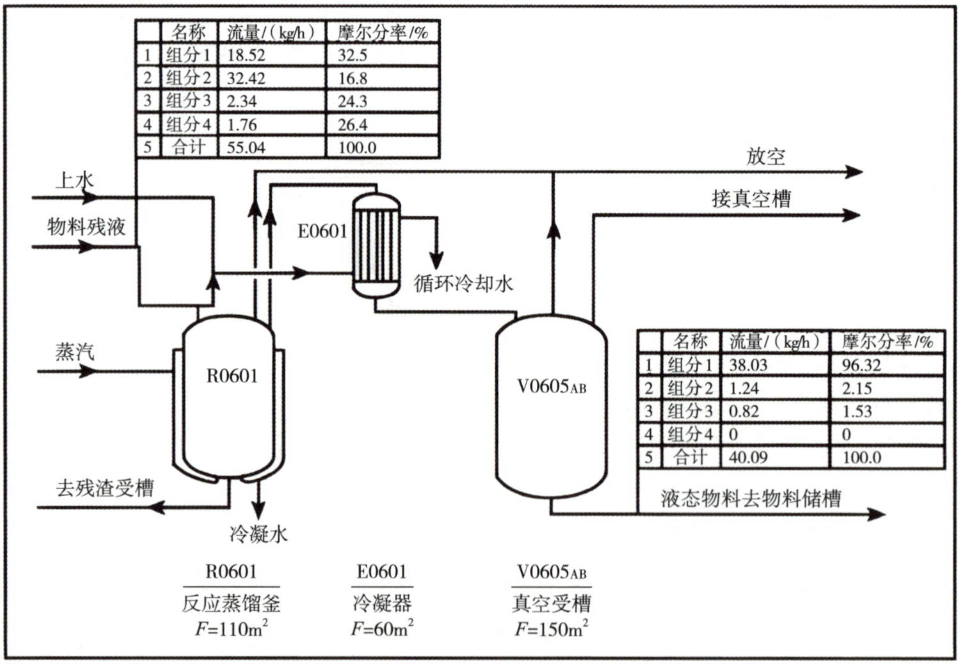

简单的工艺流程图（PFD）

是远离实验室条件的。化学工程师在流程框图的基础上进行的工艺计算，完成化学工艺设计，包括工艺计算（物料衡算和能量衡算等）、工艺流程图、标准设备的选型和非标准设备的设计条件，还有对自控、电气、给排水、环境保护、总图等专业的要求。**这些是化学工程师对一个化工生产过程的认识和描述。**

工业生产流程每个环节的物料组成描述准确极不容易。表面上看，这样的计算和设计并没有什么困难。物料衡算和热量衡算的原理众所皆知：（封闭）系统的物质和能量是守恒的，但**只是宣称一个系统的物质（原子）和能量守恒并没有实际的意义。**化工工艺计算的特殊性在于：

① 化学加工工艺是原料分子转变为产品分子的过程，**进出系统的原子必然守恒，但分子却是多种可能的分布。**计算（即预测）一个流程各个重要节点的物料组成，以及该物料分布所消耗的能量，不是简单的物料守恒和能量守恒的原则就可以决定的。

② 虽然化学反应器（含相应的催化剂）对流程的加工结果有决定性的影响，但**单元操作设备内外的物料组分分布都有可能影响反应结果。**所以，化工工艺设计是整个流程系统层面的计算。

③ **系统的能量需求和系统的物料组成分布是交互影响的。**特别是，化学反应过程中的温度效应非常明显，同时，反应的选择性又影响了体系的能量构成，这也是造成化学工艺计算的复杂、难解的重要原因。

因为工艺计算是所有化工项目的基础，所以化工建设项目类型可以按工艺计算的可靠性来分类：

① 如果重复的现有设计（包括购买成熟工艺包），整个过程的物料衡算和能量衡算结果是经过实际工业装置检验的；

② 如果对现有生产线有局部改进和补充，其物料组成和分布已经有了真实的结果，也可以视为工艺设计的基础是基本可靠的；

③ 如果是新产品或新过程开发（含催化剂的改进或改变），那过程的工艺设计就不能认为是成熟可靠的。

显然，对已有化工装置进行物料衡算和能量衡算没有什么困难。化学工程师也会对已有的工业装置进行物料和能量的衡算，通过工艺计算加深对工艺的理解和认识，也可能会发现工艺改进和优化的环节，但这并不是真正或完整的工艺设计。**对不成熟的开发项目进行的工艺计算则是一个推算或预测的工作和结果，是真正意义上的工艺设计。**

工艺计算或设计实际上是信息收集和处理的结果，但这些信息是不够准确、完备的。所以，**新化工过程的物料衡算（material balance）应该称之为“物料组成和分布的推算”。**“推算”意味着工艺计算的预测性或不可靠。值得一提的是，化学工程师是可以完成任何一个化工项目工艺计算的，由此可以提供形式上完整的工艺设计文件，但是**没有人可以担保对一个新产品或新流程的工艺设计是可靠的。**此前，我们强调了连续化生产的化工产品开发或过程“放大”（scale-up）的困难和风险，还反复强调了化工产品开发过程中“中试”（pilot-plant）装置的重要性，现在我们从工艺计算和设计的角度对化工产品过程开发的特点予以再认识。

首先，化工过程开发少不了反应器的选型和计算。在讨论化学动力学时，我们已经理解**对动力学数据的外推是没有把握的。**化学家有了实验室研究的结果，化学工程师进行了反应器模拟计算，但远没有完全掌握工业反应器内发生的复杂过程的规律。工业反应过程会出现的诸多没有意识到的问题（副产物、催化剂中毒或失活等），工业规模的反应器的温度分布和物料停留时间一般不会是理想的模式，种种因素使得实际反应结果与“推算”的物料组分难以相符。

其次，即使是没有化学反应发生的分离单元，也有物料衡算和能量衡算不可靠的问题，一是为工艺计算提供的条件与实际工业装置的物流组成不一样，如出现了没有考虑在内的杂质，或实际物流的组成有相当明显的差别；二是计算过程中的选用的相平衡等关联式与实际过程的相平衡有偏差。虽然工程设计对计算得到的传质或传热单元会加上一定的比例裕量（工程系数），但化工过程的问题不是增大保险系数可以解决的，单纯加大尺寸不仅经济上不合算，而且很可能造成传热、传质的新问题。此外，循环物流的组分是反应器和分离系统长期运行的结果，所以实际工业流程的物料分布结果是难以计算准确的。也就是说，化学工程师无法提供可靠的工艺设计。

在化学工程学科诞生以前，化工项目的技术进步都是实践性或经验性的，其成功在于冒险的实践、大胆的试验以及反复的试验纠错，这样尝试的成本是极大的。那时的化学工程师（或称工业化学家）几乎没有数量分析和理性计算，他们往往凭借逐步放大的思维方式，以不菲的代价把实验室成果转化成工业化产品。但对连续化生产的大宗化工产品（如石油化工产品）的设计，必须追求比较可靠的工艺计算结果，否则开发一个工业过程的代价会过于昂贵。**化学工程学科对化工项目（主要是连续过程）的开发做出了很大的贡献，这个贡献说到底就是使化工工艺过程的物料衡算和热量衡算（实际上的“推算”）比较可靠。**或者说，化学工程师以尽量小的代价获得了成熟的化工项目的设计基础。其中，尽量小的代价并不是完全避开了中间实验工厂（pilot-plant），而是从很有限的中试装置中“提取”尽量多的工艺流程信息，对照中试装置运行的结果认识真实流程中的问题，对物料衡算和能量衡算的模型和参数做出相应的调整。

当然，经过中试装置验证和检验的工艺设计也不是完全可靠的，不过，化学工程公司出售的化工产品“工艺软件包”都经过了真正工业规模的检验。通常，化学工程公司主要从事的是石油化工产品新流程的开发。当敏感地发现现有流程的缺点或缺陷后，研究人员就会从开发催化剂入手，化学工程师选择工艺流程和主要设备，完成中间实验装置（pilot-plant）的工艺设计。随后，公司会寻找合作伙伴进行中间实验，以发现和整改新流程的问题。中试成功后，化学工程师要完成真正工业规模装置的设计。

只有当第一套工业装置成功后，化学工程师才可以说掌握了新产品或新流程的完整技术。这时候，他们的物料平衡（PFD）是符合实际的。在此基础上，设计的工艺流程图（PID）构成了“工艺软件包”的重要文件。工艺软件包所有者可能会有多次出售技术许可的机会，但是以后的建设项目都没有新颖性，获得许可的企业依据购买的“工艺软件包”建设自己的生产装置。也就是说，**从第二套装置开始就是重复建设的项目。**

最后要强调的是，大规模、连续化的生产流程开发（如石油化工产品）是非常依赖“靠谱”的工艺计算的，这也意味着化学工程学和化学工程师在其中可以发挥极为重要的作用。但对重复建设的大型化工装置，化学工艺计算并没有用武之地。而且，工艺计算并不是完成工艺设计的唯一途径，生产规模小的产品（采用间歇式生产模式）开发过程的“放大”比不大，建一套实际工业装置用于“实验”的成本并不是承受不了，这样依据工业实验装置的运行结果也可以完成可靠的工艺设计。众所周知，现在新产品的开发大都出现生物化工、材料化工等新兴领域。这些产品规模远不及石油化工产品那么大，往往采用分批间歇的生产方式，对工艺计算（不是工艺设计）的依赖程度是有限的。**如果过于强调化工“开发”项目的工艺计算，其实不太适应现实化工设计工作的实际情况。**

附：成套化工技术工艺包主要内容

1. 工艺流程说明
2. 工艺总物料平衡
3. 装置热量平衡
4. 公用物料平衡图
5. 工艺管道及仪表流程图（PID）
6. 工艺设备表
7. 非标设备条件图
8. 自控仪表：主要仪表数据表、连锁说明
9. 特殊管道材料等级规定
10. 工艺手册

（1）工艺说明
（2）正常操作程序
（3）开车准备工作程序
（4）开车程序
（5）正常停车程序
（6）事故处理原则
（7）采样
（8）工艺危险因素分析及控制措施
（9）环境保护

工程设计——纸上化工厂

建设一个新的化工厂或大型生产装置的施工图，文件数量通常非常庞大。全套施工图包括所有相关专业的图纸，有详细的工厂或装置布置图、机械设备加工图、所有管道的布置图、供采购的成套设备和标准件的清单，还有全厂或装置的建筑物、构筑物、电气、通讯设计及其他配套设施的资料和设计图纸。化工项目的设计文件构成了“纸上工厂”，现实的工厂是按图采购、施工建设的。一般来说，化工项目的设计和建设涉及的专业最多。除了化学和化学工程专业人员以外，还需要有机械设备、建筑、自动控制、给排水、电气、暖通、环境保护等专业的工程师加入，还要加上投资估算和技术经济评价的工作。这些专业技术人员都必须互相提供条件和要求，在同一个项目建设区域内完成各自专业的“施工图”，最后才能构成完整的“纸上工厂”。所以，**工艺计算和设计是工程设计的基础，完整的施工图是真正的“纸上工厂”。**

如果不考虑项目规模的大小，而按产品或工艺所涉及的新颖性，化工建设项目可以大致分为两种类型：（1）新产品或新过程开发项目。从实验室研究开始，经过中间试验装置（pilot-plant）的验证和改进，最终开发成为一个工业规模的过程。（2）采用成熟工艺设计（包括购买成熟工艺包）的建设项目，或基本上没有工艺更改的异地建设工程。这两类项目最重要的差别是工艺设计的可靠程度，但不管是创新型（1）类项目（包括中间实验工厂），还是重复建设的（2）类项目，都需要施工图设计。所以，化工项目的施工图设计（工程设计）是化学工程师的重要工作内容。

在施工图设计阶段，化学工程师有大量的工作要做。如果一个建设项目不是购买成熟的“工艺软件包”开始工程设计的，那化学工程师的一件重要工作是把工艺流程图PFD充实成了“管路和仪表流程图”（piping and instrumentation diagram，P & ID），即把工艺过程描述完整，把流程操作考虑周全。不熟悉化工装置的人往往看轻了管路和仪表流程图（P & ID），以为这只不过是工厂流程设备上加上了管道和仪表的信息而已。其实，P & ID极有内涵。如果对一个装置的每根管道都可以正确地标出尺寸、材质和耐压等级，就意味着对每个流程单元的进出物料都已经计算清楚了。同时，明确了采用什么仪表、标明放置位置，也就是明确了流程中重要的控制点和控制方案。这不止需要对该单元有静态认识，而且还得把握其动态的特征。大型化工装置的各种管道，如同人体的大小血管般丰富和重要。化学工程师要在施工图文件中把管道的每个细节都要表现出来，可见工作量之大。

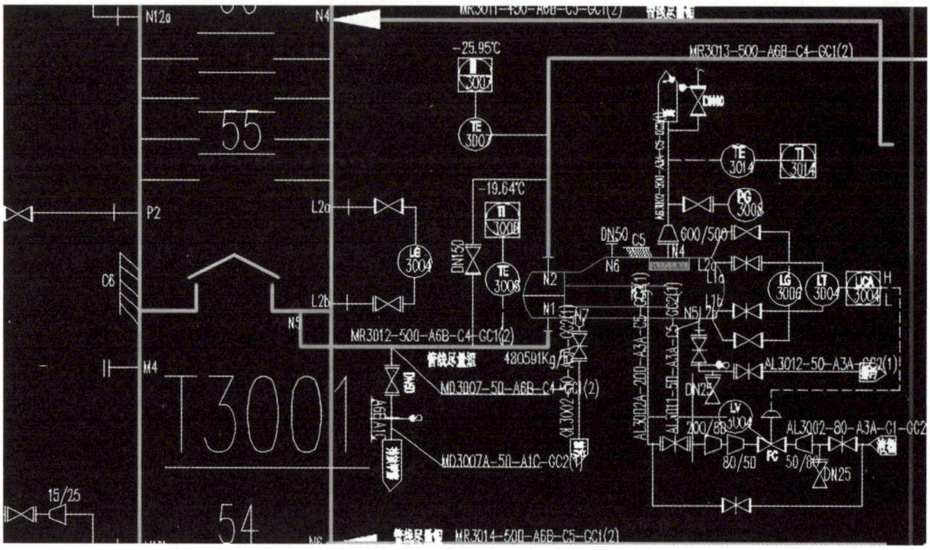

管道仪表流程图（P&ID）局部

在工程设计阶段，化学工程师也有挑战性的课题。因为**化工项目不可能有重样的建设地点和环境，所以全厂布局和车间布置对每个工程项目都是独特的。**化学工程师对厂址选择以及装置布置负有重要责任，化工项目的工厂布局和车间布置是综合性非常强的工作。化学工程师对过程涉及的腐蚀、爆炸、火灾、毒性等危险因素要有充分的认识，还要考虑包括地质条件、排水、铁路、道路和辅助通道、原材料接收、废料运出、气候对室内外操作和结构形式的影响，再加上装置的扩建和发展、公用设施利用以及其他诸多因素。

化学工程师接下来的工作是配管的施工图设计。在石油、化工、轻工、食品、制药、冶金等工业工程设计中，配管设计（管道设计）工作量的比例很高，在石油化工详细设计阶段更是如此。配管设计并不是设备管口之间的管线简单连接，如果按工艺流程图用管线连接管口、做个支撑、避免各种管道之间的碰撞等，这些也只是形式上的完整和正确。**由于化工装置特有的复杂性，配管设计水平直接关系到装置建设投资和建成投产后能否长期、高效、安全、平稳地运行。**化学工程师在配管设计时，既需要了解和掌握工艺原理和操作过程，对工艺装置布置（管廊、塔、容器、反应器、换热设备、加热炉、泵、压缩机、罐等）的思路有全面的了解，还要熟悉和遵循相应的管道布置规范以及其他专业的工作，这样才能合理地完成化工配管设计。

化工厂施工图质量经常被人诟病的是工厂或流程的布局和管道的布置，在装置运行后，这两处往往显示出诸多不合理之处，好在一般这些毛病并不是致命的错误。确实，工厂布置和管道设计工作虽然有基本的规范和习惯，但远离工业实践的工程师很难设计得实用而合理。**因为化工厂的建设场地和条件各不相同，而配管是繁杂的具体施工图设计工作，所以很难对各种实践进行心得体会总结，化工工程装置的布置方案和配管设计的经验与教训主要还是取决于化学工程师的个人经历。**由于化工设计的综合性和实践性太强，化学工程师只能从工作中学习和提高设计技能。此外，化学工程项目的设计工作都需要团队合作来完成。化工设计既然是团队工作，就有分工和层次。刚刚走上工作岗位的化学工程师常被分派一些辅助工作，如从事管线设计（配管）、泵选型或规格确定等，真正从事了设计工作的化学工程师才会发现，化学工程学科的课程中有那么多的知识都与设计项目相关。

值得一提的是，在基础的工艺计算和设计阶段，化学工程师的接触面是比较窄的，他们主要是与实验室的化学工作者联系。而在施工图设计阶段，化学工程师要与众多的专业人员沟通和协调。在项目工程设计之初，化学工程师需向其他专业的工程师（土建、结构、机械、电气和仪表等）介绍工艺要求和限制条件，因为只有化学工程师知道工程项目的原理和全局的情况。

在化工项目的设计工作中，各专业的施工图是按工艺文件的要求和本专业的规范设计的，这些专业的设计工作几乎没有多少自由发挥的余地。比如，建筑物的强度是按工艺专业提供的荷载和设备布置方案，再用行业认定的软件计算出来的。如果没有达到规范的强制性要求，计算软件这一关是通不过的。至于承压容器和设备的机械设计更是管控严格，设计和制造都有行业监管。可是，各专业的工程师都有自己的设计规范和习惯做法，他们集中在一个项目和区域上设计的图纸必然是有冲突的。所以，**在设计的进程中，化学工程师需组织讨论调整设计方案，收集各专业工程师的反馈意见，协调施工图设计过程各专业的冲突，使整体的设计工作能顺利开展起来。**

通常，化工行业内外人士对化工设计两个阶段的联系和区别并不是很注意，但认识这两者之间的联系和区别是很重要的。也许我们可以用交响乐的作曲和演奏来理解一个化工过程开发和建设过程。一个新产品或新工艺的产生源自化学家的发明或化学工程师对已有工艺流程的改进想法，如同一首交响曲源自作曲家有了一个新颖的主题旋律。为了构成一首交响曲，作曲家必须在主旋律的基础上构思出呈示部、发展部和再现部，配上相应乐器才构成可以演奏的乐曲总谱。一个新产品和新流程的工艺设计就相当于这个总谱，化学工程师团队一方面要完成工程项目这首交响曲的“配器”工作，也就是把乐曲的总谱分解成各专业的“分谱”。而一个新产品和新流程是否开发成功还有待于“首演”的检验，一个成熟的“工艺软件包”相当于首演成功后基本完善的乐曲总谱。

建设工程的设计工作相当于有了总谱后的演奏，化学工程师起着指挥和协调的主导作用，只不过责任远没有在开发性项目设计中那么重大。**就像指挥要对整个演奏的效果负责一样，化学工程师**

也必须对整个工程设计项目负责，因为化工过程的开发成果或工艺软件包是交在化学工程师手上的，其他专业的工程技术人员基本上是按化学工程师的要求和条件干活的。对一个乐团的水平来说，指挥技术高下自然是关键因素；同理，一个化工项目的设计、建设质量很大程度上也取决于化学工程师团队。同时，在演奏过程中，化学工程师还兼任了一个重要的“乐曲组”（如小提琴组）的“演奏”，就是承担工厂布局、设备布置和工艺配管等设计工作。

此外，在化工设计的具体工作中，工程师们早已离不开专业软件的帮助。施工图设计阶段最为常用的绘图软件是AutoCAD。计算机辅助绘图的好处很明显，除了速度快、便于尺寸标注和线型设定，还有可调用的模块多、容易编辑修改等优点。对涉及专业很多的化工设计来说更有一个好处，多个专业的图纸可以重叠起来，便于发现问题。至于三维管道布置和绘图是专业设计院使用的设计绘图工具，除了生成配管图纸外，材料统计也非常方便。使用辅助绘图软件有助于提高配管设计水平、工作效率。不过，**设备布置和管道布置是需要经验和判断力的工作，计算机软件可以完成一个设计作业，但其中的综合性问题计算机是没法解决的。**此外，绘图软件的熟练使用需要不断实践，在使用过程中更好地掌握它的各种应用，从而不断提高绘图工作的效率。

> 值得重视的是，现在大规模的化学产品或流程的开发机会并不多，大型化工项目的建设一般都有成熟的工艺软件包（市场提供）。产量不大的精细化工产品就像精致的室内乐作品，旋律优美但“总谱”并不复杂，这样的产品开发对化学工程学的依赖程度并不高。不过，即使是产量不大的精细化工产品进入工业化阶段也需要设计环节。所以，只要有化学工业的存在和发展，化学工程师负责的工程设计工作就不可或缺。另一方面，如果化学工程师有过程开发或工程设计的历练，对解决综合性、复杂性的问题有体验和感悟，他们既有可能在自己的团队中获得提升，也很有可能在其他领域得到发展。

化工设计教育的难处

化工设计是化学研究成果产业化的必经之路，化学工程学教学和研究说到底是为可靠的化工工程设计服务的。化工设计能力（工艺计算和工程设计）是化学工程师的基本功，是企业最为看重的技能，所以，**设计课程应该是化学工程教学环节的主线。**然而，实际上大学的化学工程学课程并不是很重视化工设计的。

回顾化学工程学科的课程结构变化过程，可以看出，早期化学工程学科的研究和教学都集中于单元操作，随后充实了化工热力学、反应动力学、过程控制等内容。经过30年时间的研究和积累。1950年后，化学工程学科的框架才基本建成。此后，大学化学工程系才陆续开设工艺设计（process design）课程。化学工程学科的基本内容加上化学和物理化学原理，使化学工程师基本具备了化工过程的开发能力，也就是说，对重要的化工单元可以进行比较可靠的工艺计算。

化工工艺设计课程不同于以前的化学工艺学，也不同于单元操作的课程设计，工艺课程是化学工程学多个知识模块的集成，但只有设计课程才关注化学工业项目的规范性或限制条件。按说，化工设计将会在化学工程系的课程中日益受到重视，可是，同时期开设的分析性课程“传递过程”（transport phenomena）影响力却远远盖过了强调综合的工艺设计。

长期以来，很多化学工程学科的界内人士乐观地认为，如果弄清一个化工过程的微观过程，就有希望准确地把握、预测单元操作和反应器的行为。因为传递（微观的质量、热量和动量传递）过程的研究和数学应用逐渐深入化学工程学领域，化学工程教育很强烈地朝着科学化方向发展，大学的课程越来越倾向于强调微观层面的分析和模拟。但随后的实践证明，**从基础的各种传递过程入手最终准确预测的工艺计算和设计的结果是不现实的，**这也意味着化学工程科学化教育是不成功的。

把科学研究的模式用于工程实践，在当时就有一些化学工程界的权威人士表示了不同意见。他们认为分析和演绎不能解决化工过程开发问题，化学工程学科应该强调综合。有些教授力主从“过程合成”的模式出发培养化学工程师。1988年，有人用“洋葱模型”描述过程设计：过程设计从洋葱的中心（反应器）开始，然后逐次向外层的分离和循环结构（洋葱的第二层）进行，接下来设计系统的换热网络，由此再进行公用工程（水、汽、电等）设计。（“洋葱”模型是一位英国博士生在博士论文中展示的，他的论文主题是“过程换热系统的设计和优化”，论文中提出了著名的换热网络“狭点”现象和处理方法，在大型石油化工企业和热能企业的换热网络中获得应用。）

“洋葱”模型有很好的“视觉”效果，形象地展示了设计工作的有序和分层，**但“洋葱”模型并没有触及如何才能得到可靠的工艺计算，也没有涉及施工图设计范围的问题。**总之，这是一个理想化的设计过程，对培养化学工程师的设计能力作用是有限的。

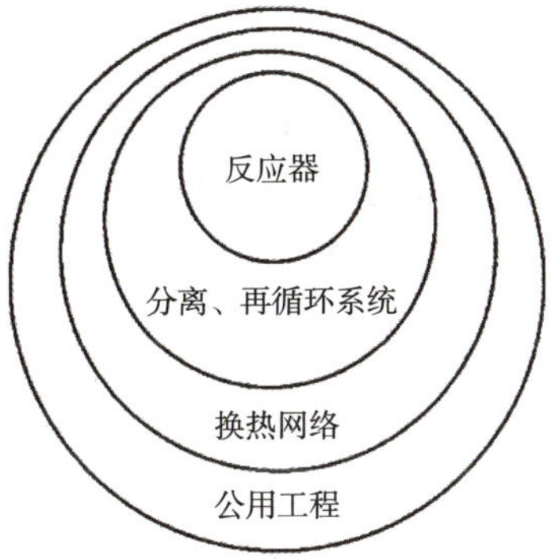

化工过程设计的“洋葱”模型

不过，即使大学的化学工程系意识到了设计环节的重要性，但在设计技能培养上却很难收获到理想的效果。这可以从初出校门的化学工程师的表现看出来，他们在工艺计算和施工图设计两方面的实际工作能力都很弱。假如有机会观察一个化工设计单位各专业新手的表现，你就会发现其他专业（建筑、电气、给排水、自控、机械设备等）的新手会马上进入工作角色，而恰恰是学过化工设计的化学工程师很茫然。这是因为相比其他工科专业的学生，化学工程学科学生受到的实用知识和技能的培训少得可怜。**一个没有实践机会获取反馈的学习过程有极大的欠缺，而大学的化学工程设计课程恰恰是没有反馈的练习。**这相当于在模拟驾驶屏幕上学驾驶汽车，也好比用计算机软件模拟股市操作，学得再好离实际操作还是有根本的差别。

不过，这也许没法责备大学的教育。人们总认为工程专业的教育应该是与社会实际紧密联系的，可是，这里还是有化学工程学科的特殊之处。

首先，化学工程的原理是通用的，而化学产品和设备则是具体特殊的，从归纳的原理成功地演绎到具体的产品流程是不容易的事。化学工程学科本身是抽象的，并不是针对某个具体的流程或产品，所以，**化学工程学科的学习内容与化学工程师的实际工作很难直接对上号。**

其次，学校已经不具备获取化工设计的实践性信息平台和通道。今时不同往日，化学工程学创立的前几十年，化工行业的技术门槛其实并不高，大学和企业界有着非常信任的关系，很多大学教授兼任企业的顾问。那时的单元操作、反应器和新流程都给工艺设计提供了很多生动的课题。此外，当时的工程设计（施工图设计）还没有很严格的安全和环保等方面的规范限制，所以大学教育和工业界的脱节并不明显。但第二次世界大战后，化工技术门槛很快提高，除了写在纸上的专利技术体系之外，企业的实践性信息（专利和技术诀窍等）益发垄断和隐蔽，大学教师和学生基本得不到关键信息和实践机会。另一方面，市场竞争、原材料体系和各种外部规范限制使得化工工程项目更为复杂，其综合性远超其他工程专业。各国和各地的化工工程建设规范很多，而且差异很大，使得大学工程设计教学无所适从。所以，**与其他工程学科相比，化学工程教育课程，特别是化工设计，也许只能是越来越脱离工业应用的实际。**

MIT 化工系刘易斯教授向学生传授化工开发知识

显然，化学工程设计的教育思想没有适应化工行业的变化。现在，国内外的化工设计教科书还是着重讲“开发”项目（即首次工业化装置）的设计，给出的是一些新产品或新过程的设计案例和练习作业，这其实不符合现实设计工作的实际情况。实际上，化工新产品或新流程的开发项目占建设项目的比例并不高，基础化工产品新流程开发的机遇更是难遇。在大学课堂上介绍设计案例都是成功的过程开发项目，或者已有合理解决方案的流程，对化学工程师的日常施工图设计技能却很少涉及。

由于诸多方面的原因，大学化学工程系传授给学生的设计技能和经验是非常有限的。如果要想尽量使学生在化学工程的学习上有所得，以下几点也许有所帮助：

① **强调化学工业工程项目的复杂性，强调实践性知识的必要性。**单元操作、反应器、化工热力学等课程的基本原理和概念非常重要，但是不要以为教科书可以对付现实问题。因为几乎没有真正实践的机会，对学生只能尽量灌输“工程复杂性”的观念，使他们至少对工程项目复杂性有较深的印象，不至于在设计工作中“轻举妄动”。真正的化学工程设计（工艺计算和设计、施工图设计）不是学校的作业，真正的综合性课题是没有唯一正解的，化学工程师追求的是各种限制条件下的合理解决方案。这里我们重温化学工程学科创始人沃克（Walker）与美国物理化学之父诺伊斯（Noyes）的争论：“你和我总是在基本的教育思想上持不同看法，你认为学习了科学的定律或理论就行，因为一旦学会定律或理论，应用科学来解决实际问题并无困难。而我认为，学生学习了科学的定律或理论，那只是对付实际问题的中途半端，解决工程问题需要更有能力的思想，需要有经验的判断，把科学原理明智地应用于实际需要做很多的工作”。

② **最大限度地使用工艺计算软件和绘图软件。**现在化学工程系课程耗费大量教学时间，讲解单元操作和反应器的原理、推导数学模型、介绍计算方法、进行数据处理，加上繁杂的化工热力学关联式和数据等等，既耗时又无趣。如果使用工艺计算软件，学生有物理化学的基础，具备简明的单元操作原理和化工热力学知识后，就可以直接练习处理比较综合的工艺计算问题。Proll、Aspen 等工艺计算软件界面友好，使用方便，运算速度快等特点，工艺软件把化学工程基本原理、数据库和计算过程融为一体，避开了那些学生不必要弄清楚的烦琐问题，可以极大地提高教学效

率。学生利用工艺计算软件多做一些综合性（单元设备组合）的练习，而不是像现在这样，绝大部分时间用于接触“积木块”。**工艺计算软件是现代化学工程师必备的工具，熟悉了高效的工艺计算和设计工具，学生出校门后可以较快地着手工作。**

化学工程师还应该熟练使用计算机辅助绘图软件，如AutoCAD。现在，化学工程专业学生主要的就业岗位是从事工程项目的施工图设计，从绘制流程图、车间布置图等基本的化工图纸，和其他专业的技术交流都是在绘图软件的平台上进行的。可以说，**对绘图软件的熟练程度决定了工程师的工作效率。**对工艺计算软件和绘图软件的熟悉需要大量的练习，这虽然会挤占了一些其他课程的教学时间，但熟练使用计算和绘图软件毕竟是最实用的技能。

③ 拓宽知识面。一个化工工程项目少不了土木、机械、电气（信息）等工程师的参与，反之，其他行业的工程就未必需要化学工程师。化工过程的工艺设计需要对实验室的化学科研成果有很深的理解，熟悉化工过程开发的程序和常见问题，还要有技术经济的意识。而化工装置的施工图设计是包括化学工艺、总图、土建、机械、电气、给排水等多专业共同完成的，每个项目设计和建设过程有很多强制性的标准和规范必须遵守。此外，工艺设计和施工图设计的各个环节都要有环境保护和安全生产意识。显然，一个化学工程师要学习的基础内容最多，在传统的化学工程学课程之外，还要知晓化工工程项目的设计和建设程序和过程，还得大概了解其他行业的工程知识。

通常，化学工程专业的课程大都强调新项目的开发，把大量的学习时间花费在比较狭窄的工艺计算方面。**如果软件在教学上的使用节约了大量的专业教学时间，这部分节约出来的时间应当投入到“非专业”的领域。**总之，让学生了解化工工程所涉及的方方面面，了解化学工程师工作的范围以及受到的限制，在人际交流能力上多练些基本功，可能是目前最有效的工程教育。

> 化学工程师成长过程是化学工程学科的原理和工程实践相结合的过程，成功的化学工程师擅长处理工程实践（包括工程设计和建设）中复杂的综合性问题，也许这才是化学工程师职业的特长和不可替代的地方。

几位杰出的化学工程师

化学工程师的工作中需要极强的判断力及解决问题的技能，处理复杂问题的过程锻炼和成就了很多化学工程师。上升到了公司部门管理层的化学工程师不在少数，有些进入大公司顶层的化学工程师更是成为全球闻名的人物。

杜邦公司的格林沃特（Greenewalt）

1922年，格林沃特从MIT获得化学工程硕士后，进入杜邦公司。当时著名的《化工原理》教材还没有出版，但MIT的化工系已经成立两年，强调“单元操作”的原理和定量化处理已经成为MIT化工系教学特色。

加入杜邦公司后，格林沃特的化学工程学科背景使他与公司的其他化学工程师不同，他既能理解化学实验室的研究成果，又能联系到工业规模的手段转换，定量化处理工程问题的意识很强，还显示出与众不同的工程决策能力。作为杜邦公司研究部负责人博尔顿（Bolton）的主要助手，格林沃特经历了尼龙66从实验室研究到工业规模的整个开发过程。

1942年，曼哈顿项目的负责人格罗夫斯将军决定把制备核原料钚的工程由杜邦公司承包。钚的制备是原子弹研制项目中投资最大的项目，从中间实验到最终核原料制成，先后有4万多人参加，其中物理学家和化学家是极少数，主体是化学工程师和施工队伍。杜邦公司的工程管理团队负责了设计、施工和运行的任务，格林沃特承担了杜邦工程队伍和物理学家的联络和沟通工作。

杜邦公司在长期的产品开发过程中，与化学家打交道、与军队和政府打交道、与炼油厂、橡胶公司、纺织工厂这样的用户打交道，但与物理学家合作这是头一遭。格林沃特要联系和协调的是芝加哥冶金实验室（当时为保密取的名称）的物理学家们，他们本身极优秀，又从事当时最神秘的核物理研究，平时他们只尊重康普顿（美国物理学会主席、美国原子能委员会委员）、费米这样的诺贝尔奖获得者，这些物理学家心里是瞧不起化学工程师的。

科学家本身和工程师本身就是两种完全不同的职业，长期以来化学家和化学工程师都想不到一块，物理学家肯定是无法理解工程“放大”的难处。物理学家们习惯讲自己的想法和论文适用的数据，工程师要的是可用于设计的依据和实用数据；物理学家描述的是实验室操作方法，化学工程师要转变成自动、连续的工业操作方式，还得特别注意安全（防核辐射）；物理学家提供的都是“精确”的数据，杜邦公司的工程师想的是留有足够的裕量。还有，科学家平时没有团队概念，他们的交流、争论是为了活跃思路；而工程师团队的信息交流是有约定或规范的，是为了协同工作。

当时曼哈顿项目时间紧迫，核原料制备必须马上进入工程阶段，格罗夫斯将军希望格林沃特作为总负责人，协调冶金实验室物理学家和杜邦公司工程团队的工作。格林沃特没有接受这个提议，他很清楚无法指挥这些物理学家。但问题是得让物理学家们能理解工程的做法。为此，格林沃特使尽了浑身解数，在康普顿、费米两位物理学大师的协助下，建立了比较规范的信息交流报告方式。不过，当格林沃特要设定一个研究成果的“冻结”时间点时，物理学家们和杜邦公司的冲突达到了高潮。科学家的天性就是要琢磨新东西，他们会不停顿地提出新想法、不断地改进和优化已有的结果；而工程师在接受一个设计条件后，很多相关专业的工程计算、设计就启动了，此时再改动前提条件，前面的工作全废了。曼哈顿工程最缺的是时间。这个问题上格林沃特没法妥协，他想让物理学们了解一个工程项目要多少蓝图。因为尼龙66也是从实验室纯理论研究结果开发成大规模工业产品的，格林沃特给物理学家们介绍的就是尼龙的开发过程，大部分的物理学家们对他们的所见所闻印象深刻。面对巨大的设计工作量，物理学家们选择了让步，在自己提出的设计条件上签了字，这意味着以后的工程设计不再反复更改。

和物理学家们激烈争论的还有，杜邦公司团队坚持石墨反应堆应该把物理学家们计算的石墨圆筒改成为正方形，由放置200吨铀原料放大到260吨。物理学家们不以为然，但杜邦公司工程师认为，反应堆可以不顾外形漂亮，而是要实用、要尽量做得大。如果链式反应的计算有误，就有补救的余地。

格林沃特（Crawford Greenewalt）成为时代周刊的封面人物

曼哈顿项目的钚工程在格林沃特的协调下，设计、施工如期推进，杜邦公司的工程管理发挥着强大的作用。1944年9月，世界上第一个工业规模的核反应堆启动，但几个小时后预期的链式反应熄火了。按物理学家们计算的200吨铀原料不够，原因是大规模生产中产生的裂变产物——氙135，吸收了很多中子，大大减弱了链式反应。幸好，杜邦公司的设计预留了反应堆空间，可以马上增加铀棒的投放量，最终使得反应堆正常运行起来。

杜邦公司团队在极短的时间内，理解了核物理的基本知识，预计到了理论和实践之间必然会有的差异，还为防止事故和维修核装置设计了自动处理的系统。物理学家们看到了巨量的设计图纸、宏大的施工场面，最后还目睹了杜邦公司的设计弥补了他们的计算错误和误差，高傲的物理学家们最后对杜邦公司的工程团队由衷地表示佩服。

工程师的职责就是对整个工程负责。工程师们并不追求科学发现，他们的目标是按期完成任务。为此需考虑工程的进度节点，什么时候能完成设计，各种材料和设备的采购、到位的顺序，预定什么时间要开始试运行，等等。在进入新过程新工艺的开发时，还得尽可能为理论的不完善和误差预留纠正的余地。杜邦公司和核物理学家的这次合作是一次科学和工程的合作，虽然原子弹研制成功的光环戴在物理学家头上，但实际上工程师的贡献更为实质。

作为杜邦公司工程师的代表，格林沃特在领导这个艰巨的项目中，表现出了智慧和充沛的精力，既有内在坚定的工程原则性，又有灵活的对外沟通交流的技巧。1948年至1962年，格林沃特担任杜邦公司总裁。

通用电气公司的韦尔奇

1981年，年仅45岁的杰克·韦尔奇（Jack Welch）成为通用电气（General Electric Company，简称GE）历史上最年轻的董事长和CEO。**20年的时间，这位化学工程师从公司的基层上升到了世界著名大公司的顶层。**

杰克·韦尔奇

1935年，韦尔奇出生于马萨诸塞。他很喜欢“工程师”的头衔，选择马萨诸塞大学化学工程专业读大学，毕业后又去伊利诺伊大学攻读化学工程学博士。韦尔奇并不认为自己是最聪明的学生，但是他很专注，并且比其他人用功。韦尔奇的博士论文是研究蒸汽供应系统中的蒸汽凝结问题，这涉及传热、固体表面和蒸汽相变之间的复杂关系，是当时典型的化学工程学课题。

杰克·韦尔奇（Jack Welch）

获得博士学位后，韦尔奇应聘在马萨诸塞州的GE新化学品开发部门工作。GE中心研究实验室的化学家研究出了PPO（聚苯醚，是世界五大通用工程塑料之一），韦尔奇负责的是产品开发的关键步骤中试环节。和其他化学公司的产品开发过程一样，工程师团队需要在中间实验装置（pilot-plant）反复进行实验，在中试装置上得到性能理想的塑料产品，摸索出稳定的生产工艺条件。负责产品中试对于刚出校园的人来说，确实是一次挑战。

从事产品开发工作少不了要和实验室的化学研究人员打交道，化学工程师需要了解化学家的研究工作，需要获得他们的帮助。对同样的化合物，化学工程师和实验室的化学研究人员想的事完全不一样。化学家从事的是科学研究，他们关注合成新材料的特殊性能，但对规模生产和商业化的事务没有兴趣。韦尔奇知道他无法领导实验室的化学家，但他每个月至少有两次开车100公里从中试场地到公司中心实验室，花一整天的时间同研究人员一起工作。**这种交流和沟通正是化学工程师所必须具备的技能。**

作为参与一线研发决策工作的化学工程师，显然，韦尔奇收获颇丰。PPO中试留给韦尔奇深刻记忆的是一次爆炸，他认为这是他一生中所经历的最为恐怖的事件之一。当时，中试装置的操作人员将氧气通入反应器的溶剂中。不明火花引发了爆炸，爆炸产生的气流掀开了楼房的房顶，震碎了顶层所有的玻璃。非常幸运的是事故没有造成人员伤亡。那时，韦尔奇的顶头上司是一位MIT毕业的化学工程博士，他没有责备韦尔奇，而是关注他们从这次爆炸中学到了什么东西，并对是否应该继续进行这个项目征求韦尔奇团队的看法。韦尔奇记下了主管的话：**“我们最好是现在就对这个问题有彻底的了解，而不是等到以后进行大规模生产的时候”。**韦尔奇在负责中试的岗位上显示出了不一般的工程师才能，除了负责小团队的工作外，他曾主动给上级主管提出一份产品性能和成本报告。

韦尔奇负责中试的PPO项目最终获得成功。从产品开发过程中，韦尔奇虽然保持了与公司实验室化学研究人员的良好关系，但他也感受了化学家对产品商业化的冷淡。作为负责中试的化学工程师，韦尔奇还对当时GE公司的官僚作风深有感触。这些经历也许都对韦尔奇今后发起对GE的改革有深刻的影响。

1971年底，韦尔奇成为通用化学与冶金事业部总经理，并不断晋升，1979年8月，成为公司副董事长。随后，年仅45岁的杰克韦尔奇成为通用电气的董事长和CEO。在他的领导下，通用电气的市值由他上任时的130亿美元上升到了4,800亿美元，也从全美上市公司盈利能力排名第十位发展位列全球第一，成为世界第二的世界级大公司。2001年9月退休。他被誉为“最受尊敬的CEO”，“全球第一CEO”，“美国当代最成功最伟大的企业家”。韦尔奇领导的通用电气被多个权威财经杂志评为全球最有价值的公司。

在成名之后，韦尔奇曾回顾自己的成长过程，他认为化学工程学教育是一个人在企业发展最好的背景之一。化学工程学处理的是复杂化工过程放大的问题，化学工程师既需要了解化学家的工作，又要考虑大规模化工产品生产。化学工程学科其实遵循了一个很重要的原理：许多问题都是没有标准答案的，真正重要的是处理问题的思维过程。这里，韦尔奇把化学工程师和企业家联系起来了，显然，企业遇到的大多数问题很复杂，几乎所有的问题都没有标准答案。化学工程师出身的韦尔奇掌控GE公司多年，成为当时世界上最著名的企业家之一。韦尔奇对公司的财务等报表（相当于化工过程的物料衡算和能量衡算？）很重视，能够非常敏感地从中发现问题。据说，他曾在一份部门经济报表中，找出26条矛盾之处。

杰出的企业家和卓越的化学工程师一样，他们善于做出敏锐的分析和正确的判断。

格鲁夫（Andy Grove）与英特尔公司

安迪·格鲁夫

安迪·格鲁夫1936年出生于布达佩斯的一个犹太人家庭，1956年逃离匈牙利，辗转到达纽约，后毕业于纽约州立大学，1968年加入英特尔公司，1987年接任英特尔公司总裁，1997年成为英特尔董事长。

1956年，格鲁夫成了一个美国人后，最初并没考虑上大学，因为学费不是他能承担得起的。他最初的目标很现实，就是找到一份工作，有一个能尽快自立的职业。直到有人告诉他美国的一些学院是免学费的，他才动起了上大学的念头。不久，他被纽约城市学院（City College of New York）录取，成为化学工程系的一名新生，后来在化学工程系找了一份学生助理的工作，报酬是每小时1.79美元，每周工作20小时。

格鲁夫刚到美国时没有英语基础，而且还要兼职工作，开始时所有的功课成绩都很差。但他在学习上全力以赴，最终闯过了这一关，几乎门门成绩都是A 。他回忆自己的大学生活时说，“我用每一分钟来学习”。后来，他一年级时的导师说：“我对他如此强烈的事业心感到有点吃惊。”

纽约城市大学的化学工程系的几位教授对努力学习的格鲁夫很看重，其中有位流体力学教授的课程深深地吸引了他。流体力学在化学工程学中有很多应用，一直是化学工程学科研究的重要课题。当格鲁夫从纽约城市学院毕业后去加州大学伯克利分校（UC Berkeley）读博士时，他的论文题目仍然是流体力学方面的研究。通常化学工程学科的研究工作是从流体力学的实验现象中抽象出物理模型，然后用数学方法求解得出比较普遍的规律。这既需要相当高深的数学工具（如微分方程和偏微分方程等），又需要做实验，这种抽象认识和处理问题的训练也许对格鲁夫今后的发展有很大的帮助。格鲁夫在完成博士学位论文时，和导师一起发表了4篇论文，其中两篇刊登在该领域内顶尖的期刊上。取得博士学位后，格鲁夫在加州大学教一门化工课程，大概是流体力学在化学工程学中的应用。但格鲁夫的兴趣不是在学校当教授，为了提高收入，他迟早总是会去公司找工作的。

最后，他看中了5家公司。其中三家公司（包括通用电气）拒绝了他的求职，剩下的就是著名的贝尔实验室和硅谷最早的半导体公司——仙童公司（Fairchild.com）。最初，格鲁夫有意去贝尔实验室，但因为其他原因格鲁夫放弃了贝尔实验室。这时，他接触到了仙童公司的招聘人，这个人就是后来大名鼎鼎的戈登·摩尔（Gordon Moore）。摩尔是加州理工大学的物理化学（physical chemistry）博士。摩尔询问并很快理解了格鲁夫的博士论文内容，而格鲁夫与摩尔交谈后认为摩尔智力极高，还非常平易近人。年轻骄傲的格鲁夫博士被戈登·摩尔的人格魅力征服，决定加入仙童公司。当时，格鲁夫27岁，摩尔34岁。此后，格鲁夫和摩尔建立了卓越的工作关系。后来，格鲁夫跟随戈登·摩尔进入新创立的英特尔公司。

如果了解物理化学学科和化学工程学科的发展过程，就不会对摩尔和格鲁夫的相互理解感到奇怪了。物理化学和化学工程学的名称上都有化学，但都不拘泥于某个具体的化学反应或分离过程。很少有人会理解半导体也是一个化学产品，生产半导体及集成电路也被认为是一个化工产品的制造过程，即把基本材料制成高度复杂的芯片，而其他所有的内容（电子、封装、编写软件代码和编程）都是芯片基础上的工作。**物理化学和化学工程两个学科都有应用物理学的属性，很容易在复杂的半导体材料加工中发挥科学和工程的作用。**

格鲁夫的化学工程背景优势很快在新公司里展现出来。刚进公司时，他的上司（一名电气工程师）就给了他一个测试，要求对一个物理问题建立数学模型，并考察参数变化时的情况。格鲁夫认为问题并不难。他建立了描述问题的微分方程组，给出一些特定的参数，得到这些微分方程解，画出曲线族，并给出相应的结论。这使公司其他的工程师很吃惊，但这对格鲁夫来说却是小菜一碟，因为这是化学工程学的常规研究套路。

仙童半导体公司是1957年由诺伊斯（Robert Noyce）与摩尔等8人在风险投资商的资助下创立的。诺伊斯是电子器件集成电路(integrated circuit，简称IC或芯片)的发明者之一，如果不是过早去世，他很有可能获得诺贝尔奖。摩尔（Gordon Moore）曾是仙童公司的首席科学家。1965年，摩尔发表在《电子》杂志上的文章给出了一个预测：当价格不变时，集成电路上可容纳的元器件的数目，约每隔18~24个月便会增加一倍，性能也将提升一倍。其实，摩尔定律不是一个真正的“定律”，所谓摩尔定律的伟大之处在于预测。这既激励了存储芯片、半导体业务、电子产业的发展，又提醒与芯片有关的行业需利用下一代芯片和处理器的能力来设计自己的产品，否则就会落后于时代。

1968年8月，诺伊斯与摩尔联合创立了英特尔（Integrated Electronics）公司，格鲁夫加入了新公司。诺伊斯极具才华和魅力，对资本方激情洋溢的演说使公司很快筹得资金。不过，格鲁夫对诺伊斯的才华并不以为然，他认为诺伊斯管理公司优柔寡断。格鲁夫认为摩尔也不是一个很好的管理者。如果有人向摩尔请教一个科学或具体技术问题，那么摩尔总是想提供正确的答案，这当然在处理各种各样的技术难题时做不到，所以他并没有解决问题。摩尔还把科学家风格也用在公司的管理上。比如，他很少会控制会议，在实验室里几乎也从不会维持纪律。

很少有人注意到，与诺伊斯与摩尔不同，**格鲁夫不是科学家，而是工程师。**在仙童公司时，格鲁夫担任的是制造晶体管和芯片制造的助理总监，要设法把新产品的实验室方法转变成工业化的制造工艺。如同化工行业和其他行业一样，开发工作非常重要，但也是最吃力不讨好的活计。如果没有实现产品的量产，实验室的研究人员和生产制造部门往往都会指责负责开发的工程师。

英特尔内部和电子产业内的大多数人都知道，真正推动英特尔取得现有成功的人是格鲁夫。格鲁夫没有英特尔公司创始人的身份，但是他负责产品的开发工作，把组织纪律性、质量和结果导向植入了英特尔公司的管理风格。工程的管理思维使他成为一个负责收拾烂摊子的人，最终把事情办成。

格鲁夫担任公司CEO以来，最重要的管理决策之一是加强技术服务，他同意建立一支懂集成电路或芯片应用技术的销售团队，使客户能够比较轻松地使用高科技产品，也减少客户担心的问题，由此给英特尔带来了大量的订单和利润。

在相当长的时间内，芯片产业的合格率（他们称之为良品率）是很低的。一个新型号芯片在量产初期，可能要扔掉50%甚至更多的产品，即使是已经生产了数百万颗的成熟芯片，能达到80%的良品率就算幸运了。1980年代，日本芯片的合格率超过90%，而美国芯片则低至60%~70%。显然，提高良品率是事关英特尔公司生存和发展的关键。

提高半导体芯片良品率的挑战性工作，是由技术开发经理贝瑞特（Craig R. Barrett）承担的。贝瑞特是斯坦福大学材料科学博士，1974年加入英特尔公司。贝瑞特和他的团队选择了一个晶圆厂作为制造工艺试验生产线，尝试各种改进的方法。贝瑞特没有像科学研究那样把各种因素（或条件）一一透彻分析（没有时间和条件），而是发挥他的材料学素养和直觉，直接采取措施尝试改进工艺，在这个试验工厂良品率得到了很大的提高。然后，试验工厂经验模式的全套做法推广到公司其他生产线。短短几年内，公司的良品率上升到80%。这就是英特尔公司著名的“精确复制”（copy exactly）。

用工厂的实际生产线来试验改进生产方法是一个昂贵的赌注，如果没有格鲁夫来自公司最高层的理解和支持，贝瑞特显然无法实施自己的构想。1997年，贝瑞特成为格鲁夫的继承者，成为英特尔第四任总裁。

半导体加工本质上是个化工行业或过程工业（process industry）。贝瑞特的“精确复制”法与应用化工原理、中间实验工厂和“工艺软件包”等化学工程专业的思维和做法异曲同工。**英特尔宣传公司最核心的理念是“做正确的事”，但并没有人知道怎么才是“做正确的事”，也许理解化学工程学的基本原理有助于做“正确的事”。**

1997年格鲁夫当选《时代》周刊封面人物

格鲁夫掌管英特尔公司的30年，使英特尔成为世界上最有影响力的企业之一。1997年，美国《时代周刊》授予他“年度风云人物”。2004年，安迪·格鲁夫被沃顿商学院提名为25年来最有影响的CEO。成名后的格鲁夫很感激纽约城市学院，正是进入纽约城市学院化学工程系学习，从此改变了格鲁夫的人生。格鲁夫曾给予纽约城市学院大笔捐赠。

SD公司和兰道

如果谈及卓越化学工程师，我们一定会想到拉尔夫·兰道（Ralph Landau）。1935年，费城的高中毕业生兰道读到了报纸上介绍化学工程是新“魅力领域”，因此读大学时选择了化学工程专业。1937年，从宾夕法尼亚大学毕业，获得奖学金赴MIT读博士，奖学金规定他要在学习期间兼

拉尔夫·兰道（Ralph Landau）

助教的工作。兰道的助教岗位是在“化学工程实践学校”当助手，这使他早早接触到了工业实际。同时，也与W. 刘易斯等化学工程名师有了密切的接触。兰道曾回忆说，刘易斯教授工程思维非常清晰，常常从简单的物料衡算结果分析出复杂问题的症结所在。兰道从这种简明而清晰的化学工程学思维中受益颇多。

兰道获得博士学位后，经刘易斯教授推荐去凯洛格工程公司工作。凯洛格公司是最早从事炼油和石油化工工程设计和开发的工程公司之一。兰道参与了催化裂化流化床过程的开发和设计工作。第二次世界大战期间，凯洛格公司负责铀-235和同位素铀-238分离工程，这就是著名的曼哈顿计划的K-25工厂（位于田纳西州的橡树岭）。铀元素先要与氟反应生成六氟化铀，然后用膜方法分离六氟化铀同位素，最终将实现铀元素的同位素分离。氟是高活性物质，剧毒，有强烈的腐蚀性和刺激性。兰道是氟制备和反应工段的工艺负责人之一，由此也得到了化工过程开发的全面锻炼。1941年到1946年间，兰道在自己的岗位上有了化工过程开发的完整经历。

1946年，兰道和一位曼哈顿项目中的同事及一位MIT的同学，三人共同创建了科学设计公司（Science Design Co.，SD），租下了纽约市的一所公寓作为办公室，车库成为他们的实验室。在成立后短短的30年时间里，研发人员并不多的SD公司却开发了12种生产工艺，这几乎可以称之为奇迹。这家新成立的工程公司在化工技术市场上，与实力超强的国际化工企业（ICI、陶氏、杜邦等公司）同台竞争，而且不落下风。继乙烯直接氧化生成环氧乙烷的工艺成功后，SD公司又陆续开发了其他产品的新工艺，很快在石油化工领域有了名气，很多大公司也购买SD的技术许可建装置。SD公司诸多成功化工过程开发实践体现出以兰道为代表的化学工程师的价值和贡献。

作为化学工程师，兰道具有以下几个突出的特质：

1 兰道和他的同事们娴熟掌握化学工程基本原理，对化工工程开发的理解很深刻。从化工过程开发的角度看，SD公司成功的要素主要有：（1）熟练掌握和运用化学工程学的基本原理（包括反应器、单元操作设备的选型和工艺计算）；（2）研制新催化剂；（3）重视中间实验环节。他们的开发工作从流程的选择和研制相应的催化剂开始，在此基础上，进入选择核心设备反应器和分离设备等设计环节。SD公司似乎没有单纯的催化剂研究，其催化剂研制都是围绕新工艺流程的构思进行的。换句话说，SD公司的化学工程师与催化剂研究人员结合最为紧密，所以整个开发工作非常有效率。兰道和他的同事还非常重视中间试验装置（pilot-plant）这个关键环节，工艺计算和设计都经过了工业装置运行的验证和改进。

2 **兰道善于寻找新流程开发的切入点，从而找到发展机遇。**化学工业对具体的产品没有专利保护，但生产该产品的生产工艺流程有专利保护，所以化工生产的技术竞争往往是工艺流程之间的竞争。兰道和他的同事敏感地寻找和发现现有工艺过程的缺陷和问题，然后有针对性地开发新生产的流程（包括研制相应的催化剂），SD公司开发的“空气直接氧化乙烯的路线生产环氧乙烷”工艺、顺丁烯二酸酐生产工艺、对二甲苯直接氧化生成PTA（对苯二甲酸）等过程均是如此。

③ 兰道具有高超的沟通和谈判技能，这对SD公司的发展起了非常重要的作用。SD公司是起步很晚的小型化学工程公司，没有自己的生产基地和传统的技术领地，寻找合适的中试基地是技术开发的关键。SD公司必须与相关的企业合作才能进行中试（pilot-plant），而工业装置的“中试”涉及不菲的资金投入、风险和利益分享等复杂因素，最终大都通过兰道的沟通和谈判取得理想的结果。此外，SD公司的开发活动是和国际化工巨头（Dow、ICI等）同场竞技，几乎每项可出售的技术（“工艺包”）都涉及专利纠纷。值得一提的是，SD公司在大部分专利官司中成为赢家，这也显示出**兰道对专利法的理解和语言表达能力有过人之处。**

兰道一生获得了50多个奖项，包括化学工程所在领域的几个最高奖项：1981年化学工业协会珀金奖，1982年美国化学工程师学会沃克奖，2000年石油化工贡献奖。

1982年，兰道开始了第二个学者生涯，转向技术经济学领域的研究。从1983年到2004年，兰道受聘于斯坦福大学经济政策研究中心，担任经济学和化学工程咨询教授。但**兰道一直关心化学工程学科发展，强烈主张学生需要尽早获得管理和创业技能以及工程训练。**他是MIT化学工程系顾问咨询委员会成员，还在化学工程实践学校设立了奖励基金，1995年，为MIT化学工程实践学校设立了兰道教授席位（有趣的是，当年里特尔也是MIT的校友，以咨询委员会委员的身份提出了“单元操作”概念，开启了化学工程学科的发展，“化学工程实践学校”是在他积极支持下成立的）。

MIT的化学工程系教学楼
（贝聿铭设计，兰道是主要捐助人）

第4篇

化学工程学思考

化学工程学是一门视野比较宽阔的学科，化学工程学科发展史并不是零碎的经验总结与趣闻，而是人们认识和探索解决复杂问题的深刻思考和成功实践。

化学工程学科的发展历程为我们提供了专业之外的背景。学习工程学科的人大多不会关注该学科的发展史，学科的历史或许对眼前的应用没有什么直接的意义。尽管现在化学工业不是热门的行业，化学工程师也不是令人羡慕的职业，但如果我们了解了化学工程学科的发展脉络，了解人们最初如何提出问题，如何构建出化学工程学科的框架，又如何影响了化学工业的发展，我们会发现许多历史信息与思维方法的启示。即使你一生中并不涉及实际的工程项目，也从来不做化学工程学研究，但了解化学工程学可以帮助你了解工程的复杂性，对复杂性问题有新的认识，从而提高自己的思想水平和实践能力。

我们引用GE公司前CEO，化学工程师出身的韦尔奇先生的一段话：

“我一直觉得化学工程学是职业生涯所需要的最好的背景之一，即便是课堂作业和论文都教给你一个很重要的道理：许多问题都是没有限定答案的，真正重要的是你的思维过程，这对于大多数职场问题来说也是一样的。化学工程学的思维方式可以帮助你认识到事物模糊的一面，而现实中很少会有非白即黑的解答。在更多的情况下，职场对直觉、感觉至少和数据一样重要，或者说这些因素经常是重于数据的。如果我们一定要等待完美答案的话，就会错过整个世界。”

第十二章 从投资的角度看化学工程学

加工化学产品的历史，可以追溯到远古时期，人类制作生活必需品的过程，如制陶、酿造、染色、制漆，还有火药和肥皂等，就是化学加工过程。但直到18世纪中叶，化学品加工业才进入工业化阶段。化学工业的进步，人们首先想到的是科学、技术的进步以及人的辛勤劳动，而投资的作用却往往没有引起足够的关注。要知道，工业和农业的生产有一个根本区别，工业生产需要投资用于购置设备，也需要流动资金和（后来的）研发投入。实际上，**投资一直是发展的最重要的推动力，化学工业当然也不例外。但是投资就有风险，由于化学工业的复杂性，投资的风险更加不可预测，从投资的角度看化学工业和化学工程学科是一个很好的视角。**

投资推动的化学工业

由于化学工业的特殊性，每一个产品的开发都是一场投资收益和风险的“赌博”，长期以来对化工产品的投资风险不可预测。**高强度、前瞻性的投资是化学工业发展的必要条件，**但投资和化学工业的关系在英国、德国和美国这三个国家各有不同，因此造成了各自的发展道路和发展速度也大不相同。

最早的化学工业从英国发端。第一次工业革命兴起的纺织、制皂、玻璃等行业需要酸、碱等基本的化工产品，化学工业起步时的产品主要是硫酸和苏打。那时化工行业算不上是技术和知识密集型行业，甚至也不能算是资本密集型行业。19世纪中叶，英国是最大的化工产品生产国家，1867年，苏打（Na_2CO_3）的产量超过30万吨，1870年，硫酸的产量近60万吨。棉纺行业的发展是第一次工业革命的重点，由此带来了织物处理和印染化工产品的需求，当时英国化工行业的“第一”是由英国纺织业的产量领先带来的。

家族企业和合伙企业是第一次工业革命时期各行各业的制造模式。化工企业也往往由创业者支配生产和经营活动，他们既是技术行家里手，同时还管理销售、价格、财务等企业事务。当时生产的这些简单的无机化合物生产工艺简单，并不涉及多少化学原理或复杂的操作条件，根本没有什么秘密，几乎没有聘用工程技术人员的必要。比如，生产硫酸的主要设备是大家熟知的衬铅硫黄燃烧室（铅室）。

家族和合伙企业既不需要销售部门开拓市场，又不依赖技术人员，但资金（资本）还是需要的。工厂需要的资金（固定设备投资和流动资金）从哪里来?

长期以来，英国金融界没有介入英国化工行业的发展。工业化初期，创业者几乎都将自己的亲友视为最亲密的合作对象，建立企业的资本经常来自家族或者亲友圈子。企业创立后，再逐步增加投资用来扩大生产。当时，化工设备的特点是批次性生产，单套的生产能力有限。如果要增加产量，就投资建设更多同样的装置。所以，没有金融支持，当时的英国化工企业也能生存。他们利用简单的技术，跟随着纺织业和其他民用产品的发展，扩大和开拓自己的新市场（包括北美）。此外，家族企业通常是代代传承的遗产，他们顾虑从银行或证券交易所获得大量资本虽然可能会加速企业的发展，但更可能会威胁家族对企业的控制。为此，英国家族企业家宁可放弃加速发展的机会。

众所周知，第一个人工染料是英国人珀金发明的。柏金在一次试验中，偶然发现了苯胺紫。柏金对有机化学非常感兴趣，他的商业敏感性也很强，一发现苯胺紫就放弃了学业，投入了苯胺紫的工业化生产过程开发。不过，支持珀金办企业的还是他的家人：他的父亲和哥哥。他们把原来的制桶作坊改成了染料生产工厂。珀金后来还发明了其他品种的染料，但他的企业仍然是英国模式的家族企业，与后来从事染料开发和生产经营的德国企业相比纯属小打小闹了。

早期的英国化工企业区

没有技术开发投入的英国中小企业生产效率不高，硫酸和苏打这些产品的反应、气体吸收等环节很少有改进，尾气和废渣排放造成环境污染极为严重，在化工企业比较集中的地区，烟囱和吸收塔林立，一片乌烟瘴气。

最早提出“化学工程”概念的英国人戴维斯（Davis），当时就曾担任曼彻斯特市制碱业的污染巡视员。也正是在这个岗位上，他对大小规模的化工厂有了比较全面的认识，从当时为数并不多的化工生产工艺中抽象出通用的化学工程内容（实际上就是30年后美国人里特尔提出的“单元操作”的概念）。**戴维斯已经意识到化工行业不能小打小闹，化工企业需要“化学工程师”来研究和管理生产过程。**1880年，他在英国化工企业的年会上，提议成立英国化学工程师协会，但没有人响应。这些由亲友集资的家族企业，既不去争取金融业的投资，也并不认为专业的工程师来掌管技术有什么必要。戴维斯的远见卓识没有人响应，他只好落落寡欢地去编写《化学工程手册》（手册第一版于1901年出版）。

放弃争取金融业的支持和不赞同成立化学工程师协会并不是没有关联的两件事：不融资就没有资金开发新技术，以实现跨越式发展，自然也就不需要化学家和化学工程师。很长时间以来，英国家族化工企业对欧洲大陆化工技术进步没有察觉。

技术成熟阶段的索尔维氨碱法纯碱工厂

然而，**市场的竞争容不下安于现状的企业。**在19世纪下半叶，英国人在染料行业完败于德国，英国大量的煤焦油供给德国企业作为染料和药物的原料。1870年后，索尔维的氨碱法进入英国，解决了废渣和废气排放问题，实现连续化生产纯碱过程，索尔维的工艺一次性投资虽然很大，但投资回报率达到了15%（英国制碱企业的资本回报率只有大约2%）。为了对抗先进的索尔维氨碱法，英国的制碱企业一方面加快改进吕布兰法的设备（小有成效），一方面联合起来维持市场价格。但这是落后生产模式对先进生产模式的顽抗，也是小额分散投资和集中投资的抵抗，竞争的结果不言而喻。

英国。起步最早的英国重化工（酸碱）和染料生产，就像一个没有催化剂的化学反应过程一样进程缓慢，在国际市场上很快失去了竞争力。直到19世纪末，英国的化工公司才发行股票，但即使在股票市场上，化学工业企业也远远比不上酿酒厂、铁路和公用事业公司吸引人。英国有竞争力的化工公司要等到帝国化学工业公司（ICI）成立，那已经是1926年底了。ICI是由卜内门公司（Brunner Mond，氨碱法纯碱生产商）、诺贝尔工业公司（炸药生产销售）、不列颠染料公司和联合碱公司合并而成的，很快成为一家能在世界市场上与诸如美国杜邦公司和德国几大化工公司相抗衡的英国公司。此外，英国化学工程师协会于1923年成立。1926年，英国大学开始接受美国单元操作为主线的化学工程学课程。至此，英国化学工业才走向了现代化的道路。

德国。德国到1871年才成为统一的国家。作为后起之秀的欧洲大国，德国也没有什么殖民地，也就没有相应的大市场。所以，在工业化方面，德国是一个追赶的国家，德国的产品必须有高的技术含量和周到的技术服务，化工、钢铁、铁路等行业都是如此。但在20世纪初，德国的工业就成功超越了英国和法国，它取代英国成为欧洲的第一工业强国，化工行业尤为成功。经过40年的发展，德国形成了以赫希斯特公司（Hoechst）、巴斯夫公司（BASF）和拜耳公司（Bayer)）等企业为主体的化学工业体系。1910年，德国生产的苏打约50万吨；1913年，生产硫酸160万吨，超越英国生产的35万吨。德国高附加值的染料在1913年产达13.7万吨，染料和药品占世界市场份额约85%。

对德国染料、药物及合成氨、煤化工的发展，人们往往把成功归结为德国的现代大学科学研究和教育方式，如李比希的吉森大学实验室培养了大批有机化学人才。确实，德国的化工企业技术掌门人大都是李比希的学生或学生的学生（发明第一个合成染料的英国人珀金，在伦敦师从李比希的学生霍夫曼）。还有，德国企业重视科学家的作用、国家技术教育体系为企业培养了技术人才等，这些都是德国赶超英国的因素。但**一个企业形成有国际竞争力的工业化过程是需要大量资金的，回顾德国染料企业的发展，就可以知道金融资本的关键作用。**

上述几个赫赫有名的公司，初创时也只不过是染料小作坊：赫希斯特公司1862年创立时，职工只有7人，设备不过是一台3马力的蒸汽机；1863年底，拜耳公司的员工仅12名，1913年猛增到10,600人；巴斯夫公司从1870年到1904年，工厂面积从15.2公顷扩展到540公顷，职工从520人增加到8,000人。这样的发展速度是不可能依靠小企业自身的赢利、逐步扩张所能实现的，从小作坊到国际大公司跨越离不开巨额的投资。

德国银行不是头脑简单的冒险资本家，他们判断了公司的增长潜力，然后出手支持。可以说，**德国的大银行给予创业初期的公司投资，是德国化工企业成功的极为重要因素。**充足的资金使企业挺过创业时期的困难，使德国企业在没有赢利时，也能开展系统性科学研究。由于银行资金的注入，1868年，经营状态不佳的巴斯夫公司还能聘请到了有名的卡罗（Heinrich Caro）作为公司首席化学家，年薪10万马克（当时）。随后，卡罗等人在公司里进行的研究有了突破，他取得了茜素生产的专利，茜素系列染料成为巴斯夫公司的“摇钱树”。德国一流的有机化学家很多，1885年，拜耳公司雇用了24位化学家，1896年增加到100位，还有20多位工程师。

珀金的成功刺激了英国的染料工业发展，也为德、法等国的有机化学家开启了染料研究之门，使化学合成染料成为品种繁多、利润丰厚、竞争激烈的行业。那时，德国化工企业（尤其是染料生产商）建立了工业实验室。19世纪末，仅拜耳公司的染料测试部就聘用了大批的有机化学博士，他们有最好的科研仪器和试验条件。公司的测试部门一年通常要试验了数千种新染料（其中只有几十种可以投入生产）。此外，染料测试部还要对主要竞争对手生产的染料要加以分析测试，仔细研究对手发表的专利。由此看来，英国人的家族企业如何敌得过德国人的集团军?

德国不仅在染料和药物产品、中间体产品上遥遥领先其他国家，同时，他们也开发基础的化工工艺和产品，如固体催化剂生产硫酸（德语称为接触法）、人工合成氨、煤气化液化工艺及多种聚合物。德国化工企业招聘和维持研发队伍花费惊人，产品工业化过程的投资更是巨大。比如，探索合成靛蓝的开发过程耗去巴斯夫公司17年的时间，至少花了1,800万马克；赫希斯特与巴斯夫在竞争中，建立了五个实验工厂开发靛蓝合成工艺，花费约1,500万马克；巴斯夫公司历时近20年开发成功哈伯合成氨工艺，耗去了公司多年的盈利。如此长期、巨额的投资仅靠企业自身的发展过程中逐步积累的财富是远远不够的。所以，在公司发展的各个阶段，贷款、债券和股票等融资手段都是非常重要的。德国银行家一直积极参与这几个公司的股票和债券发行，一方面作为经纪人和承销商，另一方面也增加了投资者的信心。**离开德国资本市场的融资给化工行业“供血”，德国的染料和化工企业是很难迅速发展壮大的。**

美国。美国建国独立后，很长一段时期，在经济上并没有摆脱对英国和欧洲的依赖。19世纪以来，美国除了肥料和炸药是自己生产为主外，其他的基本化工产品大都从欧洲进口，棉纺工业、制皂、玻璃等工业必需的漂白粉、苏打和苛性碱从英国进口，染料、药物和其他精细化学品主要从德国进口。

随后，美国化学工业开始生产替代英国进口的产品，即用简单的技术生产最基本的酸、碱等产品。

在争取投资方面，美国人没有英国人的“绅士”风度：

英国的家族企业是不愿意去银行申请资本投资，而美国公司是一直争取申请银行投资的，因为美国人都急于扩大生产规模。可是，美国金融业对其萌芽的化学工业几乎不给予支持，银行宁愿向更安全的行业（铁路、运河等公用工程）放贷。这也难怪美国的银行业，他们不可能像德国同行那样有能力理解化工过程。

得不到银行和资本市场支持的美国的化工行业，又是如何后来居上，占据世界领先地位的呢？

首先，美国的经济飞跃很重要的原因在其独特的地理优势。美国拥有广袤的土地和迅速增加的人口，各州之间不存在贸易壁垒，**庞大的经济规模（有时是潜在的）使创业者对企业的生存和发展有信心。**（对比欧洲各国，国土面积较小，人口有限，国家之间的高额关税造成市场割裂，很多欧洲公司无法得到广阔的消费者市场，企业和银行自然看不到大规模生产的市场前景。）

19世纪以来，美国经济的潜力显现出来了，对化工产品的需求持续上升。美国丰富的自然资源和庞大的市场，催生了很多化工企业。例如，尼亚加拉大瀑布提供了廉价的电力资源。19世纪末，在其周边地区涌现了30多家电化学企业，著名的陶氏化学公司就是其中之一。这样，**即使美国银行对化工企业投资很冷淡，企业也可能取得可观的利润，既能维持自己的生存，又有发展的希望，并通过自己的业绩最终吸引到资金的投入。**在银行投资有限的条件下，有些美国公司也迅速成长起来。

其次，美国企业家的实用主义做法也有助于他们的生存和发展。从19世纪上半叶到第一次世界大战爆发的近100年时间里，美国主要是追随欧洲的技术。他们选择欧洲人成功的技术，然后改进外来的技术使其更适合自己的需求。**模仿的模式避免了化工过程开发的风险，**比如，他们用欧洲人的电化学工艺生产铝、碱和电石等电化学产品，然后在生产过程中，美国人发明了效率更高的电解装置。杜邦公司是一个不差钱的企业，在20世纪初公司决定开始产品多样化布局时，他们选中的产品没有一个出自自己的原创技术。杜邦公司选择（欧洲或欧洲人在美国本土的公司）已经实现工业化的产品和生产技术，随后买下该企业或企业的控股权，然后杜邦公司利用自己的技术力量和管理模式改造原企业，这样使收购来的玻璃纸、人造丝等成为杜邦公司盈利的产品。

当然，即便有这些有利的条件，美国公司的成功还是离不开资本的撑腰。**20世纪初，美国其他行业看好化学工业的发展前景，纷纷把资金投入当时落后的美国化工行业，给创业的美国化工企业生存和发展输入了资本的“血液”。**杜邦从炸药生产中取得了丰厚的利润最终转向化工投资；赫赫有名的UOP最早是由当时盈利颇丰的一家美国肉联厂投资筹建的，当然，炼油行业对化工的投入最大（炼油企业是一个不差钱的行业）。

化学工业的进步涉及很多环节，如生产过程研究和开发、生产装置的建设和运营、产品销售和技术服务等，每一个环节都需要大量的资本。这些投资超出了一个家族企业所能筹集的资本，即使是杜邦和炼油行业的巨头也会尽量向社会筹资：发行股票和债券。**20世纪初，美国的股市和债券市场开始逐步接受化工企业。**1913年，美国纽约证券交易所有13家化工企业上市，融资几亿美元（当时）。

在第一次世界大战前夕（1914年），美国的化工产值仅次于德国，成为世界第二。第二次世界大战后，美国借助于石油化工的优势，已经远远把世界其他国家抛到了后面，石油化工惊人的增长率和利润，使得美国化工企业进入了一个德国化工发展模式的周期，对教育的投入和建立企业研究室得到了回报。从此，新产品、新工艺难以想象的巨大规模席卷全球。

受过“教育”的钱

里特尔（Arthur D. Little）是20世纪初美国化工界的活跃人物，他对当时美国化学工业落后于欧洲的现状很着急，曾经问参观过德国工业实验室的美国人：是不是欧洲那里有更好的设备、更高的智力和知识？那位美国人回答：没有。里特尔追问：那他们有什么特殊的东西？回答：钱，愿意支持研究和开发的钱，他们相信最终有利润的回报。里特尔若有所悟，补充道：这是受过“教育”的钱！

然而，企业家的投资行为需要“受教育”吗？投资有风险，这需要告诉企业家或金融家吗？企业家心里从来没有想过没有风险的投资。企业家比谁都清楚，大多数投资都包含着风险，他们明白自己对未来市场的情况并没有完全的把握。**企业家的成功或失败，取决于他对这些不确定的事情预测得是否靠谱。**

里特尔在自己公司的实验室

对企业家来说，投资以增加生产

能力也是不需要教育的。扩大生产规模、降低生产成本是竞争的基本手法，市场竞争促使企业主们用赚来的利润进行再投资。每个企业别无选择，只能加入这场无止境的比赛中，唯恐落后。通常投资采用的形式有：安装更好的机器设备、新建生产线扩大生产规模等等，还要进行产品的开发工作。

说到开发，化工企业一直是进行自己的开发工作的。“开发”（Development）的具体内容因产业的不同而不同，大体上包括新产品的设计、调试、性能评估，直至被市场接受，生产装置投入正式运行。对化工产品来说，开发是一个综合的过程，把一个产品从小试验规模放大到工业生产，把不存在、不成熟的技术完善成为可靠的工业生产线。但是，20世纪初的美国化工企业内部并没有独立的研究开发部门，换句话说，一些开发活动只是干些眼前的工作，遇到问题就组织有限的力量去解决。虽然开发工作有时很繁重，但大都是没有规划的被动行为。

里特尔当时提及的“受教育”的钱，主要是鼓励企业投资建立企业自己的研究和开发部门。德国合成染料工业迅速崛起，并在世界上取得垄断地位，其中一个重要的原因在于它创建了工业研究实验室，把研究和开发（R&D）部门在企业中被提高到与生产、销售部门同样重要的地位。里特尔认为美国化工企业应该学习德国企业的榜样。1913年，里特尔担任美国化学学会的主席，他在就职演讲中，提醒美国化工企业要有紧迫感，呼吁投资建立自己的企业实验室。他提到：美国企业在焦油和有机化学方面没能迎头赶上德国，我们要发现制造业之所以失败的根本原因，企业家也应意识到工业研究所带来的能量和生产发展空间。

企业为什么要建自己的研究实验室？

人们往往都有一个普遍存在的误解，认为一个新产品可以从科学研究阶段直接进入技术开发和产品市场开发的阶段，化学家们的实验室研究成果或专利产品距离市场上的畅销产品只有一步之遥。实际上，化学实验室研究成果与企业的商业成功差得太多了，参观实验室化学家的操作、买下他们的专利，并不意味着企业能生产出同样的产品，更不意味着产品会被市场接受。**如果没有企业强大的“开发”力量支持，实验室的研究成果是转化不成真正的工业生产线的。**

从实验室到工业生产不是简单的接力棒式的短跑，而是一场场耗时耗体力的足球比赛。足球的一轮进攻，开球似乎很重要，但离攻入对方的球门实在是太遥远。新想法可以像一场足球赛中的开球一样多，成功形成企业生产力的案例确实像进球一样少。一场足球比赛有很多次进攻，每次进攻都有可能进球，但对一次发动的进攻而言，得分的概率是很小的。但无论如何，足球队需要长期的系统训练和磨合，一支成功的足球队不可能是临时拼凑起来的，即使从外界引入明星也不可能迅速提高球队的成绩。**产品和流程的成功不是简单的科学发现到工业化的接力赛，企业需要自己组织研究和开发部门，围绕企业的发展方向进行长期工作，企业产品的升级和转型需要“研究和开发”的长期互动。**这种紧密的研究和开发的互动，只有在企业自己的研发部门内才可能实现，可以说，企业的研发部门就是一支自己的“足球队”。

企业的研究实验室需要多大的投入呢？企业的研发成本非常昂贵，维护一种自主研发能力的成本更是令人望而却步。

首先，吸引人才的必要条件是高薪，做出一流的研究需吸引一流的人才，企业需要支付明显超出大学的薪金。为从哈佛大学挖走卡罗瑟斯，杜邦开出了6,000美元的年薪，是他在哈佛工资的一倍。**要知道企业的研发工作并不是几个科学家或博士的事，也不是几年的规划，是需要建设一支配套的人才队伍，长期稳定地在企业的研发部门工作。**如此算来，研发人力资源的投入就是一笔很大的开支。

再者，如果企业不能为研究人员提供更好的实验条件，也吸引不了优秀人才。德国企业的工业实验室已经做出了榜样，大量的投资使合成染料企业有了比大学高级得多的大型研究实验室。比如，1889年，拜耳公司的实验室投资达150万马克之巨，测试仪器先进、各种试剂齐全，而德国大学实验室需要的高纯试剂都需要企业提供。1925年，杜邦公司建造和装备的科研楼（Pure Hall）也花了数十万美元。当然，**高薪和先进的实验室只是企业吸引人才的两个基本条件，为了留得住人才、发挥出企业研发的作用，还要有很多其他的条件，比如活跃自由的研究气氛、对发明创造的激励等等。**

不过，建设企业实验室需要高投入并不是阻碍企业下决心的根本原因，根本原因还是企业家们对投入研究和开发的“产出”一点把握也没有。原来他们熟悉的资本投入方式：增加对生产线、销售等生产要素投入，大都可以看到直接的效果。换句话说，那些扩建厂房的投资虽然也有风险，但还是有了实实在在的东西，而投入企业实验室的效果却很“虚”，没有可靠的方法预测哪个新想法会成功以及什么时候会成功。面对无法核算投入、产出的活动，20世纪初的美国企业家们对投资建立企业自己的研究和开发部门很踌躇。毕竟，**研发费用缩减了公司的短期收益，如果商业公司的高层管理者缺少长远的观察力与鉴别技术潜力的能力，就不会投资于研发。**即便是杜邦这样不缺钱的公司在1925年准备筹建中心实验室时也颇费周折，负责人查尔斯·斯泰恩（Charles Stine）博士为了争取研究中心的预算，多次修改对公司董事会的报告，再三说明研究可能会给公司带来的好处，为此，还把“纯科学研究”（pure research）的说法改成了“基础研究”（fundamental research）。几经修改报告，杜邦公司董事会才通过了每年30万美元（5年内）的预算，作为杜邦公司中心实验室的人员经费。正是有这些资金，斯泰恩才可以着手为几个研究小组物色领头人和研究人员，当时确定的研究方向是物理化学、催化剂、胶体、有机化学等（化学工程学是后来组建的研究团队）。20世纪20年代以后，“基础研究”一词已成为杜邦公司的常用词汇的一部分，而且被其他企业和美国社会广泛使用，成为企业从事科学研究的好说辞。

尽管建立企业研究和开发部门需要长期不菲的投资，而且取得效益的把握又捉摸不定，1930年后，美国的很多大型化工企业还是选择建立自己的研发部门。

> 化学和化学工业（包括石化）的研发经费绝大多数来自企业，企业研究活动所具有的非凡的实力和获得的成果是惊人的。

几十年后，再看化工行业的发展脉络就非常清楚了：虽然进行基础研究风险较高，但不做基础研究和相应的开发也就等于放弃了企业的未来。那些没有对企业研究进行必要投资的企业逐渐被淘汰出局了，例如哥伦比亚碳产品公司（Columbia Carbon）公司、帕布里克商用酒精公司（Publiker Commercial Alcohol）以及美利坚工业酒精公司等。这些公司在20世纪20、30年代还位于全美前200名大公司之列，但由于对企业研究不够重视导致生产和产品的萎缩，终于在1948年相继倒闭。

里特尔的反复鼓动、杜邦公司基础研究的说辞和几个大公司实验中心的建立，都促使了美国化学工业企业实验室的流行。当然，**决定性的推动力还是在于企业家的危机感，他们认识到技术与市场是动态的，而未来是不确定的，建立企业研究室对公司保持兴旺的竞争力至关重要。**成功的企业有利润可观的销售额，有足够的经济实力可以在研发领域招兵买马，也可以在研发过程中承担足够多的选择，这样才有机会让成功盖过失败。

自企业实验室流行后，大学的研究再也不是主要企业新产品、新工艺知识的主要来源了。不过，大学的主要“产品”——学生，却有了更广的出路，化学和化学工程专业的学历的大学生（包括硕士、博士）大多数被企业招聘。至于里特尔强烈推荐的“单元操作”为核心课程训练的化学工程师，更是受到化学工业企业研发部门的青睐，仅杜邦公司半数以上的员工是化学工程师。而且，由于化学工程师在企业研究和开发工作中的出色表现，不少化学工程师进入了化工企业和后来的炼油、石化企业的管理层。

降低投资风险，打破技术垄断

1954年，王永庆创办了台湾第一家塑胶公司，3年后建成投产。那时，他的PVC塑胶产量才1,200吨/年。10多年后，台塑集团公司进入石化工业领域，建立了从原油进口、裂解、油品和石化产品生产的完整产业链，生产的基础石油化工产品包括乙烯、聚乙烯、聚醋酸乙烯酯等，还有其他塑料基础原料，包括丙烯腈、环氧氯丙烷等，很多产品的产量居亚太地区前茅，成为台湾最大的企业集团之一。

其实，王永庆不懂化学，也不是以化学工业起家。当时，台湾需要一家民营企业承接美国的塑料技术，他便大胆决定投资。经过几十年发展，王永庆的台塑集团在世界化学工业界居“50强”之列。我们可以注意到，介绍王永庆的材料大都是强调他的企业经营理念，并没有提及台塑从事过石化产品的研究和开发过程。那么，这些复杂的石油化工产品的生产技术从何而来？要知道**20世纪的上半叶，化工成套技术被少数大公司垄断（大公司之间有技术交换，但单纯的技术转让很少）。**也就是说，即使有资金（自有或筹集），没有技术开发力量（包括人才队伍和实践的平台），也无法获取化工产品的生产技术，化工过程研究和开发的风险把资本挡在行业外。

可是，第二次世界大战结束后的短短十年时间，基础的烯烃和芳香族化合物、合成氨等产品的成套技术竟然明码标价，可以在技术市场上买到了。成套技术包括从工艺许可证、设计、建造、操作培训、生产启动和运行等，这些技术的提供者是化学工程公司（主要是美国）或世界上著名化工（石化）生产公司。**基础化工产品生产高不可攀的技术门槛从此消失，东亚和中东等地区类似台塑这样的企业才有可能进入石油化工领域。**

从技术垄断到技术市场化的变化有两个决定性的因素：

一是1930年后，美国化工过程的开发能力大增，从而大大降低了开发过程的成本和风险。但这不是技术推广的主要原因，因为从事产品生产的大型化学和石化公司并不情愿把自己的技术轻易推广出来。二是美国化学工程公司异军突起，成功地开发了很多基础化工产品的成套生产技术（化学工程公司并没有自己的产品生产工厂，是专业开发技术供“出售”的企业）。这迫使化学品生产企业也不得不进入技术交易市场。

然而，这两个因素都得益于19世纪20年代美国创立的化学工程学科。要了解化学工程学科的作用，最好是回顾**没有化学工程学的年代化学工业的处境。**

首先，当时的大学在培养化学工程师时遇到麻烦。众所周知，化工产品的品种繁多，学生在学校所学有限的具体生产工艺知识到了企业往往不能学以致用，如此培养的不是“通用”的化学工程师。再者，学生即使熟知某个产品的生产工艺，却适应不了工业生产工艺的变化。因为化工生产工艺的改变或生产规模的扩大，就会引起一系列工艺或设备方面的问题，这些问题并没有现成的答案。**企业缺乏“通用”型、有能力对应工艺流程改进和新产品开发的化学工程师。**

其次，**更大的问题是化工产品的生产规模难以“放大”（scale-up）。**所谓“放大”就是从实验室结果到工业生产、从小规模到更大规模的生产装置的开发过程。生产装置的“放大”是化工行业绕不开的过程，如果只是重复增加小设备的数量，那就没有任何经济效益和操作的可行性。同时，大规模工业化生产必然要选用连续化生产方式，副产物的分离、循环使用是必须考虑的，其他还有设备腐蚀（不可能用玻璃）、安全和环境污染等方面问题。可以说，化学实验室操作和工业生产的差别是全方位的。换句话说，如果化学实验室的操作方法和结果能够按比例“放大”升级成一个工业规模的生产装置，那化学工程学和化学工程师也没有多少重要性可言了。

在没有化学工程学的年代，化工企业采用的是“逐级放大”的开发模式，每次都适当地扩大规模，试探扩大设计、运行后的问题，再往下继续走一步。“逐级放大”的开发模式用去企业大量的投资，耗费的时间自然也很长。索尔维的氨碱法从申请专利到基本完善的工业流程用了半个世纪。巴斯夫公司从实验室80克/小时的合成氨的专利放大到工业生产线，组织1,800多人的队伍攻关近十年，其中从小到大的合成氨反应器就有20多个。一个新产品的开发过程会留下从小到大不同多种规模的生产装置（很像俄罗斯的玩具“套娃”？），整个化工界在产品“放大”环节上的成本也是难以想象的。因此，从事基础化工产品开发是诸多小公司力所不能及的，即使实力很强的大企业也可能经不起折腾。如此高代价得到的开发成果，技术转让的价格也就自然很高，而且掌握技术的企业往往还不肯转让技术。杜邦公司开发自己的合成氨技术，是因为巴斯夫公司的转让费太高；新泽西炼油企业联盟是因为接受不了Houdry固定床催化裂化技术费而动手开发流化床催化裂化技术。陶氏为了获得长期的垄断利润，放弃了为空气氧化乙烯技术申请专利。

然而，化学工程学科的创立改变了化学工程师的培养模式，也改变了传统的产品经验放大模式。1915年，里特尔提出“单元操作”这个化学工程学核心思想，把各种化工生产流程看成是数量有限的“单元操作”设备的组合。这对化学工程师的培养和化学工业过程研究提出了新思路。以“单元操作”为核心的化学工程学很快被美国大学和企业所接受。在随后的几十年时间里，美国大学和企业携手努力在各种单元操作（还有反应器）上都下了功夫，理论和实践都研究得很透。**一旦产品生产中需要这些操作（如蒸馏、传热、蒸发、萃取等），只要基础数据可靠充分，基本上不需要逐级地放大就能到达所需的规模。**这也基本上实现了化学工程学科创始人的理想。

化学工程学对单元操作和反应器的深入研究，极大缩短了化工产品的开发周期，节省的投资和时间难以用数字来衡量。很快，美国化工公司摆脱了传统的“逐步放大”方法。进入石油化工产品领域的研究和开发工作大都是由化学工程师主导的，所以**石化产品往往用极少的中间实验装置步骤跨入大工业规模。**例如，新泽西公司牵头的联盟在麻省理工学院化工系教授的帮助下，开发世界上的第一套流化床催化裂化装置。开发过程只建了一套100BPD的中试装置，就基本建成12,000BPD的工业生产装置，这意味着把一步中试规模放大了120倍。

由于对“放大”过程有了相当大的把握，使中间试验装置的步骤大为减少，化工过程开发再也没有当年的风险，这对大型化工企业是最大的利好。**随着大规模生产装置的成功不再依赖成本巨大的“逐步放大”模式，化工生产企业的技术垄断被打破了，这是那些赫赫有名的大化工企业没有预料到的。**

第二次世界大战后，从事化工项目建设承包的工程公司和专业从事研发的小公司突然涌现。在化工技术市场上，他们开发出的基本有机化学产品新工艺，与化工巨头（杜邦、陶氏、ICI等）一争高下（当然专利纠纷也不断）。**这些工程公司可以独立地开发化工产品生产过程，就是因为新工艺的“放大”不再需要建大小不等的中间试验工厂或装置。**要知道，此前的开发模式只能在生产企业进行，耗时费钱的逐级放大方法不是工程公司承受得了的。1960年后，欧洲、中东和亚洲等其他地区开始进入石油化工时代，其中将近3/4的主要的大型化工厂都是由工程公司提供技术、承建建设的。例如，美国工程公司设计的乙烯厂遍布全世界。随着对单元操作和反应器了解得越来越深入，特别对从事过石油化工项目设计和施工的工程公司和化学工程师来说，庞大的生产装置（设备）、连续化生产流程在石油化工行业算是“常见配置”，化学工程师对反应器选型和放大、单元操作设备的设计和系统的集成越来越有把握，专业化工工程公司把化学工程学的作用发挥到了极致。

显然，从化学工程学科发展中最为得益的是那些产量较大、巨大的产品（产品树的主干、主枝和枝干），企业由此节约了开发投资，但**对企业家和金融家来说更为重要的是，投资化工行业的技术风险不再令人望而生畏。**当年的里特尔和沃克等人并没有预料到石油化工有如此的规模，他们只是致力于改变一种教学和研究方式，但正是这合适的分类和科学的研究方法，练就了化学工程师的内功，极大地提高他们应对“放大”问题的能力。如果没有化学工程学科的贡献，那生产每种产品的工艺和设备都得从头开始，建立现代化学工业体系（产品树）要花费的投资和时间是难以想象的，与化工相关其他行业也很难发展起来。

化学工程学的成果降低了投资的风险，打破了化工行业的技术垄断，由此也改变了投资的方式和效益。这带来了更激烈的资本竞争，也可能导致重复建设和生产能力过剩，不过这就不是化学工程学科的责任了吧?

第十三章　专利制度与化学工程学

专利权是一种知识产权，是一种有时间限制（一般15～20年）的垄断，企业或个人可以通过注册专利在这段时间内获取发明创造的收益。作为交换，专利权人必须披露其发明。我们常以为蒸汽机、飞机、计算机这样的发明最重要，其实**对经济的长期成长，专利法等知识产权的制度保障比具体的技术发明更加重要。**对于技术含量高、投资额大的化工产品生产来说，专利保护是发明和技术进步的基本保障。

申报专利还是保守秘密？

如果没有专利保护，对发明者和创新企业，乃至对一个国家的发明创造力会有多大的影响？这可以看看德国实施统一专利前后的两种不同状态。

1871年，德国结束了封建割据的状况，但那时各邦（相当于美国的州）仍执行自己原来的专利法。由于没有统一的专利法保护，产品技术一经发明就很快在各地“扩散”开来，发明者的大量投资得不到应有的收益。这方面，巴斯夫公司有切肤之痛。

当时，巴斯夫公司的化学家发明了合成茜素，公司申请专利却得不到有效的保护，因为本地的专利法管不了其他邦的专利侵权。后来，他们又发明了一种红色染料——曙红，公司决定不再注册专利，而以技术秘密的形式来保护曙红。巴斯夫公司迅速投入生产这种曙红染料，获利甚丰。可是好景不长，其他染料生产企业家把曙红送给大学的教授分析研究，轻而易举地确定了曙红的化学结构和合成方法，并发表了论文。跟合成茜素一样，曙红也变成了公共知识，巴斯夫公司又一次失去了获得垄断利润的机会。1873年，巴斯夫公司发明一种新染料——菊橙，公司还是坚持不申请专利，直接投入生产推向市场。但对手又与大学教授合作，揭开了菊橙的秘密，很多染料企业争先恐后生产菊橙染料，巴斯夫公司眼睁睁地看着却无可奈何。**注册专利得不到国家有效保护，而作为企业秘密又保守不住，长此以往，企业和发明家怎么会持续投入到发明、创新过程中？**

由于有这些痛苦的经历，巴斯夫等公司力促政府建立统一、严格的专利法。越来越多的企业也认识到德国必须建立统一的专利法，有效地保护专利，否则企业就再也不会在研究、发明上下力气了，德国企业（包括染料行业）也就难以继续繁荣下去。1877年，德国终于正式实施统一的专利法，建立国家专利局处理专利事务，这极大地刺激了企业和个人从事发明创造的积极性。企业开始建立研究实验室，大量雇用科学家，整个德国的专利数量大幅度上升，德国工业开始了发明、盈利、再发明的良性循环。

20世纪以来，西方各国都比较严格地执行了专利法，明显的专利侵权行为不多见了。但随着科学技术水平的提高，竞争者对专利包含的信息和秘密更为敏感。专利绝不能泄露发明的关键技术诀窍，一旦被竞争对手（或潜在的对手）得知专利中的技术诀窍，发明者的领先地位就没有保障。专利诀窍泄密最典型的例子也许是聚烯烃领域著名的齐格勒-纳塔型催化剂。

1962年，全世界高密度聚乙烯和聚丙烯这两种聚合物的产量约为25万吨。1963年，齐格勒与纳塔因发现、发明常压乙烯、丙烯聚合的催化剂，一起荣获诺贝尔化学奖。不知情的人还以为这是两位科学家合作的产物，但实际上这是因为专利秘密泄露而导致的结果。

卡尔·齐格勒

卡尔·齐格勒（Karl Ziegler），德国化学家，1953年时，发现有机金属化合物（三乙基铝和四氯化钛的混合物）可以使乙烯在常温常压下聚合成线型聚乙烯，而第二次世界大战期间英国，ICI是用高压法生产聚乙烯的（压力高达200兆帕和170摄氏度，高温高压条件下产生的聚乙烯分子支链多，生成的是低密度聚乙烯（LDPE）。齐格勒在常温常压条件下得到线性高密度聚乙烯（HDPE），其性质与高压法生产的聚乙烯结构和性能完全不同（意味着有完全不同的应用）。齐格勒的科研成果当时就引起了化工公司的注意，壳牌公司和意大利蒙特卡蒂尼（Montecatini）公司最早买了他的催化剂专利许可。齐格勒的做法是只卖催化剂专利许可和催化剂制备的技术支持，并不包含流程和装置方面的技术。

蒙特卡蒂尼公司购买了齐格勒的催化剂许可后，公司即投入力量开发常压法聚乙烯生产过程。为此，公司的技术人员来到齐格勒的研究所学习催化剂制备技术。当时，意大利米兰大学的教授居里奥·纳塔（Giulio Natta）是蒙特卡蒂尼公司的顾问，因而有机会获取了齐格勒有机金属催化剂的制备诀窍。

纳塔教授不是高分子化学的门外汉。此前，他从事橡胶等高分子合成的研究，是欧洲最早用X射线研究分子结晶的教授（不过，他经常自称是化学工程师）。**受齐格勒催化常压合成乙烯的启发，纳塔觉得丙烯也可以用类似的方法聚合，而齐格勒的专利并没有覆盖丙烯。**1954年，纳塔将齐格勒催化剂略作改变，丙烯的聚合很快获得成功。聚丙烯分子量大，结晶性好，熔点高，是一种性能不同于聚乙烯的高分子材料。1957年，聚丙烯由蒙特卡蒂尼公司正式投入工业生产。**齐格勒失去发明聚丙烯的机会，非常重要的原因是他对技术诀窍保密意识不强，使得外来人员可以轻易接触到催化剂的核心机密。**纳塔发明聚丙烯后，齐格勒一直指责纳塔使用他的催化剂体系是不当的行为（后来，纳塔把他从蒙特卡蒂尼公司获得的转让收入的30%补偿给了齐格勒）。

显然，在专利权益受到保护后，如何缜密地组织和利用专利权的先发优势是发明者面临的挑战：注册专利需要公开发明的细节和步骤，这就意味着泄露了技术秘密，可能给竞争对手以启发。因为尽管专利文件的内容不会透露足够详尽的信息，但即使仅仅知道大概的研究方向就已经很有价值。如果专利申请书要求的权项（claim）有漏洞或不够全面时，潜在对手就很可能在相同或相近领域取得突破。

杜邦公司尼龙专利是这方面的典型例子。

众所周知，尼龙是第一个人造纤维材料。1930年，杜邦公司卡罗瑟斯的助手在实验室合成了酰胺聚合物。随后，卡罗瑟斯团队在实验室里合成出来了很多种聚酰胺，杜邦统称这类聚合物为尼龙(nylon)，其原料是大小不同分子量的脂肪族胺和酸的各种组合。

杜邦公司从原料的易得性考虑指定卡罗瑟斯用己二胺（含有6个碳原子）和己二酸（也含有6个碳原子）来合成尼龙66。1937年春，杜邦对尼龙66的研究基本完成，同年申请了尼龙（聚氨酯）的专利。尼龙专利申请的范围和权限已经尽可能宽广（并不限于己二胺和己二酸）。为了保密，卡罗瑟斯也没有被允许发表论文。杜邦公司的尼龙66商业运作很成功，也自以为在技术垄断方面做得很周密。

然而，就在杜邦公司开发尼龙66的同时，当时德国的化工垄断巨头I.G.（法本公司）也在进行聚合物的研究，得知杜邦开发尼龙后，法本公司的化学家加快了自己的研究步伐。不过，法本公司现在的研究加上了一个限制：要做出不侵犯杜邦公司专利的发明。为此，他们反复试验了不同的酰胺类物质的纯化和共聚的方法，其中一位著名的化学家发现了一个重要的反应结果：有些酸被转化成了内酰胺，即同一个分子既有氨基团，也还有一个酸基团。仔细研究这个不寻常的化合物后，他推测这个含两个基团的分子可以成为聚合的单体，有可能聚合成长链高分子量的聚酰胺。很快，法本公司的实验室用己内酰胺制备成了2~3厘米的棒状聚酰胺聚合物。这段时间内，法本的化学家把卡罗瑟斯的论文和专利逐字逐句地进行分析研究，最终判定杜邦公司并没有意识到聚酰胺链可以由单个单体制成！1938年1月，法本的尼龙6工业化成功，称为“贝纶”。尼龙比贝纶的名气大，除此之外，贝纶在许多方面都可以与尼龙媲美。

不过，使杜邦公司更懊恼的还在后面。1939年至1941年期间，英国一家小公司的两位研究人员受杜邦公司尼龙专利的启发，发现芳香族（含苯环）的二元酸和普通的二元醇也可以形成线性的聚合物，而且用含芳香族单体形成的聚合物有很高的熔点，它可以被熔融挤压和拉伸生成纤维，这就是聚酯纤维（现在通常使用的两种单体是对苯二甲酸和乙二醇）。这两位英国人申请了专利，不过，小公司没有实力开发这么复杂的产品。二战结束后，他们把聚酯的专利卖给了ICI。1972年以后，聚酯纤维成为产量最大的人造纤维。尼龙6和聚酯的出现大大出乎卡罗瑟斯和杜邦公司的意料，这也使人惊叹**科学技术知识的宽广和相应的专利覆盖之难。**

对技术诀窍保密，以长期维护自己的垄断地位，这种策略对技术含量高的产品（特别是催化剂！）还是一种可以考虑的选择。**对产量很大利润不高的基础化工产品，想用技术门槛拦住竞争对手是不太可能的。**环氧乙烷（EO）的生产技术开发就是很好的例子。

环氧乙烷（EO）是一种最简单的环醚，是非常重要的石化基础产品，大部分的环氧乙烷被用于制造其他化学品，其中乙二醇占了最大的份额（乙二醇主要的最终用途是生产聚酯）。1937年，联合碳化物公司已经开发成功了空气直接氧化工艺路线，但没有申请新工艺的专利。显然，作为环氧乙烷大生产商的联合碳化物公司不想泄露工艺技术诀窍，希望长期维持先进技术带来的丰厚利润。用空气直接氧化乙烯生成环氧乙烷的生产过程中没有二氯乙烯、氯化钙这样的副产物，总的生成成本比氯醇法低20%至30%。

然而，1950年后，环氧乙烷的需求量急剧增加，这使在50年代刚成立的SD公司（Scientific Design Company，后为Halcon公司）嗅到了开发的机会。他们了解联合碳化物公司的工艺，特别是仔细研究了相关的专利，发现联合碳化物公司并没有申请该工艺的专利。SD公司把乙烯直接氧化生成环氧乙烷的工艺开发作为公司的攻关项目，很快开发出了催化剂（实际上是对传统的银催化剂的改进），设计了固定床反应器为核心的工艺流程，并申报了空气直接氧化制备环氧乙烷过程的专利。很快，SD公司在世界各地出售环氧乙烷技术，卖出了约100个专利许可，销售收入包括专利许可费、工程设计费和催化剂费用。空气氧化生产环氧乙烷过程成为SD公司的主要赚钱技术之一。

随着企业研究力量的增强，“破译”对手技术诀窍的能力是不能低估的，所以现在的化工企业一般不依赖技术诀窍来保密，而是在核心专利的周围往往布设有众多的改进型专利或应用型专利，与催化剂制备等技术秘诀一起构成技术的门槛，这样来维持掌握核心技术的老牌生产企业和工程公司的领先地位。

因为开发不同的生产工艺流程生产同一个化工产品不构成专利侵权，这也许是企业在20世纪中期建立工业实验室，大量雇用化学家和化学工程师的主要原因之一。

注：专利法保护生产流程还是产品本身（分子式）差别非常大。比如，药品的分子式受到专利的保护，而复杂的染料等化合物却不受专利保护，这是因为两者的开发投入重点大不相同。对药品化合物进行产品进行保护是有其原因的，现在一个药品的后期开发（3期临床试验，直至获准上市）涉及几十年、几十亿的巨大投入投资。（印度的仿制药盛行与他们的专利法不保护产品有直接关系。印度专利法中规定“保护整个生产工艺和过程，但如果工艺和过程发生改变，其相应的产品并不受到原专利的约束”。这就是把药品当作一般的化工产品来对待。通常，印度企业将西方专利药物的生产工艺略加改造，或添加一些所谓活性成分，就可以不侵权而低价销售了。21世纪后，印度被迫开始修改专利法，逐步与世界其他国家的专利法接轨。）

美国独特的专利制度

时间点在专利法中十分重要。在大多数国家中，最早递交专利申请的发明者将得到专利所有权，美国则不同，采用的是“发明优先”原则。发明创造是一个复杂的过程，从最初的想法到成型的发明，需要一定的时间让发明家完善他的发明。美国实施“发明优先”的专利制度是很有道理的，可以避免因为抢专利发明的优先权而匆忙地去申请没有成熟的发明。

因此，在美国专利申报的时间迟早一点没有关系。如果能证明自己是最先构思发明的人，而且在构思之后又有实施发明的行动，专利将被授予给最早“发明”的发明者。但是，**按申报时间决定发明专利的归属程序上很简单，而要证明谁发明在前就很复杂了。**所以，“发明优先”的专利制度导致了很多发明专利诉讼，知识产权法庭需要调查实验或构想的原始记录，要听双方律师没完没了的争辩：后申请的一方肯定会提出证据证明比另一方更早产生了该项发明，并且一直在改进完善其发明创造。所以，一场发明专利权归属的官司诉讼往往耗去双方意想不到的时间和精力。

由于化学工业（包括炼油等）的加工过程很复杂，化工工艺流程的发明不是一张图纸可以表述出来的，而在流程的诸多环节上竞争者的发明和试验也会有先有后，所以**化学工业的发明专利诉讼官司更为复杂。**因为化工、石油化工产品的产量极大，专利侵权罚款几千万上亿美元赔偿的案子很多（相应诉讼费用也很昂贵），所以一场化工流程的专利官司诉讼对一个产品的生产和销售有举足轻重的影响。

一个非常典型的例子就是UOP（Universal Oil Products Company）公司的石油热裂解专利纠纷。

1914年，UOP公司成立。当时，公司的顾问认为达布斯（Dubbs）石油热裂解专利很有价值，说服公司投资建一套热裂解实验装置来证明达布斯的发明。UOP公司1919年建成的第一套热裂化工业装置（Dubbs Thermal Cracker）。达布斯过程引入部分油品加入原油进料中，有效地缓解了加热区域的结焦量，基本上实现了连续化操作，这使汽油产量显著增加。UOP持续地改进他们的炼油工艺，在汽油的得率和操作的连续时间上超过了其他工艺。1919年7月，UOP公开展示了他们的热裂解技术，现场有14家炼油厂代表见证了装置10天以上的连续运行。

UOP不是生产企业，而是开发技术、转让技术的工程公司。作为美国最早的化学工程公司，UOP的专利许可费收取方式比较灵活，这使得当时规模较小的炼油企业更愿意购买他们的技术。此外，UOP承诺在技术许可的有效期内，达布斯过程的技术改进会提供给所有的专利用户。承诺技术进步共享是工程公司的一个特点，这也成为今后化学工程公司在技术市场上竞争的有力手段。

几年后，UOP通过转让连续热裂化生产装置开始赚钱了。UOP不断地出售专利许可，形成了有相当规模的“专利技术俱乐部”，以对抗使用伯顿法（Burton process）的公司相应的技术俱乐部。另一方面，UOP开始了热裂解过程的专利诉讼。UOP认为达布斯的发明比当时的美国其他专利（如著名的伯顿法裂解过程）要早，UOP起诉其他石油公司侵权。UOP公司与当时美国的几个大石油公司（由标准石油公司拆分的公司，以及雪佛龙、壳牌等）根本不是一个量级的企业，但在专利诉讼的战场上大公司小公司是平等，几大石油公司只好请律师应诉。这场加热裂解的专利诉讼官司打了十年，也没有分出胜负。

> 客观地说，加热裂解是20世纪初炼油厂的通用加工方式，要说完整的热裂解过程由谁发明的，倒是一件讲不清的事。实际上，发明一个完整的工艺流程涉及的步骤太多，诉讼双方对自己建装置的工作各有说辞，而相应的记录证明材料都不会非常完整。这样要裁定谁的发明在前是非常困难的。当然，如果美国的专利法是按申请时间决定优先权，那也没有这场专利权归属的纠纷了。

直至1929年，这场石油热裂解技术的专利官司还没有结果，但购买UOP公司达布斯炼油工艺技术的用户却越来越多，UOP收取的专利许可费可以支付高昂的律师费，与几个炼油巨头在法庭上抗衡。不过，对手们倒不愿意再耗下去了，因为**随着时间的增长，炼油厂的累计产量越来越高，如果专利官司败诉的话，这笔赔款可受不了。**出于不想与UOP再纠缠专利官司，1931年，由雪佛龙、壳牌、标准石油公司拆分的几个公司（印第安纳、新泽西、加州）等6个大炼油企业索性联合把UOP公司收购了。收购UOP用了250万美元，当时是一笔巨款，这些财力雄厚的炼油巨头用这样的方式“吞并”了对手。

被6大炼油企业联合收购后，UOP还是独立的研发公司（挂在美国化学协会的名下），公司被收购而得到的巨款支持了UOP继续开展研发活动，这带来了炼油和石油化工领域的几个大突破。30年代中期，UOP公司开发了异构化和烷基化技术，这是生产高品质航空汽油的关键技术；40年代末，发明了铂重整（Platforming）技术，可以选择性地生产各种含苯环的化合物（苯、甲苯、几种二甲苯等），使炼油工业和石化工业的发展取得了重大突破。UOP公司创立以来，开发了七十多项专有成套工艺技术，申请有30,000多项专利。在全球范围内，现有7000余套工艺装置应用UOP的技术，可以说UOP**的发展和成功与美国独特的专利制度分不开的。**

石油热裂解专利诉讼持续10年时间，聚丙烯发明的专利权诉讼竟打了近30年才得到法院的最终判决。（1958年开始专利诉讼，1983年判决，后来又经过几年的上诉诉讼。）

这也许使人感到奇怪，1963年齐格勒和纳塔因为高密度聚乙烯和聚丙烯的发明（包括催化体系）获得了诺贝尔化学奖，聚丙烯的发明不是已经归在纳塔名下吗？可是，**在美国聚丙烯的发明和专利权却没有纳塔或齐格勒的事。**

原来，1950年印第安纳州标准石油公司（Amoco）、1951年菲利普斯石油公司（Phillips Petroleum）、1953年杜邦公司就分别开始了聚丙烯的研究，而那时纳塔采用齐格勒型催化剂的工作还没有进行。不过，纳塔的研究进展快，他的研究结果披露后加速了美国公司的开发进度，也导致了几家美国公司聚丙烯专利罕见的长期竞赛。

这里，还是要注意美国专利法的特点，如果两个或更多的发明者申请同一类型的专利，专利权的归属不在于申报的时间，而是由美国专利局裁定谁是实际的最早发明人。这类诉讼需要有清晰的表述和实验记录、还要有后续实施的发明实物（装置）支持。可以说，意大利的Montecatini公司（和纳塔本人）即使没有其他原因，他们也得不到聚丙烯在美国的专利权，因为他们的实际发明时间迟于上述几家美国公司。当1983年最终专利权被授予菲利普斯石油公司时，齐格勒和纳塔分别于1973年和1979年都已去世了。

美国聚丙烯生产的专利怎么会归属于菲利普斯石油公司呢？

1917年成立的菲利普斯石油公司，主要从事石油和天然气的勘探、开发和炼制，同时也经营石油化工等其他业务，是美国高密度聚乙烯及管材和环乙烷的主要生产厂家之一，也是美国最主要的丙烷的生产和供应厂家之一。公司的创始人非常重视天然气相关的研究和开发，公司建立了一个强大的研究部门，从事天然气和炼油产品相关的研究。第二次世界大战期间，菲利普斯石油公司的研究和开发工作派上了用场，成为轮胎用炭黑、合成橡胶和高性能航油的重要生产企业，公司生产的100号高辛烷值汽油大量用于英美空军。

二战后，菲利普斯石油公司仍然继续进行对改进油品的研究，试图用小分子的烯烃二聚或三聚体来制造航空汽油的添加成分，研究的重点是筛选和改进催化剂。这些催化剂是由各种其他金属氧化物加惰性载体构成，后来他们开始尝试采用的过渡金属。出乎意料的是，研究人员发现这种催化剂对丙烯进行二聚反应时获得了丙烯的固体聚合物，即生成了无定形的混合物和结晶形态的聚丙烯。**菲利普斯石油公司于1953年初提交了专利申请，这比纳塔或齐格勒制造聚丙烯早了一年多**

（谁也没有想到这个专利真正生效要到1983年）。随后，菲利普斯公司对聚丙烯进行了生产工艺开发（如果没有实际的开发工作，公司也不可能赢得后来的专利之争）。不过，菲利普斯公司的开发重点却一直放在了低压高密度聚乙烯领域，因为过渡金属氧化物也同样催化了乙烯的聚合，他们申报聚乙烯生产流程的专利是在1958年。

菲利普斯公司发明聚丙烯在前，然后才是高密度聚乙烯。在那个资本有限的时代，菲利普斯公司主要投入聚乙烯的生产、开发是很自然的选择：因为聚乙烯是市场上已有的产品，如果生产出与ICI高压法（低密度）产品性能有差别的聚乙烯产品，显然容易获得商业上的成功。这样，聚丙烯一直没有得到公司倾力支持，菲利普斯公司没有预计到未来聚丙烯的大市场。当然，另一个不可忽视的原因可能是菲利普斯公司并不能确定聚丙烯专利是否有效。

按美国的专利法，菲利普斯公司从1983年开始收取专利侵权费直到2000年，这是一场价值高于5,000万美元的专利诉讼，因为这时美国公司生产的聚丙烯产量已经很高了。不过，尽管赢得了专利诉讼，收到了不菲的专利侵权费，菲利普斯公司却不是聚丙烯产品的主要生产商。

世界上绝大多数国家都采用申请时间优先的专利制度，唯有美国是采用发明有限制的大国，即专利授予最先做出发明创造的发明人。显然，美国专利制度比较符合发明创造过程的实际，也照顾了小发明人的权益（申请时间优先对大公司有利，他们有资源可以抢注很多专利），但执行过程可能非常复杂。鉴于专利法国际协调的要求，再加上美国越来越多的申请人在国外申请专利，已经熟悉和习惯了优先申请制的要求，所以21世纪初美国专利法改为申请优先制已经不存在很大的争论了，而且美国在2013年后已经实施申请优先的专利法。但发明优先制对美国发明活动的影响是深刻的，对化学工业的技术竞争和进步的影响更是不可低估的。

专利制度与化学工程学

美国专利制度是实行“完全审查”，专利的授予都要通过新颖性的审查，美国有一批精通专利法、见识很广的律师。20世纪初，随着汽车开始在美国流行，吸引了其他行业的资本进入化工和炼油行业，这些**化工行业的外来投资者往往会聘请专利律师作为公司投资和研发的顾问**。例如，专利顾问对UOP（Universal Oil Products Company）公司的建立和成长、对标准石油埃克森公司的发展发挥了很大的作用。

UOP公司的投资方经营着当时美国最大的肉类加工企业，20世纪初开始寻找有技术含量的项目投资，购买了很多发明专利，其中就有达布斯（Dubbs）的热裂解石油专利。公司聘请的专利顾问对炼油行业的前景看好，他说服了投资方把产品的方向转到炼油方面。1914年，创建了UOP公司，开始建实验装置实施达布斯的热裂解专利，这就是UOP公司的开端。后来，公司在炼油和石化技术占有举足轻重的地位，可以说这位专利律师的建议方向很有远见。

1911年，美国国会依据反托拉斯法把庞大的洛克菲勒标准油公司拆分为34个小石油公司，其中两个最大的炼油厂是标准石油公司（印第安纳）和标准石油公司（新泽西）——后来分别为阿莫科石油公司（Amoco）和埃克森美孚（Exxon）。被拆解后，原公司的研究机构和人员属于印第安纳公司，而生产实力很强的标准石油埃克森公司却没有研发力量，所以埃克森美孚在1919年成立了自己的研究开发部门，请了一位著名的专利律师来搭建公司的研发班子，他推荐了MIT的化学工程系主任刘易斯为公司的顾问。化学工程学最著名的成就之一，流化床催化裂化，就是MIT化工系和埃克森等公司的合作的产物。

如前所述，早期的石油加工都是用热裂解的方法，其中标准石油公司的伯顿法和UOP的达布斯法专利官司持续了10年，最终的解决方式是由雪佛龙、壳牌、几个标准石油公司（印第安纳、新泽西、加州）等6个大企业联合把UOP公司收购了。1931年后，结束专利官司纠缠的这些炼油大企业安安稳稳从事炼油生产，但是，这些公司没有想到1937年霍德瑞（Houdry）的催化裂化技术获得了成功。

催化裂化技术要比单纯的热裂解过程汽油收率要高出一倍，显然是炼油行业的一次重大进步。这时新泽西州标准石油公司（后为埃克森美孚公司）也想购买霍德瑞专利技术，但霍德瑞开出了高昂的专利许可费（当时的5,000万美元！）。埃克森美孚公司也联合其他炼油企业与霍德瑞谈判，试图以庞大的生产规模来降低专利许可费，但最终没有取得预期的结果。昂贵的专利许可费使埃克森美孚公司下决心不惜代价也要开发新的催化裂化技术。几经探索，他们最终决定在流化床反应器（和再生器）方向上开发催化裂化技术。

气固流化床反应器的突破来自刘易斯（Warren K. Lewis）领导的MIT化学工程系团队。经过几个月试验，他们确认很高的气速可以使细小的颗粒悬浮，形成密相的流态化，这个研究结果确认了气固流态化的技术可行性。刘易斯等人取得了气固流化床的第一个专利，1942年5月第一套12,000BPD的流化床生产装置建成，石油的热裂解汽油得率约为13%，霍德瑞的固定床催化裂化使汽油得率达到30%，而流化床催化裂化的汽油得率提升至50%，辛烷值也提高了。

专利制度保护了霍德瑞的固定床催化裂化技术，由此也引发了流化床反应器的发明。20世纪后期，世界上所有的石油催化裂化都采用了流化床过程，而且流化床反应器还推广应用到很多气固反应过程。气固流化床反应器成为非常重要的一类反应器，自诞生之时开始就是化学工程学的一个非常活跃的研究领域，其结构形式和内件的专利发明数量惊人。

化学工程学单元操作的分类概念明确了同类设备的通用性，为具体的设备并不限于某个产品或流程，这使得单元操作设备的应用有了广阔的市场。另一方面，对数量有限的单元操作的集中研究使设备的原理透彻、并广为传播，为众多的发明奠定了基础，因此，**单元操作设备的发明专利数量大增，也大大加快了化工（特别是石油化工）的技术进步。**

蒸馏过程是最为典型的化工过程单元操作之一，主要是利用化合物中各组分的挥发程度不同而进行分离。研究蒸馏过程首先要掌握气－液平衡关系，还要选择或开发合适的蒸馏设备（从气液接触的细节到整体的蒸馏塔）。蒸馏技术并不是化学工程学诞生后才有的，但化学工程学对其基本原理的深入研究，才使得蒸馏过程得到高效和广泛的应用。1920年后，MIT化学工程系教师发表了多篇关于蒸馏的论文，涉及蒸馏塔的计算方法、影响塔板效率的诸多因素等，把古老的蒸馏操作提高到现代化工基本技术的水平。然后，蒸馏技术成为炼油和石油化工领域核心技术。

1920年时，石油炼油行业对精馏（蒸馏操作方式之一）几乎一无所知，生产各种油品的方法是加热裂化罐上面摆放了几个分凝器，从蒸发的油气中把重组分拦截下来，然后油品还得经过多道的重新蒸馏，这是效率很低（能量和设备的浪费极大）的精制过程。MIT的化学工程学教授率先把精馏塔的原理和设计带给了新泽西州标准石油公司，从此精馏的分离技术被炼油行业广为使用，很快提高了油品的质量，也为以后石油裂化中产生的各种轻重组分分离、利用打下了基础。其中，刘易斯的泡罩塔专利很受炼油企业的青睐，很长时间内都是炼油企业的常用分离装置。

为了提高蒸馏塔的分离效率和节约能量，相当长的时间里，蒸馏塔内件是化学工程学研究的热点之一，浮阀塔板、舌形塔板、斜孔塔板等新型塔板相继发明。60、70年代，瑞士苏尔寿（Sulzer）公司发明BX丝网波纹型填料和Mellapak金属板波纹填料。1978年，美国诺顿（Norton）公司推出了金属环矩鞍填料（IMTP，诺英特洛克斯填料）。新的塔内件都具有低压降、高通量、液体分布性能好、传质效率高、操作弹性大等优良性能，使精馏这一最常用的分离技术不断发展。（这些塔内件都是得到专利保护的，在专利有效期间收取相应的利益。）

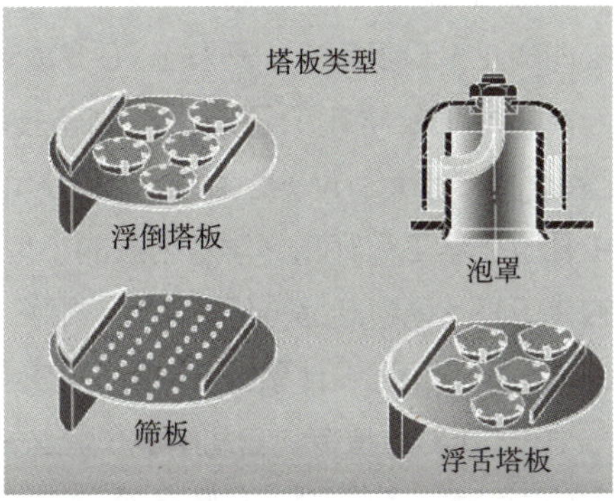

炼油和石油化工常用的精馏塔内件

金属丝网规整填料

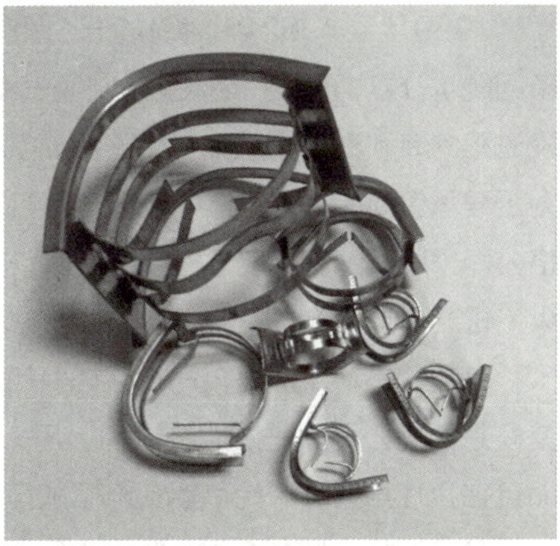
诺顿（Norton）公司发明的金属环矩鞍填料（IMTP）

除了蒸馏，其他单元操作（换热、搅拌、吸附、膜分离、吸收、过滤等）和几种基本的反应器也都取得了无数发明，体现了化学工程学和专利制度相互作用对技术进步的极大影响。

如果再看美国兴起的化学工程公司，我们可能对化学工程学知识和专利制度关系有更深的认识。化学工程公司并不生产和经营具体的产品，而是出售成套技术和工程服务的公司。一方面，化学工程学知识给了工程公司以足够的信心和技能。化学工程学诞生和发展之前，实验室成果放大到生产规模（市场）是一个投资和风险巨大的过程，几乎所有的化工产品都得经过生产企业的逐步实践。正是对化工单元操作和反应器的深刻理解，化学工程公司才可能以最小的成本完成工业规模的设计，进而出售成套技术和服务进入化工产品市场。另一方面，专利制度是化学工程公司赖以生存和发展的保证。**如果没有严格的知识产权保护，一个靠出售技术专利为主的**

公司是没法生存发展的。毕竟，化工流程和化学工程单元操作的发明都是很容易“山寨”的。

UOP是石油化工领域工程技术最有特色的公司之一。UOP从20世纪30年代开始出售石油热裂解和分离技术，以一个不起眼的技术公司与一些巨大的炼油企业在专利官司上缠斗10年，迫使这些大企业以并购方式让步。1947年，UOP注册了铂催化重整过程的专利，催化重整过程可以从石脑油中生产苯，甲苯、二甲苯等各种芳烃产品，是石油炼制史上最重要的过程之一。此后，UOP公司又发明了模拟移动床分离器，从效果上看固体吸附剂好像一直在与液体连续逆流运动。连续吸附分离技术迅速取代结晶过程成为对二甲苯回收的首选工艺。后来，模拟移动床技术也用于一些异构物的分离，成为化学工程学领域一项非常重要的发明（发明人是化学工程学博士）。UOP公司成立100多年来，开发了70多项专有成套工艺技术，并申请有30,000多项专利。

化学工程学知识及催化剂制备技术和专利制度结合更为典型例子是SD公司（Scientific Design Company，后为Halcon公司）。1946年才创立的SD公司是专业工程公司的新军，这个由几位化学工程师和化学家创业的小型工程公司，干出的事业令人刮目相看。SD公司在几个重要的化工基本原料产品（环氧乙烷、顺酐、对苯二甲酸等）成功创出了自己的成套技术（从催化剂到工艺流程、工程设计和技术服务），在全世界化工生产出售了几百套许可技术。

正如UOP从专利官司中成长壮大一样，SD公司的发明专利也免不了与ICI、Dow这样的国际大公司竞争。可以说，专利诉讼和研发活动一样是公司的常规事务，SD公司创始人对专利信息有极强的洞察力、申请注册专利的工作非常周密，在经营专利许可等商务活动中又表现出高超的谈判技巧，这些与化学工程学和催化剂研制技能一起构成了公司成功的要素。实际上，**依靠出售成套技术许可和技术服务生存的工程公司，其处理专利官司的能力和技巧往往不逊色于任何化工和石化巨头企业，例如，SD公司就赢得了大多数专利诉讼官司。**

再看大型合成氨生产装置开发过程中的化学工程公司如何利用专利的。

现代的合成氨企业单条生产线达到500~1,000吨/天，能够有如此大的生产能力的关键技术在于如何在高压条件下生成氢气。但是，直到20世纪50年代末，所有的变换过程（从天然气或煤变换产生氢气、甲醇和二氧化碳）都是常压下操作的，这样产生原料气要使用多级往复压缩机才能达到合成氨所需的压力气。压缩机就制约了单条生产线的生产能力！

1959年至1962年，ICI的一个团队解决了很多技术难题（如有效的脱硫催化剂、各种高压设备问题），成功开发了高压变换制氢气和城市煤气的过程。至1970年，ICI出售了约300个高压变换过程的专利许可，其中对用于合成氨装置的变换过程，ICI选择了凯洛格公司（M. W. Kellogg）为工程承包商，因为凯洛格公司在第二次世界大战期间建造了几个大型的合成氨项目。随后，凯洛格公司采用天然气高压下重整的技术，开发了一个完整的新的氨生产流程，率先建造出生产能力巨大（日产600吨合成氨）的单条生产线。

有趣的是，凯洛格公司在合成氨工艺上突破后，对ICI的高压变换专利提出了诉讼，声称加压变换是他们公司率先发明的过程。原来，凯洛格公司在1953年确实申请了高压变换过程的专利，而且在20世纪50年代早期实施了加压变换的反应器和过程的中试装置，这比ICI的实际开发工作早得多。为此，凯洛格要求其他涉及高压变换技术的公司向其支付侵权费和许可费（金额并不大）。可惜，这次的专利诉讼凯洛格公司并没有达到目的。这可能是因为天然气或煤气的高压变换过程涉及的技术环节过多，以至于一家企业的发明专利无法覆盖整个过程。

不过，这次并不成功的专利诉讼却成功地展示了凯洛格公司对合成氨大型化的贡献。这些贡献包括：

（1）首次在高压变换过程中使用离心式压缩机，使合成氨装置开始进入超大型化的时代；（2）系统地设计了变换和合成过程的蒸汽系统，在回收利用能量方面达到了很高的水平（在没有高速计算机的年代，这个系统的物料衡算和能量衡算计算量是惊人的）；（3）采用了高效、低成本的二氧化碳洗涤系统和溶剂；（4）凯洛格公司也改进了重整炉设计，使重整炉（反应器）的物料停留时间合理，传热强度得到强化和优化。

很快，凯洛格建设了成功了日产1,000吨的合成氨生产线。1970年后，大型化的合成氨生产线（日产600吨以上），都是以凯洛格公司为代表的工程公司转让和承建的，由此给全球合成氨工厂的建设带来了前所未有的繁荣。

从20世纪60年代开始，将近3/4的大型化工装置都是由工程公司出售技术许可并承建的。对产量需求巨大的基础化工产品，生产装置的大型化和能量合理利用等是化工工程公司的强项，凯洛格、SD这样的化学工程公司在化学研究和产品开发可能不及陶氏、杜邦、ICI这样的化工巨头，但是在化学工程学基本原理的应用方面却胜过化工生产的巨头企业。**化学工程公司能够依赖出售专利许可和技术服务立足，这也许是化学工程学科和保护知识产权的专利制度之间紧密关联的最好说明。**

专利法保障发明者的利益，鼓励个人、企业和资本的投入发明和创新；而专利到期后，发明专利的内容就成为公共知识，其他人可以制造、销售或使用该专利产品。**现在，由化学工程学引发和促进的大大小小的技术发明已经成为公共知识，各种单元操作设备（从各种阀门、泵、换热器到模拟移动床等分离设备，还有各种反应器等）都可以很方便地购买或制造，这些知识和技术已经成为现代整个过程工业的重要基础。**这不正是设立专利法的初衷和目的？

第十四章 对化学工程学科的再认识

化学工程学科也许是一个比较独特的工程学科，从萌芽、发展到辉煌都是“界面”上的行为。这里的界面包括了大学相关学科的联系，也涉及大学和企业之间的关系。学科之间的交流和借鉴促成新的生长点，而大学和企业界的合作将促进学科的发展和成熟。

界面上创建和发展的学科

在化学工程学科有了名声之后，其历史起源开始受到关注，这自然会溯源到英国人戴维斯（George Davis）。戴维斯20岁时进入曼彻斯特的漂白粉行业工作。10年里，他获得很多工业经验。30岁时，戴维斯成为曼彻斯特政府的咨询员。此后的两年里，他应邀出任碱业行业的污染巡视员，对当地所有的化工生产企业都非常熟悉。1883年以后，戴维斯一直从事咨询工作，直到1906年去世。

整个职业生涯，戴维斯表现出两个特点：

第一个是不知疲倦地持久性收集化工生产过程的信息，最小的细节也不放过，他的工厂经验和知识当时无人可及；第二个是持续整理和分类收集的资料，打破了化工工艺学的局限，概括出了抽象处理方法。

1901年，他以单元操作分类整理的《化学工程师手册》出版，尽管与现代的化学工程学本质不是一回事，但谈到化学工程学科起源时，戴维斯的名字总会被提及。

1915年，作为校友的里特尔在向MIT院方提交的咨询报告中，阐述了“单元操作”（Unit Operations）的概念，把看似纷纷杂杂的化工产品生产线清晰明确地表达为有限的“单元操作”的组合。与戴维斯一样，里特尔也有过具体的工业实践，再转而从事咨询工作的。里特尔从MIT辍学后就进入了造纸厂，造纸是一个单元操作比较少的过程工业，也需要化学知识。里特尔对美国刚起步的造纸工艺颇有研究和贡献。离开造纸行业后，他开设了一家咨询公司，从事面向化工和轻工（造纸、食品等）行业的咨询和化学分析工作。**从戴维斯和里特尔的经历可以看出，对品种繁多的化学制造业进行抽象和分类，见多识广是个必要条件。**一直在工厂生产线上的工程技术人员，就像只关注森林里的一棵树的植物学家，不管这棵树是大是小、是普通还是珍稀，都很难对广袤森林有总体的认识。

从抽象和分类的思路看，里特尔和戴维斯并没有多大的差异，但里特尔从一开始就讲单元操作存在着科学的原理。他认为，学习、理解和研究这些有共性而为数不多“单元”是化学工程师教育的有效途径。里特尔虽然没有机会完成他的大学教育，但他的科学素养很好。咨询公司的合伙人沃克（Walker）也是一位经历丰富的全能型人才。他大学毕业后，赴德国学习有机化学获博士学位，回国后有过工业实践，还在哈佛大学讲过化学工艺学。1905年，麻省理工学院邀请沃克担任化学系的全职教授，负责化学工程师教育工作。对此，里特尔很支持。沃克和里特尔是非常好的搭档，里特尔的咨询公司紧邻麻省理工学院的校园，从此，里特尔和化学系的关系更加密切。沃克团队的员工很多在里特尔的公司兼职，沃克的教学改革活动都得到了里特尔的支持。多年的工业咨询经历使里特尔和沃克见多识广，对美国化学工业的问题和前景有着独到而深刻的认识，由此引发了他们对化学工程师培养方式的思考和实践。可以说，**化学工程学科的萌芽就是诞生在校园和咨询公司的界面上。**

为什么里特尔在MIT倡导他的单元操作想法呢？因为他是麻省理工学院的热心校友，在麻省理工学院有他发言的平台。同时，他也很清楚，**一个教育模式的创立需要以大学为基地，只有在大学里学科的知识才能系统化。大学是一个“生产”知识，又能传承和传播知识的平台。一个科学学科和工程学科的诞生，靠个人的见识和努力是远远不够的。**现代化学工程学科的基础思想（单元操作的概念）是里特尔提出的，但这个框架很是需要很多的材料才能充实成为系统的知识体系。1905年到1915年，沃克和他的同事一直在探索培养“通用”化学工程师的方式，化学工程学科的前期发展主要是大学的贡献。自沃克负责化学工程专业教学后，麻省理工学院的化学系十几年来已经培养了上千的本科生和研究生，教师们承接了很多的化学工业实际课题，也发表了很多化学工程专业的论文。实际上，围绕“单元操作”的概念组织教学和研究已经在他们中间进行了一段时间，他们的论文通常是研究某一个单元操作（如流体流动、传热、蒸馏、过滤和冷凝等）。工业实践中的问题会给教学带来新的思想和案例，而从实践中发现的问题写成的论文和教学讲义，又促进了工程教育系统的形成。正是这些化学工程知识的积累，沃克等人可以在一个假期里编写出里程碑式的教材《化学工程原理》（Principles of Chemical Engineering，by Walker，Lewis，and McAdams）。1923年，《化学工程原理》的出版，使得里特尔提出的单元操作概念系统化，推动了化学工程成为一个独立的学科，这距离沃克重返麻省理工学院（1905年）已经过去近20年了。这么**长时期的持续努力和积累，只有在大学的教师团队才能做到。**

大学是学科交流的场所，与工业界“隔行如隔山”不同。在大学里，学科之间的学习和借鉴是再正常不过的。物理化学对复杂的化学物系抽象出规律来研究、使用的是并不复杂数学方法，这种定性和定量结合的方法正是化学工程学所需要学习的。可以说，化学工程学科从开始就是研究型的工程学科，摆脱了当时化学工艺学的流行教学模式。学术观点和教学方式的争论对一个学科的成长也是必不可少的，而这种言辞激烈的争辩只能在大学平等的氛围内才有。当时，主管化学系的诺伊斯教授强调科学课程，他认为使学生理解化学和物理科学（包括物理化学）的原理，学生自然就有能力解决今后面临的工程问题。沃克则坚持认为纯科学的教学和研究是一回事，应用科学原理解决现实中的问题是另一回事，特别是处理化学工业的问题要复杂得多。化学家和化学工程师的区别也许就在这样的争论中突显出来，教学思想的争论促进了一个新兴学科的成长和成熟。

作为工程学科，大学的教学和研究与工业界的界面关系更为关键。化学工程学科创立的时期，工业界主要是给师生们提供了实践场地和机会，其中杜邦公司和伊斯曼柯达公司的捐助对初创的化学工程学科至关重要。里特尔曾反复对麻省理工学院化学工程专业的教师说：一个人需要下水才能学会游泳，实际的生产知识和问题不可能仅仅通过访问几个工厂得到，只有通过工业操作和技术的实践，学生才可能对大规模生产有足够的认识。沃克创建和负责的应用化学实验室和化学工程实践学校是联系企业的两个平台，其中实践学校的师生有一半时间是在企业从事工业开发活动的。化学工程如此积极主动地坚持联系工业实际，这在诸多工程学科中也是罕见的。

由于整个社会注重实用技术和规模生产，也由于有科学学会和专业协会的交流平台，美国的企业和大学的联系一直很密切。例如，美国化学工程师协会是一个化工（或相关行业）企业家、工程师与大学教师的交流平台。大学从协会活动中直接听到了企业对化学工程师的需求和要求，很快美国其他大学也建立了化学工程系，而且也是按单元操作的基本框架组织教学和研究的。尽管麻省理工学院是对化学工程学做出最重要的贡献的学校，其他许多大学——伊利诺伊大学、明尼苏达大学、威斯康星大学、特拉华大学等——也都做出了重要的贡献。第二次世界大战前后，美国的大学和企业界在化学工业领域的合作很紧密、很愉快，因为企业化学工程师的培养依赖于大学，企业也给予大学的科研和教学活动经费和实践基地的支持。当时，化学工程学的知识对企业来说还是全新的概念，通用的工程理论应用到具体的产品开发过程并不容易，计算工作也太繁杂了。大学教授处理化工单元的数学模型、计算方法、选择热力学关联式和参数等方面还是有独到之处。即使化学工程学的原理和经验是公开的，工业装置放大的基础工作也是需要大学的咨询和研究贡献。

大学和企业间联系之深还表现在人员的相互流动。1919年，第一次世界大战结束后，标准石油新泽西公司（后为埃克森美孚石油公司）聘请化工系主任刘易斯教授作为研究和开发顾问。1935年，化工系的另一位著名教授吉利兰（Edwin R. Gilliland）也被聘为公司顾问。从炼油过程的连续化精馏到流化床催化裂化技术，刘易斯等教授帮助解决了工业的大问题。哈斯（Robert Haslam，当时是MIT化工系化学工程实践学校和RLAC主任）带着15位化工系的教职工和研究生离开了麻省理工学院，成为埃克森美孚公司研究部门的一个研究组织。

杜邦公司是美国最早从事大规模化工产品生产的公司。20世纪初，公司从炸药开始转向基础的化工产品。杜邦公司研究和开发的负责人赞同里特尔对化学工程师教育的看法，对单元操作为核心的化学工程课程很感兴趣。杜邦公司从20年代初就开始招聘麻省理工学院和其他大学化学工程专业毕业生。后来，麻省理工化工系的麦克亚当斯（William H. McAdams）教授被聘为杜邦的顾问，公司于1929年成立了化学工程基础研究小组，对流体流动、传热、吸收和蒸馏等单元操作的研究和开发做出了重要贡献，发表了许多重要的论文。1940年前后，美国很多大学的化学工程系扩建，杜邦公司化学工程学研究组的多名成员离开公司赴大学就职，大多担任了化学工程系的主任。在大多数情况下，杜邦还聘请这些专家作为公司顾问，保持着大学和公司非常好的界面关系。埃克森美孚公司和杜邦公司是大学和企业合作的典型例子，其他化学和炼油公司也非常重视与大学的合作。当时，**人们普遍理解知识是双向流动的，而科研人员也有意愿在大学和企业双向流动。**

化学工程学科的发展过程说明工程不仅仅是狭窄的科学加技术的含义，而是建立在科学与技术之上的包括社会、经济、文化、道德、环境等因素的综合体。

恰到好处的抽象与分工的效率

牛顿曾经在他的《自然哲学的数学原理》中宣称：“自然界是最简单的”。对于无法改变的物理世界（如地心引力、天体的运行、光线等），人们可以通过观察和实验、通过抽象思维和数学工具，深刻理解并简明地描述物理世界的规律或秩序。如果涉及各种物质的特性和物质之间的转化，那就进入了化学的领域。物理学可以做到抽象，但实际的生活却是在各种具体的物质世界里。化学非常具体和复杂，其复杂性不仅在于它的成分多元、结构多样，还在于它们可能改变和转化。**化学的核心就是复杂性，或称之为丰富性，即可能性的王国。**

瑞典植物学家林奈（Linnaeus Carolus）是18世纪最杰出的科学家之一。他构想出定义生物属种的原则及相应的命名法，把全部动植物知识系统化。他是分类学的创始人，对品种繁多的自然现象，采用分类系统来整理不断扩张的信息资料，也由分类来分析和掌握它们的相关性。分类法也被用于早期的化学研究，很长一段时间，化学家们常被物理学家调侃为分类学家，因为**化学家的工作长期集中于发现和整理新元素、新物质。**

伴随第一次工业革命起步的化学工业很自然地遵循着分类法，化工厂或生产线以产品分工：硫酸厂生产硫酸、纯碱厂生产纯碱、染料企业生产染料。当然，工业生产比自然界的发现复杂，所以工业企业内部生产线还要分工。从生产硫酸和纯碱开始，所有的化工厂有工序之分的，所谓的化工生产技术就是各种产品的加工方法（即工艺）的汇集。19世纪末的化工行业并没有太多的品种生产（不包括染料），学校和化工企业培养技工和工程师的课程就是化学工艺学，即把硫酸、纯碱等产品的工艺步骤和操作条件一一罗列。化工生产知识的分类方式最早受到G. E. 戴维斯的质疑，这位英国曼彻斯特地区的制碱业污染检查员认为“汇编式”的经验和课程对人才教育和训练没有效率。他预料到**随着化工产品越来越多，化工生产需要传授、交流、共享的经验和信息就会太多，化学工程师将会难以应付。**

戴维斯是一位非常有天赋的人。他预料到简单的分类法无法适应化学工业，但他整理和抽象出了传热、粉碎、蒸馏等“单元操作”的分类学没有揭示出化工过程的本质。现在，**我们可以认识到化工过程开发是有三个维度的难题：**（1）产品的特性描述，包括物系的热力学、动力学及其他化学物理性质；（2）合适的工业生产流程，包括操作步骤和操作条件（含设备选择等）；（3）如何“放大”生产规模。从这个意义上说，实验室的化学研究成果是一维的，戴维斯的《化学工程手册》整理的化工操作设备也是描述型的，没有深入分析设备设计的原理，没有涉及如何定量推算设备的“放大效应”，可以归结为经验型“一维”的化学工程学知识。以染料和药物为主的德国精细化工产品开发可以认为是近似于“二维”的问题，需要考虑化学科学和工业设备两个方面的知识，但几乎不涉及到“放大效应”。认识到不同尺度的设备会造成所处理的物料得到完全不同的结果，研究处理所谓“放大效应”是化学工程学的挑战。可以说，化学工程学的总体目标是处理化工过程开发“三维”问题。

> **“单元操作”（包括后来加入的反应器分析）是三个维度问题的交汇点：**
>
> （1）物料的化学和物理性质的估算；（2）研究和积累设备的型式和特征（微观和整体两个层面）；（3）预测不同设备规模物料的行为和结果，这些工作就构成了化学工程学科的内容。

大规模的化工产品开发相当于认识和解决一个“三维空间”的问题，靠经验探索必然是费时费力的。所以，对具体化工过程的抽象十分必要，但这种抽象不能满足于简单的分类，而应该对其中的原理进行分析和研究。重要的是，作为工程学科的抽象概念，既要有助于简化认识繁杂现象和深化研究本质性问题，又要能方便地应用于指导工业实践。所以，工程学科需要的是“中等”程度的抽象。抽象意味着有意地脱离经验，脱离看得见摸得着的具体细节，但提取中等水平的“概念”绝非易事。一方面，太具体的概念只会停留在细节层面，没有通用的指导价值和借鉴意义，如同每个产品的工艺操作手册。另一方面，如果抽象阶梯上得太高，获得的是太宽泛的概念，能够囊括一切过程，但落实到化工产品开发就难以收到成效。化学工程学作为工程学科，过于抽象和漂亮的原理并没有多大的用处，企业不会对深层次的理论分析有兴趣。“单元操作”是一种可运作的中等水平的抽象。当回顾化学工程学的发展和成果时，我们更为清楚地认识到“单元操作”概念的价值。

认识和处理复杂的事物时，一个好的理论框架或模型非常重要。任何一种理论，都不仅仅是一种知识体系，而且是一种思维方式，给予我们一种世界图景，决定着我们行动的方向。里特尔和沃克等人大力倡导以单元操作为核心的化学工程学，对化工过程的定性和定量化研究都起到决定性的作用。正是这合适的分类和科学的研究方法，为化工工艺设备设计问题提供了有效的解决思路，使“分类和量化”的科学方法得以在复杂的化学工业上应用。

此后的几十年时间里，建立在单元操作框架上的化学工程学科不断发展，大学和企业之间的广泛合作、互动促使化学工程学的知识有了快速的积累。这些充实的化学工程学知识，最终体现在化学工程专业的课程体系上。继《化工原理》后，仅MIT化工系就有一批论述各种单元操作的著作，如鲁宾逊的《精馏原理》（1922年）和《蒸发》（1926年）、刘易斯的《化工计算》（1926年）、麦克亚当斯的《热量传递》（1933年）、T. K. 舍伍德的《吸收和萃取》（1937年）相继问世，1939年，韦伯教授写出了第一本化工热力学教科书《化学工程师用热力学》。随后，还有应用反应动力学或催化反应动力学的教材面世。所有这些研究使单元操作的理论基础更可靠，应用更广泛。同时，《Perry化学工程师手册》1934年出版，汇集了每个时期大学和企业的化学工程学科最新知识，内容从各种“单元操作”的基本原理到设备计算，从化工动力学到化学反应器设计，还有化工过程的技术经济分析和环境保护等。（第8版的手册主要内容：物理和化学数据、热力学、热量与质量传递、流体与粒子动力学、反应动力学、过程控制、过程经济学、流体的运输和储存、传热设备、湿度、蒸发、冷却和固体干燥、精馏、蒸馏、气体吸收、相分散和相分离设备、液—液萃取和其他液—液提取操作与设备、吸附与离子交换、气固操作与设备、液固操作和设备、反应器、其他分离工艺、固-固操作与工艺、废弃物管理、工艺安全、能源转化和利用、结构材料等）

化学工程对化学工业过程的抽象处理，还为今后计算机进入化工行业奠定了基础。**工艺模拟软件成功的关键是过程的模块化**，Simsci公司在1967年起步时开发计算蒸馏模块。在工艺计算软件中，一个复杂系统被拆分为组件（单元操作和反应器的模块化），化学工程师定义其合适的界面使组件或模块相互联系，从而方便地计算出各种条件下的工艺系统模拟结果。**没有化学工程学抽象地处理化工工艺流程，计算机模拟的模块化是难以想象的。**正是有了各种单元操作的研究结果和基础数据，才有现在强大的过程和单元模拟计算软件。现在的工艺计算和模拟软件（如ProII、Aspent）拥有各种单元操作模块，还有庞大的物性数据库可调用，选择合适的参数，就可以模拟从管道、阀门、复杂的反应器和分离单元的整个生产流程。虽然模拟计算的结果是否准确适用还是需要化学工程师的知识和决策（选择参数等），但计算机模拟计算和中间实验装置的结合大大降低了化工过程开发的成本。

化学工程学科的创立另一个好处是促进了化工单元设备的制造业的发展。“单元操作”是大学和企业都听得明白的概念，化学工程学本身也成了大学与工业企业沟通的桥梁，引领了相关工业界的组织分工。**按基本的单元操作和反应器的框架来研究其原理、积累基础数据和技术诀窍，有利于制造业的专业化和规模化，结果使各个单元操作的技术（从原理到设备）迅速增长。**例如，蒸馏（或精馏）是使用最多的分离技术之一，化学工程学科最早的成就也来自对蒸馏的研究。专长机械制造的瑞士苏尔寿（Sulzer）公司1940年就进入蒸馏塔加工领域，至今已有超过10万套蒸馏塔在世界各地使用，涉及的分离物系超过500种。一个机械加工厂对蒸馏过程积累了丰富经验和诀窍，其基础就是对蒸馏过程原理的理解，可以为客户进行复杂物系的气液平衡计算。长期的技术服务刺激了相关的各种技术发明活动，苏尔寿公司发明和生产了多种高效的规整和散装填料和蒸馏塔内件等。实际上，从泵到阀门、从换热器到填料，还有陆续出现的新型分离单元操作，都是专业化的工厂来生产制造的，这从另一方面加快了化学工业的发展，这些设备厂家和化工工程公司开发的技术构成了现在化工（特别是石油化工）的技术市场。

假如没有化学工程学抽象出的化工单元操作分类，化工生产对经验的依赖性是极大的。没有规律性，任何人从经验中能学到的东西是有限的，对化工生产规模放大效应的预见能力更是“痴心妄想”。化学工程学的研究使化学工程师们有了真正的开发能力，工程公司也可以去质疑现成的工艺生产流程，从传统的化工生产过程或石油化工产品生产中发现商机，积极寻求潜在的选择方案。工程公司是从化学工程学的制高点启动新工艺开发活动的，化学工程学的优势使他们能够跳跃到更复杂的系统，在石油化工产品的开发中，把传统的化工企业甩在后面。化学工程公司标志着更高层次的制造业分工，体现出化学工程学“抽象促进分工”的巨大作用。

化学工程学提出和运用了“单元操作”的抽象概念，在繁杂的化学工业的经验世界中开辟出了一条理性路径，大大减少了过程工业的开发的成本和风险。**化学工程学不是科学学科，但深得科学方法的精髓。**化学工程师在科学和工业之间建成了“桥梁”，为人类生活的现代化作出了基础性的贡献。

从见识到常识

通常，我们在谈论“知识”时，并不会认真地去思考知识的来源或知识形成的过程。我们习惯地认为，科学家是首先通过实验和观察，收集到了丰富的信息，然后天才的科学家进行了概括，从而认识一类事物的本质。在科学的发展历程中，最著名的牛顿物理学定律就是在前人大量的行星观测数据基础上得出的，达尔文的生物进化论（或称“演化论”）更是自己收集了大量的生物样本。

然而，在化学研究的领域情况却不一样，化学元素组成的物质世界太丰富，使得化学家有无从着手的感觉。1835年，维勒（Friedrich Wohler）声明放弃有机化学研究。他说，有机化学的研究足以使人发狂，“它给我的印象就好像是一片充满最神奇东西的热带原始丛林；它是一片无边无际的使人无法逃得出来的丛莽。”

“见识”是一种对事物超常的感知力和洞察力，化学研究如果没有“见识”的指引，东一榔头西一棒方式的探索实验是没有效率的。维勒的朋友李比希不畏艰难，在吉森大学首创了大学实验室，师生们一起进入了有机化学研究的“原始丛林”。李比希虽然是一位精力充沛的全能型人才，但他成功的根本原因还是他对有机化合物的“见识”。李比希坚信有机物无论多么复杂，它们也一定是由一些有限的“基团”构成的。李比希不是第一个提出有机基团想法的人，但是他是明确地把有机基团的概念用于化学成分分析，进而对有机化学物质进行分类研究的第一人。

科学史上，“见识”往往超出了同时代人们的认识高度，因此也使科学研究活动取得重大的进展，李比希的关于基团是有机化学的“元素”的见识正是如此。几十年后，几位大师的“见识”创立了一门抽象的学科——物理化学学科。物理化学中非常基础和著名的“见识”可能是“离子”和“相律”。1884年，阿累尼乌斯提交了题为《电解质的导电性研究》的博士论文，认为分子在溶液中会分解为正负离子，溶液系统的物理和化学性质都是由电离状态决定的。由于这篇论文提出的电离“见识”并没有实验数据支持，被答辩委员会评为最低的“及格”成绩。好在有另一位大师奥斯特瓦尔德的支持，阿累尼乌斯的电离“见识”得以传播。对电离过程的理解和重视对物理化学学科非常重要，以至于很长一段时期，物理化学家被科学界称为“离子学派”。

“相律”是吉布斯的“见识。他对相律的表达只有短短的两个段落和一个著名的公式，没有任何实验数据的支持。这个对多组分、多形态的平衡状态的简明描述被长期冷落，直到1887年欧洲化学家将相律应用于盐水体系，并引入了易被化学家理解的“相图”，化学界才逐渐认识到吉布斯工作的重要价值。如果没有“相律”的指导，合金化学、冶金学、地矿学等领域的实验几乎找不到方向。

有机化学和物理化学的发端和发展都说明了“见识”的决定性作用，化学工程学更是一门由“见识”产生和发端的学科。化学工程学不是科学学科，工程研究和教育面临的问题更为复杂，没有人想到可以系统性地整理化学加工过程的知识。在1880年前后，英国人戴维斯通过收集和积累大量资料，提出了他对化学工业的思考和“见识”。戴维斯指出：各种化工生产工艺，都是由为数不多的基本操作，如蒸馏、蒸发、干燥、过滤、吸收和萃取组成的，对它们进行综合的研究和分析，这样可以培养“通用”的化学工程师。不过，戴维斯的见识在英国没有引起什么反响，英国的大学和企业完全忽略了戴维斯的“见识”。直到1915年，里特尔明确提出了“单元操作”的概念，提议以“单元操作”为切入点系统研究化学工业。里特尔虽然不是麻省理工的教授，也不是知名的化工企业家，但他极具洞察力和说服力，社会活动能力极强，对单元操作的描述颇有使人豁然开朗的功力。里特尔没有发表化学工程学的研究论文，里程碑教材《化学工程原理》也没有出现他的名字，但他对化学工业过程的理解和分析令人信服，被尊为化学工程学科的创始人。

没有见识，才能再高也派不上用场；有了见识的指引，辛勤的研究工作才对知识的增长有价值。在美国化学工程师协会的推动下，单元操作的“见识”和麻省理工化工系的实践很快得到美国大学和企业的认可。在学科发端之际，没有见识就没有方向，没有见识也没有学科的框架。或者说，“见识”比具体的工作更重要。

一个学科成熟的标志是“见识”已经被广泛接受，是一个“见识”演变为“常识”的过程。

① **经过几十年的努力，化学工程学科的基本概念和理论已经完整**，其中有单元操作的原理、化学反应器理论、化工动力学和化工热力学以及热量、质量和动量传递过程的研究等，还有涉及化工自动控制、化学工艺设计方法和化工系统分析等，构成了实用的化学工程师课程，这是化学工程学科的理论基础和知识框架。工艺计算软件的开发和完善综合了化学工程学科的基本概念、计算方法与庞大的数据库，成为化学工程师得心应手的“工具箱”。专业的化学工程公司和单元设备制造商在各自擅长的领域，既有理论素养又有实践经验，能极大地帮助化学工程师解决化工产品工业化开发的诸多难题。

② 自从20世纪50年代以来，化学工程学已经接近认知的极限，几乎没有出现新的概念和新的模型。20世纪上半叶，化学工程学科是以单元操作为基础的知识体系开发，也是单元操作的概念紧密地维系着大学和企业的关系。**第二次世界大战后，实用的化学工程学知识拥有量大学和企业此消彼长。**化学工程学科分析基础的物理现象、大量使用数学工具，显然提升了论文的水平，但几乎没有工业应用的意义。在大学里，即使是教师试图教给学生实用知识，但等学生到工作岗位上也会发现，这些知识要么是过时了而不能用，要么是太浅显而不够用。大学和企业渐行渐远其实也是一个工程学科发展后期的现象，现在真正的工程教育是由企业承担的，只有从事化工过程开发的企业有工业经验，很少有教师直接从事与生产有关的工作经历。

③ 从“见识”到“常识”的发展之路就是收获成果的过程，但也会触及学科发展空间的极限。化学工程学的应用成功地使石油化工产品为主的基础化工产品实现了大规模生产，这些产品构成了化工产品树的主干和重要的枝干。如果没有这些产品的规模化（即经济性）生产能力，人们的衣食住行等所有的现代化生活条件是不可想象的。即使是那些产量并不大的精细化工产品，或并不一定需要连续化生产方式的化工产品，也得益于化学工程学的基础理论和相应的高效单元操作设备。

化学工程学科从“见识”起步，其成果惠及整个人类社会，非常重要的原因就是学科知识的迅速积累和普及。不过，从20世纪60年代和70年代起化工行业的创新速度明显下降。据统计，自1930年以来，化工大宗产品的63项重大创新中，50年代和60年代仅有20项，70年代和80年代仅3项。另一方面，合成氨、基础石油化工产品的生产能力已经大到惊人的水平，其中物料和能量的综合利用率可供提高的空间极为有限，而类似人造纤维、合成橡胶或塑料等新产品再涌现的几率很小。虽然这也可能是研究资源投入不足的原因，但更多是体现了整个行业的增长接近了极限。化工产品大树的躯干和主枝已经长成，连大树上部的主要产品也都已经成功工业化，显然，化学工程师的用武之地和作用相对是减少了。

对任何一个学科而言，新的“见识”或重大的发现总是罕见的。对化学工程师来说，产生“见识”的年代已经过去，现在是一个“常识”的年代，是一个应用原理的年代。**一个学科的“见识”引导了解决问题的思维方向，而“常识”则具备立刻可以指导实践、行动的作用。**当然，能否把“常识”应用得正确和巧妙，这很大程度上取决于实践的人。

生活在“见识”的年代固然使人激动，但工作在“常识”的年代也具有相当的挑战。显然，人类社会是少不了化工产品的，已有的化工产品总有技术进步，新产品的研发也不会停止。毕竟在实验室条件下研究出来的新产品或过程都需要“放大”，化学工程师通常可以加速这个转化过程。一个学科的“常识”绝不是简单实用的百科全书，也不可能由教师或专家直接传授而得，即使在信息时代，我们也不能指望点击一个链接，就可以下载所有的知识和经验。**在“常识”的年代，化学工程师没有理由犯大错误，这也许就是对现代化学工程师的挑战。**

结语：化学工程学的启示

化学工程学不是科学，而是科学研究成果和工业应用之间的桥梁。化学工程学的特长是推进实验室科研成果的工业化，特别是实现从小规模、批量生产方式向大规模、连续加工过程的转换。里特尔和沃克当时希望改变传统的化学工程师培养方式，他们认为应该从原理上理解由“单元操作”组合的化工过程。正是这合适的分类和科学的研究方法，练就了化学工程师的内功，极大地提高他们对付化学工业“放大”问题的能力。

化学工程师首先在炼油行业获取了宝贵的技术、经验和信心，极大地促进了整个化学工业向石油化学为基础的转型。从此，人们对自然资源（能源和基础材料等）的利用进入了一个全新的时代，可以说现代社会的每一个人则都得益于化学工程学。但是，我们不要满足于简单地享用化学工程的成果，当今时代面临的几乎没有简单的问题，没有简单的科学问题，也没有简单的技术问题。**这是一个“工程”化的时代，时时处处我们都可以感受到资源、时间和环境的制约或限制。化学工程学是处理复杂问题的经典学科，也许我们可以从化学工程学的实践中得到一些启示。**

① 化学工程学帮助我们认识科学和工程本质上的不同

对待类似于化工工程开发这样的复杂问题，仅有科学原理是不够的。科学知识不应该有模糊不清的内容，从实验条件和假设的前提都需清楚明白，但这种清晰在实际问题中却是不存在的。**如果不清楚地意识到科学研究或科学知识的前提和局限，我们就没有意识到决策带来的风险和危机**。

回顾100多年前，属于科学研究领域的物理化学团队和负责培养化学工程师的教师团队共处于MIT的化学系，这是科学研究和教育与工程研究和教育的紧密接触和碰撞。1905年，诺伊斯创建了美国第一个物理化学实验室，当时的MIT校园距离铁路很近，他曾经抱怨火车开过的振动影响了实验结果。这并非诺伊斯的挑剔，而是物理化学实验室对电、磁、温度、振动等环境隔离条件要求很高，否则得出的结论就没有科学意义。1908年，沃克也筹建了“应用化学实验室”，为化学工程专业的师生提供教学和研究平台。这个应用化学（当时没有化学工程学）实验室没有特殊的实验条件要求，支撑这个实验室运行的是他们承接的工业界合同，所有的要求都是技术合同上商定的，从研究的物系、达到的目标和完成的期限都是“规定动作”，问题和条件都不可以自己选择的。两个实验室显现出了科学研究和工程任务之间的目标和条件的差别。

诺伊斯认为只要掌握了包括物理化学在内的科学知识，化学工业上的问题会迎刃而解，显然过于理想化了。沃克则认为**工业工程的事远没有那么简单，了解了一个工业项目涉及的各种科学原理并不意味着解决问题**。况且在有限的时间和资源限制下，对复杂的工业问题进行严密的科学分析和研究完全不现实。

对待现实世界的复杂问题，套用科学研究的做法是难以成功的。要清醒地认识到科学知识的严格前提条件，在有限的资源和时间限制下，找出解决复杂问题的方法和途径。

② 如何认识和定量描述复杂问题

复杂的问题都是内部因素多，而且切不断与周围条件的联系和限制。**认识复杂问题最好是有一个中等尺度的抽象，过于注重细节使人迷失方向，过于抽象则距离现实世界太远。**化学工程学从单元操作和反应器类型入手，对品种繁多、大小各异的化工生产过程进行分类研究，一方面掌握了化工设备的基本规律，另一方面，对复杂物系的物理性质（多相平衡、传质和传热参数等）有了估算的方法，在此基础上，对系统行为的预测和推算（即系统的物料衡算和热量衡算）是比较“靠谱”的，使化学产品的开发走出完全依赖实验的开发模式。

化学工程学不是科学的学科，其研究结论或模拟计算结果不具备科学意义上的普遍性，计算结果也远谈不上唯一和准确。化学工程师必须要选择过程的关键因素，然后描述那一小部分的主要性质。选用模型和参数是一个经验的过程，**在合适的抽象分类的基础上，把科学原理、过程（设备、物系）特征以及实践经验结合起来，这也许是认识和解决复杂问题的有效方法和途径。**从这个意义上说，化学工程学发展了对复杂问题的处理方法。

③ 重视反馈信息，减少决策失误，降低解决复杂问题的成本

对因果关系复杂、实施成本很高的领域或项目，靠经验摸索不是好的办法。化工过程开发的历史上，有氨碱法、合成氨、固定床催化裂化过程等成功的案例，开发时间长则半个世纪，短也有十几年，其实验探索的过程耗费之巨令人望而生畏。另一方面，在科学和技术（特别是计算机技术）高度发展的年代，人们普遍有一种自信、乐观的精神。这种没有什么问题是解决不了的信心和勇气，使人在很多情况下会高估自己的能力。但是，处理复杂问题大都受到各种条件的制约，而且涉及交互因素多，做出的判断和决策是“外推”的。**从认识论和决策的角度看，用已有的认识（理论）和过去的经验，分析未来可能发生的事，这难免会导致判断和决策错误。**

化学工程学的探索和实践告诉我们，面对化工工程开发的“开放性”过程，**信息的“不完备”是无法避免的。**即使化学工程学的理论更先进、计算机或人工智能的能力再上台阶，化学工程师也不可能靠推断或计算完成一个化学品开发过程。对化工装置的放大或改进，化学工程师没有幻想靠单纯的理论推算就可以获得成功。从20世纪下半叶开始，化工生产企业和化学工程公司以化学工程学原理为基础，**通过中间实验装置（pilot-plant）作为反馈信息来改进对系统的理解**，成功开发了几乎所有的基础化工产品大规模生产技术。

我们应该认识到复杂的问题是不可能以简单的方法解决的，因为复杂的问题是多种因素相互影响的大系统问题，受到的条件制约和涉及的环境条件限制很多，而且，对复杂问题的认识和判断往往是外推的。我们心中一定要有如实面对复杂的准备，用尽量少和尽量接近真实规模的中间实验步骤来认识真正的过程，把过程的原理和中间实验中得到的信息结合起来，以低成本、低风险解决复杂的工程问题。已有的化学工程学实践为低成本解决复杂问题提供了经验和教训，这是化学工程学给我们非常有益的启示。

让我们再次引用GE公司前CEO韦尔奇的话作为结尾：

“我一直觉得化学工程学是职业生涯所需要的最好的背景之一，即便是课堂作业和论文都教给你一个很重要的道理：许多问题都是没有限定答案的，真正重要的是你的思维过程，这对于大多数职场问题来说也是一样的。化学工程学的思维方式可以帮助你认识到事物模糊的一面，而现实中很少会有非白即黑的解答。在更多的情况下，职场对直觉、感觉至少和数据一样重要，或者说这些因素经常是重于数据的。”

参考文献

[1]（美）莱斯利·R·格罗夫斯著. 现在可以说了——美国制造首批原子弹的故事. 钟毅，何伟，译. 北京：原子能出版社，1991.

[2]（美）Bird K., Sherwin M. J. 著. 奥本海默传. 李霄垅，华夏，裔祖，译. 南京：译林出版社，2009.

[3]（美）理查德·罗兹著. 历史上最致命武器的孕育（上）（下）. 江向东，廖湘或，译. 上海：上海科技教育出版社，2008.

[4] David Wilson, Alfred A. Knopf. In Search of Penicillin. Random House, 1976.

[5]（德）Walter Kaiser, Wolfgang Konig. 工程师史——一种延续六千年的职业. 顾士渊，孙玉华，胡春春，周庆，译. 北京：高等教育出版社，2008.

[6] Robert A. Smiley, Harold L. Jackson. Chemistry and the Chemical Industry: a Practical Guide for Non-chemists. CRC Press, 2016.

[7] Donald Cardwell. The Fontana History of Technology. London: Fontana Press, 1994.

[8]（美）洛德·霍夫曼著. 相同与不同（The Same and not the Same）. 李荣生，王经琳，译. 长春：吉林人民出版社，1998.

[9] Morton M. Denn. Chemical Engineering—An Introduction. Cambridge University Press, 2011.

[10] Editor: Roy Porter. Fontana History of Science. London: Fontana Press, 1997.

[11]（英）亚·沃尔夫. 十八世纪科学、技术和哲学史（上下册）. 周昌忠，译. 北京：商务印书馆，1997.

[12]（法）丰特奈尔等著. 牛顿传记五种. 赵振江，译. 北京：商务印书馆，2007.

[13]（英）怀特著. 最后的炼金术士——牛顿传. 陈可岗，译. 北京：中信出版社，2004.

[14]（美）史蒂文·约翰逊著. 发现空气的人：普里斯特利传. 闫鲜宁，译. 上海：上海科技教育出版社，2012.

[15] R. C. Olby, G. N. Cantor, J. R. R. Christie, M. J. S. Hodge. Companion to The History of Modern Science. Routledge, 1990.

[16] William H. Brock. The Fontana History of Chemistry. London: Fontana Press, 2008.

[17] J. R. Partington. A Short History Of Chemistry (Third Edition). Macmillan & Co Ltd, 1957.

[18] Carleton E. Perrin, The Chemical Revolution—Selected Writings in The History of Science.

[19]（英）托马斯（Thomas，J.M.）著. 法拉第和皇家研究院：一个人杰地灵的历史故事. 周午纵，高川，译. 上海：上海科学技术出版社，2015.

[20]（美）姜·范恩（John B. Fenn）著. 热的简史. 李乃信，译. 北京：东方出版社，2009.

[21]（美）赫尔曼（Herman, A.）著. 苏格兰：现代世界文明的起点. 启蒙编译所，译. 上海：上海社会科学院出版社，2016.

[22] Adam Hart-Davis. Science. DK, 2009.

[23] Alexander Hellemans, Bryan Bunch. The Timetables of Science—A Chronology of the Most Important People and Events in the History of Science. Published by Simon & Schuster Inc., 1993.

[24] 查尔斯·辛格，E. J. 霍姆亚德，A. R. 霍尔主编. 技术史（Ⅰ-Ⅶ）（A History of Technology）. 王前，孙希忠，等译. 上海：上海科技教育出版社，2004.

[25] F. Sherwood Taylor. A History of Industrial Chemistry. William Heinemann Ltd. , 1957.

[26]（美）Haskins C. H. 大学的兴起. 张堂会，朱涛，译. 北京：北京出版社，2009.

[27]（英）杰弗里斯著. 阿司匹林传奇. 暴永宁，王惠，译. 北京：生活·读书·新知三联书店，2010.

[28]（瑞士）瓦尔特·吕埃格. 欧洲大学史（第二卷）近代早期的欧洲大学（1500—1800）. 贺国庆，等译. 保定：河北大学出版社，2008.

[29]（瑞士）瓦尔特·吕埃格编. 欧洲大学史（第三卷）：19世纪和20世纪早期的大学（1800—1945）. 张斌贤，杨克瑞，林薇，译. 保定：河北大学出版社，2014.

[30] John W. Servos. Physical Chemistry from Ostwald to Pauling. Princeton University Press, 1990.

[31] 巫云仙著. 德国企业史. 北京：社会科学文献出版社，2013.

[32] 韩毅著. 美国工业现代化的历史进程：1607~1988. 北京：经济科学出版社，2007.

[33]（美）亚瑟·科恩著. 美国高等教育通史. 李子江，译. 北京：北京大学出版社，2010.

[34] 余怀彦著. 深层美国：实用主义与美国的300年. 北京：中国友谊出版公司，2015.

[35]（美）劳伦斯·维赛著. 美国现代大学的崛起. 北京：北京大学出版社，2018.

[36] E. J. Kahn. The Problem Solvers: A History of Arthur D. Little, Inc. SDX Joint Publishing Com., 2010.

[37] Nikolaos A. Peppas. One Hundred Years of Chemical Engineering-From Lewis M. Norton (M.IT. 1888) to Present. Kluwer Academic Publishers, 1989.

[38] David A. Hounshell, John Kenly Smith. Science and Corporate Strategy Du Pont R&D, 1902-1980. Cambridge University Press, 1994.

[39]（德）欧特尔等著. 普朗特流体力学基础. 朱自强，钱翼稷，李宗瑞，译. 北京：科学出版社，2008.

[40] Sami Matar. Chemistry of Petrochemical Processes (2nd Edition). Gulf Publishing Company, 2000.

[41] Peter H. Spitz. Petrochemicals —The Rise of An Industry. John Wiley & Sons Inc., 1998.

[42] Carl Schaschke. A Dictionary of Chemical Engineering. Oxford University Press, 2014.

[43] K. G. Denbigh, F. R. S. Chemical Reactor Theory-an Introduction, Second edition. Cambridge University Press, 1971.

[44] ACS Symposium Series 100. Innovations in Industrial and Engineering Chemistry, A Century of

Achievements and Prospects for the New Millennium. Elsevier Ltd., 2009.

[45] Robin Smith. Process Design. McGraw–Hill Inc., 1995.

[46]（美）泰德罗（Tedlow R. S.）著. 安迪·格鲁夫传（Andy Grove: The Life and Times of an American）. 杨俊峰，等译. 上海：上海人民出版社，2007.

[47]（美）Michael S. Malone 著. 三位一体——英特尔传奇. 黄亚昌，译. 杭州：浙江人民出版社，2015.

[48]（美）杰克·韦尔奇，约翰·拜恩. 杰克·韦尔奇自传. 曹彦博，孙立明，丁浩，译. 北京：中信出版社，2010.

[49] Ashish Aror, Ralph Landau, Nathan Rosenberg. Chemicals and Long–Term Economic Growth—Insights from the Chemical Industry. John Wiley & Sons, Inc., 1988.

[50]（美）雷舍（Rescher, N.）著. 复杂性：一种哲学概观. 吴彤，译. 上海：上海科技教育出版社，2007.

[51] Clark K. Colton. Perspectives in Chemical Engineering Research and Education. Massachusetts: Academic Press Inc., 1991.